编　委　会

顾　问　吴文俊　王志珍　谷超豪　朱清时

主　编　侯建国

编　委　（以姓氏笔画为序）

王　水　史济怀　叶向东　朱长飞
伍小平　刘　兢　刘有成　何多慧
吴　奇　张家铝　张裕恒　李曙光
杜善义　杨培东　辛厚文　陈　颙
陈　霖　陈初升　陈国良　陈晓剑
郑永飞　周又元　林　间　范维澄
侯建国　俞书勤　俞昌旋　姚　新
施蕴渝　胡友秋　骆利群　徐克尊
徐冠水　徐善驾　翁征宇　郭光灿
钱逸泰　龚惠兴　童秉纲　舒其望
韩肇元　窦贤康　潘建伟

当代科学技术基础理论与前沿问题研究丛书

中国科学技术大学

校友文库

黑洞的热性质与时空奇异性

——零曲面附近的量子效应

第2版

The Thermal Properties of Black Hole and the Singularity of Space-Time : the Quantum Effects Near Null Hypersurface

赵 峥 著

中国科学技术大学出版社

内 容 简 介

本书介绍了作者对黑洞性质与时间性质的研究，内有不少带有物理原创思想的工作，包括：具有事件视界的稳态时空一定存在热辐射；逐点计算动态黑洞表面温度的方法；导致霍金效应的普遍坐标变换；把霍金-安鲁效应视作时间尺度变换的补偿效应；论证了惯性力起源于真空形变和时间尺度压缩；发展了爱因斯坦与朗道的"对钟"思想，提出了一种新的对钟等级；证明了"钟速同步传递性"等价于热力学第零定律；论证了彭罗斯和霍金的奇点定理与热力学第三定律的冲突，认为第三定律会保证"时间没有开始和终结". 本书物理思想清楚，公式推导详尽易懂，能够把已经掌握广义相对论的学子快速引导到黑洞与时间研究的前沿，并看到不少可以进一步探索的课题.

本书适合物理、天文专业的大学师生及科研人员研读.

图书在版编目(CIP)数据

黑洞的热性质与时空奇异性：零曲面附近的量子效应/赵峥著.—2版.—合肥：中国科学技术大学出版社，2016.4

(当代科学技术基础理论与前沿问题研究丛书：中国科学技术大学校友文库)

"十二五"国家重点图书出版规划项目

ISBN 978-7-312-03750-4

Ⅰ.黑… Ⅱ.赵… Ⅲ.①黑洞—热力学—研究 ②黑洞—量子效应—研究 Ⅳ.P145.8

中国版本图书馆CIP数据核字(2016)第043547号

出版 中国科学技术大学出版社
安徽省合肥市金寨路96号，230026
http://press.ustc.edu.cn

印刷 安徽省瑞隆印务有限责任公司

发行 中国科学技术大学出版社

经销 全国新华书店

开本 710 mm×1000 mm 1/16

印张 24.25

字数 431千

版次 1999年9月第1版 2016年4月第2版

印次 2016年4月第2次印刷

定价 78.00元

总　　序

大学最重要的功能是向社会输送人才，培养高质量人才是高等教育发展的核心任务.大学对于一个国家、民族乃至世界的重要性和贡献度，很大程度上是通过毕业生在社会各领域所取得的成就来体现的.

中国科学技术大学建校只有短短的五十余年，之所以迅速成为享有较高国际声誉的著名大学，主要就是因为她培养出了一大批德才兼备的优秀毕业生.他们志向高远、基础扎实、综合素质高、创新能力强，在国内外科技、经济、教育等领域做出了杰出的贡献，为中国科大赢得了"科技英才的摇篮"的美誉.

2008 年 9 月，胡锦涛总书记为中国科大建校五十周年发来贺信，对我校办学成绩赞誉有加，明确指出：半个世纪以来，中国科学技术大学依托中国科学院，按照全院办校、所系结合的方针，弘扬红专并进、理实交融的校风，努力推进教学和科研工作的改革创新，为党和国家培养了一大批科技人才，取得了一系列具有世界先进水平的原创性科技成果，为推动我国科教事业发展和社会主义现代化建设做出了重要贡献.

为反映中国科大五十年来的人才培养成果，展示我校毕业生在科技前沿的研究中所取得的最新进展，学校在建校五十周年之际，决定编辑出版《中国科学技术大学校友文库》50 种.选题及书稿经过多轮严格的评审和论证，入选书稿学术水平高，被列入"十一五"国家重点图书出版规划.

入选作者中，有北京初创时期的第一代学生，也有意气风发的少年班毕业生；有"两院"院士，也有中组部"千人计划"引进人才；有海内外科研院所、大专院校的教授，也有金融、IT 行业的英才；有默默奉献、矢志报国的科技将军，也有在国际前沿奋力拼搏的科研将才；有"文革"后留美学者中第一位担任美国大学系主任的青年教授，也有首批获得新中国博士学位的中年学者……在母校五十周年华诞之际，他们通过著书立说的独特方式，向母校献礼,其深情厚谊,令人感佩!

《文库》于2008年9月纪念建校五十周年之际陆续出版,现已出书53部,在学术界产生了很好的反响.其中,《北京谱仪Ⅱ:正负电子物理》获得中国出版政府奖;中国物理学会每年面向海内外遴选10部"值得推荐的物理学新书",2009年和2010年,《文库》先后有3部专著入选;新闻出版总署总结"'十一五'国家重点图书出版规划"科技类出版成果时,重点表彰了《文库》的2部著作;新华书店总店《新华书目报》也以一本书一个整版的篇幅,多期访谈《文库》作者.此外,尚有十数种图书分别获得中国大学出版社协会、安徽省人民政府、华东地区大学出版社研究会等政府和行业协会的奖励.

这套发端于五十周年校庆之际的文库,能在两年的时间内形成现在的规模,并取得这样的成绩,凝聚了广大校友的智慧和对母校的感情.学校决定,将《中国科学技术大学校友文库》作为广大校友集中发表创新成果的平台,长期出版.此外,国家新闻出版总署已将该选题继续列为"十二五"国家重点图书出版规划,希望出版社认真做好编辑出版工作,打造我国高水平科技著作的品牌.

成绩属于过去,辉煌仍待新创.中国科大的创办与发展,首要目标就是围绕国家战略需求,培养造就世界一流科学家和科技领军人才.五十年来,我们一直遵循这一目标定位,积极探索科教紧密结合、培养创新拔尖人才的成功之路,取得了令人瞩目的成就,也受到社会各界的肯定.在未来的发展中,我们依然要牢牢把握"育人是大学第一要务"的宗旨,在坚守优良传统的基础上,不断改革创新,进一步提高教育教学质量,努力践行严济慈老校长提出的"创寰宇学府,育天下英才"的使命.

是为序.

侯建国

中国科学院院士
第三世界科学院院士

第2版前言

本书第1版作为科研专著于1999年由北京师范大学出版社出版，并于2000年获得第十二届中国图书奖.

本书的特点是物理思想清楚，公式推导详尽易懂，能够把已经掌握广义相对论的学子快速引导到黑洞研究的前沿，并看到不少可以进一步探索的课题.曾经有一些年轻人通过阅读本书，较快地进入到黑洞研究的领域.

本书包含了作者对黑洞热力学性质与时空奇异性的研究成果，其中有不少带有原创性的工作，曾在国内相对论界产生了一定影响，并有许多文章发表在国外的相关杂志上.这些带有原创性物理思想的工作包括：

提出"具有事件视界的稳态时空一定存在热辐射"的观点及其证明；

发现计算一般动态黑洞温度的独创方法，此方法是到目前为止国际上唯一一种能够逐点计算(动态)黑洞表面温度的方法；

提出"导致霍金效应的普遍坐标变换"；

把霍金-安鲁效应视作时间尺度变换的补偿效应的观点和证明；

提出"惯性效应是时间尺度压缩而导致的补偿效应，惯性力起源于真空形变"的观点.

发展了爱因斯坦、朗道等人的"对钟"思想，提出了一种新的对钟等级——"钟速同步具有传递性"，并给出了其成立的条件；

提出并论证了"钟速同步具有传递性"等价于热力学第零定律的思想；

提出并论证了彭罗斯与霍金的奇点定理与热力学第三定律冲突的

观点,认为第三定律能保证“时间没有开始和终结”.

本书第1版出版后,作者所在的研究小组又在黑洞与时间的性质方面作了进一步的研究,包括对黑洞熵和信息佯谬的研究、对类光测地线加速度和奇点定理的研究、对时间测量问题的研究等等,并提出了一些新的带有原创性的观点和方法,论文发表在国内外的重要杂志上.我们把这些新成果写成了另一本专著《黑洞与时间的性质》,由北京大学出版社于2008年出版.这本专著与前一本专著(即本书第1版)的内容基本不重叠.

此后作者又与刘文彪教授合写了《广义相对论基础》一书,由清华大学出版社出版.该书是一本教材,但有一定的开放性,谈到目前广义相对论研究的若干前沿,有少许篇幅简介了上述两本专著中的一些科研成果,但没有系统、完整地阐述.

《黑洞的热性质与时空奇异性》这本专著的内容,今天仍有参考价值,但市面上早已无书.这次中国科学技术大学出版社愿意把这本书纳入“中国科学技术大学校友文库”重新出版,我感到十分荣幸.

这次再版,除对第1版作了一些文字上的修订之外,新增了第6章.这一章简介了本书第1版出版后,我们对黑洞热性质与时空奇异性的进一步研究,包括黑洞熵的薄膜模型、信息疑难、类光测地线的加速度、奇点定理等内容.这些工作支持了霍金辐射过程信息不守恒的观点,提出了类光测地线可以看作固有加速度发散的类时线的思想.感兴趣的读者可以参看我们的论文,或北京大学出版社出版的我与刘辽先生、田贵花教授、张靖仪教授合写的专著《黑洞与时间的性质》,那里有详尽的学术讨论.

此外,还有一些研究工作没有列入本书,例如对时间段(绵延)测量的探讨、用新乌龟坐标对动态黑洞的研究,以及与能斯特定理有关的问题等等,有兴趣的读者也可参看相关文献.

毕业离开母校已四十多年,很少对母校做贡献,这是我一直心有愧疚的事情.作者愿借本书再版的机会,对母校中国科学技术大学表达深切的敬意和祝福.

作者在校期间,曾受教于严济慈先生、钱临照先生等学术前辈及张家铝、姚德成等青年教师;毕业后在广义相对论和黑洞的研究中,又曾得到王允然、周又元、刘永镇、尤峻汉、闫沐霖、程福臻、朱栋培、卢炬甫、褚耀泉、卢建新等众多老师和校友的帮助,在此深表谢意.

作者在此还要对中国科学技术大学出版社的大力支持表示衷心的感谢,并感谢北京师范大学物理系研究生张明建同学帮助整理文稿.

赵　峥

2015 年 6 月于北京半读斋

前　　言

黑洞问题是目前物理学和天文学研究的一个热点．它涉及物理学基本定律与时空理论之间的内在联系．它所显示的理论困难，有可能触发物理学的一场新革命．

最早预言黑洞的人是200年前拿破仑时代的拉普拉斯（P. S. Laplace）和米歇尔（R. J. Michell）．他们依据牛顿的万有引力定律和力学三定律指出，宇宙中巨大的星体所发射的光，有可能被自己产生的万有引力拉回来，从而使外界看不见它们．拉普拉斯和米歇尔具体计算出这类暗星产生的条件．1939年，奥本海默（J. R. Oppenheimer）及其合作者从爱因斯坦的广义相对论再次导出了上述暗星产生的条件，与拉普拉斯等人用牛顿理论算出的结果完全一致．这种暗星后来被称为“黑洞”．当时人们对黑洞的存在极为怀疑，原因是它的密度大得惊人．如与太阳质量相同的黑洞，其密度高达100亿t/cm^3．然而，近年来，密度达1 t/cm^3的白矮星和1亿t/cm^3的中子星相继被发现，高密度的黑洞已不再是无法接受的了．实际上，黑洞的密度与其质量的平方成反比，大黑洞的密度可以很小．进一步的研究表明，黑洞内部除奇异区（奇点或奇环）外，全是真空，谈论它的密度毫无意义．

20世纪60年代以来，黑洞研究吸引了越来越多的物理学家和天文学家的注意．研究范围从静态球对称黑洞，扩展到稳态轴对称黑洞、各种动态黑洞，以及形形色色的奇异黑洞和奇异时空．霍金（S. W. Hawking）证明了面积定理，指出经典黑洞的表面积沿顺时针方向永不减少．贝根斯坦（J. D. Bekenstein）和斯马尔（L. Smarr）指出，黑洞各参量（质量、角动量、电荷、转动角速度、表面积、表面引力等）之间存在类似于热力学第一定律的公式.人们惊奇地发现,黑洞似乎具有热性质.在黑洞的表面和奇异区附近,存在极为有趣的量子效应.特别是1973年霍金发现黑洞存在热辐射之后,人们就不再怀疑黑洞具有热性质了.黑洞理论从一个单纯的几何理论,发展为一个包括量子论、相对论、统计物理、天体物理和微分几何在内的多学科的理论.黑洞研究已成为多学科的交叉点,并发展为当前科学研究的主要热点之一.

70年代初,彭罗斯(R.Penrose)和霍金证明了奇点定理,指出:在广义相对论成立、因果性良好和物质不为零的条件下,时空一定存在奇点.他们把奇点看作时间的"端点".按照奇点定理,上述时空至少存在一个时间有开始或有结束的物理过程,即时间一定是有限的.奇点定理是目前广义相对论最基本的困难之一,这一困难与黑洞理论密切相关.

80年代以来,黑洞理论未取得重大进展,奇点困难一直没有解决.天文观测也没有最后确认黑洞的存在.

然而,90年代后期,黑洞研究再次成为热点.人们认识到黑洞不应看作一般的星体,黑洞问题也不是单纯的天文学问题.黑洞性质涉及物理学的基本规律和时空属性.现有的发现暗示人们,热力学与时空性质之间可能存在着深刻的内在联系.对黑洞理论的进一步探索,有可能导致物理学的另一场革命.

作者所在的研究小组,长期从事黑洞物理和弯曲时空量子场论的研究,特别是黑洞热性质和量子效应的研究.在黑洞热辐射方面和时空奇异性方面做了大量工作.本书就是我们研究小组这方面研究工作的一个总结.

书中用一些篇幅介绍黑洞物理的入门知识,然后用主要篇幅介绍作者及其合作者们的研究成果.内容涉及一般稳态时空的热性质、稳态和动态时空事件视界的确定、动态黑洞的热效应、狄拉克(Dirac)粒子的热辐射、导致霍金效应的坐标变换、霍金效应视作时间尺度的补偿效应、惯性起源的探讨、热力学第零定律与同时传递性之间的关系、热力学第三定律与时间无限性的关系等等.

作者希望本书的出版能够有助于物理、天文和数学工作者的学术交流,促进我国黑洞研究和相对论天体物理学的发展;也希望本书能够引导对黑洞和时空理论感兴趣的物理、天文、数学专业的大学生和研究生,快速走到这一领域的前沿.

今年正值我的老师刘辽教授70寿辰,我仅以此书对他表示深切的感谢,是他把我引导到黑洞研究的领域,教给我大量的知识和科学研究的方法.刘辽先生为我国广义相对论、黑洞理论、宇宙学和弯曲时空量子场论知识的传播及赶超世界先进水平作出了重大贡献.我对他正直的人品、渊博的学识、诲人不倦的作风,以及身处逆境而不屈不挠追求科学真理的精神深感钦佩.

作者从梁灿彬教授和北京大学许殿彦教授那里学到了许多知识,并在科研中得到了他们很多帮助,在此表示由衷的感谢.

感谢王永成教授、裴寿镛教授和大连理工大学桂元星教授、南京大学彭秋和教授、湖南师范大学王永久教授、中国科学院上海天文台沈有根教授、应用数学所刘润球博士、高能物理所黄超光博士以及我科研上的合作者们,与他们频繁的学术交流使我受益匪浅.

南开大学葛墨林教授、北京师范大学何香涛教授、北京大学钱尚武教授、中国科学院研究生院刘永镇和邓祖淦教授的推荐促进了本书的出版.作者对此表示深切的谢意.

华夏英才基金会和北京师范大学为本书的出版提供了财政资助,作者对他们表示由衷的感谢.作者还要感谢周凤花老师和周迺英老师为此所作的努力.最后,作者感谢北京师范大学出版社,特别是李桂福教授对本书出版的积极支持和帮助.

赵　峥
1999 年 6 月于北京

目　次

第1章　黑洞的经典理论

恒星是靠引力和粒子热运动的排斥效应来维持平衡的.在演化的晚期,随着热核反应的减弱,恒星温度逐渐降下来,从而失去力学平衡,产生引力坍缩.坍缩后的星体如果小于钱德拉塞卡(S. Chandrasekhar)极限(约 $1.4M_{\odot}$,$M_{\odot}$是太阳质量),将形成靠电子简并压来维持的白矮星.若大于 $1.4M_{\odot}$,但小于奥本海默极限(约 $3M_{\odot}$),则将形成靠中子简并压来维持的中子星.大于奥本海默极限的将形成黑洞.太阳半径约为 70×10^4 km,如果形成白矮星,则半径约为 1×10^4 km,密度约为 1 t/cm³(10^6 g/cm³).对相当于太阳质量的中子星,其半径为 10 km,密度为 1 亿～10 亿 t/cm³($10^{14}\sim10^{15}$ g/cm³).如果形成黑洞,则半径为 3 km,密度为 100 亿 t/cm³(10^{16} g/cm³).如此巨大的密度似乎很难令人相信.但是,白矮星与中子星都已发现,因此不少人相信密度只比中子星大一个量级的黑洞的发现,也为时不会太远.实际上,大黑洞的密度并不大,例如质量为 $10^8M_{\odot}$ 的黑洞,其密度与水差不多.[1-10]

1.1　施瓦西黑洞

1.1.1　黑洞概念的产生

世界上最早预言黑洞的人是法国科学家拉普拉斯和英国人约翰·米歇

尔,他们在200多年前就指出:最大的星是看不见的.[5,9]他们认为,星体的质量越大,质点逃离这颗星所需的动能也就越多.一颗星的质量大到一定程度,就会使光子逃不出去.依据牛顿理论,可以给出光子的动能

$$E_p = \frac{1}{2} mc^2 \tag{1.1.1}$$

和势能

$$E_v = -\frac{GMm}{r}, \tag{1.1.2}$$

其中 M 为星体质量,r 为星体半径,m 为光子质量,c 为光速.当时不知道 c 是常数,这里指的当然是光子脱离星体表面时的初速.不难看出,当光子的动能小于势能时,它就不可能逃离星体,外界当然也就看不到这颗星了.

从

$$\frac{1}{2} mc^2 \leqslant \frac{GMm}{r}, \tag{1.1.3}$$

可以得出

$$r \leqslant \frac{2GM}{c^2}. \tag{1.1.4}$$

这就是拉普拉斯等人给出的"暗星"条件.当一颗星的质量和半径满足式(1.1.4)所示的关系时,这颗星就看不见了.

拉普拉斯与米歇尔的结论是从牛顿理论得出的.有趣的是,今天从广义相对论得到的结论恰好与他们的结论一致.式(1.1.4)正是后人给出的黑洞条件.从今天的眼光看来,式(1.1.3)错了两处:第一是光子的动能不应该是 $mc^2/2$,而应该是 mc^2;第二是描述引力的不应是万有引力定律,而应是广义相对论.然而,两个错误相互抵消最终导出了正确的结论.

在拉普拉斯与米歇尔的理论被遗忘100多年之后,人们注意到爱因斯坦场方程的施瓦西(Schwarzschild)解有两个奇异区.从施瓦西线元

$$ds^2 = -c^2\left(1-\frac{2GM}{c^2 r}\right)dt^2 + \left(1-\frac{2GM}{c^2 r}\right)^{-1} dr^2 + r^2(d\theta^2 + \sin^2\theta d\varphi^2), \tag{1.1.5}$$

不难看出度规在

$$r = 0 \tag{1.1.6}$$

和

$$r=\frac{2GM}{c^2} \tag{1.1.7}$$

两处是奇异的.这种奇性究竟意味着什么？是否是由于坐标系选择得不好而引起的？人们发现，在 $r=0$ 处，由曲率张量构成的标量 $R^{\mu}_{\ \nu\sigma\rho}R_{\mu}^{\ \nu\sigma\rho}$ 是发散的.事实上，$R^{\mu}_{\ \nu\sigma\rho}R_{\mu}^{\ \nu\sigma\rho}=12r_g^2/r^6$，其中 r_g 为下面式(1.1.8)所示的引力半径，是常数.也就是说，在那里，不仅度规发散，曲率也发散，而且这种发散是不能通过坐标变换消除的，肯定与坐标系的选择无关.我们称这类奇点为内禀奇点.而在式(1.1.7)所示的奇异球面处，曲率并不发散.后来证明，这个奇异球面可以通过坐标变换而消除.所以式(1.1.7)所示的奇性不是真正的奇性，我们称之为坐标奇异性.[1-2,11]

第一个指出式(1.1.7)所示的坐标奇异性具有真实意义的是奥本海默.他指出这个奇异球面是一个不可见区域的边界.也就是说，位于此球面外的观测者不可能得到球内的任何信息.半径和质量满足条件

$$r\leqslant\frac{2GM}{c^2}$$

的星体将是一个"黑洞".不难看出，这正是拉普拉斯与米歇尔在200多年前依据牛顿理论给出的"暗星"条件.我们称

$$r_g=\frac{2GM}{c^2} \tag{1.1.8}$$

为引力半径或施瓦西半径；称满足条件

$$r\leqslant r_g \tag{1.1.9}$$

的黑洞为施瓦西黑洞，并定义 r_g 为施瓦西黑洞的半径.

1.1.2　引力红移

度规分量与坐标时间无关的时空定义为稳态时空：

$$\frac{\partial g_{\mu\nu}}{\partial t}=0 \quad (\mu、\nu=0、1、2、3). \tag{1.1.10}$$

时轴正交[1,12]的稳态时空称为静态时空：

$$g_{0i}=0 \quad (i=1、2、3). \tag{1.1.11}$$

显然，施瓦西时空是静态的.[1-2,7]

设在稳态时空的 P_1 和 P_2 两空间点，分别有静止的光源和静止的观测

者. P_1 处的光源在坐标时刻 t_1 发出一个光信号, P_2 处的观测者在坐标时刻 t_2 收到这个信号. 定义两坐标时刻之差为

$$\delta t = t_2 - t_1. \tag{1.1.12}$$

然后, P_1 处的光源在坐标时刻 t'_1 又发出一个光信号,此信号在 t'_2 到达 P_2 处,两坐标时刻之差为

$$\delta t' = t'_2 - t'_1. \tag{1.1.13}$$

由于时空是稳态的,一定有

$$\delta t = \delta t', \tag{1.1.14}$$

也就是

$$t_2 - t_1 = t'_2 - t'_1. \tag{1.1.15}$$

所以有

$$\mathrm{d}t_2 \equiv t'_2 - t_2 = t'_1 - t_1 \equiv \mathrm{d}t_1, \tag{1.1.16}$$

其中 $\mathrm{d}t_1$ 为 P_1 点发出两个光信号的坐标时间间隔. 其固有时间间隔为

$$\mathrm{d}\tau_1 = \sqrt{-g_{00}}\Big|_{(1)} \mathrm{d}t_1. \tag{1.1.17}$$

$\mathrm{d}t_2$ 为 P_2 处的观测者收到这两个光信号的坐标时间间隔. 其固有时间间隔为

$$\mathrm{d}\tau_2 = \sqrt{-g_{00}}\Big|_{(2)} \mathrm{d}t_2. \tag{1.1.18}$$

由式(1.1.16),可知

$$\mathrm{d}\tau_2 = \frac{\sqrt{-g_{00}}\Big|_{(2)}}{\sqrt{-g_{00}}\Big|_{(1)}} \mathrm{d}\tau_1. \tag{1.1.19}$$

式(1.1.16)表明,稳态时空中任意两点的坐标钟所标记的同一组(两个)信号的时间差是相等的,所以可称 $\mathrm{d}t$ 为世界时. 式(1.1.19)表明,任意两点的静止标准钟所测量的同一组(两个)信号的固有时刻之差,一般是不等的.

在 P_1 点,这两个信号分别是在固有时刻 τ_1 和 τ'_1 发出的;在 P_2 点,它们分别是在固有时刻 τ_2 和 τ'_2 收到的. P_2 的观测者认为,当 P_1 的标准钟走了

$$\Delta\tau_1 = \tau'_1 - \tau_1 \tag{1.1.20}$$

时,他自己的标准钟走了

$$\Delta\tau_2 = \tau'_2 - \tau_2. \tag{1.1.21}$$

但

$$\Delta\tau_1 \neq \Delta\tau_2, \tag{1.1.22}$$

所以他认为,静止于稳态时空不同空间点的标准钟,一般都快慢不同.式(1.1.19)正是表述这一效应的式子.

把施瓦西度规代入式(1.1.19),得到

$$\mathrm{d}\tau_2=\sqrt{\frac{1-2GM/(c^2r_2)}{1-2GM/(c^2r_1)}}\mathrm{d}\tau_1. \tag{1.1.23}$$

当 $r_1<r_2$ 时,有

$$\mathrm{d}\tau_2>\mathrm{d}\tau_1. \tag{1.1.24}$$

因此,静止于引力势大(即 r 小)的地方的标准钟走得慢.令 r_2 趋于无穷远,并注意到无穷远处的标准钟即坐标钟,则式(1.1.23)化成

$$\mathrm{d}t=\left(1-\frac{2GM}{c^2r}\right)^{-1/2}\mathrm{d}\tau. \tag{1.1.25}$$

其中 r 即 r_1,$\mathrm{d}\tau$ 即 $\mathrm{d}\tau_1$,$\mathrm{d}t=\mathrm{d}\tau_2$ 为静止于无穷远的观测者的标准钟.在施瓦西情况下,它就是那里的坐标钟.对于静止在太阳表面上的标准钟,地球上的观测者可近似看作无穷远观测者.式(1.1.25)告诉我们,太阳表面的标准钟会比地球上的标准钟走得慢.

不能直接比较位于两地的钟的快慢,但可用光谱线频率的移动来验证钟速变化的理论.

原子发射的光谱线的固有频率,反映光子(或作为光源的原子)的固有振动频率

$$\nu=\frac{\mathrm{d}N}{\mathrm{d}\tau}, \tag{1.1.26}$$

其中 N 为振动的次数.由于 P_1 点和 P_2 点测得相同的振动次数,

$$\mathrm{d}N_1=\mathrm{d}N_2, \tag{1.1.27}$$

我们有

$$\nu_1\mathrm{d}\tau_1=\nu_2\mathrm{d}\tau_2. \tag{1.1.28}$$

于是由式(1.1.19)和式(1.1.23),可得

$$\nu_2=\frac{\sqrt{-g_{00}}\big|_{(1)}}{\sqrt{-g_{00}}\big|_{(2)}}\nu_1 \tag{1.1.29}$$

和

$$\nu_2=\sqrt{\left(1-\frac{2GM}{c^2r_1}\right)\Big/\left(1-\frac{2GM}{c^2r_2}\right)}\nu_1. \tag{1.1.30}$$

式(1.1.29)和式(1.1.30)表明,由于稳态引力场中各点标准钟的速度不同,

从一点传播到另一点的光子的频率将发生变化.也就是说,光谱线将发生紫移或红移.

利用式(1.1.25)或式(1.1.30),可得静止于无穷远的观测者所看到的、来自恒星表面的光子的频率移动

$$\nu = \nu_0 \left(1 - \frac{2GM}{c^2 r}\right)^{1/2}, \tag{1.1.31}$$

其中 ν_0 为恒星表面处原子的固有振动频率,或者说成是在那里发射的光子的固有频率,ν 则为无穷远处静止观测者测得的该光子的固有频率.式(1.1.31)表明,无穷远处观测者会觉得频率变小,即光谱线发生红移,移动的频率为

$$\Delta\nu = \nu - \nu_0 = \nu_0 \left[\left(1 - \frac{2GM}{c^2 r}\right)^{1/2} - 1\right]. \tag{1.1.32}$$

由同种原子发射的同种光子的固有频率,是该种原子的内在性质,在任何相对于该原子瞬时静止的坐标系中都应相同.例如静止于太阳表面的氢原子,它发射的光子的固有频率应该和地球上氢原子发射的光子相同.但式(1.1.31)表明,在地球上收到的来自太阳的光子的频率比地球上氢原子发射的同种光子的频率要小,发生了红移.其原因只能归于太阳表面的标准钟比地球上的标准钟走得慢,因此那里发射的光子的频率,从地球上看来变小了.

引力红移是爱因斯坦发表广义相对论时预言的一个效应.这个效应已被天文观测和实验室观测所证实.[1,3,6,13]

1.1.3 无限红移面

由式(1.1.25)和式(1.1.31),可知当

$$r \to r_g = \frac{2GM}{c^2} \tag{1.1.33}$$

时,有

$$dt \to \infty, \tag{1.1.34}$$

$$\nu \to 0. \tag{1.1.35}$$

这表明,对静止于无穷远的观测者来说,静置于黑洞表面的钟将无限变慢,

静置于那里的光源所发出的光将发生无限红移.所以,施瓦西黑洞的表面是无限红移面[1,5-6].从式(1.1.25)和式(1.1.31)可以看出,在施瓦西时空中产生无限红移的关键是

$$g_{00} = -\left(1 - \frac{2GM}{c^2 r}\right) = 0. \tag{1.1.36}$$

对于一般的稳态时空,从式(1.1.29)不难看出,不管 g_{00} 的具体函数形式如何,只要

$$g_{00} = 0, \tag{1.1.37}$$

就一定会产生无限红移.所以式(1.1.37)是在任何稳态黎曼时空中决定无限红移面的普遍条件.

1.1.4　事件视界

黎曼时空的度规是不定的,号差为 +2.采用“不定度规”是区分时间和空间的必然结果.

“不定度规”导致一种特殊超曲面的出现.这种超曲面的法矢量 n_μ 的长度为零[1-2,11]:

$$n^\mu n_\mu = g_{\mu\nu} n^\mu n^\nu = 0, \tag{1.1.38}$$

我们称之为零超曲面或类光超曲面.注意,它的法矢量 n_μ 是类光(null)的,n_μ 本身并不为零,只是它的长度为零,不同于 n_μ 本身为零($n_\mu = 0$)的零(zero)矢量.众所周知,超曲面

$$f(x^\mu) = 0 \tag{1.1.39}$$

的法矢量定义为

$$n_\mu = \frac{\partial f}{\partial x^\mu}, \tag{1.1.40}$$

所以零超曲面定义式(1.1.38)又可写为[1-2]

$$g^{\mu\nu} \frac{\partial f}{\partial x^\mu} \frac{\partial f}{\partial x^\nu} = 0. \tag{1.1.41}$$

通常把任何信号均到达不了类光无穷远的时空区,定义为黑洞区.黑洞区的边界称为事件视界[2].事件视界是一种特殊的零超曲面,其母线线汇的切矢场为类光基灵(Killing)矢量场.也就是说,事件视界是保有该时空对称

性的零超曲面.

现在来求施瓦西时空的事件视界[1].施瓦西时空是静态球对称的,该时空中的事件视界也应有此对称性.所以,f 只是 r 的函数,式(1.1.41)简化成

$$g^{11}\left(\frac{\partial f}{\partial r}\right)^2=0. \tag{1.1.42}$$

显然只能有

$$g^{11}=1-\frac{2GM}{c^2 r}=0. \tag{1.1.43}$$

我们得到施瓦西时空中的事件视界为

$$r=r_g=\frac{2GM}{c^2}. \tag{1.1.44}$$

然而,应该记住,超曲面是四维时空中的"三维曲面",式(1.1.44)并不意味着二维球面.二维球面只不过是零超曲面在三维纯空间中的截面.不难看出式(1.1.44)恰为黑洞的表面.严格地说来,黑洞的表面是用零超曲面来定义的,所以也是四维时空中的三维超曲面.通常把黑洞表面理解成二维球面,实际上,那只是黑洞表面在三维纯空间中的截面.

我们看到,黑洞的表面(事件视界)不仅是无限红移面,而且是零超曲面.

1.1.5 单向膜区

狭义相对论用"光锥"的概念来讨论时空点之间的因果关系.闵可夫斯基时空中一点 P 的光锥面可用

$$S^2=-c^2T^2+X^2+Y^2+Z^2=0 \tag{1.1.45}$$

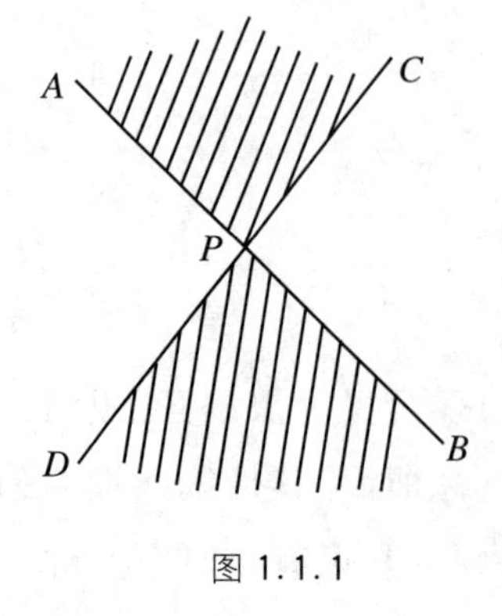

图 1.1.1

来决定.光锥内部(图 1.1.1 中斜线部分)的时空点可与 P 点发生因果联系,但光锥外的点不行.如图 1.1.1 所示,APC 区为 P 点的未来光锥,BPD 区为 P 点的过去光锥.位于 P 点的粒子,一定来自过去光锥内的某一点,而将来又必定到未来光锥中去;既不能返回过去光锥,也不能跑到光锥之外去.广义相对论中时空是弯曲的,但我们一定可以在时空的任何一点 P 建立局部光锥.光锥面由下

式决定：

$$ds^2 = dx^\mu dx_\mu = 0. \tag{1.1.46}$$

位于 P 点的粒子，一定从它的过去光锥中来，又一定到它的未来光锥中去. 对联系光锥内的点和 P 点的线元，必定有

$$ds^2 < 0, \tag{1.1.47}$$

称这样的线元是类时的. 对联系光锥外的点和 P 点的线元，必定有

$$ds^2 > 0, \tag{1.1.48}$$

称这样的线元为类空的. 类似地，可以定义 P 点的类时、类空和类光矢量：

$$\begin{aligned} &A^\mu A_\mu < 0 \quad (\text{类时矢量}), \\ &A^\mu A_\mu = 0 \quad (\text{类光矢量，零矢量}), \\ &A^\mu A_\mu > 0 \quad (\text{类空矢量}). \end{aligned} \tag{1.1.49}$$

显然，类时矢量一定在光锥内，类空矢量一定在光锥外，而零矢量一定在光锥面上.

现在我们来考查施瓦西时空等 r 面上的法矢量. 从式(1.1.38)和式(1.1.42)，可知[1-2,5,8]

$$n^\mu n_\mu = g^{11}\left(\frac{\partial f}{\partial r}\right)^2 = \left(1 - \frac{2GM}{c^2 r}\right)\left(\frac{\partial f}{\partial r}\right)^2. \tag{1.1.50}$$

显然有

$$\begin{aligned} &n^\mu n_\mu < 0 \quad (r < 2GM/c^2), \\ &n^\mu n_\mu = 0 \quad (r = 2GM/c^2), \\ &n^\mu n_\mu > 0 \quad (r > 2GM/c^2). \end{aligned} \tag{1.1.51}$$

黑洞表面是一个等 r 面，它的法矢量是类光矢量，这是我们前面已经讨论过的. 式(1.1.51)又告诉我们黑洞外部等 r 面的法矢量是类空的，而内部等 r 面的法矢量是类时的.

显然，等 r 面的法矢量是沿 r 轴方向的. 在洞外它应在光锥之外，在洞内它应在光锥之内. 不难据此画出黑洞内外的光锥示意图：A、B 为黑洞外部的光锥，越靠近黑洞表面，光锥越扁(图 1.1.2). 在黑洞表面上，光锥退化为一根线. 到黑洞内部，光锥横过来了，随着靠近奇点 $r = 0$，光锥由“胖”变“瘦”. 在“洞”外，光锥的未来指向是向上的. 这是由 t 的正向决定的. 但在“洞”内，我们无法用 t 来判断光锥的未来指向. 实际上，这要由“洞”形成的初始条件来决定. 因为黑洞是坍缩形成的，物质落向星体的中心，这一初始

条件决定黑洞内部的未来光锥指向 $r=0$ 的方向.以后,我们把未来光锥指向 $r=0$ 的“洞”称为黑洞,未来光锥背向 $r=0$ 的“洞”称为白洞.广义相对论是时间反演不变的理论,“黑洞”和“白洞”都是它的解,一个可看作另一个的时间反演.不考虑初始条件,不能断定施瓦西解是白洞解还是黑洞解.

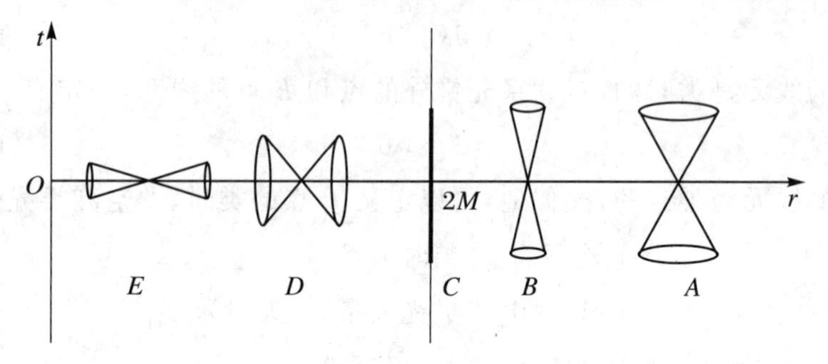

图 1.1.2

对于黑洞解,洞内光锥均指向 $r=0$ 处,可见任何物质(包括光)都不能停在洞内的某一个 r 值处,它们将不可抗拒地落向 $r=0$ 处的内禀奇点.所以,洞内 $r=$ 常数的超曲面是单向膜.黑洞的内部是单向膜区,零曲面是单向膜区的起点.当然白洞内部也是单向膜区,只不过单向性与黑洞相反,是从内部指向外部的,所以任何物质都不可能在白洞内部停留,一定会喷向洞外.白洞的边界也是零曲面.

我们看到施瓦西黑洞和施瓦西白洞的表面都是称为视界的零超曲面,又同样都是无限红移面.实际上,黑洞和白洞的边界是由视界定义的.[1-2]

1.1.6 时空坐标互换

从施瓦西度规式(1.1.5)不难看出,在黑洞外部[1-2,8]

$$g_{00}<0, \quad g_{11}>0, \quad g_{22}>0, \quad g_{33}>0. \tag{1.1.52}$$

但在黑洞内部,由于 $r<2GM/c^2$,我们有

$$g_{00}>0, \quad g_{11}<0, \quad g_{22}>0, \quad g_{33}>0. \tag{1.1.53}$$

这时必须把 r 看作时间坐标,t 看作空间坐标.现在我们就清楚为什么在黑洞内部光锥要转一个方向了.洞内的等 r 面成了等时面,当然会成为单向膜.值得注意的是,$r=0$ 不能再理解为“球心”,r 已变成时间,$r=0$ 应看作时间的端点.所以,落入黑洞的物质奔向 $r=0$,不能理解为向“球心”会聚,

而应理解为它们的时间走向终结.还应注意的是,由于时空坐标互换,洞内的度规分量成为时间 r 的函数,时空变成动态的了.

1.2 克鲁斯卡坐标与彭罗斯图

为了讨论的方便,我们今后选用 $c=\hbar=G=1$ 的自然单位制,这时施瓦西时空的线元(1.1.5)可简写成[1,6]

$$ds^2=-\left(1-\frac{2M}{r}\right)dt^2+\left(1-\frac{2M}{r}\right)^{-1}dr^2+r^2(d\theta^2+\sin^2\theta d\varphi^2),\tag{1.2.1}$$

引力半径为

$$r_g=2M.\tag{1.2.2}$$

1.2.1 施瓦西坐标的缺点

施瓦西度规在视界($r=2M$)上存在坐标奇异性,此奇异性把施瓦西时空分成两个部分:洞内和洞外.这两部分各自用一个施瓦西坐标系描写,一个适用于 $r<2M$,另一个适用于 $r>2M$,但哪一个都不能适用于 $r=2M$ 的视界.所以,这两个坐标系是不连通的.

当一个质点从洞外向黑洞自由下落时,可从测地线方程,或从能量、角动量守恒及四速归一化条件得到它的运动方程[1,6,8]

$$\left(\frac{dr}{d\tau}\right)^2=E^2-\left(1-\frac{2M}{r}\right),\tag{1.2.3}$$

$$\frac{dt}{d\tau}=E\left(1-\frac{2M}{r}\right)^{-1}.\tag{1.2.4}$$

其中 E 是沿测地线守恒的坐标能量,它等于无穷远处一个单位质量粒子的固有能量,τ 是质点的固有时间.此处已考虑到质点的角动量是零.由以上两式,不难得出

$$dt=\frac{-E}{\sqrt{E^2-(1-2M/r)}}\cdot\frac{r\,dr}{r-2M}. \tag{1.2.5}$$

负号来自式(1.2.3)的开方,考虑到自由下落粒子随着 τ 的增加 r 减小.当质点从洞外一点 r_0 落向黑洞表面时,有

$$t=-\int_{r_0}^{2M}\frac{E\,dr}{\sqrt{E^2-(1-2M/r)}}-\int_{r_0}^{2M}\frac{2ME}{\sqrt{E^2-(1-2M/r)}}\frac{dr}{r-2M}. \tag{1.2.6}$$

不难看出,上面第一个积分为有限值,第二个积分趋于无穷,

$$t\approx\lim_{r\to 2M}[-2M\ln(r-2M)]\to\infty. \tag{1.2.7}$$

坐标时间 t 是静止于无穷远处的观测者的固有时间,所以,在无穷远处的观测者看来,任何粒子也不能在有限时间内落到黑洞表面,更不用说进入黑洞内部了.

对于从洞外一点落向黑洞的光子,可以从 $ds^2=0$,得到

$$dt=-\left(1-\frac{2M}{r}\right)^{-1}dr. \tag{1.2.8}$$

对上式积分,得

$$t\approx\lim_{r\to 2M}[-2M\ln(r-2M)]\to\infty. \tag{1.2.9}$$

可见,对无穷远处的观测者来说,连光也到达不了黑洞.

然而,式(1.2.3)告诉我们,当用粒子的固有时间 τ 来计量时,粒子落向黑洞的坐标速度 $dr/d\tau$ 即使在黑洞表面处也不为零.可见粒子应该能落入黑洞.得到式(1.2.7)和式(1.2.9)的结果,是由于我们选择的坐标系无法伸展到黑洞表面的缘故.

1.2.2 自由下落观测者

现在我们用自由下落质点的固有时间来考察它的下落运动.设质点最初静止在 $r=r_0$ 处,然后自由下落.初态静止告诉我们,那一瞬间有

$$\frac{dr}{dt}=\frac{d\theta}{dt}=\frac{d\varphi}{dt}=0,\quad \frac{dt}{d\tau}=\frac{1}{\sqrt{-g_{00}}}. \tag{1.2.10}$$

由式(1.2.4),可得这时质点的能量为

$$E=\left(1-\frac{2M}{r_0}\right)^{1/2}, \tag{1.2.11}$$

代入式(1.2.3),可得运动方程

$$\left(\frac{\mathrm{d}r}{\mathrm{d}\tau}\right)^2=2M\left(\frac{1}{r}-\frac{1}{r_0}\right). \tag{1.2.12}$$

容易看出以下两式所示的诺维科夫(Novikov)变换是此方程的参数解[14]:

$$\begin{cases} r=\dfrac{r_0}{2}(1+\cos\eta), \\ t=2M\ln\left|\dfrac{\left(\dfrac{r_0}{2M}-1\right)^{1/2}+\tan\dfrac{\eta}{2}}{\left(\dfrac{r_0}{2M}-1\right)^{1/2}-\tan\dfrac{\eta}{2}}\right|+2M\left(\dfrac{r_0}{2M}-1\right)^{1/2}\left[\eta+\dfrac{r_0}{4M}(\eta+\sin\eta)\right], \end{cases} \tag{1.2.13}$$

$$\begin{cases} R=\left(\dfrac{r_0}{2M}-1\right)^{1/2}, \\ \tau=\dfrac{r_0}{2}\left(\dfrac{r_0}{2M}\right)^{1/2}(\eta+\sin\eta). \end{cases} \tag{1.2.14}$$

诺维科夫坐标(τ,R)描述施瓦西时空中自由下落(包括上抛自由下落)观测者的运动.诺维科夫时间τ即该观测者的固有时间.(η,r_0)是辅助坐标.r_0为自由下落观测者的最大高度.诺维科夫坐标下的线元为

$$\mathrm{d}s^2=-\mathrm{d}\tau^2+\frac{R^2+1}{R^2}\left(\frac{\partial r}{\partial R}\right)^2\mathrm{d}R^2+r^2(\mathrm{d}\theta^2+\sin^2\theta\mathrm{d}\varphi^2). \tag{1.2.15}$$

当$\eta=0$时,$r=r_0$,$\tau=0$,此即质点的静止初态.当质点到达黑洞表面时,$r=2M$,我们有

$$\cos\eta=\frac{4M}{r_0}-1. \tag{1.2.16}$$

不难看出这时τ是有限值.当$r=0$,即质点落到奇点时,我们有$\eta=\pi$,于是

$$\tau=\frac{\pi}{2}\left(\frac{r_0^3}{2M}\right)^{1/2}. \tag{1.2.17}$$

可见,对于与质点一起自由下落的观测者,质点和观测者可以毫无异常感觉地穿过视界,并在式(1.2.17)所示的有限固有时间内到达奇点.当然,靠近奇点时,巨大的引力潮汐作用会使自由下落观测者越来越不舒服,最后被撕碎并和质点一起被压入奇点.

我们看到,随动观测者认为质点会在有限时间内落进黑洞,而无穷远处的静止观测者却认为,质点只能无穷靠近黑洞表面,永远落不进黑洞,他看到质点逐渐“冻结”在黑洞表面.而且由于质点越来越靠近这个无限红移面,

他看到它逐渐变红，来自它的光子也越来越稀疏. 总之，无穷远处观测者看到质点逐渐“冻结”在黑洞表面，并逐渐变红变暗，从他的视野里消失.

两个观测者看到的现象都是真实的，现象之所以不同，是由于他们采用了不同的坐标系. 显然，施瓦西坐标系不适于描述穿越视界的运动，因为它不能同时覆盖黑洞内外和视界面本身.

1.2.3 克鲁斯卡坐标

下面介绍一个能够覆盖整个施瓦西时空的坐标系：克鲁斯卡(Kruskal)坐标系. 坐标变换[1-2,6]

$$\begin{cases} T = \left(\dfrac{r}{2M} - 1\right)^{1/2} \mathrm{e}^{r/(4M)} \operatorname{sh} \dfrac{t}{4M}, \\ R = \left(\dfrac{r}{2M} - 1\right)^{1/2} \mathrm{e}^{r/(4M)} \operatorname{ch} \dfrac{t}{4M} \end{cases} \quad (r > 2M, \text{Ⅰ 区}); \tag{1.2.18}$$

$$\begin{cases} T = \left(1 - \dfrac{r}{2M}\right)^{1/2} \mathrm{e}^{r/(4M)} \operatorname{ch} \dfrac{t}{4M}, \\ R = \left(1 - \dfrac{r}{2M}\right)^{1/2} \mathrm{e}^{r/(4M)} \operatorname{sh} \dfrac{t}{4M} \end{cases} \quad (r < 2M, F\ \text{区}); \tag{1.2.19}$$

$$\begin{cases} T = -\left(\dfrac{r}{2M} - 1\right)^{1/2} \mathrm{e}^{r/(4M)} \operatorname{sh} \dfrac{t}{4M}, \\ R = -\left(\dfrac{r}{2M} - 1\right)^{1/2} \mathrm{e}^{r/(4M)} \operatorname{ch} \dfrac{t}{4M} \end{cases} \quad (r > 2M, \text{Ⅱ 区}); \tag{1.2.20}$$

$$\begin{cases} T = -\left(1 - \dfrac{r}{2M}\right)^{1/2} \mathrm{e}^{r/(4M)} \operatorname{ch} \dfrac{t}{4M}, \\ R = -\left(1 - \dfrac{r}{2M}\right)^{1/2} \mathrm{e}^{r/(4M)} \operatorname{sh} \dfrac{t}{4M} \end{cases} \quad (r < 2M, P\ \text{区}) \tag{1.2.21}$$

把施瓦西时空中的线元变成

$$\mathrm{d}s^2 = \frac{32M^3}{r} \mathrm{e}^{-r/(2M)} (-\mathrm{d}T^2 + \mathrm{d}R^2) + r^2 (\mathrm{d}\theta^2 + \sin^2\theta \mathrm{d}\varphi^2), \tag{1.2.22}$$

此即克鲁斯卡坐标系下的线元表达式，(T, R)即克鲁斯卡坐标. 从式(1.2.22)的号差可以判定，T 是时间坐标，R 是空间坐标. 其中 r 与R、T 的关系由下式决定：

$$\left(\frac{r}{2M} - 1\right) \mathrm{e}^{r/(2M)} = R^2 - T^2. \tag{1.2.23}$$

容易看出，克鲁斯卡时空不再是静态的．然而，它的度规分量在引力半径 r_g 处不再是奇异的，坐标的奇异性消除了．当然，$r=0$ 的奇点依然存在，内禀奇点不可能通过坐标变换而消除．

克鲁斯卡坐标系可以统一描述整个施瓦西时空，它覆盖了黑洞内外及视界；而且，从克鲁斯卡时空图可知，它扩大了施瓦西时空．两条对角线是视界．Ⅰ区即通常的黑洞外部宇宙，F 区为黑洞区，P 区为白洞区．Ⅱ区是另一个洞外宇宙，它和我们的宇宙不存在因果连通，没有任何信息交流．奇点 $r=0$ 分别出现在白洞区和黑洞区，以双曲线形式出现．Ⅰ区和Ⅱ区中 $r=$ 常数的双曲线，即施瓦西时空中静止粒子的世界线．F 区和 P 区中 $r=$ 常数的双曲线为等时线．应当注意，此图中的任何一点都代表一个二维球面．光锥如图 1.2.1 所示，总是呈 45°角张开．显然，白洞 P 的粒子和信号可进入宇宙Ⅰ和Ⅱ，但宇宙Ⅰ和Ⅱ中的粒子和信号都不能退回白洞区．宇宙Ⅰ或Ⅱ中的粒子或信号都可以进入黑洞区 F，但宇宙Ⅰ和Ⅱ之间不能交流．黑洞区的粒子和信号也不能倒回宇宙Ⅰ或Ⅱ，只能向前到达奇点．应该指出施瓦西解是场方程的真空解，除去 $r=0$ 外，都是真空区，洞内的单向膜区也不例外．视界处当然也是真空．

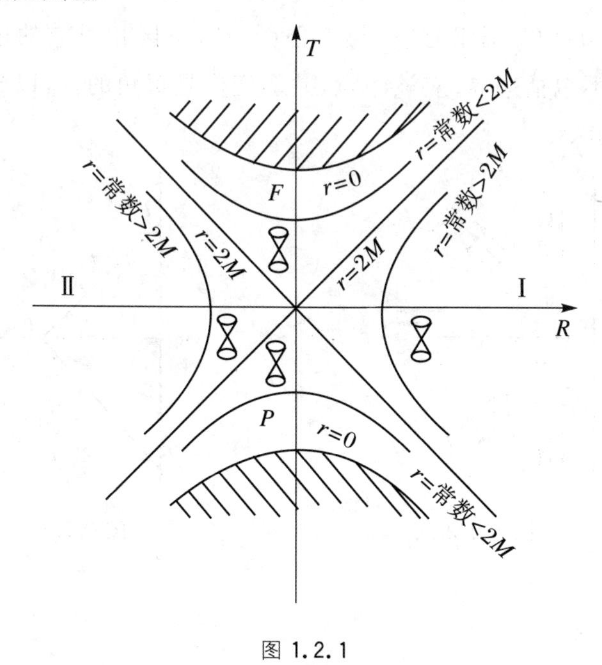

图 1.2.1

在数学上，克鲁斯卡坐标比施瓦西坐标优越，它能覆盖整个施瓦西流形,而且能对流形上的一切过程(黑洞过程、白洞过程等)作完备的描述.所以说,克鲁斯卡度规具有最大解析区和最高完备性.

1.2.4 彭罗斯图

为了把时间和空间的无穷远拉到有限的图形上来描述,现在介绍彭罗斯图[1].定义

(1) 类时未来无穷远 I^+:r 有限,$t\to+\infty$;

(2) 类时过去无穷远 I^-:r 有限,$t\to-\infty$;

(3) 类空无穷远 I^0:t 有限,$r\to\infty$;

(4) 类光未来无穷远 J^+:$t-r$ 有限,$t+r\to+\infty$;

(5) 类光过去无穷远 J^-:$t+r$ 有限,$t-r\to-\infty$.

可以证明,在共形变换下,闵可夫斯基时空图 1.2.2 可变成彭罗斯图 1.2.3.但要注意,由于无穷远点($I^{\pm}$,I^0,$J^{\pm}$)不属于时空,所以与闵可夫斯基时空相对应的只是彭罗斯图 1.2.3 中的开域,不包括其边界.

同样,克鲁斯卡时空图 1.2.1 可变成彭罗斯图 1.2.4.由于无穷远点与内禀奇点($r=0$)均不属于时空,与克鲁斯卡时空区相对应的也只是彭罗斯图中的开域,不包括边界.应该注意,共形变换是保角的,所以彭罗斯图中的光锥仍呈 45°角.

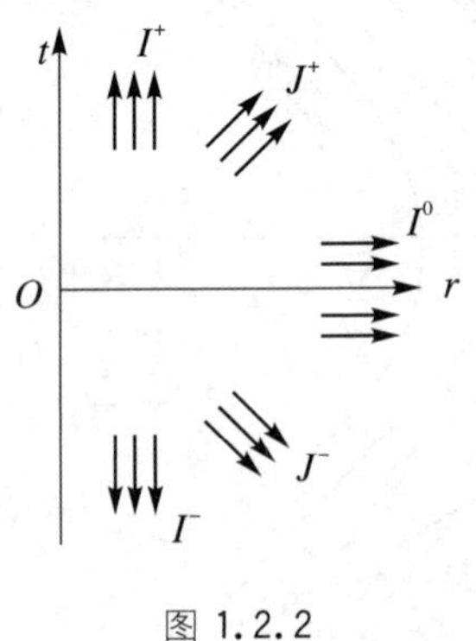

图 1.2.2

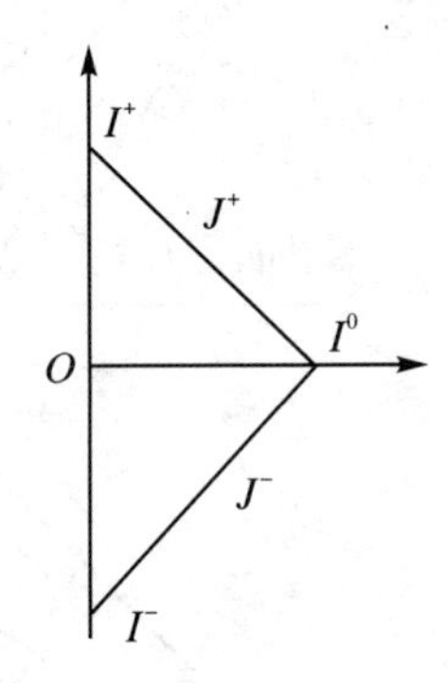

图 1.2.3

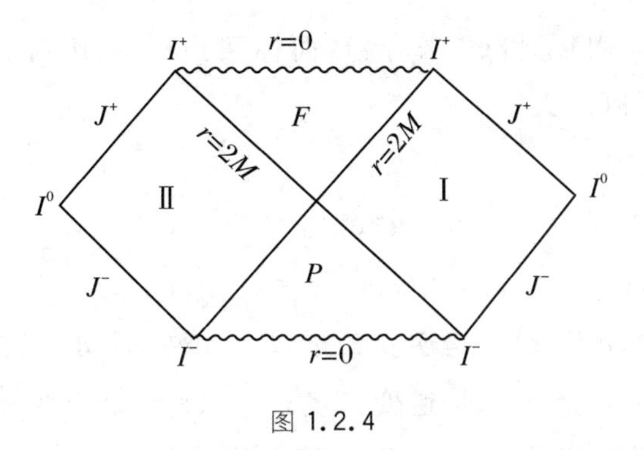

图 1.2.4

1.3　正交标架与零标架

1.3.1　正交标架

在黎曼-嘉当空间中的任一点 P,可以建立无穷小的刚性四轴系.考虑过 P 点的任意一条类时世界线,它在 P 点的切矢 $e_\mu^{(0)}$ 可选作四轴系的类时轴矢.另三个不共面的类空无穷小矢量 $e_\mu^{(i)}$($i=1$、2、3)可选作另外三个轴矢.这组刚性四轴矢 $e_\mu^{(\alpha)}$ 就称作标架.其中 μ 是黎曼指标,α 是标架指标.[1,7]

如果这组标架满足

$$g^{\mu\nu}e_\mu^{(\alpha)}e_\nu^{(\beta)}=\bar{g}^{\alpha\beta}\big|_P\quad(\mu、\nu=0、1、2、3;\alpha、\beta=0、1、2、3),\tag{1.3.1}$$

其中

$$\bar{g}^{\alpha\beta}\big|_P=G^{\alpha\beta},\tag{1.3.2}$$

$$G_{\alpha\beta}=G^{\alpha\beta}=\begin{pmatrix}1&0&0&0\\0&-1&0&0\\0&0&-1&0\\0&0&0&-1\end{pmatrix},\tag{1.3.3}$$

则这组标架的四个轴矢相互正交,组成幺正基.我们称这样的标架为正交标架.

$\bar{g}^{\alpha\beta}\big|_P$ 为度规张量 $g^{\mu\nu}$ 在标架上的投影,称作度规的标架分量.正交标架

的黎曼指标 μ、ν 用 $g_{\mu\nu}$ 和 $g^{\mu\nu}$ 来升降，而标架指标 α、β 则由 $G_{\alpha\beta}$ 和 $G^{\alpha\beta}$ 来升降．于是，我们可以定义

$$\begin{cases} e_{(\alpha)\mu} = G_{\alpha\beta} e^{(\beta)}_{\mu}, \\ e^{(\alpha)\mu} = g^{\mu\nu} e^{(\alpha)}_{\nu}, \\ e^{\mu}_{(\alpha)} = G_{\alpha\beta} e^{(\beta)\mu} = G_{\alpha\beta} g^{\mu\nu} e^{(\beta)}_{\nu}. \end{cases} \tag{1.3.4}$$

在标架空间，$e^{(\alpha)}_{\mu}$、$e^{(\alpha)\mu}$ 是逆变矢量；$e_{(\alpha)\mu}$、$e^{\mu}_{(\alpha)}$ 是协变矢量．

在黎曼空间，$e^{\mu}_{(\alpha)}$、$e^{(\alpha)\mu}$ 是逆变矢量；$e_{(\alpha)\mu}$、$e^{(\alpha)}_{\mu}$ 是协变矢量．

$G_{\alpha\beta}$ 和 $G^{\alpha\beta}$ 没有黎曼指标，所以它们在黎曼空间都是标量．当然，在标架空间，它们分别是协变张量和逆变张量．

应该强调，虽然局部惯性系可以用该点的正交标架来描述，但正交标架并不意味着一定描述局部惯性系．在局部非惯性系中，甚至在有挠时空中均可建立正交标架．

通过升降指标，式(1.3.1)可改写作

$$g_{\mu\nu} e^{\mu}_{(\alpha)} e^{\nu}_{(\beta)} = \bar{g}_{\alpha\beta}\big|_P, \tag{1.3.5}$$

或

$$e^{\mu}_{(\alpha)} e_{(\beta)\mu} = \bar{g}_{\alpha\beta}\big|_P. \tag{1.3.6}$$

正交标架的定义只要求

$$\bar{g}_{\alpha\beta}\big|_P = G_{\alpha\beta}, \tag{1.3.7}$$

并未要求

$$\bar{g}_{\alpha\beta,\gamma}\big|_P = 0. \tag{1.3.8}$$

式(1.3.8)等价于

$$\Gamma^{\alpha}_{\beta\gamma} = 0. \tag{1.3.9}$$

式(1.3.9)意味着引力场强和惯性场强为零．所以式(1.3.7)与式(1.3.8)同时成立时，

$$\begin{aligned} \bar{g}_{\alpha\beta}\big|_P &= G_{\alpha\beta}, \\ \bar{g}_{\alpha\beta,\gamma}\big|_P &= 0, \end{aligned} \tag{1.3.10}$$

正交标架描述局部惯性系．如果 $\bar{g}_{\alpha\beta,\gamma}\big|_P \neq 0$，则描述局部非惯性系．顺便指出，即使式(1.3.10)成立，也一定有

$$\bar{g}_{\alpha\beta,\gamma\delta}\big|_P \neq 0; \tag{1.3.11}$$

否则，时空黎曼曲率张量将为零，时空必须是平直的．

一切刚性标架均具有下列性质：

(1) 标架行列式 $e \equiv |e_{(\alpha)\mu}|$,满足

$$e=\sqrt{-g}; \tag{1.3.12}$$

(2)

$$e^{\mu}_{(\alpha)}e^{(\beta)}_{\mu}=\delta^{\beta}_{\alpha}\quad(\text{来源于式(1.3.4)}); \tag{1.3.13}$$

(3)

$$e^{(\alpha)}_{\mu}e^{\nu}_{(\alpha)}=\delta^{\nu}_{\mu}\quad(\text{来源于式(1.3.4)}); \tag{1.3.14}$$

(4)

$$e^{\mu}_{(\alpha)}e^{\nu(\alpha)}=g^{\mu\nu}\quad(\text{升降指标,从式(1.3.3)得到}); \tag{1.3.15}$$

(5)

$$e^{(\alpha)}_{\mu}e_{\nu(\alpha)}=g_{\mu\nu}\quad(\text{升降指标,从式(1.3.3)得到}); \tag{1.3.16}$$

(6) 对标架的刚性转动,$g_{\mu\nu}$是标量.

证明 (1) 从式(1.3.1),知

$$g^{\mu\nu}e_{(\alpha)\mu}e_{(\beta)\nu}=G_{\alpha\beta},$$

所以$|g^{\mu\nu}||e_{(\alpha)\mu}||e_{(\beta)\nu}|=|G_{\alpha\beta}|$,但$|g^{\mu\nu}|=1/g$,$|G_{\alpha\beta}|=-1$,因此 $e^2=-g$,由此得 $e=\sqrt{-g}$.

(2) $e^{\mu}_{(\alpha)}e^{(\beta)}_{\mu}=e^{\mu}_{(\alpha)}G^{\beta\gamma}e_{(\gamma)\mu}=G^{\beta\gamma}G_{\alpha\gamma}=\delta^{\beta}_{\alpha}$.

(3) 定义 $e^{(\alpha)}_{\mu}$ 和$e^{(\beta)\nu}$的代数余子式分别为$A^{\mu}_{(\alpha)}$和 $A_{(\beta)\nu}$,于是

$$\frac{A^{\nu}_{(\alpha)}A_{(\beta)\nu}}{e^2}G^{\alpha\gamma}=\frac{A^{\nu}_{(\alpha)}A_{(\beta)\nu}}{e^2}\cdot e^{(\alpha)}_{\mu}e^{\mu(\gamma)}=\frac{A^{\nu}_{(\alpha)}}{e}e^{(\alpha)}_{\mu}\cdot\frac{A_{(\beta)\nu}}{e}e^{\mu(\gamma)}$$

$$=\delta^{\nu}_{\mu}\frac{A_{(\beta)\nu}}{e}e^{(\gamma)\mu}=\frac{A_{(\beta)\mu}}{e}e^{(\gamma)\mu}=\delta^{\gamma}_{\beta}.$$

所以 $A^{\nu}_{(\alpha)}A_{(\beta)\nu}/e^2$ 为 $G^{\alpha\gamma}$的逆矩阵.又因为逆矩阵是唯一的,故

$$\frac{A^{\nu}_{(\alpha)}A_{(\beta)\nu}}{e^2}=G_{\alpha\beta}. \tag{1.3.17}$$

由此得

$$e^{\nu}_{(\alpha)}=G_{\alpha\beta}e^{(\beta)\nu}=\frac{A^{\mu}_{(\alpha)}A_{(\beta)\mu}}{e^2}e^{(\beta)\nu}=\frac{A^{\mu}_{(\alpha)}}{e}\delta^{\nu}_{\mu}=\frac{A^{\nu}_{(\alpha)}}{e},$$

$$e^{(\alpha)}_{\mu}e^{\nu}_{(\alpha)}=e^{(\alpha)}_{\mu}\frac{A^{\nu}_{(\alpha)}}{e}=\delta^{\nu}_{\mu}.$$

(4) 把式(1.3.14)两端乘 $g^{\mu\sigma}$:

$$e^{(\alpha)\sigma}e^{\nu}_{(\alpha)}=g^{\sigma\nu}(\sigma\to\nu,\nu\to\mu)\quad\Rightarrow\quad e^{\mu}_{(\alpha)}e^{(\alpha)\nu}=g^{\mu\nu}.$$

(5) 把式(1.3.14)两端乘以 $g_{\sigma\nu}$:

$$e_\mu^{(\alpha)} e_{(\alpha)\sigma} = g_{\mu\sigma}, \quad 即 \quad e_\mu^{(\alpha)} e_{(\alpha)\nu} = g_{\mu\nu}. \tag{1.3.18}$$

(6) 标架的刚性转动(对正交标架,此转动对应局域洛伦兹变换)

$$e'_{(\alpha)\mu} = L_{(\alpha)}^{(\beta)} e_{(\beta)\mu}, \quad e'^{(\alpha)}_\nu = L_{(\gamma)}^{-1(\alpha)} e_\nu^{(\gamma)}.$$

因为

$$LL^{-1} = L^{-1}L = I, \quad 即 \quad L_{(\alpha)}^{(\beta)} L_{(\gamma)}^{-1(\alpha)} = \delta_\gamma^\beta,$$

所以

$$g'_{\mu\nu} = e'^{(\alpha)}_\mu e'_{(\alpha)\nu} = L_{(\gamma)}^{-1(\alpha)} e_\mu^{(\gamma)} L_{(\alpha)}^{(\beta)} e_{(\beta)\nu} = \delta_\gamma^\beta e_\mu^{(\gamma)} e_{(\beta)\nu} = e_\mu^{(\beta)} e_{(\beta)\nu} = g_{\mu\nu}.$$

注意:上述六条性质中,(2)~(5)适用于任何刚性标架,不仅仅是正交标架.性质(1)也未要求是正交标架,只用了$|G_{\alpha\beta}| = -1$.

讨论:① 标架的正交性特点表现在

$$e_\mu^{(\alpha)} e^{(\beta)\mu} = G^{\alpha\beta}, \quad 或 \quad e_{\mu(\alpha)} e_{(\beta)}^\mu = G_{\alpha\beta}. \tag{1.3.19}$$

② 正交标架不等于局部惯性系.

③ 当黎曼-嘉当时空中的每一点都对应一个确定的标架时,这些标架组成标架场.

在黎曼-嘉当时空的每一点,均可建立无穷多个标架,它们可通过一个标架转动不同角度得到.因此,在每一时空点均存在一个标架空间,这个标架空间可看作该时空点的一根纤维.

全时空各点的标架空间(纤维)构成一个纤维丛,称为标架丛.

④ 不论是惯性观测者还是非惯性观测者,都伴随有自己的正交标架.任何物理量或几何量的观测值,都是这些量在观测者正交标架上的投影,它们都是黎曼时空中的标量,与广义坐标的选择无关,也就是说,与坐标系的选择无关.[1,6]

任何物理量和几何量都是黎曼时空中的张量,如A_μ、F^μ_ν等,它们在正交标架上的投影为[6]

$$A_{(\alpha)} = e_{(\alpha)}^\mu A_\mu, \quad F_{(\beta)}^{(\alpha)} = e_\mu^{(\alpha)} e_{(\beta)}^\nu F^\mu_\nu.$$

显然,$A_{(\alpha)}$和$F_{(\beta)}^{(\alpha)}$都没有黎曼指标,它们都是黎曼空间的标量,与坐标系的选择无关.当然,在标架变换(局域洛伦兹变换)下,它们不是标量.所以,在同一时空点,具有不同速度的观测者的观测值会不同,但具有相同速度,只是加速度不同的观测者的测量值会相同.

1.3.2　零标架

在标架空间不仅可以建立正交标架，也可以建立非正交归一的标架，例如零标架.零标架的特点是，它的基矢 $Z_{m\mu}$ 都是类光矢量.[1-2,14-16]

在号差为 -2 的黎曼时空中，可按下述方式逐点定义零标架.仿照正交标架的定义式(1.3.1)，

$$g^{\mu\nu}e_{\mu}^{(\alpha)}e_{\nu}^{(\beta)}=G^{\alpha\beta}, \tag{1.3.20}$$

或

$$g^{\mu\nu}e_{(\alpha)\mu}e_{(\beta)\nu}=G_{\alpha\beta}. \tag{1.3.21}$$

定义零标架 $Z_{m\mu}$ 为

$$g^{\mu\nu}Z_{m\mu}Z_{n\nu}=\eta_{mn}, \tag{1.3.22}$$

其中标架度规 η_{mn} 不同于 $G_{\alpha\beta}$，为

$$\eta_{mn}=\eta^{mn}=\begin{pmatrix}0&1&0&0\\1&0&0&0\\0&0&0&-1\\0&0&-1&0\end{pmatrix}, \tag{1.3.23}$$

其行列式

$$\eta=|\eta_{mn}|=1, \tag{1.3.24}$$

式中 m、n 为标架指标，μ、ν 为黎曼指标. m、$n=1$、2、3、4；μ、$\nu=0$、1、2、3. 黎曼指标用黎曼度规 $g_{\mu\nu}$ 和 $g^{\mu\nu}$ 来升降，标架指标用标架度规 η_{mn} 和 η^{mn} 来升降.例如

$$Z_{m}^{\mu}=g^{\mu\nu}Z_{m\nu},\quad Z_{\mu}^{m}=\eta^{mn}Z_{n\mu},\quad Z^{m\mu}=\eta^{mn}g^{\mu\nu}Z_{n\nu}. \tag{1.3.25}$$

零标架与正交标架的区别在于标架度规不同，η_{mn} 显然不同于 $G_{\alpha\beta}$，这种不同使得零标架具有类光特性.

容易看出，零标架具有如式(1.3.12)～式(1.3.16)所示的一般标架的六条性质：

(1) 行列式 $Z=|Z_{m\mu}|$，满足

$$Z=\sqrt{-g}; \tag{1.3.26}$$

(2)

$$Z_{m}^{\mu}Z_{\mu}^{n}=\delta_{m}^{n}; \tag{1.3.27}$$

(3)

$$Z_\mu^m Z_m^\nu = \delta_\mu^\nu ; \tag{1.3.28}$$

(4)

$$Z_m^\mu Z^{m\nu} = g^{\mu\nu} ; \tag{1.3.29}$$

(5)

$$Z_\mu^m Z_{m\nu} = g_{\mu\nu} ; \tag{1.3.30}$$

(6) 对标架的刚性转动,$g_{\mu\nu}$ 是标量.

通过升降指标,式(1.3.22)可改写为

$$Z_{m\mu} Z_n^\mu = \eta_{mn} , \tag{1.3.31}$$

或

$$Z_\mu^m Z^{n\mu} = \eta^{mn} . \tag{1.3.32}$$

此两式反映了零标架的主要特性.

我们用 l_μ、n_μ、m_μ 和 $\overline{m}_\mu$ 来表示 $Z_{m\mu}$ 的各分量,

$$Z_{m\mu} = (Z_{1\mu}, Z_{2\mu}, Z_{3\mu}, Z_{4\mu}) = (l_\mu, n_\mu, m_\mu, \overline{m}_\mu), \tag{1.3.33}$$

升降指标可得

$$Z_m^\mu = (Z_1^\mu, Z_2^\mu, Z_3^\mu, Z_4^\mu) = (l^\mu, n^\mu, m^\mu, \overline{m}^\mu), \tag{1.3.34}$$

$$Z_\mu^m = (Z_\mu^1, Z_\mu^2, Z_\mu^3, Z_\mu^4) = (n_\mu, l_\mu, -\overline{m}_\mu, -m_\mu), \tag{1.3.35}$$

$$Z^{m\mu} = (Z^{1\mu}, Z^{2\mu}, Z^{3\mu}, Z^{4\mu}) = (n^\mu, l^\mu, -\overline{m}^\mu, -m^\mu). \tag{1.3.36}$$

式(1.3.35)容易从式(1.3.33)得到:

$$\begin{pmatrix} 0 & 1 & 0 & 0 \\ 1 & 0 & 0 & 0 \\ 0 & 0 & 0 & -1 \\ 0 & 0 & -1 & 0 \end{pmatrix} \begin{pmatrix} l_\mu \\ n_\mu \\ m_\mu \\ \overline{m}_\mu \end{pmatrix} = \begin{pmatrix} n_\mu \\ l_\mu \\ -\overline{m}_\mu \\ -m_\mu \end{pmatrix}.$$

通常的零标架,是指标架的协变分量 $Z_{m\mu}$ 和 Z_m^μ. 从式(1.3.31),容易证明

$$\begin{cases} l_\mu l^\mu = n_\mu n^\mu = m_\mu m^\mu = \overline{m}_\mu \overline{m}^\mu = 0, \\ l_\mu n^\mu = -m_\mu \overline{m}^\mu = 1, \\ l_\mu m^\mu = l_\mu \overline{m}^\mu = n_\mu m^\mu = n_\mu \overline{m}^\mu = 0. \end{cases} \tag{1.3.37}$$

式(1.3.37)即式(1.3.31);l_μ、n_μ、m_μ、$\overline{m}_\mu$ 即黑洞物理中常见的零标架

形式.

总之,零标架的常见写法如式(1.3.33)和式(1.3.34)所示.它们的定义(类光性质)如式(1.3.31)或式(1.3.37)所示:

$$Z_{m\mu}Z^{\mu}_{n}=\eta_{mn}\quad\Leftrightarrow\quad\begin{cases}l_{\mu}l^{\mu}=n_{\mu}n^{\mu}=m_{\mu}m^{\mu}=\overline{m}_{\mu}\overline{m}^{\mu}=0,\\ l_{\mu}n^{\mu}=-m_{\mu}\ \overline{m}^{\mu}=1,\\ l_{\mu}m^{\mu}=l_{\mu}\overline{m}^{\mu}=n_{\mu}m^{\mu}=n_{\mu}\overline{m}^{\mu}=0.\end{cases}\tag{1.3.38}$$

零标架与度规的关系由式(1.3.29)和式(1.3.30)给出,

$$\begin{aligned}g_{\mu\nu}&=\eta^{mn}Z_{m\mu}Z_{n\nu}=l_{\mu}n_{\nu}+n_{\mu}l_{\nu}-m_{\mu}\overline{m}_{\nu}-\overline{m}_{\mu}m_{\nu},\\ g^{\mu\nu}&=\eta^{mn}Z^{\mu}_{m}Z^{\nu}_{n}=l^{\mu}n^{\nu}+n^{\mu}l^{\nu}-m^{\mu}\overline{m}^{\nu}-\overline{m}^{\mu}m^{\nu}.\end{aligned}\tag{1.3.39}$$

注　刘辽著的《广义相对论》293页给出

$$g^{\mu\nu}=\lambda^{\mu}_{(\alpha)}\tau^{(\alpha)\nu},$$

即式(1.3.39),其中 $\lambda^{\mu}_{(\alpha)}$ 即此处的 Z^{μ}_{m},$\tau^{(\alpha)\nu}$ 即此处的 $Z^{m\nu}$.

1.4　弯曲时空中的旋量和狄拉克方程

1.4.1　标架空间的联络

对于零标架,引入标架空间的联络,即里奇(Ricci)旋度系数[2,14-17]

$$\gamma_{m}{}^{np}=Z_{m\mu;\nu}Z^{n\mu}Z^{p\nu},\tag{1.4.1}$$

它有反对称性:

$$\gamma^{mnp}=-\gamma^{nmp}.\tag{1.4.2}$$

注意:联络通常用基矢来定义,

$$\Gamma^{\lambda}_{\nu\mu}=(e^{\lambda})_{b}(e_{\nu})^{a}\ \nabla_{a}(e_{\mu})^{b},\tag{1.4.3}$$

当 $(e^{\lambda})_{b}$ 是坐标基矢时,

$$\Gamma^{\lambda}_{\nu\mu}=(\mathrm{d}x^{\lambda})_{b}\left(\frac{\partial}{\partial x^{\nu}}\right)^{a}\ \nabla_{a}\left(\frac{\partial}{\partial x^{\mu}}\right)^{b}\tag{1.4.4}$$

是仿射联络,即切丛上的联络.当 $(e^{m})_{b}$ 是标架基(正交标架或零标架)时,

$$\Gamma^{m}_{np}=(e^{m})_{b}(e_{n})^{a}\ \nabla_{a}(e_{p})^{b}\tag{1.4.5}$$

是标架空间的联络,即旋度系数,或标架丛上的联络.式(1.4.1)与式(1.4.5)的定义有以下关系:

$$\Gamma^{n}_{pm} = \Gamma^{n}{}_{pm} = \gamma_{m}{}^{n}{}_{p}.$$

张量的黎曼分量与标架分量之间有以下关系:

$$T_{mn} = T_{\mu\nu} Z^{\mu}_{m} Z^{\nu}_{n}, \quad T_{\mu\nu} = T_{mn} Z^{m}_{\mu} Z^{n}_{\nu}, \tag{1.4.6}$$

标架的内禀导数定义为

$$T^{mn;p} = T^{mn}_{;\mu} Z^{p\mu}. \tag{1.4.7}$$

1.4.2 旋量

张量与旋量之间由 $\sigma^{\mu}_{AB'}$(弯曲时空的泡利矩阵)来联系[16-17].它满足

$$g_{\mu\nu}\sigma^{\mu}_{AB'}\sigma^{\nu}_{CD'} = \varepsilon_{AC}\varepsilon_{B'D'}, \tag{1.4.8}$$

一般张量与旋量之间的联系式是

$$\begin{aligned} X^{AB'CD'}{}_{EF'} &= \sigma^{AB'}_{\lambda}\sigma^{CD'}_{\mu} X^{\lambda\mu}{}_{\nu}\sigma^{\nu}_{EF'}, \\ X^{\lambda\mu}{}_{\nu} &= \sigma^{\lambda}_{AB'}\sigma^{\mu}_{CD'} X^{AB'CD'}{}_{EF'}\sigma^{EF'}_{\nu}. \end{aligned} \tag{1.4.9}$$

式中 A、B'等为旋量指标.可见,一个张量指标对应一对旋量指标.旋量比张量适用范围更广.$\sigma^{AB'}_{\mu}$ 是 2×2 厄米矩阵,满足

$$\sigma^{\mu}_{AB'}\sigma^{\nu AB'} = g^{\mu\nu}, \tag{1.4.10}$$

或

$$\sigma^{\mu}_{AB'}\sigma^{AB'}_{\nu} = \delta^{\mu}_{\nu} \quad (\text{见[16]417 页}). \tag{1.4.11}$$

ε 是勒维-齐维塔(Levi-Civita)符号,反对称,满足

$$\begin{aligned} \varepsilon_{01} &= \varepsilon_{0'1'} = \varepsilon^{01} = \varepsilon^{0'1'} = 1, \\ \varepsilon_{10} &= \varepsilon_{1'0'} = \varepsilon^{10} = \varepsilon^{1'0'} = -1, \end{aligned} \tag{1.4.12}$$

或

$$\varepsilon_{AC} = \varepsilon_{A'C'} = \varepsilon^{AC} = \varepsilon^{A'C'} = \begin{pmatrix} 0 & 1 \\ -1 & 0 \end{pmatrix}. \tag{1.4.13}$$

$\varepsilon_{AC}\varepsilon_{B'D'}$ 与 $g_{\mu\nu}$ 相当,因此 ε_{AC} 和 $\varepsilon_{B'D'}$ 可看作旋量空间的度规,用来升降旋量指标:

$$\begin{aligned} \zeta^{A} &= \varepsilon^{AB}\zeta_{B}, \quad \zeta_{B} = \zeta^{A}\varepsilon_{AB}, \\ \eta^{A'} &= \varepsilon^{A'B'}\eta_{B'}, \quad \eta_{B'} = \eta^{A'}\varepsilon_{A'B'}. \end{aligned} \tag{1.4.14}$$

注意,升指标时 ε 在前,降指标时 ε 在后.

对旋量取复共轭时，带撇指标变成无撇的，无撇指标变成带撇的. 如

$$X^{AB'CD'}{}_{EF'} \to \overline{X}^{A'BC'D}{}_{E'F} = \overline{X}^{BA'DC'}{}_{FE'} = X^{BA'DC'}{}_{FE'}. \qquad (1.4.15)$$

带撇与不带撇的旋指标可交换顺序. 习惯上不带撇的放在左边，带撇的放在右边. 但两个带撇的指标不能交换顺序；两个不带撇的也不能交换顺序.

旋量的协变导数定义为

$$\zeta_{A;\mu} = \zeta_{A,\mu} - \zeta_B \Gamma^B{}_{A\mu}, \qquad (1.4.16)$$

其中 $\Gamma^B{}_{A\mu}$ 是旋仿射联络. 相当于带撇指标的是 $\overline{\Gamma}^{B'}{}_{A'\mu}$.

注意，$\Gamma^B{}_{A\mu}$ 不是唯一的. 通常令 $\sigma^\mu_{AB'}$、ε_{AB}、$\varepsilon_{A'B'}$ 的协变导数都为零来唯一确定 $\Gamma^B{}_{A\mu}$.

此外，如果 $X^{\lambda\mu}{}_\nu$ 是实的，则相应的旋量应满足厄米性：

$$X^{AB'CD'}{}_{EF'} = \overline{X}^{BA'DC'}{}_{FE'}. \qquad (1.4.17)$$

1.4.3 旋基(dyad-旋标架)

从式(1.4.8)可知，$\sigma^\mu_{AB'}$ 的正交性与零标架相同. 然而，为了唯一确定 $\Gamma^B{}_{A\mu}$，已令 $\sigma^\mu_{AB'}$ 的协变导数为零. 由于 $\sigma^\mu_{AB'}$ 的协变导数为零，而零标架的协变导数不为零，所以不能认为两者相同. 为此，我们引入旋基.[17]

定义旋基

$$\zeta^A_0 = O^A, \quad \zeta^A_1 = \iota^A, \quad \overline{\zeta}^{A'}_{0'} = \overline{O}^{A'}, \quad \overline{\zeta}^{A'}_{1'} = \overline{\iota}^{A'}, \qquad (1.4.18)$$

满足

$$O_A \iota^A = \varepsilon_{AB} O^A \iota^B = -\varepsilon_{BA} O^A \iota^B = -\iota_A O^A = 1, \qquad (1.4.19)$$

且

$$\begin{aligned} l^\mu &= \sigma^\mu_{AB'} O^A \overline{O}^{B'}, \quad n^\mu = \sigma^\mu_{AB'} \iota^A \overline{\iota}^{B'}, \\ m^\mu &= \sigma^\mu_{AB'} O^A \overline{\iota}^{B'}, \\ \overline{m}^\mu &= \sigma^\mu_{BA'} \overline{O}^{A'} \iota^B = \sigma^\mu_{BA'} \iota^B \overline{O}^{A'} = \sigma^\mu_{AB'} \iota^A \overline{O}^{B'}. \end{aligned} \qquad (1.4.20)$$

即

$$l^\mu = \sigma^\mu_{00'}, \quad n^\mu = \sigma^\mu_{11'}, \quad m^\mu = \sigma^\mu_{01'}, \quad \overline{m}^\mu = \sigma^\mu_{10'}. \qquad (1.4.21)$$

注意，上式中 00′、11′、01′、10′均为旋标架指标 ab'，不是旋量指标 AB'.

由于协变微分只作用于旋量指标 A、B'(有相应的联络项)，不作用于

旋基指标 a、b'(无相应的联络项),$\sigma^{\mu}_{ab'}$ 与零标架的协变导数相同,所以可以认为两者相同,如式(1.4.21)所示.

从式(1.4.20)到式(1.4.21),我们用了旋分量与旋基分量之间的变换关系式

$$\sigma^{\mu}_{ab'} = \sigma^{\mu}_{AB'}\zeta^{A}_{a}\bar{\zeta}^{B'}_{b'}. \tag{1.4.22}$$

一般情况下,有

$$Y_{ab'c} = Y_{AB'C}\zeta^{A}_{a}\bar{\zeta}^{B'}_{b'}\zeta^{C}_{c}. \tag{1.4.23}$$

协变微分只与 A、B'有关,而与 a、b'无关,这一点是两种指标的主要区别.通常可取

$$\zeta^{A}_{a} = \delta^{A}_{a}. \tag{1.4.24}$$

在旋标架空间中,也可引进联络

$$\Gamma_{abcd'} = \zeta_{aA;\mu}\zeta^{A}_{b}\sigma^{\mu}_{cd'}, \tag{1.4.25}$$

具有对称性

$$\Gamma_{abcd'} = \Gamma_{bacd'}. \tag{1.4.26}$$

定义

$$\varphi^{\cdots}_{\cdots;\mu}\sigma^{\mu}_{ab'} \equiv \partial_{ab'}\varphi^{\cdots}_{\cdots}, \tag{1.4.27}$$

可把内禀导数

$$\begin{aligned} \mathrm{D}\varphi \equiv \varphi_{;\mu}l^{\mu}, \quad \Delta\varphi \equiv \varphi_{;\mu}n^{\mu}, \\ \delta\varphi \equiv \varphi_{;\mu}m^{\mu}, \quad \bar{\delta}\varphi \equiv \varphi_{;\mu}\bar{m}^{\mu} \end{aligned} \tag{1.4.28}$$

写成

$$\mathrm{D} = \partial_{00'}, \quad \Delta = \partial_{11'}, \quad \delta = \partial_{01'}, \quad \bar{\delta} = \partial_{10'}. \tag{1.4.29}$$

这里用了标架内禀导数的定义式(1.4.7).注意 φ 是旋量 φ^{A},从式(1.4.7),可知式(1.4.28)相当于 $\varphi^{A}_{;m} = \varphi^{A}_{;\mu}Z^{\mu}_{m}$.

1.4.4 彭罗斯的旋系数

式(1.4.1)定义的 γ_{nmp} 为零标架的联络,或里奇旋度系数.彭罗斯用希腊字母来代表这 12 个复系数[15-17]:

$$
\begin{aligned}
&\kappa = \gamma_{131} = l_{\mu;\nu} m^\mu l^\nu, \\
&\varepsilon = \frac{1}{2}(\gamma_{121} - \gamma_{341}) = \frac{1}{2}(l_{\mu;\nu} n^\mu l^\nu - m_{\mu;\nu} \bar{m}^\mu l^\nu), \\
&\pi = -\gamma_{241} = -n_{\mu;\nu} \bar{m}^\mu l^\nu, \\
&\rho = \gamma_{134} = l_{\mu;\nu} m^\mu \bar{m}^\nu, \\
&\alpha = \frac{1}{2}(\gamma_{124} - \gamma_{344}) = \frac{1}{2}(l_{\mu;\nu} n^\mu \bar{m}^\nu - m_{\mu;\nu} \bar{m}^\mu \bar{m}^\nu), \\
&\lambda = -\gamma_{244} = -n_{\mu;\nu} \bar{m}^\mu \bar{m}^\nu, \qquad (1.4.30) \\
&\sigma = \gamma_{133} = l_{\mu;\nu} m^\mu m^\nu, \\
&\beta = \frac{1}{2}(\gamma_{123} - \gamma_{343}) = \frac{1}{2}(l_{\mu;\nu} n^\mu m^\nu - m_{\mu;\nu} \bar{m}^\mu m^\nu), \\
&\mu = -\gamma_{243} = -n_{\mu;\nu} \bar{m}^\mu m^\nu, \\
&\tau = \gamma_{132} = l_{\mu;\nu} m^\mu n^\nu, \\
&\gamma = \frac{1}{2}(\gamma_{122} - \gamma_{342}) = \frac{1}{2}(l_{\mu;\nu} n^\mu n^\nu - m_{\mu;\nu} \bar{m}^\mu n^\nu), \\
&\nu = -\gamma_{242} = -n_{\mu;\nu} \bar{m}^\mu n^\nu.
\end{aligned}
$$

这 12 个复系数与旋标架联络的关系可由表 1.4.1 给出.

表 1.4.1

cd' \ Γ_{abcd} \ ab	00	01 或 10	11
00′	κ	ε	π
10′	ρ	α	λ
01′	σ	β	μ
11′	τ	γ	ν

下面以 κ 为例,证明上述旋系数与旋标架联络间的关系.

证　易知

$$
l_\mu = \sigma_{\mu A\dot{B}} O^A \bar{O}^{\dot{B}} = \sigma_{\mu A\dot{B}} \zeta_0{}^A \bar{\zeta}_0^{\dot{B}} = \sigma_\mu{}^{A\dot{B}} \zeta_{0A} \bar{\zeta}_{0\dot{B}}, \qquad (1.4.31)
$$

式中 $\dot{B}$ 即 B'. 按规定, $\sigma_\mu{}^{A\dot{B}}$ 的协变微商为零,即

$$
\sigma_\mu{}^{A\dot{B}}{}_{;\nu} = 0, \qquad (1.4.32)
$$

所以

$$l_{\mu;\nu} = \sigma_{\mu}{}^{A\dot{B}}[\zeta_{0A;\nu}\overline{\zeta}_{0\dot{B}} + \zeta_{0A}(\zeta_{0\dot{B};\nu})], \tag{1.4.33}$$

$$\begin{aligned}\kappa &= l_{\mu;\nu}m^{\mu}l^{\nu}\\ &= \sigma_{\mu}{}^{A\dot{B}}[\zeta_{0A;\nu}\overline{\zeta}_{0\dot{B}} + \zeta_{0A}(\overline{\zeta}_{0\dot{B};\nu})](\sigma^{\mu}_{C\dot{D}}\zeta^{C}_{0}\overline{\zeta}^{\dot{D}}_{1})(\sigma^{\nu}_{E\dot{F}}\zeta^{E}_{0}\overline{\zeta}^{\dot{F}}_{0}).\end{aligned} \tag{1.4.34}$$

上式最后两个小括号内的结果即 m^{μ} 和 l^{ν}. 由于

$$\sigma_{\mu}{}^{A\dot{B}}\sigma^{\mu}_{C\dot{D}} = \delta^{A}_{C}\delta^{\dot{B}}_{\dot{D}}, \tag{1.4.35}$$

$$\sigma^{\nu}_{E\dot{F}}\zeta^{E}_{0}\overline{\zeta}^{\dot{F}}_{0} = \sigma^{\nu}_{0\dot{0}}, \tag{1.4.36}$$

所以

$$\begin{aligned}\kappa &= \delta^{A}_{C}\delta^{\dot{B}}_{\dot{D}}[\zeta_{0A;\nu}\overline{\zeta}_{0\dot{B}} + \zeta_{0A}(\overline{\zeta}_{0\dot{B};\nu})]\zeta^{C}_{0}\overline{\zeta}^{\dot{D}}_{1}\sigma^{\nu}_{0\dot{0}}\\ &= [\zeta_{0A;\nu}\overline{\zeta}_{0\dot{B}} + \zeta_{0A}(\overline{\zeta}_{0\dot{B};\nu})]\zeta^{A}_{0}\overline{\zeta}^{\dot{B}}_{1}\sigma^{\nu}_{0\dot{0}}.\end{aligned} \tag{1.4.37}$$

因为

$$\begin{aligned}&O_{A}\iota^{A} = 1, \quad 即 \quad \zeta_{0A}\zeta^{A}_{1} = 1, \ \overline{\zeta}_{0\dot{A}}\overline{\zeta}^{\dot{A}}_{1} = 1,\\ &O_{A}O^{A} = 0, \quad 即 \quad \zeta_{0A}\zeta^{A}_{0} = 0,\end{aligned} \tag{1.4.38}$$

所以

$$\kappa = (\zeta_{0A;\nu})\zeta^{A}_{0}\sigma^{\nu}_{0\dot{0}} = \Gamma_{000\dot{0}}. \tag{1.4.39}$$

这里用了文献[17]的式(3.9).

注 任何一阶旋量的长度为零,即

$$\zeta_{A}\zeta^{A} = \eta^{AB}\zeta_{A}\zeta_{B} = \zeta_{0}\zeta_{1} - \zeta_{1}\zeta_{0} = 0,$$

这是因为规定了旋度规

$$\eta_{AB} = \eta^{AB} = \begin{pmatrix} 0 & 1 \\ -1 & 0 \end{pmatrix}.$$

因而,若旋量与矢量的对应关系保持标量积(内积)不变,则任意一个一阶旋量对应的一个一阶矢量必为零矢量(null vector).

1.4.5 张量、旋量、零标架与旋标架的关系

它们之间的关系如图 1.4.1 所示.

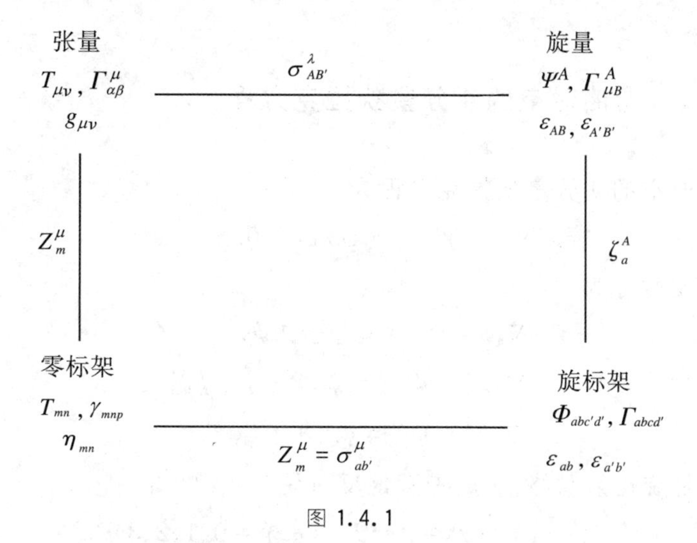

图 1.4.1

1.4.6　平直时空的 4 分量狄拉克方程

平直时空的 4 分量狄拉克方程为

$$\frac{1}{c}\frac{\partial\psi}{\partial t} + \alpha^i \frac{\partial\psi}{\partial x^i} + \frac{\mathrm{i}m_0}{\hbar}\beta\psi = 0, \tag{1.4.40}$$

其中

$$\alpha^i = \begin{pmatrix} 0 & \sigma^i \\ \sigma^i & 0 \end{pmatrix},\ \beta = \begin{pmatrix} I & 0 \\ 0 & -I \end{pmatrix}, \tag{1.4.41}$$

$$I = \begin{pmatrix} 1 & 0 \\ 0 & 1 \end{pmatrix},\ \sigma^1 = \begin{pmatrix} 0 & 1 \\ 1 & 0 \end{pmatrix},\ \sigma^2 = \begin{pmatrix} 0 & -\mathrm{i} \\ \mathrm{i} & 0 \end{pmatrix},\ \sigma^3 = \begin{pmatrix} 1 & 0 \\ 0 & -1 \end{pmatrix}. \tag{1.4.42}$$

也可用 γ 矩阵表出：

$$\gamma^\mu \psi_{,\mu} + \mathrm{i}m_0\psi = 0 \quad (\mu = 0、1、2、3). \tag{1.4.43}$$

这里已取 $\hbar = c = 1$. γ 矩阵为

$$\gamma^0 = \beta = \begin{pmatrix} I & 0 \\ 0 & -I \end{pmatrix}, \quad \gamma^\kappa = \beta\alpha^\kappa = \begin{pmatrix} 0 & \sigma^\kappa \\ -\sigma^k & 0 \end{pmatrix}, \tag{1.4.44}$$

满足反对易关系：

$$\gamma^\mu\gamma^\nu + \gamma^\nu\gamma^\mu = 2\eta^{\mu\nu} I, \tag{1.4.45}$$

当号差为 −2 时，

$$(\gamma^i)^2 = -I, \quad (\gamma^0)^2 = I. \tag{1.4.46}$$

1.4.7 弯曲时空的4分量狄拉克方程

弯曲时空的4分量狄拉克方程为

$$\gamma^{\mu}\psi_{;\mu}+\mathrm{i}m_0\psi=0. \tag{1.4.47}$$

旋量的协变微分为

$$\begin{aligned}&\nabla_{\mu}\psi=\psi_{;\mu}=\psi_{,\mu}-\Gamma_{\mu}\psi,\\&\nabla_{\mu}\psi_A=\psi_{A;\mu}=\psi_{A,\mu}-\Gamma^{B}_{A\mu}\psi_B,\\&\nabla_{\mu}\psi^A=\psi^A_{;\mu}=\psi^A_{,\mu}+\Gamma^{A}_{B\mu}\psi^B.\end{aligned} \tag{1.4.48}$$

$\Gamma_{\mu}\equiv\Gamma^{B}_{A\mu}$是旋仿射联络. γ 矩阵满足反对易关系[15-19]：

$$\gamma^{\alpha}\gamma^{\beta}+\gamma^{\beta}\gamma^{\alpha}=2g^{\alpha\beta}I\quad(\alpha、\beta=0、1、2、3). \tag{1.4.49}$$

注意弯曲时空的 γ 矩阵不同于平直时空的$\hat{\gamma}$矩阵，它们之间的关系为

$$\gamma^{\alpha}=h^{\alpha}_{(j)}\hat{\gamma}^{j}, \tag{1.4.50}$$

式中 $h^{\alpha}_{(j)}$为半度规，即标架，$h^{\alpha}_{(j)}$即 Z^{α}_{j}，α 为黎曼指标，j 为标架指标.

弯曲时空γ矩阵的协变形式γ_{λ} 又可写为

$$\gamma_{\lambda}\equiv\gamma^{B}_{A\lambda}. \tag{1.4.51}$$

令其满足

$$\gamma^{A}_{\lambda B;\mu}=\gamma^{A}_{\lambda B,\mu}-\Gamma^{\alpha}_{\lambda\mu}\gamma^{A}_{\alpha B}-\Gamma^{D}_{B\mu}\gamma^{A}_{\lambda D}+\gamma^{D}_{\lambda B}\Gamma^{A}_{D\mu}=0, \tag{1.4.52}$$

或

$$\gamma_{\lambda;\mu}=\gamma_{\lambda,\mu}-\Gamma^{\alpha}_{\lambda\mu}\gamma_{\alpha}-\Gamma_{\mu}\gamma_{\lambda}+\gamma_{\lambda}\Gamma_{\mu}=0,$$

即规定上述协变导数为零，以唯一确定 Γ_{μ} 与 γ_{λ} 的关系.

4分量狄拉克方程可写成

$$\gamma^{\mu}(\partial_{\mu}\psi-\Gamma_{\mu}\psi)+\mathrm{i}m_0\psi=0, \tag{1.4.53}$$

其中

$$\Gamma_{\mu}=-\frac{1}{4}\gamma^{\alpha}(\gamma_{\alpha,\mu}-\gamma_{\lambda}\Gamma^{\lambda}_{\alpha\mu}), \tag{1.4.54}$$

式(1.4.54)的导出过程很复杂.

1.4.8 弯曲时空狄拉克方程的2分量形式

为了与弯曲时空中的习惯用法相一致，我们在标架空间重新定义平直

时空中的泡利矩阵 $\sigma^j_{AB'}$，其中 j 是标架指标. 我们定义

$$\sigma^0_{AB'}=\frac{1}{\sqrt{2}}\begin{pmatrix}1&0\\0&1\end{pmatrix},\quad \sigma^1_{AB'}=\frac{1}{\sqrt{2}}\begin{pmatrix}0&1\\1&0\end{pmatrix},$$
$$\sigma^2_{AB'}=\frac{1}{\sqrt{2}}\begin{pmatrix}0&-\mathrm{i}\\ \mathrm{i}&0\end{pmatrix},\quad \sigma^3_{AB'}=\frac{1}{\sqrt{2}}\begin{pmatrix}1&0\\0&-1\end{pmatrix}. \tag{1.4.55}$$

平直空间 $\hat{\gamma}$ 矩阵

$$\hat{\gamma}^j=\begin{pmatrix}0&\sigma^j_{AB'}\\ \sigma^{jAB'}&0\end{pmatrix}\sqrt{2}\quad (j=0、1、2、3). \tag{1.4.56}$$

其中

$$A=0、1,\quad A'=0'、1',$$
$$\psi=\begin{pmatrix}u_A\\ \bar{v}^{B'}\end{pmatrix},\quad \overline{\psi}=(v^A,\bar{u}_{B'}). \tag{1.4.57}$$

狄拉克方程(1.4.47)可表示成[15-18]

$$\sqrt{2}h^\alpha_{(j)}\begin{pmatrix}0&\sigma^j_{AB'}\\ \sigma^{jAB'}&0\end{pmatrix}\nabla_\alpha\begin{pmatrix}u_A\\ \bar{v}^{B'}\end{pmatrix}+\mathrm{i}m_0\begin{pmatrix}u_A\\ \bar{v}^{B'}\end{pmatrix}=0, \tag{1.4.58}$$

或

$$\sqrt{2}h^\alpha_{(j)}\sigma^j_{AB'}\nabla_\alpha\bar{v}^{B'}+\mathrm{i}m_0u_A=0,$$
$$\sqrt{2}h^\alpha_{(j)}\sigma^{jAB'}\nabla_\alpha u_A+\mathrm{i}m_0\bar{v}^{B'}=0. \tag{1.4.59}$$

定义

$$\sigma^{\alpha AB'}\equiv h^\alpha_{(j)}\sigma^{jAB'},\quad \nabla^{AB'}\equiv\sigma^{\alpha AB'}\nabla_\alpha, \tag{1.4.60}$$

其中 $\sigma^{\alpha AB'}$ 是弯曲空间的量，$\sigma^{jAB'}$ 是标架空间的量，α 是黎曼指标，j 是标架指标. 方程(1.4.59)可化成

$$\sqrt{2}\nabla_{AB'}\bar{v}^{B'}+\mathrm{i}m_0u_A=0, \tag{1.4.61}$$

$$\sqrt{2}\nabla^{AB'}u_A+\mathrm{i}m_0\bar{v}^{B'}=0. \tag{1.4.62}$$

对式(1.4.61)的旋指标取复共轭（不对 i 取复共轭），$A\to A'$，$B'\to B$，得

$$\sqrt{2}\nabla_{BA'}v^B+\mathrm{i}m_0\bar{u}_{A'}=0. \tag{1.4.63}$$

注意，对旋指标取复共轭时 $\nabla_{AB'}\to\nabla_{BA'}$，两个旋指标要交换顺序. 再对式(1.4.63)交换傀标，得

$$\sqrt{2}\nabla_{AB'}v^A+\mathrm{i}m_0\bar{u}_{B'}=0. \tag{1.4.64}$$

现在变换式(1.4.62).利用一个技巧,在傀标作上、下移动时,先引入 δ 符号

$$\nabla^{AB'} u_A = \delta_A^C \nabla^{AB'} u_C,$$

再换傀标,可得

$$\sqrt{2}\nabla_{AB'} u^A + \mathrm{i} m_0 \bar{v}_{B'} = 0. \tag{1.4.65}$$

狄拉克方程的 2 分量形式就是

$$\begin{aligned} &\sqrt{2}\nabla_{AB'} u^A + \mathrm{i} m_0 \bar{v}_{B'} = 0, \\ &\sqrt{2}\nabla_{AB'} v^A + \mathrm{i} m_0 \bar{u}_{B'} = 0. \end{aligned} \tag{1.4.66}$$

采用钱德拉塞卡(Chandrasekhar)习惯,$u \to P$, $v \to Q$, $' \to \cdot$,式(1.4.66)可表示为

$$\begin{aligned} &\nabla_{A\dot{B}} P^A + \mathrm{i} m \bar{Q}_{\dot{B}} = 0, \\ &\nabla_{A\dot{B}} Q^A + \mathrm{i} m \bar{P}_{\dot{B}} = 0. \end{aligned} \tag{1.4.67}$$

式中 $m = m_0/\sqrt{2}$.

1.4.9 旋标架形式的狄拉克方程

$$\begin{aligned} &P_a = \zeta_a^A P_A, \quad \nabla_{ab} P^c = \zeta_a^A \zeta_b^{\dot{B}} \zeta_C^c \nabla_{A\dot{B}} P^c, \\ &\nabla_{a\dot{b}} P^c \equiv \partial_{a\dot{b}} P^c + \Gamma^c_{da\dot{b}} P^d. \end{aligned} \tag{1.4.68}$$

狄拉克方程(1.4.67)可写成旋标架形式[15-18]

$$\begin{aligned} &\nabla_{a\dot{b}} P^a + \mathrm{i} m \bar{Q}_{\dot{b}} = 0, \\ &\nabla_{a\dot{b}} Q^a + \mathrm{i} m \bar{P}_{\dot{b}} = 0. \end{aligned} \tag{1.4.69}$$

1.4.10 狄拉克方程的展开

$$\partial_{a\dot{b}} P^a + \Gamma^a_{da\dot{b}} P^d + \mathrm{i} m \bar{Q}_{\dot{b}} = 0, \tag{1.4.70}$$

$$\partial_{a\dot{b}} Q^a + \Gamma^a_{da\dot{b}} Q^d + \mathrm{i} m \bar{P}_{\dot{b}} = 0. \tag{1.4.71}$$

当选 $\dot{b} = \dot{0}$时,式(1.4.70)为

$$\partial_{a\dot{0}} P^a + \Gamma^a_{da\dot{0}} P^d + \mathrm{i} m \bar{Q}_{\dot{0}} = 0. \tag{1.4.72}$$

重复指标代表求和,a、d 都只能取 0、1,故有

$$\partial_{0\dot{0}} P^0 + \partial_{1\dot{0}} P^1 + \Gamma^0_{00\dot{0}} P^0 + \Gamma^0_{10\dot{0}} P^1 + \Gamma^1_{01\dot{0}} P^0 + \Gamma^1_{11\dot{0}} P^1 + \mathrm{i} m \bar{Q}_{\dot{0}} = 0. \tag{1.4.73}$$

因为

$$\varepsilon^{01}=\varepsilon^{\dot{0}\dot{1}}=\varepsilon_{01}=\varepsilon_{\dot{0}\dot{1}}=1,\quad \varepsilon^{10}=\varepsilon^{\dot{1}\dot{0}}=\varepsilon_{10}=\varepsilon_{\dot{1}\dot{0}}=-1, \tag{1.4.74}$$

所以

$$\begin{aligned}&\Gamma^{0}_{00\dot{0}}=\varepsilon^{01}\Gamma_{100\dot{0}}=\Gamma_{100\dot{0}},\\&\Gamma^{1}_{01\dot{0}}=\varepsilon^{10}\Gamma_{001\dot{0}}=-\Gamma_{001\dot{0}},\\&\overline{Q}_{\dot{0}}=\varepsilon_{\dot{0}\dot{1}}\overline{Q}^{\dot{1}}=-\overline{Q}^{\dot{1}},\\&\partial_{0\dot{0}}=\mathrm{D},\quad \partial_{1\dot{0}}=\overline{\delta}.\end{aligned} \tag{1.4.75}$$

于是式(1.4.73)化成

$$(\mathrm{D}+\Gamma_{100\dot{0}}-\Gamma_{001\dot{0}})P^{0}+(\overline{\delta}+\Gamma_{110\dot{0}}-\Gamma_{011\dot{0}})P^{1}-\mathrm{i}m\overline{Q}^{\dot{1}}=0. \tag{1.4.76}$$

这里已用了式(1.4.12)、式(1.4.29).利用式(1.4.31),上式可化成

$$(\mathrm{D}+\varepsilon-\rho)P^{0}+(\overline{\delta}+\pi-\alpha)P^{1}-\mathrm{i}m\overline{Q}^{\dot{1}}=0, \tag{1.4.77}$$

类似地,从式(1.4.70)和式(1.4.71),还可得

$$(\delta+\beta-\tau)P^{0}+(\Delta+\mu-\gamma)P^{1}+\mathrm{i}m\overline{Q}^{\dot{0}}=0, \tag{1.4.78}$$

$$(\mathrm{D}+\overline{\varepsilon}-\overline{\rho})\overline{Q}^{\dot{0}}+(\delta+\overline{\pi}-\overline{\alpha})\overline{Q}^{\dot{1}}+\mathrm{i}mP^{1}=0, \tag{1.4.79}$$

$$(\overline{\delta}+\overline{\beta}-\overline{\tau})\overline{Q}^{\dot{0}}+(\Delta+\overline{\mu}-\overline{\gamma})\overline{Q}^{\dot{1}}+\mathrm{i}mP^{0}=0. \tag{1.4.80}$$

其中$\overline{\varepsilon}$,$\overline{\pi}$等分别为ε,π等的复共轭.令

$$F_1=P^{0},\quad F_2=P^{1},\quad G_1=\overline{Q}^{\dot{1}},\quad G_2=-\overline{Q}^{\dot{0}}, \tag{1.4.81}$$

则式(1.4.77)~式(1.4.80)可化成

$$\begin{cases}(\mathrm{D}+\varepsilon-\rho)F_1+(\overline{\delta}+\pi-\alpha)F_2=\mathrm{i}mG_1,\\(\Delta+\mu-\gamma)F_2+(\delta+\beta-\tau)F_1=\mathrm{i}mG_2,\\(\delta+\overline{\pi}-\overline{\alpha})G_1-(\mathrm{D}+\overline{\varepsilon}-\overline{\rho})G_2=-\mathrm{i}mF_2,\\(\Delta+\overline{\mu}-\overline{\gamma})G_1-(\overline{\delta}+\overline{\beta}-\overline{\tau})G_2=\mathrm{i}mF_1.\end{cases} \tag{1.4.82}$$

这就是用彭罗斯的旋系数表出的弯曲时空的狄拉克方程.[15-20]

1.5 克尔-纽曼度规的导出

1965年,纽曼(Newman)从带电的施瓦西时空——Reissner-Nord

ström(R-N)时空出发,经过复坐标变换得到克尔-纽曼解.[1,21-22]

R-N 时空中的线元为

$$ds^2 = \left(1 - \frac{2m}{r} + \frac{Q^2}{r^2}\right)dt^2 - \left(1 - \frac{2m}{r} + \frac{Q^2}{r^2}\right)^{-1}dr^2 - r^2(d\theta^2 + \sin^2\theta d\varphi^2). \tag{1.5.1}$$

先把它用 Eddington-Finkelstein 坐标表出.为此,先引入乌龟坐标,令 $d\theta = d\varphi = 0$,则沿类光线有 $ds = 0$. 从式(1.5.1),可得

$$dt^2 = [1/(1 - 2m/r + Q^2/r^2)]^2 dr^2.$$

乌龟坐标定义为

$$dr_* = \left(1 - \frac{2m}{r} + \frac{Q^2}{r^2}\right)^{-1}dr = \frac{r^2}{r^2 - 2mr + Q^2}dr. \tag{1.5.2}$$

积分形式为

$$r_* = r + \frac{1}{2\kappa_+}\ln\frac{r - r_+}{r_+} - \frac{1}{2\kappa_-}\ln\frac{r - r_-}{r_-}, \tag{1.5.3}$$

其中

$$r_\pm = m \pm \sqrt{m^2 - Q^2}, \quad \kappa_\pm = \frac{r_+ - r_-}{2r_\pm{}^2}. \tag{1.5.4}$$

超前 Eddington-Finkelstein 坐标定义为

$$v = t + r_*, \tag{1.5.5}$$

滞后 Eddington-Finkelstein 坐标定义为

$$u = t - r_*. \tag{1.5.6}$$

现在用滞后 Eddington 坐标 u 代替时间 t,

$$\begin{gathered} r' = r, \quad \theta' = \theta, \quad \varphi' = \varphi, \\ du = dt - \frac{r^2}{r^2 - 2mr + Q^2}dr. \end{gathered} \tag{1.5.7}$$

线元(1.5.1)化成

$$ds^2 = \left(1 - \frac{2m}{r} + \frac{Q^2}{r^2}\right)du^2 + 2du\,dr - r^2 d\theta^2 - r^2\sin^2\theta d\varphi^2, \tag{1.5.8}$$

即

$$g_{\mu\nu} = \begin{pmatrix} 1 - \frac{2m}{r} + \frac{Q^2}{r^2} & 1 & 0 & 0 \\ 1 & 0 & 0 & 0 \\ 0 & 0 & -r^2 & 0 \\ 0 & 0 & 0 & -r^2\sin^2\theta \end{pmatrix}. \tag{1.5.9}$$

度规行列式为 $g=|g_{\mu\nu}|=-r^4\sin^2\theta$，于是可得

$$g^{\mu\nu}=\begin{pmatrix}0 & 1 & 0 & 0\\ 1 & -\left(1-\frac{2m}{r}+\frac{Q^2}{r^2}\right) & 0 & 0\\ 0 & 0 & -r^{-2} & 0\\ 0 & 0 & 0 & -r^{-2}\sin^{-2}\theta\end{pmatrix}. \quad (1.5.10)$$

1.5.1 零标架的引入

首先把线元(1.5.8)对称化[16]：

$$\begin{aligned}ds^2 &= du\left[\left(1-\frac{2m}{r}+\frac{Q^2}{r^2}\right)du+2dr\right]\\ &\quad -(rd\theta+ir\sin\theta d\varphi)(rd\theta-ir\sin\theta d\varphi)\\ &= du\left[\frac{1}{2}\left(1-\frac{2m}{r}+\frac{Q^2}{r^2}\right)du+dr\right]\\ &\quad +\left[\frac{1}{2}\left(1-\frac{2m}{r}+\frac{Q^2}{r^2}\right)du+dr\right]du\\ &\quad -\left[\frac{-r}{\sqrt{2}}(d\theta+i\sin\theta d\varphi)\right]\left[\frac{-r}{\sqrt{2}}(d\theta-i\sin\theta d\varphi)\right]\\ &\quad -\left[\frac{-r}{\sqrt{2}}(d\theta-i\sin\theta d\varphi)\right]\left[\frac{-r}{\sqrt{2}}(d\theta+i\sin\theta d\varphi)\right]. \quad (1.5.11)\end{aligned}$$

考虑到

$$g_{\mu\nu}=l_\mu n_\nu+n_\mu l_\nu-m_\mu\bar{m}_\nu-\bar{m}_\mu m_\nu, \quad (1.5.12)$$

线元可写成

$$\begin{aligned}ds^2 &= g_{\mu\nu}dx^\mu dx^\nu\\ &= l_\mu n_\nu dx^\mu dx^\nu+n_\mu l_\nu dx^\mu dx^\nu-m_\mu\bar{m}_\nu dx^\mu dx^\nu-\bar{m}_\mu m_\nu dx^\mu dx^\nu\\ &= (l_\mu dx^\mu)(n_\nu dx^\nu)+(n_\mu dx^\mu)(l_\nu dx^\nu)-(m_\mu dx^\mu)(\bar{m}_\nu dx^\nu)\\ &\quad -(\bar{m}_\mu dx^\mu)(m_\nu dx^\nu). \quad (1.5.13)\end{aligned}$$

比较式(1.5.11)与式(1.5.13)，可得

$$\begin{cases} \mathrm{d}u = l_\mu \mathrm{d}x^\mu, \\ \frac{1}{2}\left(1-\frac{2m}{r}+\frac{Q^2}{r^2}\right)\mathrm{d}u + \mathrm{d}r = n_\nu \mathrm{d}x^\nu, \\ \frac{-r}{\sqrt{2}}(\mathrm{d}\theta + \mathrm{i}\sin\theta\mathrm{d}\varphi) = m_\mu \mathrm{d}x^\mu, \\ \frac{-r}{\sqrt{2}}(\mathrm{d}\theta - \mathrm{i}\sin\theta\mathrm{d}\varphi) = \overline{m}_\nu \mathrm{d}x^\nu, \end{cases} \tag{1.5.14}$$

或

$$\begin{cases} l_\mu = \delta_\mu^0, \\ n_\mu = \frac{1}{2}\left(1-\frac{2m}{r}+\frac{Q^2}{r^2}\right)\delta_\mu^0 + \delta_\mu^1, \\ m_\mu = \frac{-r}{\sqrt{2}}(\delta_\mu^2 + \mathrm{i}\sin\theta\delta_\mu^3), \\ \overline{m}_\mu = \frac{-r}{\sqrt{2}}(\delta_\mu^2 - \mathrm{i}\sin\theta\delta_\mu^3). \end{cases} \tag{1.5.15}$$

这就是零标架的协变分量.

另外,从

$$g^{\mu\nu} = l^\mu n^\nu + n^\mu l^\nu - m^\mu \overline{m}^\nu - \overline{m}^\mu m^\nu, \tag{1.5.16}$$

可得

$$\begin{aligned} \left(\frac{\partial}{\partial s}\right)^2 &= g^{\mu\nu}\left(\frac{\partial}{\partial x^\mu}\right)\left(\frac{\partial}{\partial x^\nu}\right) \\ &= l^\mu\left(\frac{\partial}{\partial x^\mu}\right)n^\nu\left(\frac{\partial}{\partial x^\nu}\right) + n^\mu\left(\frac{\partial}{\partial x^\mu}\right)l^\nu\left(\frac{\partial}{\partial x^\nu}\right) - m^\mu\left(\frac{\partial}{\partial x^\mu}\right)\overline{m}^\nu\left(\frac{\partial}{\partial x^\nu}\right) \\ &\quad - \overline{m}^\mu\left(\frac{\partial}{\partial x^\mu}\right)m^\nu\left(\frac{\partial}{\partial x^\nu}\right). \end{aligned} \tag{1.5.17}$$

从度规式(1.5.10),可知

$$\left(\frac{\partial}{\partial s}\right)^2 = 2\left(\frac{\partial}{\partial u}\right)\left(\frac{\partial}{\partial r}\right) - \left(1-\frac{2m}{r}+\frac{Q^2}{r^2}\right)\left(\frac{\partial}{\partial r}\right)^2 - \frac{1}{r^2}\left(\frac{\partial}{\partial \theta}\right)^2 - \frac{1}{r^2\sin^2\theta}\left(\frac{\partial}{\partial \varphi}\right)^2. \tag{1.5.18}$$

把它对称化,得

$$\begin{aligned} \left(\frac{\partial}{\partial s}\right)^2 &= \left(\frac{\partial}{\partial r}\right)\left[2\frac{\partial}{\partial u} - \left(1-\frac{2m}{r}+\frac{Q^2}{r^2}\right)\frac{\partial}{\partial r}\right] - \frac{1}{r^2}\left(\frac{\partial}{\partial \theta}+\frac{\mathrm{i}}{\sin\theta}\frac{\partial}{\partial \varphi}\right)\left(\frac{\partial}{\partial \theta}-\frac{\mathrm{i}}{\sin\theta}\frac{\partial}{\partial \varphi}\right) \\ &= \left(\frac{\partial}{\partial r}\right)\left[\frac{\partial}{\partial u} - \frac{1}{2}\left(1-\frac{2m}{r}+\frac{Q^2}{r^2}\right)\frac{\partial}{\partial r}\right] + \left[\frac{\partial}{\partial u} - \frac{1}{2}\left(1-\frac{2m}{r}+\frac{Q^2}{r^2}\right)\frac{\partial}{\partial r}\right]\left(\frac{\partial}{\partial r}\right) \end{aligned}$$

$$
\begin{aligned}
&-\left[\frac{1}{\sqrt{2}r}\left(\frac{\partial}{\partial\theta}+\frac{\mathrm{i}}{\sin\theta}\frac{\partial}{\partial\varphi}\right)\right]\left[\frac{1}{\sqrt{2}r}\left(\frac{\partial}{\partial\theta}-\frac{\mathrm{i}}{\sin\theta}\frac{\partial}{\partial\varphi}\right)\right]\\
&-\left[\frac{1}{\sqrt{2}r}\left(\frac{\partial}{\partial\theta}-\frac{\mathrm{i}}{\sin\theta}\frac{\partial}{\partial\varphi}\right)\right]\left[\frac{1}{\sqrt{2}r}\left(\frac{\partial}{\partial\theta}+\frac{\mathrm{i}}{\sin\theta}\frac{\partial}{\partial\varphi}\right)\right].
\end{aligned}
\tag{1.5.19}
$$

比较式(1.5.17)与式(1.5.19),可得

$$
\begin{cases}
l^{\mu}\left(\dfrac{\partial}{\partial x^{\mu}}\right)=\dfrac{\partial}{\partial r},\\
n^{\mu}\left(\dfrac{\partial}{\partial x^{\mu}}\right)=\dfrac{\partial}{\partial u}-\dfrac{1}{2}\left(1-\dfrac{2m}{r}+\dfrac{Q^2}{r^2}\right)\dfrac{\partial}{\partial r},\\
m^{\mu}\left(\dfrac{\partial}{\partial x^{\mu}}\right)=\dfrac{1}{\sqrt{2}r}\left(\dfrac{\partial}{\partial\theta}+\dfrac{\mathrm{i}}{\sin\theta}\dfrac{\partial}{\partial\varphi}\right),\\
\overline{m}^{\mu}\left(\dfrac{\partial}{\partial x^{\mu}}\right)=\dfrac{1}{\sqrt{2}r}\left(\dfrac{\partial}{\partial\theta}-\dfrac{\mathrm{i}}{\sin\theta}\dfrac{\partial}{\partial\varphi}\right),
\end{cases}
\tag{1.5.20}
$$

或

$$
\begin{cases}
l^{\mu}=\delta_1^{\mu},\\
n^{\mu}=\delta_0^{\mu}-\dfrac{1}{2}\left(1-\dfrac{2m}{r}+\dfrac{Q^2}{r^2}\right)\delta_1^{\mu},\\
m^{\mu}=\dfrac{1}{\sqrt{2}r}\left(\delta_2^{\mu}+\dfrac{\mathrm{i}}{\sin\alpha}\delta_3^{\mu}\right),\\
\overline{m}^{\mu}=\dfrac{1}{\sqrt{2}r}\left(\delta_2^{\mu}-\dfrac{\mathrm{i}}{\sin\theta}\delta_3^{\mu}\right).
\end{cases}
\tag{1.5.21}
$$

这是标架的逆变分量.式(1.5.15)与式(1.5.21)之间也可通过升降指标来转换.例如

$$
\begin{aligned}
l^{\mu}&=g^{\mu\nu}l_{\nu}=g^{\mu\nu}\delta_{\nu}^{0}=g^{\mu0}=\delta_1^{\mu},\\
n^{\mu}&=g^{\mu\nu}n_{\nu}=g^{\mu\nu}\left[\frac{1}{2}\left(1-\frac{2m}{r}+\frac{Q^2}{r^2}\right)\delta_{\nu}^{0}+\delta_{\nu}^{1}\right]\\
&=\frac{1}{2}\left(1-\frac{2m}{r}+\frac{Q^2}{r^2}\right)g^{\mu0}+g^{\mu1}\\
&=\frac{1}{2}\left(1-\frac{2m}{r}+\frac{Q^2}{r^2}\right)\delta_1^{\mu}+\delta_0^{\mu}-\left(1-\frac{2m}{r}+\frac{Q^2}{r^2}\right)\delta_1^{\mu}\\
&=\delta_0^{\mu}-\frac{1}{2}\left(1-\frac{2m}{r}+\frac{Q^2}{r^2}\right)\delta_1^{\mu};
\end{aligned}
$$

$$
\begin{aligned}
l_\mu &= g_{\mu\nu} l^\nu = g_{\mu\nu}\delta_1^\nu = g_{\mu 1} = \delta_\mu^0, \\
n_\mu &= g_{\mu\nu} n^\nu = g_{\mu\nu}\delta_0^\nu - \frac{1}{2}\left(1-\frac{2m}{r}+\frac{Q^2}{r^2}\right) g_{\mu\nu}\delta_1^\nu \\
&= g_{\mu 0} - \frac{1}{2}\left(1-\frac{2m}{r}+\frac{Q^2}{r^2}\right) g_{\mu 1} \\
&= \left(1-\frac{2m}{r}+\frac{Q^2}{r^2}\right)\delta_\mu^0 + \delta_\mu^1 - \frac{1}{2}\left(1-\frac{2m}{r}+\frac{Q^2}{r^2}\right)\delta_\mu^0 \\
&= \frac{1}{2}\left(1-\frac{2m}{r}+\frac{Q^2}{r^2}\right)\delta_\mu^0 + \delta_\mu^1 .
\end{aligned}
$$

实际上,由于零标架有任意性,定出式(1.5.15)后,应该通过升指标得式(1.5.21),或定出式(1.5.21)再通过降指标得式(1.5.15).这样,式(1.5.15)与式(1.5.21)才匹配.如果像上面那样分别确定式(1.5.15)与式(1.5.21),则两者有可能不匹配,即有可能不满足下面的式(1.5.22).

容易验证式(1.5.15)与式(1.5.21)确实是零标架.例如

$$
\begin{aligned}
l^\mu l_\mu &= g_{\mu\nu} l^\mu l^\nu = g_{\mu\nu}\delta_1^\mu\delta_1^\nu = g_{11} = 0, \\
l^\mu n_\mu &= g_{\mu\nu} l^\mu n^\nu = g_{\mu\nu}\delta_1^\mu\left[\delta_0^\nu - \frac{1}{2}\left(1-\frac{2m}{r}+\frac{Q^2}{r^2}\right)\delta_1^\nu\right] \\
&= g_{10} - g_{11}\frac{1}{2}\left(1-\frac{2m}{r}+\frac{Q^2}{r^2}\right) = g_{10} = 1.
\end{aligned}
$$

总之,它们满足

$$
\begin{cases}
l^\mu l_\mu = n^\mu n_\mu = m^\mu m_\mu = \overline{m}^\mu \overline{m}_\mu = 0, \\
l^\mu m_\mu = l^\mu \overline{m}_\mu = n^\mu m_\mu = n^\mu \overline{m}_\mu = 0, \\
l^\mu n_\mu = -m^\mu \overline{m}_\mu = 1.
\end{cases}
\tag{1.5.22}
$$

容易验证,上述零标架满足与度规的关系式(1.5.12)和式(1.5.16).例如

$$
\begin{aligned}
g^{11} &= l^1 n^1 + n^1 l^1 - m^1 \overline{m}^1 - \overline{m}^1 m^1 \\
&= 2\delta_1^1\left[\delta_0^1 - \frac{1}{2}\left(1-\frac{2m}{r}+\frac{Q^2}{r^2}\right)\delta_1^1\right] - \frac{2}{\sqrt{2}r}\left(\delta_2^1 + \frac{\mathrm{i}}{\sin\theta}\delta_3^1\right)\frac{1}{\sqrt{2}r}\left(\delta_2^1 - \frac{\mathrm{i}}{\sin\theta}\delta_3^1\right) \\
&= -\left(1-\frac{2m}{r}+\frac{Q^2}{r^2}\right).
\end{aligned}
$$

1.5.2 延拓到复空间

把坐标 r 延拓到复空间,并把零标架(1.5.21)改写成

$$\begin{cases} l^{\mu} = \delta_1^{\mu}, \\ n^{\mu} = \delta_0^{\mu} - \dfrac{1}{2}\left[1 - m\left(\dfrac{1}{r} + \dfrac{1}{\bar{r}}\right) + \dfrac{Q^2}{r\bar{r}}\right]\delta_1^{\mu}, \\ m^{\mu} = \dfrac{1}{\sqrt{2}\bar{r}}\left(\delta_2^{\mu} + \dfrac{\mathrm{i}}{\sin\theta}\delta_3^{\mu}\right), \\ \overline{m}^{\mu} = \dfrac{1}{\sqrt{2}r}\left(\delta_2^{\mu} - \dfrac{\mathrm{i}}{\sin\theta}\delta_3^{\mu}\right), \end{cases} \tag{1.5.23}$$

其中$\bar{r}$为 r 的复共轭.作复坐标变换

$$\begin{cases} r' = r + \mathrm{i}a\cos\theta, & \theta' = \theta, \\ u' = u - \mathrm{i}a\cos\theta, & \varphi' = \varphi, \end{cases} \tag{1.5.24}$$

或

$$\begin{cases} \mathrm{d}r' = \mathrm{d}r - \mathrm{i}a\sin\theta\mathrm{d}\theta, & \mathrm{d}\theta' = \mathrm{d}\theta, \\ \mathrm{d}u' = \mathrm{d}u + \mathrm{i}a\sin\theta\mathrm{d}\theta, & \mathrm{d}\varphi' = \mathrm{d}\varphi. \end{cases} \tag{1.5.25}$$

显然,坐标变换矩阵为

$$\alpha = \begin{pmatrix} 1 & 0 & \mathrm{i}a\sin\theta & 0 \\ 0 & 1 & -\mathrm{i}a\sin\theta & 0 \\ 0 & 0 & 1 & 0 \\ 0 & 0 & 0 & 1 \end{pmatrix}. \tag{1.5.26}$$

不难验证

$$\begin{pmatrix} \mathrm{d}u' \\ \mathrm{d}r' \\ \mathrm{d}\theta' \\ \mathrm{d}\varphi' \end{pmatrix} = \alpha \begin{pmatrix} \mathrm{d}u \\ \mathrm{d}r \\ \mathrm{d}\theta \\ \mathrm{d}\varphi \end{pmatrix}. \tag{1.5.27}$$

标架是黎曼空间的 4 矢量. l^{μ}、n^{μ}、m^{μ} 和 $\overline{m}^{\mu}$ 皆为逆变矢量,在坐标变换下应与坐标微分一样变换,如

$$\begin{pmatrix} n'^0 \\ n'^1 \\ n'^2 \\ n'^3 \end{pmatrix} = \alpha \begin{pmatrix} n^0 \\ n^1 \\ n^2 \\ n^3 \end{pmatrix}$$

$$= \begin{pmatrix} 1 & 0 & ia\sin\theta & 0 \\ 0 & 1 & -ia\sin\theta & 0 \\ 0 & 0 & 1 & 0 \\ 0 & 0 & 0 & 1 \end{pmatrix} \begin{pmatrix} 1 \\ -\frac{1}{2}\left[1 - m\left(\frac{1}{r} + \frac{1}{\bar{r}}\right) + \frac{Q^2}{r\bar{r}}\right] \\ 0 \\ 0 \end{pmatrix}$$

$$= \begin{pmatrix} 1 \\ -\frac{1}{2}\left[1 - m\left(\frac{1}{r} + \frac{1}{\bar{r}}\right) + \frac{Q^2}{r\bar{r}}\right] \\ 0 \\ 0 \end{pmatrix}. \tag{1.5.28}$$

从式(1.5.24),知

$$r = r' - ia\cos\theta,$$

$$\bar{r} = \bar{r}' + ia\cos\theta,$$

所以

$$\begin{aligned} n'^1 &= -\frac{1}{2}\left[1 - m\left(\frac{1}{r} + \frac{1}{\bar{r}}\right) + \frac{Q^2}{r\bar{r}}\right] \\ &= -\frac{1}{2}\left[1 - m\left(\frac{1}{r' - ia\cos\theta} + \frac{1}{\bar{r}' + ia\cos\theta}\right) + \frac{Q^2}{(r' - ia\cos\theta)(\bar{r}' + ia\cos\theta)}\right] \\ &= -\frac{1}{2}\left[1 - \frac{m(\bar{r}' + r')}{r'\bar{r}' + a^2\cos^2\theta + ia(r' - \bar{r}')\cos\theta}\right. \\ &\quad \left. + \frac{Q^2}{r'\bar{r}' + a^2\cos^2\theta + (r' - \bar{r}')ia\cos\theta}\right]. \end{aligned} \tag{1.5.29}$$

再从复 r'空间回到实 r'空间,即$\bar{r}' \to r'$,$\bar{r}'r' \to r'^2$,得

$$n'^1 = -\left(\frac{1}{2} - \frac{mr' - Q^2/2}{r'^2 + a^2\cos^2\theta}\right), \tag{1.5.30}$$

所以

$$n'^\mu = \delta_0^\mu - \frac{1}{2}\left(1 - \frac{2mr' - Q^2}{r'^2 + a^2\cos^2\theta}\right)\delta_1^\mu. \tag{1.5.31}$$

同理可证

$$l'^\mu = \delta_1^\mu, \tag{1.5.32}$$

$$m'^\mu = \frac{1}{\sqrt{2}(r' + ia\cos\theta)}\left[ia\sin\theta(\delta_0^\mu - \delta_1^\mu) + \delta_2^\mu + \frac{i}{\sin\theta}\delta_3^\mu\right]. \tag{1.5.33}$$

注意：$\overline{m}^\mu$应通过$\overline{\alpha}$变到$\overline{m}'^\mu$，而不通过α. 于是，新度规分量为

$$g'^{\mu\nu} = l'^\mu n'^\nu + n'^\mu l'^\nu - m'^\mu \overline{m}'^\nu - m'^\mu m'^\nu. \tag{1.5.34}$$

把"′"号去掉，并把式(1.5.31)～式(1.5.33)代入式(1.5.34)，得

$$g^{\mu\nu} = \begin{pmatrix} \gamma(-a^2\sin^2\theta) & \gamma(r^2+a^2) & 0 & -\gamma a \\ \gamma(r^2+a^2) & \gamma[2mr-(r^2+a^2+Q^2)] & 0 & \gamma a \\ 0 & 0 & -\gamma & 0 \\ -\gamma a & \gamma a & 0 & -\gamma\sin^{-2}\theta \end{pmatrix} \tag{1.5.35}$$

其中$\gamma \equiv (r^2 + a^2\cos^2\theta)^{-1}$.

度规的协变形式为

$$g_{\mu\nu} = \begin{pmatrix} 1+\gamma(Q^2-2mr) & 1 & 0 & \gamma a\sin^2\theta(2mr-Q^2) \\ 1 & 0 & 0 & -a\sin^2\theta \\ 0 & 0 & -\gamma^{-1} & 0 \\ \gamma a\sin^2\theta(2mr-Q^2) & -a\sin^2\theta & 0 & -\sin^2\theta[r^2+a^2+\gamma a^2\sin^2\theta(2mr-Q^2)] \end{pmatrix}. \tag{1.5.36}$$

所以

$$\begin{aligned} ds^2 =& [1 + \gamma(Q^2 - 2mr)]du^2 + 2dudr \\ &+ 2\gamma a\sin^2\theta(2mr - Q^2)dud\varphi - 2a\sin^2\theta drd\varphi - r^{-1}d\theta^2 \\ &- \sin^2\theta[r^2 + a^2 + \gamma a^2\sin^2\theta(2mr - Q^2)]d\varphi^2. \end{aligned} \tag{1.5.37}$$

从式(1.5.23)到式(1.5.37)，经历了下述变换：

$$\text{实}\ r \xrightarrow{\text{延拓}} \text{复}\ r \xrightarrow{\text{复坐标变换}} \text{复}\ r' \longrightarrow \text{实}\ r' \xrightarrow{\text{形式地去掉“′”}} \text{实}\ r.$$

现在，再作坐标变换

$$\begin{cases} du = dt - \dfrac{(r^2+a^2)dr}{r^2+a^2+Q^2-2mr} = dt - \dfrac{r^2+a^2}{\Delta}dr = dt - dr_* \\ dr = dr', \\ d\theta = d\theta', \\ d\varphi = d\varphi' - \dfrac{a dr}{r^2+a^2+Q^2-2mr} = d\varphi' - \dfrac{a}{\Delta}dr, \end{cases} \tag{1.5.38}$$

式中

$$dr_* = \frac{r^2+a^2}{\Delta}dr, \quad \Delta = r^2 + a^2 + Q^2 - 2mr. \tag{1.5.39}$$

式(1.5.37)就变成克尔-纽曼度规的标准形式：

$$\begin{aligned}\mathrm{d}s^2 &= \left(1 - \frac{2mr - Q^2}{\rho^2}\right)\mathrm{d}t^2 - \frac{\rho^2}{\Delta}\mathrm{d}r^2 - \rho^2\mathrm{d}\theta^2 \\ &\quad - \left[(r^2 + a^2) + \frac{(2mr - Q^2)a^2\sin^2\theta}{\rho^2}\right]\sin^2\theta\mathrm{d}\varphi^2 \\ &\quad + \frac{2(2mr - Q^2)a\sin^2\theta}{\rho^2}\mathrm{d}t\mathrm{d}\varphi, \end{aligned} \tag{1.5.40}$$

或 Boyer-Lindguist 形式：

$$\begin{aligned}\mathrm{d}s^2 &= \frac{\Delta}{\rho^2}(c\mathrm{d}t - a\sin^2\theta\mathrm{d}\varphi)^2 - \frac{\sin^2\theta}{\rho^2}[(r^2 + a^2)\mathrm{d}\varphi - ac\mathrm{d}t]^2 \\ &\quad - \frac{\rho^2}{\Delta}\mathrm{d}r^2 - \rho^2\mathrm{d}\theta^2, \end{aligned} \tag{1.5.41}$$

这里

$$\Delta \equiv r^2 - 2mr + a^2 + Q^2, \quad \rho^2 \equiv r^2 + a^2\cos^2\theta.$$

式(1.5.37)、式(1.5.40)、式(1.5.41)都是克尔-纽曼度规，其中最常用的是式(1.5.40).

1.5.3 a 的物理意义

1918 年，Lense 和 Thirring 得到弱场近似下转动球体外部的线元[1,23]

$$\begin{aligned}\mathrm{d}s^2 &= \left(1 - \frac{2m}{r}\right)c^2\mathrm{d}t^2 - \left(1 + \frac{2m}{r}\right)(\mathrm{d}r^2 + r^2\mathrm{d}\theta^2 + r^2\sin^2\theta\mathrm{d}\varphi^2) \\ &\quad + \frac{4GJ}{c^3 r}\sin^2\theta\mathrm{d}\varphi \cdot c\mathrm{d}t. \end{aligned} \tag{1.5.42}$$

而克尔度规按 a/r 展开后的一阶近似式是

$$\begin{aligned}\mathrm{d}s^2 &= \left(1 - \frac{2m}{r}\right)c^2\mathrm{d}t^2 - \left(1 - \frac{2m}{r}\right)^{-1}\mathrm{d}r^2 + r^2(\mathrm{d}\theta^2 + r^2\sin^2\theta\mathrm{d}\varphi^2) \\ &\quad + \frac{4ma}{r}\sin^2\theta\mathrm{d}\varphi \cdot c\mathrm{d}t. \end{aligned} \tag{1.5.43}$$

引入坐标变换 $r = r'\left(1 + \frac{m}{2r'}\right)^2$，上式可化成

$$ds^2 = \frac{\left(1-\frac{m}{2r'}\right)^2}{\left(1+\frac{m}{2r'}\right)^2}c^2dt^2 - \left(1+\frac{m}{2r'}\right)^4[dr'^2 + r'^2(d\theta^2 + \sin^2\theta d\varphi^2)]$$
$$+ \frac{4ma}{r'\left(1+\frac{m}{2r'}\right)^2}\sin^2\theta d\varphi \cdot cdt. \tag{1.5.44}$$

按 m/r'展开,仅保留一阶项,得

$$ds^2 = \left(1-\frac{2m}{r}\right)c^2dt^2 - \left(1+\frac{2m}{r}\right)(dr^2 + r^2d\theta^2 + r^2\sin^2\theta d\varphi^2)$$
$$+ \frac{4ma}{r}\sin^2\theta d\varphi \cdot cdt. \tag{1.5.45}$$

比较式(1.5.42)与式(1.5.45),可得

$$a = \frac{GJ}{mc^3}. \tag{1.5.46}$$

实际上,$m = GM/c^2$,所以

$$ac = \frac{J}{M}, \tag{1.5.47}$$

式中 J 和 M 分别为转动球体的角动量和质量,所以 ac 为单位质量的角动量.在自然单位制下,$c=1$,式(1.5.47)可写成

$$a = \frac{J}{M}, \tag{1.5.48}$$

即 a 是单位质量的角动量.所以,克尔时空和克尔-纽曼时空是转动球体的外部时空.

1.6 克尔-纽曼黑洞

本节介绍最一般的稳态黑洞:克尔-纽曼黑洞.1961 年,克尔得出了场方程的一个稳态轴对称解[24].后来此解又被推广到带电的情况,即所谓克尔-纽曼解.这是一个与施瓦西解拓扑结构不同的解.在自然单位制下,它的

线元是[1-2]

$$
\begin{aligned}
ds^2 = & -\left(1-\frac{2Mr-Q^2}{\rho^2}\right)dt^2+\frac{\rho^2}{\Delta}dr^2+\rho^2d\theta^2 \\
& +\left[(r^2+a^2)\sin^2\theta+\frac{(2Mr-Q^2)a^2\sin^4\theta}{\rho^2}\right]d\varphi^2 \\
& -\frac{2(2Mr-Q^2)a\sin^2\theta}{\rho^2}dtd\varphi,
\end{aligned}
\tag{1.6.1}
$$

其中

$$\rho^2 \equiv r^2+a^2\cos^2\theta, \tag{1.6.2}$$

$$\Delta \equiv r^2-2Mr+a^2+Q^2. \tag{1.6.3}$$

不难看出

$$\frac{\partial g_{\mu\nu}}{\partial t}=\frac{\partial g_{\mu\nu}}{\partial \varphi}=0, \tag{1.6.4}$$

所以这是一个稳态轴对称解.然而它不是静态的,因为存在时轴交叉项

$$g_{03}\neq 0. \tag{1.6.5}$$

我们取

$$x^0=t,\quad x^1=r,\quad x^2=\theta,\quad x^3=\varphi.$$

后来的研究证明,这是最一般的稳态轴对称解,很可能也是最一般的稳态解.它一共有三个参量:质量 M、角动量 J 和电荷 Q.在上面的式子中,角动量 J 是以单位质量的角动量 a 来表示的,

$$a=\frac{J}{M}. \tag{1.6.6}$$

从式(1.6.1)可以看出,克尔-纽曼度规的奇异性出现在下列两个位置:

$$\rho^2=0, \tag{1.6.7}$$

$$\Delta=0, \tag{1.6.8}$$

即

$$r=0,\quad \theta=\frac{\pi}{2}, \tag{1.6.9}$$

$$r=M\pm\sqrt{M^2-a^2-Q^2}. \tag{1.6.10}$$

注意,我们采用了 $c=\hbar=G=1$ 的自然单位制,所以本节的公式才显得比较简洁.

1.6.1 无限红移面和事件视界

在 1.1 节曾经给出了求无限红移面的普遍公式(1.1.37)：

$$g_{00}=0, \tag{1.6.11}$$

以及求视界的普遍公式(1.1.41)：

$$g^{\mu\nu}\frac{\partial f}{\partial x^{\mu}}\frac{\partial f}{\partial x^{\nu}}=0. \tag{1.6.12}$$

把式(1.6.1)中的 g_{00} 代入式(1.6.11)，得

$$1-\frac{2Mr-Q^2}{\rho^2}=0, \tag{1.6.13}$$

可求出克尔-纽曼时空的无限红移面

$$r_{\pm}^{s}=M\pm\sqrt{M^2-a^2\cos^2\theta-Q^2}. \tag{1.6.14}$$

我们看到，与施瓦西情况不同，克尔-纽曼时空有两个无限红移面.

考虑到时空的对称性，我们认为克尔-纽曼时空中的视界面也应是稳定而轴对称的，所以设式(1.6.12)中的 f 只是 r 与 θ 的函数. 于是式(1.6.12)可化成

$$g^{11}\left(\frac{\partial f}{\partial r}\right)^2+g^{22}\left(\frac{\partial f}{\partial \theta}\right)^2=0. \tag{1.6.15}$$

从式(1.6.1)不难得到度规的行列式

$$g=-\rho^4\sin^2\theta, \tag{1.6.16}$$

以及度规的逆变形式

$$\begin{aligned}
&g^{00}=-\frac{1}{\rho^2}\left[\frac{(r^2+a^2)^2}{\Delta}-a^2\sin^2\theta\right],\quad g^{11}=\frac{\Delta}{\rho^2},\\
&g^{22}=\frac{1}{\rho^2},\quad g^{33}=\frac{1}{\rho^2}\left(\frac{1}{\sin^2\theta}-\frac{a^2}{\Delta}\right),\\
&g^{03}=\frac{-(2Mr-Q^2)a}{\rho^2\cdot\Delta}.
\end{aligned} \tag{1.6.17}$$

代入式(1.6.15)，可得

$$(r^2+a^2-2Mr+Q^2)\left(\frac{\partial f}{\partial r}\right)^2+\left(\frac{\partial f}{\partial \theta}\right)^2=0. \tag{1.6.18}$$

分离变量

$$f(r,\theta)=R(r)H(\theta), \tag{1.6.19}$$

得

$$(r^2+a^2+Q^2-2Mr)\left(\frac{\partial R}{\partial r}\cdot\frac{1}{R}\right)^2=-\left(\frac{\partial H}{\partial \theta}\cdot\frac{1}{H}\right)^2=-\lambda^2, \tag{1.6.20}$$

其中 λ^2 为正常数.所以

$$\frac{\mathrm{d}H}{\mathrm{d}\theta}=\pm\lambda H, \tag{1.6.21}$$

其解为

$$H=A\mathrm{e}^{\pm\lambda\theta}. \tag{1.6.22}$$

如果 λ 为非零的实数,$H(\theta)$将不等于 $H(\pi-\theta)$,这与 θ 是一个角度不相容,因此必须有

$$\lambda=0, \tag{1.6.23}$$

于是式(1.6.20)化成

$$(r^2+a^2+Q^2-2Mr)\left(\frac{\partial R}{\partial r}\cdot\frac{1}{R}\right)^2=0, \tag{1.6.24}$$

所以

$$r^2+a^2+Q^2-2Mr=0. \tag{1.6.25}$$

其解为

$$r_{\pm}^{\mathrm{h}}=M\pm\sqrt{M^2-a^2-Q^2}. \tag{1.6.26}$$

用普通单位制表出,则为

$$r_{\pm}^{\mathrm{h}}=\frac{GM}{c^2}\pm\sqrt{\left(\frac{GM}{c^2}\right)^2-\left(\frac{J}{Mc}\right)^2-\frac{GQ^2}{c^4}}$$

式中 $a=J/(Mc)$,G 为万有引力常数,c 为光速.这就是克尔-纽曼时空的视界.它就是式(1.6.10)所示的奇异面.我们看到,克尔-纽曼时空的视界和无限红移面各有两个,而且视界和无限红移面不重合.黑洞的边界是用视界而不是用无限红移面来定义的.我们称外视界 r_{+}^{h} 包围的部分为克尔-纽曼黑洞.

1.6.2 单向膜区与能层

图1.6.1是克尔-纽曼黑洞的剖面图.两个视界之间的区域是单向膜区.外视界 r_{+}^{h} 与外无限红移面 r_{+}^{s} 之间的空间称外能层,它实际上在黑洞之外.内视界 r_{-}^{h} 和内无限红移面 r_{-}^{s} 之间的区域称内能层.图中能层区用斜线

部分显示出来.

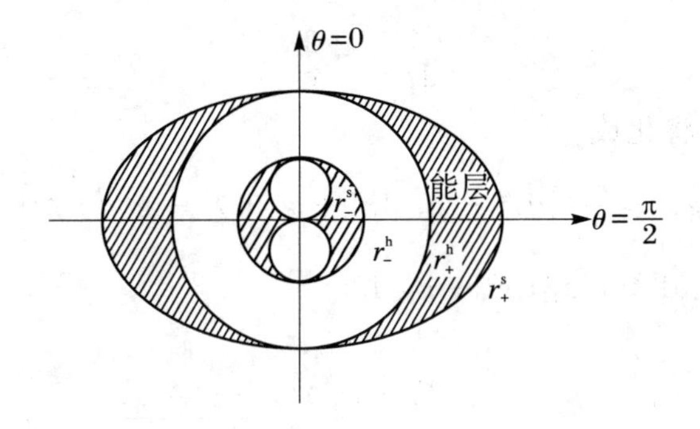

图 1.6.1

注意到式(1.6.1)中的 g_{00} 与 g_{11} 可分别表示为

$$g_{00}=\frac{(r-r_+^s)(r-r_-^s)}{-\rho^2},\quad g_{11}=\frac{\rho^2}{(r-r_+^h)(r-r_-^h)},$$

则不难看出：

(1) 外无限红移面之外($r>r_+^s$)：

$$g_{00}<0,\quad t\ 表示时间,$$
$$g_{11}>0,\quad r\ 表示空间;$$

(2) 外能层区($r_+^s>r>r_+^h$)：

$$g_{00}>0,\quad g_{11}>0,$$

时空概念看不清；

(3) 单向膜区($r_+^h>r>r_-^h$)：

$$g_{00}>0,\quad g_{11}<0,$$

t 表示空间,r 表示时间,时空坐标互换；

(4) 内能层区($r_-^h>r>r_-^s$)：

$$g_{00}>0,\quad g_{11}>0,$$

时空概念看不清；

(5) 内能层以内($r_-^s>r$)：

$$g_{00}<0,\quad t\ 表示时间,$$
$$g_{11}>0,\quad r\ 表示空间.$$

我们看到,内无限红移面包围着一块与洞外宇宙时空属性相同的区域,t 表示时间,r 表示空间.在单向膜区,时空坐标互换,r 表示时间,t 表示空间.但在两个能层区,g_{00} 与 g_{11} 同号,时空概念看不清,这是由于没有采用正交归一基的结果.

如果我们采用拖动系,即假定任何物理的坐标系都不可避免会被转动

的球体所拖动,拖动角速度为

$$\frac{\mathrm{d}\varphi}{\mathrm{d}t}=-\frac{g_{03}}{g_{33}},\tag{1.6.27}$$

则线元(1.6.1)将化成

$$\begin{aligned}\mathrm{d}s^2&=\left(g_{00}-\frac{g_{03}^2}{g_{33}}\right)\mathrm{d}t^2+g_{11}\mathrm{d}r^2+g_{22}\mathrm{d}\theta^2+g_{33}\left(\mathrm{d}\varphi+\frac{g_{03}}{g_{33}}\mathrm{d}t\right)^2\\&=\hat{g}_{00}\mathrm{d}t^2+g_{11}\mathrm{d}r^2+g_{22}\mathrm{d}\theta^2.\end{aligned}\tag{1.6.28}$$

在能层中,

$$\hat{g}_{00}=g_{00}-\frac{g_{03}^2}{g_{33}}=\frac{-\rho^2(r-r_+^{\mathrm{h}})(r-r_-^{\mathrm{h}})}{(r^2+a^2)\rho^2+(2Mr-Q^2)a^2\sin^2\theta}<0,\quad g_{11}>0.\tag{1.6.29}$$

这时,t 仍为时间,r 仍为空间,能层中时空的概念可以看清了.实际上,可以证明,能层内的观测者和粒子一定会被引力场拖动.

1.6.3 奇异性

出现在视界处的奇异性是坐标奇异性,曲率不发散,粒子可自然地穿过它进入黑洞.

然而,式(1.6.9)所示的奇异性却是内禀的,曲率张量所形成的标量在那里发散.有趣的是克尔-纽曼黑洞的内禀奇异区不是一个"点",而是一个"环".采用克尔在1963年建议的"直角坐标"

$$\begin{cases}\tilde{t}=\int\left(\mathrm{d}t+\frac{r^2+a^2}{\Delta}\mathrm{d}r\right)-r,\\x=(r\cos\varphi-a\sin\varphi)\sin\theta,\\y=(r\sin\varphi+a\cos\varphi)\sin\theta,\\z=r\cos\theta,\end{cases}\tag{1.6.30}$$

式中 t、r、θ、φ 是如式(1.3.1)所示的克尔坐标.于是克尔度规变成

$$\begin{aligned}\mathrm{d}s^2=&-\mathrm{d}\tilde{t}^2+\mathrm{d}x^2+\mathrm{d}y^2+\mathrm{d}z^2+\frac{2Mr^3}{r^4+a^2z^2}\\&\cdot\left[\frac{r(x\mathrm{d}x+y\mathrm{d}y)-a(x\mathrm{d}y-y\mathrm{d}x)}{r^2+a^2}+\frac{z\mathrm{d}z}{r}+\mathrm{d}\tilde{t}\right]^2.\end{aligned}\tag{1.6.31}$$

在上式中,视界处的奇性已不再出现,只剩下内禀奇点.从式(1.6.30)不难看出,$r=0$ 在此直角坐标系内的表达式为

$$\begin{cases}x^2+y^2=a^2\sin^2\theta,\\z=0\end{cases}\quad\left(0\leqslant\theta\leqslant\frac{\pi}{2}\right).\tag{1.6.32}$$

这是一个半径为 a 的圆盘.由式(1.6.9)可知,内禀奇点在 $r=0$ 且 $\theta=\pi/2$ 处,所以只有圆盘的边沿才是真正的内禀奇点,即

$$\begin{cases}x^2+y^2=a^2,\\ z=0.\end{cases}\tag{1.6.33}$$

这是半径为 a 的圆环.

值得注意的是,圆环附近的时空不是单向膜区,内、外能层也不是单向膜区.黑洞外的粒子穿过外无限红移面进入外能层后,仍可以逃出去.因此那里还不是真正的黑洞区.真正的黑洞是外视界 r_+^{h} 包围的区域.物体进入外视界后,就到达单向膜区,将不可避免地向内视界运动,穿过内视界进入内能层后,它将被引力场拖动,但那里已不是单向膜区.它可在内能层及内无限红移面以内的区域运动,不一定会落到奇环上,因为那里不是单向膜区.因此,在内视界以内的区域有可能建立某些物质结构;而且,粒子还可能穿过奇环进入另一个宇宙.然而,以后我们会谈到,一般认为内视界以内的时空区是不稳定的,可能完全不像我们刚才讲的那样.

1.6.4 彭罗斯图

图1.6.2给出了克尔-纽曼时空的彭罗斯图,图中没有画出无限红移面,r_+ 为外视界,r_- 为内视界.Ⅰ区是洞外宇宙,Ⅱ区是单向膜区,Ⅲ区是内视界以内的区域.注意,这里的奇环 $r=0$(图中用竖的双线表示)是类时的,不同于施瓦西情况,那里的奇点 $r=0$ 是类空的.世界线①所示的观测者进入黑洞后,穿过奇环进入 $-\infty<r<0$ 的反引力宇宙,此宇宙没有视界,也没有无限红移面.世界线②所示的观测者进入黑洞后,又从白洞出来,到达另一个引力宇宙,直到无穷远.世界线③所示的观测者,从黑洞进去白洞出来到达另一个宇宙后,又进入那个宇宙的一个黑洞.

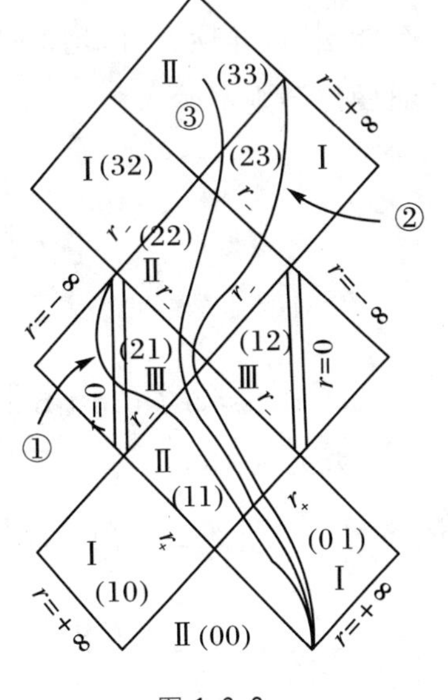

图1.6.2

需要指出的是,进入Ⅲ区后的观测者可以直接看到奇环,这将破坏他的因果性.所以,许多人推测,类时奇异性是不稳定的.

1.6.5 几种稳态时空的比较

让克尔-纽曼黑洞线元中的 $Q=0$，但 $a\neq 0$，我们得到不带电的转动黑洞：克尔黑洞；如果令克尔-纽曼黑洞中的 $a=0$，但 $Q\neq 0$，我们得到带电的静态黑洞：Reissner-Nordström 黑洞；如果令 $a=0$ 且 $Q=0$，我们就得到施瓦西黑洞．下面我们比较这几种黑洞的时空．

1．克尔时空

线元为

$$\begin{aligned} ds^2 = & -\left(1-\frac{2Mr}{\rho^2}\right)dt^2 - \frac{\rho^2}{\Delta}dr^2 + \rho^2 d\theta^2 \\ & + \left[(r^2+a^2)\sin^2\theta + \frac{2Mra^2\sin^4\theta}{\rho^2}\right]d\varphi^2 - \frac{4Mra\sin^2\theta}{\rho^2}dt\,d\varphi, \end{aligned} \tag{1.6.34}$$

其中

$$\rho^2 = r^2 + a^2\cos^2\theta, \tag{1.6.35}$$

$$\Delta = r^2 + a^2 - 2Mr. \tag{1.6.36}$$

黑洞的基本结构与克尔-纽曼情况一样，有两个视界、两个无限红移面和两个能层，奇异性类时，是奇环．不同的是，克尔黑洞的内能层接触奇环，克尔-纽曼黑洞则不然．

$$\begin{aligned} r_{\pm}^{h} &= M \pm \sqrt{M^2 - a^2}, \\ r_{\pm}^{s} &= M \pm \sqrt{M^2 - a^2\cos^2\theta}. \end{aligned} \tag{1.6.37}$$

$$r=0, \quad \theta = \frac{\pi}{2} \quad (\text{内禀奇异性}). \tag{1.6.38}$$

2．Reissner-Nordström 时空

线元为

$$\begin{aligned} ds^2 = & -\left(1-\frac{2M}{r}+\frac{Q^2}{r^2}\right)dt^2 + \left(1-\frac{2M}{r}+\frac{Q^2}{r^2}\right)^{-1}dr^2 \\ & + r^2 d\theta^2 + r^2\sin^2\theta d\varphi^2. \end{aligned} \tag{1.6.39}$$

黑洞有两个视界：

$$r_{\pm}^{h} = M \pm \sqrt{M^2 - Q^2}. \tag{1.6.40}$$

它们同时是无限红移面，没有能层．奇性不同于施瓦西黑洞，也不同于克尔

黑洞，是类时奇异性，但不是奇环，而是奇点

$$r=0. \tag{1.6.41}$$

视界之间仍是单向膜区.

3. 施瓦西黑洞

线元为

$$\mathrm{d}s^2=-\left(1-\frac{2M}{r}\right)\mathrm{d}t^2+\left(1-\frac{2M}{r}\right)^{-1}\mathrm{d}r^2+r^2\mathrm{d}\theta^2+r^2\sin^2\theta\mathrm{d}\varphi^2. \tag{1.6.42}$$

黑洞只有一个视界，视界和无限红移面重合，奇性是类空奇点.

4. 极端黑洞

当克尔-纽曼黑洞满足条件

$$M^2=a^2+Q^2 \tag{1.6.43}$$

时，内外视界重合：

$$r_+^{\mathrm{h}}=r_-^{\mathrm{h}}. \tag{1.6.44}$$

不存在单向膜区，只剩下一个零曲面.无限红移面和能层仍各有两个.类似可得极端克尔黑洞和极端 Reissner-Nordström 黑洞.

5. 裸奇性

当

$$M^2<a^2+Q^2 \tag{1.6.45}$$

时，黑洞的视界消失，奇环裸露出来.

1.6.6 宇宙监督假设

裸露的奇性会破坏时空中的因果关系，彭罗斯提出宇宙监督假设：存在一位宇宙的监督，它禁止裸奇性的出现.考虑到进入克尔-纽曼黑洞内视界以内的观测者也有可能看到裸奇性，他修改宇宙监督假设为“类时奇异性是不稳定的”.宇宙监督假设的另一个提法是“时空一定是整体双曲的”.[1-2,11]

1.7 伦德勒变换

1.7.1 伦德勒坐标系

在自然单位制下，号差为 -2 的闵可夫斯基时空线元为

$$ds^2 = dT^2 - dX^2 - dY^2 - dZ^2. \tag{1.7.1}$$

伦德勒(Rindler)建议如下的坐标变换[7,14,25]：

$$\begin{cases} T = x\,\mathrm{sh}\,t, \\ X = x\,\mathrm{ch}\,t \end{cases} \quad (R\ 区); \tag{1.7.2}$$

$$\begin{cases} T = -x\,\mathrm{sh}\,t, \\ X = -x\,\mathrm{ch}\,t \end{cases} \quad (L\ 区); \tag{1.7.3}$$

$$\begin{cases} T = x\,\mathrm{ch}\,t, \\ X = x\,\mathrm{sh}\,t \end{cases} \quad (F\ 区); \tag{1.7.4}$$

$$\begin{cases} T = -x\,\mathrm{ch}\,t, \\ X = -x\,\mathrm{sh}\,t \end{cases} \quad (P\ 区). \tag{1.7.5}$$

线元化成

$$ds^2 = x^2dt^2 - dx^2 - dY^2 - dZ^2 \quad (R、L\ 区), \tag{1.7.6}$$

$$ds^2 = -x^2dt^2 + dx^2 - dY^2 - dZ^2 \quad (F、P\ 区). \tag{1.7.7}$$

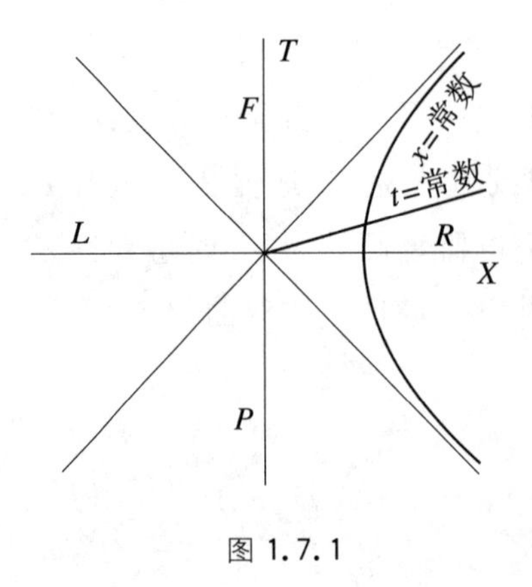

图 1.7.1

此坐标变换称为伦德勒变换，它把闵氏时空划分成如图 1.7.1 所示的 4 个区（以 T、X 轴交角的 45°平分线划分）. R 区和 L 区是两个伦德勒时空区，它们与闵氏时空一样是静态的，但都只能覆盖闵氏时空的一部分. 而且 R 区与 L 区没有因果关联，可以看作互不连通的两个时空. 闵氏时空无内禀奇点，也无坐标奇性. 伦德勒时空当然也无内禀奇点，但在 $x=0$ 处有坐标奇性（度规行列式在

此点为零).另外,在此处有

$$g_{00} = x^2 = 0, \tag{1.7.8}$$

可知它是无限红移面.考虑到伦德勒时空有三个基灵矢量$\left(\frac{\partial}{\partial t},\frac{\partial}{\partial Y},\frac{\partial}{\partial Z}\right)$,其零曲面方程可化为

$$\begin{aligned} g^{\mu\nu}\frac{\partial f}{\partial x^\mu}\frac{\partial f}{\partial x^\nu} &= \frac{1}{x^2}\left(\frac{\partial f}{\partial t}\right)^2+\left(\frac{\partial f}{\partial x}\right)^2+\left(\frac{\partial f}{\partial Y}\right)^2+\left(\frac{\partial f}{\partial Z}\right)^2 \\ &= \frac{1}{x^2}\left(\frac{\partial f}{\partial t}\right)^2+\left(\frac{\partial f}{\partial x}\right)^2 = 0. \end{aligned} \tag{1.7.9}$$

我们没有像在施瓦西、克尔时空那样去掉$\partial f/\partial t$项,而只去掉$\partial f/\partial Y$、$\partial f/\partial Z$项,是因为考虑到$1/x^2$可能发散.把式(1.7.9)两端乘x^2,再消去$\partial f/\partial t$项,并考虑到$\partial f/\partial x\neq 0$,我们得到保有伦德勒时空对称性的零超曲面[26]

$$x = 0. \tag{1.7.10}$$

研究表明,它就是伦德勒时空的事件视界.有关这方面的内容,我们在下一节会进一步详细讨论.

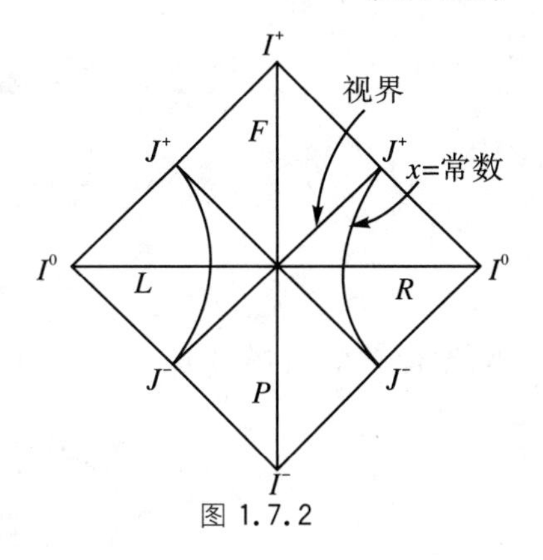

图 1.7.2

图1.7.2是闵氏时空的彭罗斯图,比较伦德勒变换与施瓦西时空的克鲁斯卡坐标变换,再比较两者的时空图及彭罗斯图,可以看出闵氏时空对应于克鲁斯卡时空,伦德勒时空对应于施瓦西时空.伦德勒情况的F区和P区分别相应于施瓦西情况的黑洞区和白洞区.

可用下式计算伦德勒系中静止观测者的固有加速度:

$$\begin{aligned} b &= -\sqrt{-g_{11}}\frac{\mathrm{d}^2 x}{\mathrm{d}\tau^2} = -\sqrt{-g_{11}}\,\Gamma^1_{00}\left(\frac{\mathrm{d}t}{\mathrm{d}\tau}\right)^2 \\ &= -\sqrt{-g_{11}}\frac{\Gamma^1_{00}}{g_{00}} = \frac{1}{x}. \end{aligned} \tag{1.7.11}$$

它表明静止于x点的观测者的固有加速度是一个常数.[27]显然,这是一个匀加速运动的观测者.加速方向指向x增加的方向,而惯性力指向事件视界$x=0$.

从式(1.7.11)看,视界处$b\to\infty$,这并不奇怪.静止于施瓦西黑洞表面

上观测者的固有引力加速度也发散,这是一切事件视界的共同特性.对于一切事件视界,我们都可以定义在视界上不发散的"表面引力",即静止于视界附近的质点所受的固有加速度 b 与其红移因子 $\sqrt{g_{00}}$ 的乘积,在该质点趋于视界面时的极限,也即[2,27]

$$\kappa \equiv \lim_{g_{00}\to 0}(b\cdot\sqrt{g_{00}}). \tag{1.7.12}$$

对于伦德勒视界,我们有

$$\kappa \equiv \lim_{x\to 0}\left(\frac{1}{2}g_{00,1}\sqrt{-g^{11}/g_{00}}\right)=1. \tag{1.7.13}$$

总而言之,伦德勒参考系是一个加速系、一个匀加速直线运动的观测者的参考系.伦德勒时空是闵氏时空的一部分,它是静态的,而且存在事件视界.

1.7.2 局域伦德勒坐标系

引入新坐标(η,ξ),它们与伦德勒坐标的关系是[7,14]

$$t=a\eta,\quad x=\frac{1}{a}+\xi, \tag{1.7.14}$$

则伦德勒变换将写成

$$\begin{cases} T=\left(\dfrac{1}{a}+\xi\right)\mathrm{sh}\,a\eta, \\ X=\left(\dfrac{1}{a}+\xi\right)\mathrm{ch}\,a\eta \end{cases} \quad (R\ 区), \tag{1.7.15}$$

$$\begin{cases} T=-\left(\dfrac{1}{a}+\xi\right)\mathrm{sh}\,a\eta, \\ X=-\left(\dfrac{1}{a}+\xi\right)\mathrm{ch}\,a\eta \end{cases} \quad (L\ 区), \tag{1.7.16}$$

$$\begin{cases} T=\left(\dfrac{1}{a}+\xi\right)\mathrm{ch}\,a\eta, \\ X=\left(\dfrac{1}{a}+\xi\right)\mathrm{sh}\,a\eta \end{cases} \quad (F\ 区), \tag{1.7.17}$$

$$\begin{cases} T=-\left(\dfrac{1}{a}+\xi\right)\mathrm{ch}\,a\eta, \\ X=-\left(\dfrac{1}{a}+\xi\right)\mathrm{sh}\,a\eta \end{cases} \quad (P\ 区), \tag{1.7.18}$$

线元为

$$\mathrm{d}s^2 = \pm(1+a\xi)^2\mathrm{d}\eta^2 \mp \mathrm{d}\xi^2 - \mathrm{d}Y^2 - \mathrm{d}Z^2. \tag{1.7.19}$$

其中上面的符号对应 R、L 区，下面的符号对应 F、P 区.变换式(1.7.15)～式(1.7.18)称为局域伦德勒变换.局域伦德勒时空的事件视界位于 $\xi=-1/a$ 处，表面引力 $\kappa=a$，对于位于原点($\xi=0$)的静止观测者，其固有加速度 $b=\kappa=a$，而对于静止在 $\xi\neq0$ 的观测者，b 的表达式则没有这么简单，为 $b=a/(1+a\xi)$.容易看出，在 $\xi=0$ 的邻域，线元近似于闵氏时空线元.也就是说，局域伦德勒坐标系在 $\xi=0$ 的邻域近似于直角坐标系.所以，此坐标系描写静止于原点的观测者比较优越.

1.7.3　乌龟坐标下的伦德勒坐标系

引入新坐标(η,ξ)，它们与伦德勒坐标的关系是[19]

$$t = a\eta, \quad x = \frac{1}{a}\mathrm{e}^{a\xi}, \tag{1.7.20}$$

则伦德勒变换将写成

$$\begin{cases} T = a^{-1}\mathrm{e}^{a\xi}\mathrm{sh}\,a\eta, \\ X = a^{-1}\mathrm{e}^{a\xi}\mathrm{ch}\,a\eta \end{cases} \quad (R\ 区), \tag{1.7.21}$$

$$\begin{cases} T = -a^{-1}\mathrm{e}^{a\xi}\mathrm{sh}\,a\eta, \\ X = -a^{-1}\mathrm{e}^{a\xi}\mathrm{ch}\,a\eta \end{cases} \quad (L\ 区), \tag{1.7.22}$$

$$\begin{cases} T = a^{-1}\mathrm{e}^{a\xi}\mathrm{ch}\,a\eta, \\ X = a^{-1}\mathrm{e}^{a\xi}\mathrm{sh}\,a\eta \end{cases} \quad (F\ 区), \tag{1.7.23}$$

$$\begin{cases} T = -a^{-1}\mathrm{e}^{a\xi}\mathrm{ch}\,a\eta, \\ X = -a^{-1}\mathrm{e}^{a\xi}\mathrm{sh}\,a\eta \end{cases} \quad (P\ 区), \tag{1.7.24}$$

线元为

$$\mathrm{d}s^2 = \pm\mathrm{e}^{2a\xi}(\mathrm{d}\eta^2 - \mathrm{d}\xi^2) - \mathrm{d}Y^2 - \mathrm{d}Z^2, \tag{1.7.25}$$

其中 + 号对应 R、L 区，− 号对应 F、P 区.此时空的特点是将事件视界推到坐标无穷远，即 $\xi\to-\infty$ 处.这是乌龟坐标的特点.从式(1.7.20)，可知

$$\xi = \frac{1}{a}\ln ax. \tag{1.7.26}$$

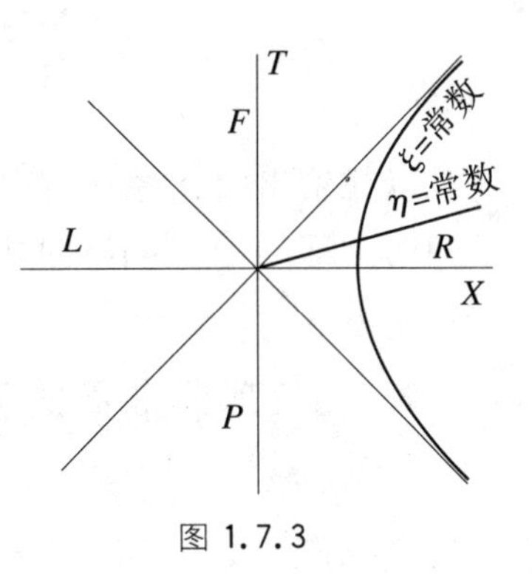

图 1.7.3

可见,ξ 确实是伦德勒时空中的乌龟坐标.不难算出此系中静止观测者的固有加速度 $b = a\mathrm{e}^{-a\xi}$,视界表面引力 $\kappa = a$.在原点 $\xi = 0$ 处,也有 $b = \kappa = a$.而且在 $\xi = 0$ 附近,线元(1.7.25)也近似于闵氏时空线元.可见,这种坐标系在描写静止于原点的观测者时也比较优越.

1.7.4 零坐标

闵氏时空的零坐标为

$$V = T + X, \quad U = T - X. \tag{1.7.27}$$

伦德勒时空的零坐标为

$$v = t + \ln x, \quad u = t - \ln x. \tag{1.7.28}$$

与施瓦西时空类似,在 R 区有

$$V = \mathrm{e}^{v}, \quad U = -\mathrm{e}^{-u}. \tag{1.7.29}$$

在未来视界上,v 为群参量,V 为仿射参量.在过去视界上,u 为群参量,U 为仿射参量.$\kappa = 1$ 是群参量对仿射参量的偏离.[2]

对式(1.7.21)所示的伦德勒坐标,其零坐标为

$$\tilde{v} = \eta + \xi, \quad \tilde{u} = \eta - \xi, \tag{1.7.30}$$

在 R 区有

$$V = \mathrm{e}^{a\tilde{v}}, \quad U = -\mathrm{e}^{-a\tilde{u}}. \tag{1.7.31}$$

在视界上,$\kappa = a$ 也表示群参量对仿射参量的偏离.

1.8 稳态时空中确定事件视界的方法

以往给出的在稳态时空中确定视界位置的方法,是不完备的,不能包括已知的全部例子.本节对此问题作进一步的探讨,并得到更清晰的结论.[26]

1.8.1 零超曲面的确定

设

$$n^{\mu}=\frac{\partial F}{\partial x^{\mu}} \tag{1.8.1}$$

为超曲面

$$F(x^{\mu})=0 \quad (\mu=0、1、2、3) \tag{1.8.2}$$

的法矢量，则零超曲面的定义为

$$n^{\mu}n_{\mu}=0, \tag{1.8.3}$$

或

$$g^{\mu\nu}\frac{\partial F}{\partial x^{\mu}}\frac{\partial F}{\partial x^{\nu}}=0. \tag{1.8.4}$$

对一般稳态时空

$$\begin{pmatrix} g_{00} & 0 & 0 & g_{03} \\ 0 & g_{11} & 0 & 0 \\ 0 & 0 & g_{22} & 0 \\ g_{30} & 0 & 0 & g_{33} \end{pmatrix}, \tag{1.8.5}$$

式(1.8.4)写成

$$g^{00}\left(\frac{\partial F}{\partial t}\right)^2+2g^{03}\left(\frac{\partial F}{\partial t}\right)\left(\frac{\partial F}{\partial z}\right)+g^{11}\left(\frac{\partial F}{\partial x}\right)^2+g^{22}\left(\frac{\partial F}{\partial y}\right)^2+g^{33}\left(\frac{\partial F}{\partial z}\right)^2=0. \tag{1.8.6}$$

对于稳态时空，特征曲面 $F(x^{\mu})$应该与 t 无关，所以

$$\frac{\partial F}{\partial t}=0. \tag{1.8.7}$$

如果 g^{00}不发散，则零曲面条件应化成

$$2g^{03}\left(\frac{\partial F}{\partial t}\right)\left(\frac{\partial F}{\partial z}\right)+g^{11}\left(\frac{\partial F}{\partial x}\right)^2+g^{22}\left(\frac{\partial F}{\partial y}\right)^2+g^{33}\left(\frac{\partial F}{\partial z}\right)^2=0. \tag{1.8.8}$$

假如 g^{03}也不发散，则上式第一项为零，从而有

$$g^{11}\left(\frac{\partial F}{\partial x}\right)^2+g^{22}\left(\frac{\partial F}{\partial y}\right)^2+g^{33}\left(\frac{\partial F}{\partial z}\right)^2=0. \tag{1.8.9}$$

这正是通常人们用以确定稳态时空中视界位置的公式. 然而，实际情况中 g^{00}与 g^{03}都可能存在发散点，零曲面条件不一定总能归结为式(1.8.8)或式(1.8.9). 例如，伦德勒时空的度规分量

$$g^{00}=-\frac{1}{x^2}, \tag{1.8.10}$$

在 $x=0$ 处发散，研究表明，该处正是伦德勒视界的位置，此结果不能从式

(1.8.8)或式(1.8.9)得到,但它应该满足式(1.8.6).可见,应对零曲面条件式(1.8.6)作进一步研究.

考虑稳态时空中黑洞的形成过程,度规分量及作为视界的零曲面的位置都是逐渐稳定下来的,

$$\frac{\partial g_{\mu\nu}}{\partial t}\to 0, \tag{1.8.11}$$

$$\frac{\partial \boldsymbol{F}}{\partial t}\to 0. \tag{1.8.12}$$

最终达到

$$\frac{\partial g_{\mu\nu}}{\partial t} = 0, \tag{1.8.13}$$

$$\frac{\partial \boldsymbol{F}}{\partial t} = 0 \tag{1.8.14}$$

的终态.现在考查零曲面 $\boldsymbol{F}$ 发展到稳定终态的过程,在此过程中,式(1.8.6)始终成立,但在到达终态前,式(1.8.13)与式(1.8.14)均不成立.应该指出,度规分量的奇异性是在时空稳定到终态时出现的.在此之前,这些分量都是解析的.

在式(1.8.6)两端乘以$(g^{00})^{-1}$,得

$$\left(\frac{\partial \boldsymbol{F}}{\partial t}\right)^2+(g^{00})^{-1}\left[2g^{03}\left(\frac{\partial \boldsymbol{F}}{\partial t}\right)\left(\frac{\partial \boldsymbol{F}}{\partial z}\right)+g^{11}\left(\frac{\partial \boldsymbol{F}}{\partial x}\right)^2+g^{22}\left(\frac{\partial \boldsymbol{F}}{\partial y}\right)^2+g^{33}\left(\frac{\partial \boldsymbol{F}}{\partial z}\right)^2\right]=0. \tag{1.8.15}$$

当时空趋于稳定终态时,

$$\frac{\partial g_{\mu\nu}}{\partial t}\to 0,\quad \frac{\partial \boldsymbol{F}}{\partial t}\to 0.$$

式(1.8.15)化成

$$(g^{00})^{-1}\left[2g^{03}\left(\frac{\partial \boldsymbol{F}}{\partial t}\right)\left(\frac{\partial \boldsymbol{F}}{\partial z}\right)+g^{11}\left(\frac{\partial \boldsymbol{F}}{\partial x}\right)^2+g^{22}\left(\frac{\partial \boldsymbol{F}}{\partial y}\right)^2+g^{33}\left(\frac{\partial \boldsymbol{F}}{\partial z}\right)^2\right]=0. \tag{1.8.16}$$

由于到达稳定终态时,g^{03}有可能出现发散点,虽然$\partial \boldsymbol{F}/\partial t\to 0$,但式(1.8.16)中含 g^{03}的项也不应轻易舍弃.因为 g^{00}也可能出现发散点,所以式(1.8.16)可化成

$$(g^{00})^{-1} = 0, \tag{1.8.17}$$

$$2g^{03}\left(\frac{\partial \boldsymbol{F}}{\partial t}\right)\left(\frac{\partial \boldsymbol{F}}{\partial z}\right)+g^{11}\left(\frac{\partial \boldsymbol{F}}{\partial x}\right)^2+g^{22}\left(\frac{\partial \boldsymbol{F}}{\partial y}\right)^2+g^{33}\left(\frac{\partial \boldsymbol{F}}{\partial z}\right)^2 = 0. \tag{1.8.18}$$

这两个方程的解都是作为视界的零曲面最终稳定的位置，不难看出，式(1.8.18)就是通常用来判定稳态视界的方程(1.8.8)，式(1.8.17)则是以往忽略的部分。

当采用拖曳坐标系[1-2]

$$\frac{\mathrm{d}z}{\mathrm{d}t}=-\frac{g_{03}}{g_{33}} \tag{1.8.19}$$

时，线元

$$\mathrm{d}s^2=g_{00}\mathrm{d}t^2+2g_{03}\mathrm{d}t\mathrm{d}z+g_{11}\mathrm{d}x^2+g_{22}\mathrm{d}y^2+g_{33}\mathrm{d}z^2 \tag{1.8.20}$$

化成

$$\mathrm{d}s^2=\hat{g}_{00}\mathrm{d}t^2+g_{11}\mathrm{d}x^2+g_{22}\mathrm{d}y^2, \tag{1.8.21}$$

其中

$$\hat{g}_{00}\equiv g_{00}-\frac{g_{03}^2}{g_{33}}. \tag{1.8.22}$$

容易证明[28]

$$\hat{g}_{00}=(g^{00})^{-1}. \tag{1.8.23}$$

因此零曲面条件式(1.8.16)可化成

$$\hat{g}_{00}\left[2g^{03}\left(\frac{\partial F}{\partial t}\right)\left(\frac{\partial F}{\partial z}\right)+g^{11}\left(\frac{\partial F}{\partial x}\right)^2+g^{22}\left(\frac{\partial F}{\partial y}\right)^2+g^{33}\left(\frac{\partial F}{\partial z}\right)^2\right]=0. \tag{1.8.24}$$

式(1.8.17)和式(1.8.18)则可分别写成

$$\hat{g}_{00}=0, \tag{1.8.25}$$

$$2g^{03}\left(\frac{\partial F}{\partial t}\right)\left(\frac{\partial F}{\partial z}\right)+g^{11}\left(\frac{\partial F}{\partial x}\right)^2+g^{22}\left(\frac{\partial F}{\partial y}\right)^2+g^{33}\left(\frac{\partial F}{\partial z}\right)^2=0. \tag{1.8.26}$$

克尔黑洞相当于 $x=r,y=\theta,z=\varphi$ 的情况. 存在 $\left(\frac{\partial}{\partial t}\right)^a$ 和 $\left(\frac{\partial}{\partial \varphi}\right)^a$ 两个基灵矢量，即稳态轴对称，

$$\frac{\partial F}{\partial t}=\frac{\partial F}{\partial \varphi}=0. \tag{1.8.27}$$

再考虑到克尔度规分量的奇异性，式(1.8.24)可约化为

$$\hat{g}_{00}\left[g^{11}\left(\frac{\partial F}{\partial r}\right)^2+g^{22}\left(\frac{\partial F}{\partial \theta}\right)^2\right]=0. \tag{1.8.28}$$

把度规分量的具体函数形式代入，不难看出

$$\hat{g}_{00}=0, \tag{1.8.29}$$

$$g^{11}\left(\frac{\partial F}{\partial r}\right)^2 + g^{22}\left(\frac{\partial F}{\partial \theta}\right)^2 = 0 \tag{1.8.30}$$

有相同的解.实际上,这两个方程都约化成

$$\Delta = r^2 + a^2 - 2Mr = 0. \tag{1.8.31}$$

对静态球对称的施瓦西时空,F 只是 r 的函数.考虑到度规的奇异性,式(1.8.24)化成

$$g_{00}g^{11}\left(\frac{\partial F}{\partial r}\right)^2 = 0. \tag{1.8.32}$$

显然,

$$g_{00} = 0 \tag{1.8.33}$$

与

$$g^{11} = 0 \tag{1.8.34}$$

有相同的解

$$r = 2M. \tag{1.8.35}$$

应当注意,式(1.8.25)与式(1.8.26)并非总有相同的解.例如,对于伦德勒时空,式(1.8.24)化成

$$g_{00}g^{11}\left(\frac{\partial F}{\partial x}\right)^2 = 0. \tag{1.8.36}$$

伦德勒度规为 $g_{00} = -x^2, g^{11} = 1$.可见,方程(1.8.26)无解,式(1.8.25)的解为

$$g_{00} = -x^2 = 0, \tag{1.8.37}$$

即视界位于 $x = 0$ 处.可以看到,零曲面条件式(1.8.24)确实比条件式(1.8.8)完备,它包括伦德勒情况.

需要指出的是

$$\frac{\partial F}{\partial x} = \frac{\partial F}{\partial y} = \frac{\partial F}{\partial z} = \frac{\partial F}{\partial t} = 0 \tag{1.8.38}$$

并不决定零曲面.这里所说的零曲面实际上是类光曲面,它要求该超曲面法矢量类光(null),即

$$n^\mu n_\mu = 0, \tag{1.8.39}$$

但

$$n_\mu \neq 0. \tag{1.8.40}$$

我们称满足

$$n_{\mu}=0 \tag{1.8.41}$$

的矢量为零(zero)矢量,式(1.8.38)所示的就是这种矢量,它不属于类光矢量.所以,式(1.8.38)决定的不是作为视界的类光曲面.

1.8.2　基灵视界

众所周知,并非所有的零超曲面都是事件视界.稳态时空中的事件视界应是保有该时空内禀对称性的那类零超曲面.例如,导出式(1.8.28)时考虑的式(1.8.27),就是该时空内禀对称性的要求.另一方面,视界的温度与它的表面引力 κ 有关,而表面引力实际上是作为视界母线的类光测地线汇的群参量对仿射参量的偏离.[2]因此,形成视界的零曲面应有以下特点:

(1) 其母线线汇为类光测地线汇;

(2) 此线汇的切矢场是类光基灵矢量场.

所以,我们感兴趣的不是全体零超曲面,而是其中满足上述条件而称为基灵视界的那一部分.换句话说,只有作为基灵视界的零超曲面才是事件视界.

下面讨论存在类光基灵矢量场 l^a 的稳态时空.稳态表明,存在类时基灵场 $\left(\frac{\partial}{\partial t}\right)^a$.这样的时空至少还应存在一个类空基灵场,它是 l^a 与 $\left(\frac{\partial}{\partial t}\right)^a$ 的线性叠加.为了讨论方便,设此类空基灵场为 $\left(\frac{\partial}{\partial z}\right)^a$.选择坐标系,可使时空度规取式(1.8.5)的形式.

类光基灵场 l^a 对应一族零测地线汇.设 $\mathscr{F}$ 为以此线汇作母线的类光超曲面.现在,把类光基灵矢量用时空平移群的群参量 t 表出:

$$l^a=\frac{\mathrm{d}x^{\mu}}{\mathrm{d}t}\left(\frac{\partial}{\partial x^{\mu}}\right)^a. \tag{1.8.42}$$

注意

$$\left(\frac{\partial}{\partial t}\right)^a=\frac{\partial x^{\mu}}{\partial t}\left(\frac{\partial}{\partial x^{\mu}}\right)^a\neq\frac{\mathrm{d}x^{\mu}}{\mathrm{d}t}\left(\frac{\partial}{\partial x^{\mu}}\right)^a=l^a, \tag{1.8.43}$$

即

$$\left(\frac{\partial}{\partial t}\right)^a\neq l^a, \tag{1.8.44}$$

或

$$\frac{\partial x^{\mu}}{\partial t}\neq\frac{\mathrm{d}x^{\mu}}{\mathrm{d}t}. \tag{1.8.45}$$

显然

$$l^a=\left(\frac{\partial x^\mu}{\partial t}+\frac{\mathrm{d}x}{\mathrm{d}t}\frac{\partial x^\mu}{\partial x}+\frac{\mathrm{d}y}{\mathrm{d}t}\frac{\partial x^\mu}{\partial y}+\frac{\mathrm{d}z}{\mathrm{d}t}\frac{\partial x^\mu}{\partial z}\right)\left(\frac{\partial}{\partial x^\mu}\right)^a. \tag{1.8.46}$$

由于此时空不存在 x、y 方向的拖曳,

$$\frac{\mathrm{d}x}{\mathrm{d}t}=\frac{\mathrm{d}y}{\mathrm{d}t}=0, \tag{1.8.47}$$

式(1.8.46)化成

$$\begin{aligned}l^a&=\frac{\partial x^\mu}{\partial t}\left(\frac{\partial}{\partial x^\mu}\right)^a+\frac{\mathrm{d}z}{\mathrm{d}t}\frac{\partial x^\mu}{\partial z}\left(\frac{\partial}{\partial x^\mu}\right)^a\\&=\left(\frac{\partial}{\partial t}\right)^a+\frac{\mathrm{d}z}{\mathrm{d}t}\left(\frac{\partial}{\partial z}\right)^a.\end{aligned} \tag{1.8.48}$$

从式(1.8.19)可知,z 方向的拖曳速度为

$$\Omega\equiv\frac{\mathrm{d}z}{\mathrm{d}t}=-\frac{g_{03}}{g_{33}}. \tag{1.8.49}$$

因为 l^a、$(\partial/\partial t)^a$ 和 $(\partial/\partial z)^a$ 均为基灵矢量,l^a 显然应该是 $(\partial/\partial t)^a$ 与 $(\partial/\partial z)^a$ 的线性叠加.这表明,在超曲面 $\mathscr{F}$ 上,拖曳速度 Ω_{H} 必然是一个常数.从式(1.8.48),可得

$$l^a=\left(\frac{\partial}{\partial t}\right)^a+\Omega_{\mathrm{H}}\left(\frac{\partial}{\partial z}\right)^a. \tag{1.8.50}$$

显然

$$l^a l_a=g_{00}+2\Omega_{\mathrm{H}}g_{03}+\Omega_{\mathrm{H}}^2 g_{33}=g_{00}-\frac{g_{03}^2}{g_{33}}=\hat{g}_{00}. \tag{1.8.51}$$

l^a 类光,要求

$$l^a l_a=0, \tag{1.8.52}$$

即

$$\hat{g}_{00}=0. \tag{1.8.53}$$

这正是式(1.8.25).可见,式(1.8.53)不仅决定零超曲面,而且决定那类形成基灵视界的零超曲面:其母线线汇是类光测地线汇,且对应一个类光基灵矢量场.不难看出式(1.8.26)虽然决定一类零曲面,但不能保证它们是基灵视界.

因此,稳态时空中的基灵视界应由式(1.8.53)决定.在稳态时空中只有基灵视界才是事件视界,所以,式(1.8.53)才是决定稳态时空中事件视界的方程.应该强调,式(1.8.53)适用于一切式(1.8.5)型的稳态时空.在任何式(1.8.5)型的稳态时空中,都可以用它来定出事件视界.

第 2 章　黑洞热力学

2.1　黑洞热力学四定律

本节介绍黑洞热力学的四条定律.20 世纪 70 年代初,卡特(B. Carter)和罗宾逊(D. C. Robinson)等人提出黑洞无毛定理,指出形成黑洞的物质会失去绝大部分信息,洞外的观测者只能知道它们的总质量 M、总电荷 Q 和总角动量 J,也就是说,黑洞遗忘了它的过去,只剩下"三根毛"[1,29-32].另一方面,顾名思义,黑洞是黑的,任何物质都可以掉进去而再也不能从洞中逃逸,当然辐射也不例外.黑洞吸收所有种类的辐射而不反射,这一点很像一个黑体."不反射辐射"和"落入洞内的物质丢失几乎全部信息"这两点,已经预示了黑洞应该具有热性质.然而,真正认识到黑洞具有热性质则是在黑洞热力学四定律建立和霍金辐射算出之后.

2.1.1　面积定理

1971 年,霍金在"宇宙监督假设"和"强能量条件"(即物质能量大体正定,而应力不能太负)成立的前提下,证明了"黑洞的面积沿顺时方向永不减少",即

$$\delta A \geqslant 0, \tag{2.1.1}$$

其中 A 为黑洞的面积[1-2,33].

下面来求克尔-纽曼黑洞的面积.在 $t=$ 常数,$r=r_+^{\mathrm{h}}$ 的情况下,克尔-纽

曼时空的线元(1.6.1)可化成

$$d\sigma^2=(r_+^2+a^2\cos^2\theta)d\theta^2+\left[(r_+^2+a^2)\sin^2\theta+\frac{(2Mr_+-Q^2)a^2\sin^4\theta}{r_+^2+a^2\cos^2\theta}\right]d\varphi^2. \tag{2.1.2}$$

不难算出上述二维空间度规的行列式为

$$g=\begin{vmatrix} g_{22} & g_{23} \\ g_{32} & g_{33} \end{vmatrix}=(r_+^2+a^2)^2\sin^2\theta, \tag{2.1.3}$$

故黑洞的面积为

$$A=\int dA=\int\sqrt{g}\,d\theta d\varphi=4\pi(r_+^2+a^2). \tag{2.1.4}$$

为了书写上的方便,我们把视界半径 r_+^h 简写为 r_+. 因为 $a\to0,Q\to0$ 时,克尔-纽曼黑洞退化为施瓦西黑洞,容易从上式得到施瓦西黑洞的面积为

$$A=4\pi r_g^2=16\pi M^2. \tag{2.1.5}$$

面积定理的一个推论是,黑洞只能相互合并成较大的黑洞,而不能分裂成若干较小的黑洞.

2.1.2 贝根斯坦-斯马尔公式

1972 年,贝根斯坦(Bekenstein)和斯马尔(Smarr)给出了克尔-纽曼黑洞的质量、角动量、角速度、面积等参量之间的积分关系式

$$M=\frac{\kappa}{4\pi}A+2\Omega J+V_0Q \tag{2.1.6}$$

和微分关系式

$$\delta M=\frac{\kappa}{8\pi}\delta A+\Omega\delta J+V_0\delta Q, \tag{2.1.7}$$

其中 M、J、Q 分别为黑洞的总能量、总角动量和总电荷[1-2,34]. V_0 为黑洞两极($\theta=0,\pi$)处的静电势,Ω 为黑洞视界的拖动角速度,A 为黑洞视界的面积(即黑洞的面积),κ 为视界的表面引力.我们有

$$V_0=\frac{Qr_+}{r_+^2+a^2}, \tag{2.1.8}$$

$$\Omega=\lim_{r\to r_+}\left(\frac{-g_{03}}{g_{33}}\right)=\frac{a}{2Mr_+-Q^2}=\frac{a}{r_+^2+a^2}. \tag{2.1.9}$$

这里用了式(1.6.27).视界的表面引力是这样定义的:相对于视界静止的质点的固有加速度和红移因子的乘积,在质点趋于视界时的极限[2].相对于视界静止的质点的固有加速度为

$$b=\sqrt{g_{11}}\frac{\mathrm{d}^2 r}{\mathrm{d}s^2}. \tag{2.1.10}$$

红移因子为$\sqrt{-\hat{g}_{00}}$,$\hat{g}_{00}$如式(1.6.29)所示.这里用$\hat{g}_{00}$作红移因子,而不用g_{00},是因为表面引力要在拖曳系中定义.表面引力为[27-28]

$$\begin{aligned}\kappa &= \lim_{r\to r_+} b\cdot\sqrt{-\hat{g}_{00}} = \frac{-1}{2}\lim_{r\to r_+}\sqrt{\frac{-g^{11}}{g^{00}}}\frac{\partial}{\partial r}\ln(-g^{00}) \\ &= \frac{r_+-r_-}{2(r_+^2+a^2)}.\end{aligned} \tag{2.1.11}$$

容易看出,施瓦西黑洞的表面引力为

$$\kappa=\frac{1}{4M}\quad\left(\text{用普通单位制时,}\kappa=\frac{c^4}{4GM}\right). \tag{2.1.12}$$

2.1.3 宇宙监督假设与极端黑洞

从式(1.6.44)和式(2.1.11)可知,极端克尔-纽曼黑洞的表面引力为

$$\kappa=0. \tag{2.1.13}$$

极端黑洞可看作是不断增加黑洞的角动量和电荷而逐渐形成的.当$\kappa=0$时,极端黑洞形成,单向膜区消失,内外视界重合成一个.如果此时再做一次增加角动量或电荷的操作,就会使视界彻底消失,内禀奇环裸露出来,因果性受到破坏.而这是宇宙监督假设所不允许的[2,34-35].我们看到,极端黑洞的形成与宇宙监督假设有一定关系.如果我们不允许κ趋于零,奇性就不可能裸露.所以,可把宇宙监督假设作为命题"不能通过有限次操作,让黑洞的表面引力降低到零"的推论.

2.1.4 视界的表面引力是常数

利用爱因斯坦场方程,可以证明克尔-纽曼黑洞视界的表面引力是一个常数[2].

2.1.5 黑洞热力学四定律

贝根斯坦-斯马尔公式非常类似于转动物体的热力学第一定律表达式. 面积定理表明视界面积类似于热力学的熵. 如果把黑洞的表面引力视为温度,则前面描述的黑洞性质恰是热力学的四条定律,我们称之为黑洞热力学四定律[1-2,34]:

(1) 第零定律:稳态黑洞视界的温度是一个常数.

(2) 第一定律:能量守恒

$$\delta M = T\delta S + \Omega\delta J + V_0\delta Q. \tag{2.1.14}$$

(3) 第二定律:黑洞熵在顺时方向永不减少,

$$\delta S \geqslant 0. \tag{2.1.15}$$

(4) 第三定律:不能通过有限次操作把视界的温度降低到绝对零度.

其中

$$T = \frac{\kappa}{2\pi k_B} \quad \left(T = \frac{\hbar\kappa}{2\pi k_B C}\right) \tag{2.1.16}$$

为视界温度,即黑洞温度.

$$S = \frac{k_B}{4}A \quad \left(S = \frac{k_B}{4}\left(\frac{c^3}{G\hbar}\right)A\right) \tag{2.1.17}$$

为黑洞熵. k_B 为玻尔兹曼常数. 后来,又把式(2.1.15)推广到包括洞外物质的情况:

$$\delta S + \delta S_M \geqslant 0, \tag{2.1.18}$$

即黑洞熵与物质熵之和,在顺时方向永不减少[1-2].

在黑洞物理学中,上述定律又称为黑洞力学四定律. 第一定律就是贝根斯坦-斯马尔公式;第二定律就是面积定理;第三定律是说,不能通过有限步骤把黑洞变成极端黑洞;而第零定律是说,κ 在稳态黑洞的视界上一定是常数. 把这些黑洞性质看成热力学定律,起初只是形式上的类比,没有实际意义.

1973 年霍金(S. W. Hawking)、巴丁(J. M. Bardeen)和卡特(B. Carter)等人指出,不能把黑洞温度看作真实的温度,因为黑洞没有热辐射[34]. 然而,事过不到一年,霍金就用量子效应证明了黑洞的确有热辐射,温度正是式(2.1.16)给出的温度.

2.2　卡诺循环与黑洞的温度

2.2.1　黑洞引力场中物体的结合能

弯曲时空中的哈密顿-雅可比方程为[1,36]

$$g^{\mu\nu}\left(\frac{\partial S}{\partial x^{\mu}}-eA_{\mu}\right)\left(\frac{\partial S}{\partial x^{\nu}}-eA_{\nu}\right)+\mu^{2}=0, \tag{2.2.1}$$

其中 e 和 μ 分别为质点的电荷和静质量，A_{μ} 为电磁四矢. S 为哈密顿主函数，定义为

$$S=\int L\mathrm{d}\tau, \tag{2.2.2}$$

式中 L 为拉格朗日函数，τ 为质点的固有时. L 是 x^{μ}、$\dot{x}^{\mu}$ 和 τ 的函数，S 则只是 x^{μ}、τ 的函数，与 $\dot{x}^{\mu}$ 无关. 所以 L 可表示成

$$L=\frac{\mathrm{d}S}{\mathrm{d}\tau}=\frac{\partial S}{\partial x^{\mu}}\frac{\mathrm{d}x^{\mu}}{\mathrm{d}\tau}=\frac{\partial S}{\partial x^{\mu}}\dot{x}^{\mu}. \tag{2.2.3}$$

广义动量定义为

$$P_{\mu}=\frac{\partial L}{\partial \dot{x}^{\mu}}, \tag{2.2.4}$$

用式(2.2.3)，可写成

$$P_{\mu}=\frac{\partial S}{\partial x^{\mu}}. \tag{2.2.5}$$

克尔-纽曼时空存在两个基灵矢量：$\frac{\partial}{\partial t}$和$\frac{\partial}{\partial \varphi}$，所以此时空中运动质点的哈密顿主函数可按以下方式分离变量：

$$S=-\omega t+R(r)+H(\theta)+m\varphi, \tag{2.2.6}$$

式中 ω 和 m 分别为质点的能量和磁量子数(即质点角动量在黑洞转动轴上的投影). 于是，广义动量的四个分量可表示为

$$\begin{aligned}&P_{r}=\frac{\partial S}{\partial r}=\frac{\mathrm{d}R}{\mathrm{d}r},\quad P_{\theta}=\frac{\partial S}{\partial \theta}=\frac{\mathrm{d}H}{\mathrm{d}\theta},\\&P_{\varphi}=\frac{\partial S}{\partial \varphi}=m,\quad P_{t}=\frac{\partial S}{\partial t}=-\omega.\end{aligned} \tag{2.2.7}$$

按式(2.2.6)分离变量后,式(2.2.1)的径向方程和横向方程分别化成

$$\Delta\left(\frac{\mathrm{d}R}{\mathrm{d}r}\right)^2-\frac{1}{\Delta}[-\omega(r^2+a^2)+ma+Qer]^2+\mu^2r^2=-K,\quad(2.2.8)$$

$$\left(\frac{\mathrm{d}H}{\mathrm{d}\theta}\right)^2+\left(\frac{m}{\sin\theta}-a\omega\sin\theta\right)^2+\mu^2a^2\cos^2\theta=K.\quad(2.2.9)$$

注意,这里讨论的是克尔-纽曼时空,M、Q、a 分别为黑洞的质量、电荷及单位质量的角动量,K 为分离变量常数,

$$\Delta=(r-r_+)(r-r_-)=r^2+a^2+Q^2-2Mr,\quad(2.2.10)$$

$$r_\pm=M\pm\sqrt{M^2-a^2-Q^2}.\quad(2.2.11)$$

r_+ 和 r_- 分别为黑洞的外视界和内视界.把式(2.2.7)代入式(2.2.8),得

$$[\omega(r^2+a^2)-(aP_\varphi+Qer)]^2=(P_r\Delta)^2+(\mu^2r^2+K)\Delta.\quad(2.2.12)$$

解之得

$$\omega=(\Omega P_\varphi+eV_0)\pm\frac{1}{r^2+a^2}[(P_r\Delta)^2+(\mu^2r^2+K)\Delta]^{1/2},\quad(2.2.13)$$

$$\Omega\equiv\frac{a}{r^2+a^2},\quad V_0\equiv\frac{Qr}{r^2+a^2}.\quad(2.2.14)$$

我们感兴趣的是,在视界外部邻近视界处相对于视界静止的质点.由于克尔-纽曼黑洞在转动,对于无穷远处的观测者,这个相对于黑洞视界静止的质点,实际上是随黑洞一起转动的.所以,对于此质点,

$$r=\text{常数},\quad\theta=\text{常数},\quad\dot\varphi=\frac{\mathrm{d}\varphi}{\mathrm{d}t}=-\frac{g_{03}}{g_{33}},$$
$$P_r=0,\quad P_\theta=0,\quad P_\varphi=\mu U_3=\mu g_{3\nu}U^\nu=\mu\left(g_{30}\frac{\mathrm{d}t}{\mathrm{d}\tau}+g_{33}\frac{\mathrm{d}\varphi}{\mathrm{d}\tau}\right).\quad(2.2.15)$$

由于质点和视界一起转动,即 $\dot\varphi=-g_{03}/g_{33}$,代入 P_φ 的表达式,可知

$$P_\varphi=0,\quad(2.2.16)$$

即

$$m=0.\quad(2.2.17)$$

这就是说,在拖曳系中看,质点不转动.

我们考虑质点不带电的情况,并只对质点的正能态感兴趣.把上面得出的 $P_r=P_\varphi=0$ 的结果代入,式(2.2.13)化成

$$\omega=\frac{1}{r^2+a^2}[(\mu^2r^2+K)\Delta]^{1/2}.\quad(2.2.18)$$

这就是一个在视界外部、相对于视界静止的不带电质点的坐标能量表达式.

设此质点的

$$r = r_{+} + \delta, \tag{2.2.19}$$

式中 r_{+} 为外视界位置，δ 为质点到外视界面的坐标距离，则

$$r^2 + a^2 = r_{+}^2 + a^2 + 2r_{+}\delta + \delta^2 \approx (r_{+}^2 + a^2)\left(1 + \frac{2r_{+}\delta}{r_{+}^2 + a^2}\right),$$

$$\begin{aligned} \mu^2 r^2 + K &= \mu^2 r_{+}^2 + K + \mu^2(2r_{+}\delta + \delta^2) \\ &\approx (\mu^2 r_{+}^2 + K)\left(1 + \frac{2r_{+}\delta\mu^2}{\mu^2 r_{+}^2 + K}\right), \end{aligned} \tag{2.2.20}$$

$$\begin{aligned} \Delta &= r_{+}^2 + a^2 + Q^2 - 2Mr_{+} + 2r_{+}\delta + \delta^2 - 2M\delta \\ &\approx 2\delta(r_{+} - M). \end{aligned}$$

注意，质点非常靠近外视界面，δ 是小量，我们略去了 δ^2 项. 把上述结果代入式(2.2.18)，可得

$$\omega \approx \frac{(\mu^2 r_{+}^2 + K)^{1/2}}{r_{+}^2 + a^2}[2\delta(r_{+} - M)]^{1/2}, \tag{2.2.21}$$

式中略去了高于一阶的小量，例如 $\delta^{3/2}$ 项.

下面我们把坐标距离 δ 换成固有距离 d. 为此，先考查固有距离的一般表达式

$$\begin{aligned} \mathrm{d}\sigma^2 &= \gamma_{ij}\mathrm{d}x^i\mathrm{d}x^j = \left(g_{ij} - \frac{g_{0i}g_{0j}}{g_{00}}\right)\mathrm{d}x^i\mathrm{d}x^j \\ &= g_{11}\mathrm{d}r^2 + \left(g_{33} - \frac{g_{03}^2}{g_{00}}\right)\mathrm{d}\varphi^2. \end{aligned} \tag{2.2.22}$$

虽然我们考虑的是径向距离 δ，但此质点被视界拖着转动，所以 $\mathrm{d}\varphi \neq 0$，把克尔-纽曼度规代入上式，可得

$$\mathrm{d}\sigma^2 = \frac{\rho^2}{\Delta}\mathrm{d}r^2 + \frac{g_{33}\Delta}{g_{00}}\left(r^2 + a^2 + \frac{2Mra^2\sin^2\theta}{r^2 + a^2\cos^2\theta}\right)^{-1}\mathrm{d}\varphi^2. \tag{2.2.23}$$

由于质点非常靠近视界，$\Delta \to 0$，所以

$$\mathrm{d}\sigma \approx \left(\frac{\rho^2}{\Delta}\right)^{1/2}\mathrm{d}r. \tag{2.2.24}$$

相应于 δ 的固有距离为

$$\begin{aligned} d &= \int_{r_{+}}^{r_{+}+\delta}\left(\frac{\rho^2}{\Delta}\right)^{1/2}\mathrm{d}r = \int_{r_{+}}^{r_{+}+\delta}\left[\frac{r^2 + a^2\cos^2\theta}{(r - r_{+})(r - r_{-})}\right]^{1/2}\mathrm{d}r \\ &\approx \left(\frac{r_{+}^2 + a^2\cos^2\theta}{r_{+} - r_{-}}\right)^{1/2}\int_{r_{+}}^{r_{+}+\delta}(r - r_{+})^{-1/2}\mathrm{d}r. \end{aligned} \tag{2.2.25}$$

当 $r \to r_+$ 时,等号严格成立,

$$d = 2\delta^{1/2}(r_+^2 + a^2\cos^2\theta)^{1/2}(r_+ - r_-)^{-1/2}, \tag{2.2.26}$$

或

$$\delta = \frac{d^2(r_+ - r_-)}{4(r_+^2 + a^2\cos^2\theta)}. \tag{2.2.27}$$

代入式(2.2.21),得

$$\omega = \frac{(\mu^2 r_+^2 + K)^{1/2}}{r_+^2 + a^2} \cdot \frac{d}{2} \cdot \left(\frac{r_+ - r_-}{r_+^2 + a^2\cos^2\theta}\right)^{1/2} [2(r_+ - M)]^{1/2}. \tag{2.2.28}$$

再注意到

$$r_+ + r_- = 2M,$$

所以

$$2(r_+ - M) = r_+ - r_-,$$

式(2.2.28)化成

$$\omega = d \cdot \kappa \frac{(\mu^2 r_+^2 + K)^{1/2}}{(r_+^2 + a^2\cos^2\theta)^{1/2}}. \tag{2.2.29}$$

式中

$$\kappa = \frac{r_+ - r_-}{2(r_+^2 + a^2)} \tag{2.2.30}$$

为视界表面引力.

把式(2.2.15)和式(2.2.17)代入横向方程(2.2.9),可得

$$K = \omega^2 a^2 \sin^2\theta + \mu^2 a^2 \cos^2\theta. \tag{2.2.31}$$

代入式(2.2.29),可得

$$\omega = d \cdot \kappa \left(\mu^2 + \frac{\omega^2 a^2 \sin^2\theta}{r_+^2 + a^2\cos^2\theta}\right)^{1/2}. \tag{2.2.32}$$

从上式可知,ω 是 d 的一阶小量,所以 ω^2 项可略去,于是得

$$\omega = \mu d \cdot \kappa. \tag{2.2.33}$$

这就是在视界外部,离视界的固有距离为 d 处,相对于视界静止的质点的坐标能量,也就是无穷远观测者所认为的质点的能量.此质点若在无穷远处静止,则其能量为 μ.但它静止于黑洞表面附近,考虑到引力势能,$\omega < \mu$.实际上,静止于黑洞表面附近的质点的引力结合能为

$$B=\mu-\omega=\mu(1-\kappa d). \tag{2.2.34}$$

2.2.2　卡诺循环

由热源、冷源和工作物质构成一个热力学系统，如图 2.2.1 所示.

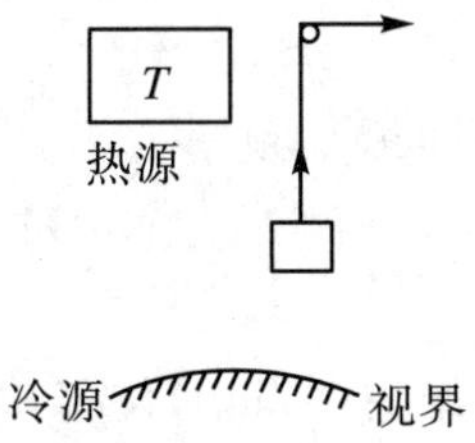

热源：位于无穷远处，含有温度为 T 的热辐射的大热源.

冷源：克尔-纽曼黑洞看作冷源.

工作物质：装有黑体辐射的盒子和缆绳.

图 2.2.1

卡诺循环分以下四步进行：

(1) 盒子在热源 T 处注满温度为 T 的黑体辐射（等温过程）；

(2) 盒子关闭后，慢慢落向视界，对外做功 A_1（绝热过程）；

(3) 盒子静止于黑洞表面后，打开盒子，让质量为 $\delta\mu$ 的黑体辐射注入黑洞（等温过程）；

(4) 关上盒子，慢慢上升回到大热源 T 处，外界对系统做功 A_2（绝热过程）.

完成一个循环，系统从热源 T 吸收热量 $\delta\mu$，对外做功 A_1-A_2，效率为

$$\eta=\frac{A_1-A_2}{\delta\mu}. \tag{2.2.35}$$

注意，此卡诺循环与通常的卡诺循环相比，有以下特点：

(1) 两个等温过程均不做功.

(2) 从热源吸收的热量 $\delta\mu$ 与向冷源放出的热量 $\delta\omega=\kappa d\delta\mu$，对应的固有质量都是 $\delta\mu$.

设盒子在渐近平直空间中的静质量为 μ，则它静止在视界表面时，与黑洞的结合能如式(2.2.34)所示.显然

$$A_1=B=\mu(1-\kappa d), \tag{2.2.36}$$

$$A_2=(\mu-\delta\mu)(1-\kappa d), \tag{2.2.37}$$

所以

$$\eta=\frac{A_1-A_2}{\delta\mu}=1-\kappa d. \tag{2.2.38}$$

从此式看，只要盒子足够小，$d\to 0$，效率 η 将趋于1，似乎可以形成第二类永动机.但是，量子力学会对盒子的大小给出下限，从而排除第二类永动机的可能性.

设盒子是边长为 l 的正方体，盒中的黑体辐射应形成驻波，其最大波长为

$$\lambda_0 = 2l, \tag{2.2.39}$$

即最小频率为

$$\nu_0 = \frac{c}{2l}. \tag{2.2.40}$$

维恩(Wien)位移律

$$h\nu_{\mathrm{m}} = 2.822 k_{\mathrm{B}} T \tag{2.2.41}$$

告诉我们，从

$$\nu_{\mathrm{m}} > \nu_0, \tag{2.2.42}$$

可得

$$d = \frac{l}{2} > \frac{\beta}{T}, \tag{2.2.43}$$

式中

$$\beta = \frac{2\pi \hbar c}{4 \times 2.822 k_{\mathrm{B}}}. \tag{2.2.44}$$

把式(2.2.43)代入式(2.2.38)，可得

$$\eta < 1 - \frac{\beta\kappa}{T}. \tag{2.2.45}$$

设黑洞的温度为 T_{B}.若循环是可逆的，应有

$$\eta = 1 - \frac{T_{\mathrm{B}}}{T}. \tag{2.2.46}$$

然而，盒子降落到黑洞表面时，盒中辐射温度一般不等于黑洞的温度 T_{B}.所以，向黑洞表面注入辐射的等温过程一般是不可逆的.根据卡诺定理，应有

$$\eta < 1 - \frac{T_{\mathrm{B}}}{T}. \tag{2.2.47}$$

与式(2.2.45)比较，可知

$$T_{\mathrm{B}} \propto \beta\kappa. \tag{2.2.48}$$

由于式(2.2.45)和式(2.2.47)都是不等式，我们只能知道

$$T_{\mathrm{B}} \propto \kappa, \tag{2.2.49}$$

比例常数无法确定，要用霍金辐射来定. 设此常数为 α，有

$$T_{B} = \alpha\kappa. \tag{2.2.50}$$

我们看到，假定黑洞有温度，把它看作冷源，可以构造一个卡诺循环，由此可定出黑洞的"假定温度"应该与黑洞的表面引力 κ 成正比. 这一结论与贝根斯坦-斯马尔公式是一致的. 应该指出，β 中含有普朗克常数 $\hbar$，这表明黑洞温度是一种量子效应.

2.3　霍金对黑洞热辐射的证明

1973 年，巴丁、卡特和霍金仍然谨慎地把黑洞热力学四定律称作力学定律，不称作热力学力律. 他们告诫说，黑洞的"温度"不能认为是真实的，因为黑洞不发出任何东西，而有温度的物体应该发出热辐射[34]. 但是，不到一年，霍金就给出了一个证明，指出黑洞会发出热辐射，黑洞的温度是真实的温度[37-38].

现在，我们就来介绍霍金当年的工作，证明坍缩中的施瓦西黑洞会发出热辐射[19,38-39].

2.3.1　博戈柳博夫变换

已完成坍缩的施瓦西黑洞的彭罗斯图如图 2.3.1 所示，类光无穷远 J^{+} 和 J^{-} 是渐近闵可夫斯基区，对 Ⅰ 区来说，柯西面可选 $J^{-} \cup I^{-} \cup H^{-}$. 坍缩中黑洞的彭罗斯图（图 2.3.2）则不同，斜线部分为坍缩星体占据的部分，此时 Ⅰ 区柯西面为 $I^{-} \cup J^{-}$，J^{+} 和 J^{-} 仍为渐近闵可夫斯基区，设 J^{-} 区的真空为入射真空 $|0\rangle_{\text{in}}$，J^{+} 区的真空为出射真

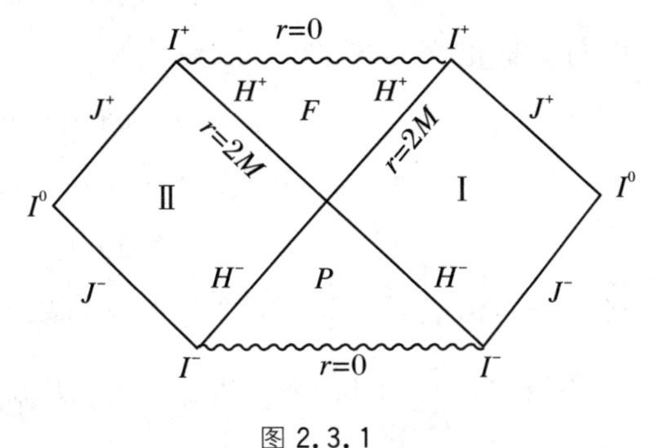

图 2.3.1

空$|0\rangle_{\text{out}}$.霍金证明了

$$|0\rangle_{\text{in}} \neq |0\rangle_{\text{out}}.$$

在入射真空中会看到出射粒子,而且这些粒子具有黑体谱.

我们考虑标量场,在J^-处($t\to-\infty, r\to+\infty$),入射标量场的正负频解为

$$f_{\omega lm}(r,\theta,\varphi,t), f^*_{\omega lm}(r,\theta,\varphi,t). \tag{2.3.1}$$

它们是正交归一的,

$$(f_{\omega_1 l_1 m_1}, f_{\omega_2 l_2 m_2}) = \delta(\omega_1-\omega_2)\delta_{l_1 l_2}\delta_{m_1 m_2}, \tag{2.3.2}$$

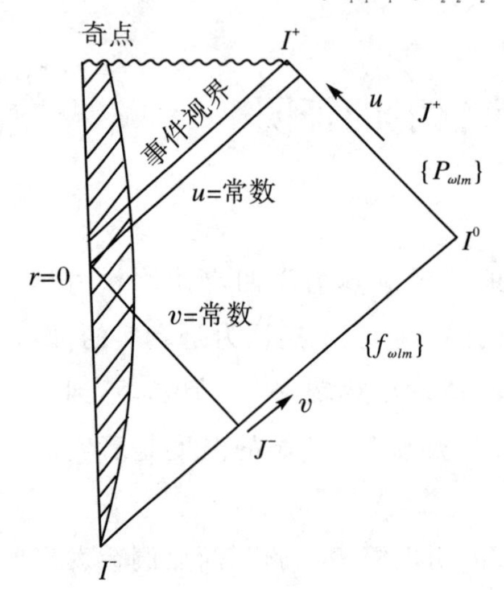

图 2.3.2

任何标量波函数都可用它们展开:

$$\Phi(x) = \sum_{l,m}\int d\omega(a_{\omega lm}f_{\omega lm} + a^+_{\omega lm}f^*_{\omega lm}). \tag{2.3.3}$$

$a_{\omega lm}$和$a^+_{\omega lm}$分别为消灭、产生算符,

$$[a_{\omega_1 l_1 m_1}, a^+_{\omega_2 l_2 m_2}] = \delta(\omega_1-\omega_2)\delta_{l_1 l_2}\delta_{m_1 m_2},$$
$$[a_{\omega_1 l_1 m_1}, a_{\omega_2 l_2 m_2}] = [a^+_{\omega_1 l_1 m_1}, a^+_{\omega_2 l_2 m_2}] = 0. \tag{2.3.4}$$

真空$|0\rangle_{\text{in}}$定义为

$$a_{\omega lm}|0\rangle_{\text{in}} = 0, \quad \forall\, \omega, l, m. \tag{2.3.5}$$

另一方面,当$t\to+\infty$时,出射标量波既可出现在J^+($t\to+\infty, r\to+\infty$),又可出现在H^+($t\to+\infty, r=2M$,即视界处),所以正负频模函数分别为

$$\begin{aligned} &P_{\omega lm}, P^*_{\omega lm} \quad (\text{在 } J^+ \text{ 处}),\\ &q_{\omega lm}, q^*_{\omega lm} \quad (\text{在 } H^+ \text{ 处}). \end{aligned} \tag{2.3.6}$$

它们也是正交归一的,

$$\begin{cases} (P_{\omega_1 l_1 m_1}, P_{\omega_2 l_2 m_2}) = \delta(\omega_1-\omega_2)\delta_{l_1 l_2}\delta_{m_1 m_2},\\ (q_{\omega_1 l_1 m_1}, q_{\omega_2 l_2 m_2}) = \delta(\omega_1-\omega_2)\delta_{l_1 l_2}\delta_{m_1 m_2},\\ (q_{\omega_1 l_1 m_1}, P_{\omega_2 l_2 m_2}) = 0. \end{cases} \tag{2.3.7}$$

它们一起构成完备集,任何标量波函数也都可用它们展开:

$$\Phi(x) = \sum_{l,m}\int d\omega(b_{\omega lm}P_{\omega lm} + b^+_{\omega lm}P^*_{\omega lm} + C_{\omega lm}q_{\omega lm} + C^+_{\omega lm}q^*_{\omega lm}). \tag{2.3.8}$$

$b_{\omega lm}$和$b^+_{\omega lm}$分别为出射到J^+的粒子的消灭、产生算符,$C_{\omega lm}$和$C^+_{\omega lm}$分别为射

入黑洞(H^+)的粒子的消灭、产生算符,

$$\begin{cases}[b_{\omega_1}, b_{\omega_2}^+] = \delta(\omega_1 - \omega_2),\\ [b_{\omega_1}, b_{\omega_2}] = [b_{\omega_1}^+, b_{\omega_2}^+] = 0,\\ [C_{\omega_1}, C_{\omega_2}^+] = \delta(\omega_1 - \omega_2),\\ [C_{\omega_1}, C_{\omega_2}] = [C_{\omega_1}^+, C_{\omega_2}^+] = 0,\\ [b_{\omega_1}, C_{\omega_2}^+] = [b_{\omega_1}, C_{\omega_2}] = 0.\end{cases} \tag{2.3.9}$$

观测者在 J^+ 处.我们感兴趣的是 J^+ 处的观测者看到了什么,即入射真空态在 J^+ 处是否会有出射粒子,采用海森伯绘景,入射态 $|0\rangle_{\text{in}}$ 在出射时仍保持为 $|0\rangle_{\text{in}}$,但它不是出射真空态.利用式(2.3.8)和式(2.3.3),从

$$P_{\omega lm} = \int d\omega'(\alpha_{\omega lm,\omega' lm} f_{\omega' lm} + \beta_{\omega lm,\omega' lm} f^*_{\omega' l,-m}), \tag{2.3.10}$$

得博戈柳博夫变换

$$b_{\omega lm} = \int d\omega'(\alpha^*_{\omega lm,\omega' lm} a_{\omega' lm} - \beta^*_{\omega lm,\omega' lm} a^+_{\omega' l,-m}), \tag{2.3.11}$$

于是有

$${}_{\text{in}}\langle 0|N^{\text{out}}_{\omega lm}|0\rangle_{\text{in}} = {}_{\text{in}}\langle 0|b^+_{\omega lm} b_{\omega lm}|0\rangle_{\text{in}} = \int d\omega' \, |\beta_{\omega lm,\omega' lm}|^2. \tag{2.3.12}$$

这里

$$\beta_{\omega lm,\omega' lm} = (P_{\omega lm}, f^*_{\omega' l,-m}). \tag{2.3.13}$$

对归一化的球谐函数有 $Y^*_{lm} = Y_{l,-m}$,所以式(2.3.10)与式(2.3.11)中 f^* 及 a^+ 的下标用 $-m$ 代替了 m.此两式仅对 ω' 展开,l、m 不变,故要特别注明是 $-m$.式(2.3.13)也一样,式(2.3.3)、式(2.3.8)则不同.

2.3.2　几何光学近似

为了简单,考虑无质量标量场和球对称坍缩星体,星体外当然是施瓦西度规

$$ds^2 = \left(1 - \frac{2M}{r}\right)dt^2 - \left(1 - \frac{2M}{r}\right)^{-1} dr^2 - r^2 d\Omega^2. \tag{2.3.14}$$

用分离变量法求解无质量标量场的克莱因-戈登方程

$$\nabla_\mu \nabla^\mu \Phi = 0. \tag{2.3.15}$$

设

$$\Phi \approx r^{-1} R_{\omega l}(r) Y_{lm}(\theta, \varphi) e^{i\omega t}, \tag{2.3.16}$$

径向方程为

$$\frac{d^2}{dr_*^2} R_{\omega l} + \left\{\omega^2 - [l(l+1)r^{-2} + 2Mr^{-3}]\left(1 - \frac{2M}{r}\right)\right\} R_{\omega l} = 0. \tag{2.3.17}$$

这里已引入了乌龟坐标

$$r_* \equiv r + 2M\ln\left(\frac{r}{2M} - 1\right). \tag{2.3.18}$$

令

$$H \equiv \omega^2, \quad V \equiv [l(l+1)r^{-2} + 2Mr^{-3}](1 - 2Mr^{-1}), \tag{2.3.19}$$

则径向方程化成

$$\frac{d^2}{dr_*^2} R_{\omega l} + (H - V) R_{\omega l} = 0. \tag{2.3.20}$$

注意，式(2.3.17)类似于薛定谔方程，V 为有效势.

当 $r \to 2M$(即 $r_* \to -\infty$)时，$V \to 0$.

当 $r \to +\infty$(即 $r_* \to +\infty$)时，$V \to 0$.

所以径向方程在 J^+、J^- 及 H^+(黑洞表面)附近均化成波动方程，它表明有粒子(在那些地方)以波的方式做径向传播.

于是得到出射正频模式解

$$P_{\omega lm} \approx \frac{1}{r} e^{i\omega u} Y_{lm},$$

入射正频模式解

$$f_{\omega lm} \approx \frac{1}{r} e^{i\omega' v} Y_{lm}. \tag{2.3.21}$$

这里 $u = t - r_*$，$v = t + r_*$ 为两个类光坐标(或称零坐标). 用类光坐标，施瓦西线元可写成

$$ds^2 = \left(1 - \frac{2M}{r}\right) du\, dv - r^2 d\Omega^2. \tag{2.3.22}$$

图 2.3.3 是坍缩星体形成黑洞的示意图，从 J^- 来的入射波 f_ω 沿零世界线 v = 常数传播，穿过星体奔向 J^+. 坍缩星体附近引力场极强，使出射到无穷远的波产生极大红移，所以，凡是能到达无穷远的波，在星体附近都有极高的频率，可用几何光学近似来讨论有关的过程.

$v = v_0$ 描述这样一个入射波，它到达坍缩体时视界恰好形成，它正好落在视界 H^+ 上，沿 H^+ 运动. 所有早于 v_0 到达星体的入射波均可穿过星体前往 J^+，所有晚于 v_0 到达的入射波全部落入黑洞. 这一过程可用彭罗斯图（图 2.3.4）表示，斜线部分为星体，垂直虚线为星体中心，早于 v_0 到达星体的波以 v 表示. 在图中，此波在星体中心被"反射"，前往 J^+，可实际过程并无"反射"，而是穿过星体中心继续前进. 应注意，彭罗斯图只画出 t、r 两维，图中任何一点代表一个二维球面. $v > v_0$ 的波未画出，它们在到达星体中心前已进入视界 H^+，不能逃向 J^+. 为了计算博戈柳博夫系数，我们希望找到两个零坐标之间的函数关系 $u = u(v)$.

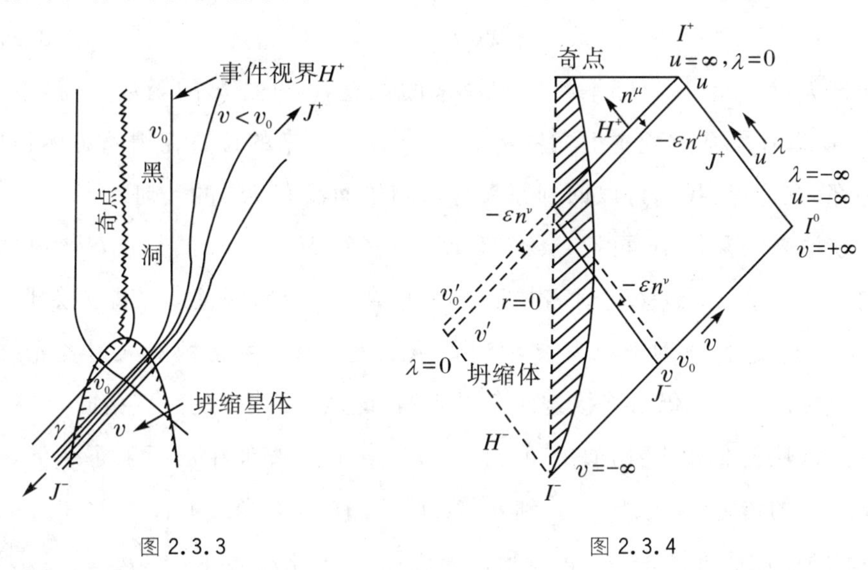

图 2.3.3　　图 2.3.4

在 H^+ 上一点画一个未来指向的类光矢量 n^μ，再在此点作另一矢量 $-\varepsilon n^\mu$，把这点与具有大 u 值的世界线（u = 常数）上的一点连接起来. ε 是一个小正数. 注意，ε 不是常数，下面将证明 ε 是 u 的函数.

现在不管星体物质的存在，把彭罗斯图补全. 将矢量 $-\varepsilon n^\mu$ 沿 u 线平移到 H^+ 与 H^- 的交点，在那里，矢量"躺"在 H^- 上. 设

$$\lambda = -Ce^{-\kappa u} \tag{2.3.23}$$

是 H^- 上的仿射参量，这里 $C>0$ 是一个常数，$\kappa = 1/(4M)$ 为视界表面引力. 在 H^+ 与 H^- 的交点处，$u \to \infty$，所以 $\lambda = 0$. 作这点的局部惯性系，dx^μ（惯性系中的坐标）表示此点（H^+ 与 H^- 交点）与 H^- 上另一点的坐标差. 适当选择常数 C，使得在此局部惯性系中，有

$$n^{\mu}=\frac{\mathrm{D}x^{\mu}}{\mathrm{d}\lambda}=\frac{\mathrm{d}x^{\mu}}{\mathrm{d}\lambda}. \tag{2.3.24}$$

在局部惯性系中，$\Gamma^{a}_{bc}=0$，零测地线成为直线 $\mathrm{d}^2x^{\mu}/\mathrm{d}\lambda^2=0$，即 $\mathrm{d}n^{\mu}/\mathrm{d}\lambda=0$. 这表明，$n^{\mu}$ 在 $\lambda=0$ 附近是常数. 沿 H^- 从 $\lambda=0$ 到 $\lambda=\lambda(u)$ 对 $n^{\mu}\mathrm{d}\lambda$ 积分，$\lambda(u)$ 为大 u 值的世界线（$u=$ 常数）与 H^- 交点的 λ 值. 显然

$$x^{\mu}(\lambda)-x^{\mu}(0)=\lambda n^{\mu}. \tag{2.3.25}$$

另一方面，$-\varepsilon n^{\mu}$ 也连接 H^+ 到大 u 值的线，所以又有

$$x^{\mu}(\lambda)-x^{\mu}(0)=-\varepsilon n^{\mu}. \tag{2.3.26}$$

因此

$$\varepsilon=-\lambda(u)=C\mathrm{e}^{-\kappa u}. \tag{2.3.27}$$

现在把矢量 $-\varepsilon n^{\mu}$ 沿 H^+ 平移回到原来的位置，ε 只是 u 的函数，平移中 u 不变，所以在平移过程中上式依然成立. $-\varepsilon n^{\mu}$ 原来的位置在坍缩星体物质的外部. 在这里，我们可以回到原来有坍缩体而没有 H^- 的几何.

在原来的几何中，再把 $-\varepsilon n^{\mu}$ 沿 H^+ 平移到 H^+ 与 v_0 的交点，然后再沿径向入射光迹 v_0 平移到远离物质的极早期大 r 处. 注意，v_0 即入射形成 H^+ 的类光线，而入射形成大 u 值出射线的是一条 $v=$ 常数的入射类光线. 在入射阶段 $-\varepsilon n^{\mu}$ 仍将连接这两条类光钱，即从 v_0 线上的一点指向 v 线上的一点.（从图 2.3.4 看，似乎 v_0、v 与 H^+、u 在坍缩体中心反射了一下，这是图造成的错觉，实际上从 v 到 u，从 v_0 到 H^+，类光线并没有改变方向，实际的 v、v_0 线如图上 v'、v_0'所示.）因此用 u、v 坐标表示，$-\varepsilon n^{\mu}$ 可表示为 v 与 v_0 之差：

$$v-v_0=-\varepsilon n^{\mu}, \tag{2.3.28}$$

在无穷远处（J^-），时空渐近平直，所以 n^{μ} 为一常矢量 D^{μ}，其模为 D. 因此

$$v-v_0=-\varepsilon D=-CD\mathrm{e}^{-\kappa u}, \tag{2.3.29}$$

即

$$u=\frac{-1}{\kappa}\ln\frac{v_0-v}{CD}. \tag{2.3.30}$$

这就是我们要找的 u 与 v 的函数关系，有了它，就可以算出博戈柳博夫系数. 注意，式(2.3.27)是几何光学近似的结果，在任何时空区均成立. 同理，对于式(2.3.23)～式(2.3.25)，n^{μ} 是常矢量的结论也在时空各处均成立.

2.3.3　解析延拓

用式(2.3.30),可把出射波

$$P_{\omega lm}=N\omega^{-1/2}r^{-1}\mathrm{e}^{-\mathrm{i}\omega u}Y_{lm}\tag{2.3.31}$$

重写作

$$P_{\omega lm}=\begin{cases}N\omega^{-1/2}r^{-1}\mathrm{e}^{\mathrm{i}4M\omega\ln[(v_0-v)/(CD)]}Y_{lm}, & v<v_0(N=2^{-3/2}\pi^{-1}),\\ 0, & v>v_0.\end{cases}\tag{2.3.32}$$

另一方面,入射波为

$$f_{\omega' lm}=N\omega'^{-1/2}r^{-1}\mathrm{e}^{-\mathrm{i}\omega' v}Y_{lm}.\tag{2.3.33}$$

从

$$P_{\omega lm}=\int\mathrm{d}\omega''(\alpha_{\omega lm,\omega'' lm}f_{\omega'' lm}+\beta_{\omega lm,\omega'' lm}f^{*}_{\omega'' l,-m}),\tag{2.3.34}$$

可得

$$\frac{1}{2\pi}\int_{-\infty}^{+\infty}\mathrm{d}v\mathrm{e}^{\mathrm{i}\omega' v}P_{\omega lm}=N\omega'^{-1/2}r^{-1}Y_{lm}\alpha_{\omega lm,\omega' lm},\tag{2.3.35}$$

$$\frac{1}{2\pi}\int_{-\infty}^{+\infty}\mathrm{d}v\mathrm{e}^{-\mathrm{i}\omega' v}P_{\omega lm}=N\omega'^{-1/2}r^{-1}Y_{lm}\beta_{\omega lm,\omega' lm}.\tag{2.3.36}$$

所以

$$\alpha_{\omega lm,\omega' lm}=\frac{1}{2\pi}\int_{-\infty}^{v_0}\mathrm{d}v\cdot\left(\frac{\omega'}{\omega}\right)^{1/2}\mathrm{e}^{\mathrm{i}\omega' v}\mathrm{e}^{\mathrm{i}4M\omega\ln[(v_0-v)/(CD)]},\tag{2.3.37}$$

$$\beta_{\omega lm,\omega' lm}=\frac{1}{2\pi}\int_{-\infty}^{v_0}\mathrm{d}v\cdot\left(\frac{\omega'}{\omega}\right)^{1/2}\mathrm{e}^{-\mathrm{i}\omega' v}\mathrm{e}^{\mathrm{i}4M\omega\ln[(v_0-v)/(CD)]}.\tag{2.3.38}$$

以上是把式(2.3.32)代入式(2.3.35)和式(2.3.36)得到的.比较上两式可知

$$\beta_{\omega\omega'}=-\mathrm{i}\alpha_{\omega,-\omega'}.\tag{2.3.39}$$

即把式(2.3.37)中 ω'换成 $-\omega'$,此式就变成了式(2.3.38). $\alpha_{\omega,-\omega'}$ 可看作把 $\alpha_{\omega\omega'}$ 延拓到 ω'的负轴的结果.但是

$$\begin{aligned}\alpha_{\omega\omega'}&=\frac{1}{2\pi}\left(\frac{\omega'}{\omega}\right)^{1/2}\int_{-\infty}^{v_0}\mathrm{d}v\cdot\mathrm{e}^{+\mathrm{i}\omega' v}\left(\frac{v_0-v}{CD}\right)^{\mathrm{i}\omega/\kappa}\\&=\frac{1}{2\pi}\left(\frac{\omega'}{\omega}\right)^{1/2}\left(\frac{v_0}{CD}\right)^{\mathrm{i}\omega/\kappa}\int_{-\infty}^{v_0}\left(1-\frac{v}{v_0}\right)^{\mathrm{i}\omega/\kappa}\mathrm{e}^{\mathrm{i}\omega' v}\mathrm{d}v,\end{aligned}\tag{2.3.40}$$

不难看出

$$\begin{aligned}
&\int_{-\infty}^{v_0}\left(1-\frac{v}{v_0}\right)^{\mathrm{i}\omega/\kappa}\mathrm{e}^{\mathrm{i}\omega' v}\mathrm{d}v\\
&=-\int_{+\infty}^{0}\mathrm{d}x\mathrm{e}^{-\mathrm{i}\omega' x}\left(\frac{x}{v_0}\right)^{\mathrm{i}\omega/\kappa}\mathrm{e}^{\mathrm{i}\omega' v_0}\\
&=\int_{0}^{+\infty}\mathrm{d}x\mathrm{e}^{-\mathrm{i}\omega' x}\left(\frac{x}{v_0}\right)^{\mathrm{i}\omega/\kappa}\mathrm{e}^{\mathrm{i}\omega' v_0}\\
&=\int_{0}^{+\mathrm{i}\infty}\mathrm{d}u\mathrm{e}^{-u}u^{\mathrm{i}\omega/\kappa}\left(\frac{1}{\mathrm{i}\omega' v_0}\right)^{\mathrm{i}\omega/\kappa}\frac{1}{\mathrm{i}\omega'}\cdot\mathrm{e}^{\mathrm{i}\omega' v_0}\\
&=\int_{0}^{+\infty}\mathrm{d}u\cdot\mathrm{e}^{-u}\cdot u^{z-1}(-\omega')^{-\mathrm{i}\omega/k-1}v_0{}^{-\mathrm{i}\omega/k}\mathrm{i}^{\mathrm{i}\omega/\kappa+1}\mathrm{e}^{\mathrm{i}\omega' v_0}\\
&=\Gamma\left(1+\mathrm{i}\frac{\omega}{\kappa}\right)(-\omega')^{-\mathrm{i}\omega/\kappa-1}v_0{}^{-\mathrm{i}\omega/\kappa}\mathrm{e}^{\mathrm{i}\omega' v_0}\mathrm{i}^{\mathrm{i}\omega/\kappa+1},
\end{aligned}\tag{2.3.41}$$

式中

$$\begin{gathered}
x=v_0-v,\quad u=\mathrm{i}\omega' x,\quad z=\mathrm{i}\frac{\omega}{\kappa}+1,\\
\Gamma(x)=\int_0^{\infty}u^{z-1}\mathrm{e}^{-u}\mathrm{d}u\quad(\mathrm{Re}z>0).
\end{gathered}\tag{2.3.42}$$

注意:式(2.3.41)与式(2.3.42)中的 u 不是零坐标,而是定义的一个复变量 $u=\mathrm{i}\omega' x=\rho\mathrm{e}^{\mathrm{i}\theta}$.由于沿图 2.3.5 中闭路积分为零,且 $|\mathrm{e}^{-u}|=|\mathrm{e}^{-\rho\cos\theta}|\propto|\mathrm{e}^{-\rho}|$,在 $\rho\to\infty$ 时,$\mathrm{e}^{-u}\to 0$,所以式(2.3.41)中 u 从 0 到 $\mathrm{i}\infty$ 的积分,可换成 0 到 $+\infty$ 的积分.

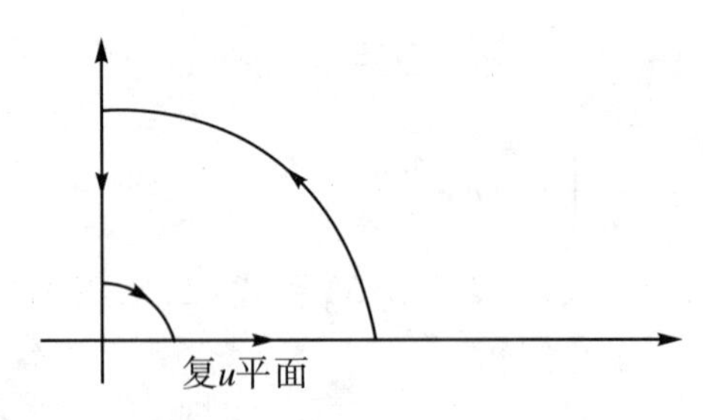

图 2.3.5

把式(2.3.41)代入式(2.3.40),得

$$\alpha_{\omega\omega'}=\frac{1}{2\pi}\left(\frac{\omega'}{\omega}\right)(CD)^{-\mathrm{i}\omega/\kappa}\mathrm{e}^{\mathrm{i}\omega' v_0}\Gamma\left(1+\mathrm{i}\frac{\omega}{\kappa}\right)(\mathrm{i}\omega')^{-1-\mathrm{i}\omega/k}.\tag{2.3.43}$$

由于 $\omega'=0$ 是 $\alpha_{\omega\omega'}$ 的对数奇点,$\alpha_{\omega\omega'}$ 必须通过下半复 ω' 平面才能从 $+\omega'$ 延拓到 $-\omega'$,即 $\omega'\to\omega'\mathrm{e}^{-\mathrm{i}\pi}$,所以

$$\alpha_{\omega,-\omega'} = e^{-i\pi/2}(e^{-i\pi})^{-i\omega/\kappa-1}\alpha_{\omega\omega'}e^{2i\omega' v_0} = ie^{-\pi\omega/\kappa}\alpha_{\omega\omega'}e^{2i\omega' v_0}, \quad (2.3.44)$$

式中用了

$$e^{-i\omega' v_0} \to e^{-i\omega' \exp(-i\pi) v_0} = e^{i\omega' v_0}. \quad (2.3.45)$$

把式(2.3.44)代入式(2.3.39),得

$$\beta_{\omega\omega'} = e^{-\pi\omega/\kappa}\alpha_{\omega\omega'}e^{2i\omega' v_0}, \quad (2.3.46)$$

所以

$$\beta^*_{\omega\omega'}\beta_{\omega\omega'} = e^{-2\pi\omega/\kappa}\alpha^*_{\omega\omega'}\alpha_{\omega\omega'}. \quad (2.3.47)$$

从

$$(P_\omega, P_\omega) = 1,$$

可得

$$\int d\omega'(\alpha^*_{\omega\omega'}\alpha_{\omega\omega'} - \beta^*_{\omega\omega'}\beta_{\omega\omega'}) = 1. \quad (2.3.48)$$

这里用了式(2.3.34)及 $f_{\omega lm}$ 的正交性.把式(2.3.47)代入上式,得

$$\int d\omega'(e^{2\pi\omega/\kappa} - 1)\beta^*_{\omega\omega'}\beta_{\omega\omega'} = 1, \quad (2.3.49)$$

或

$$\int d\omega' \mid \beta_{\omega\omega'} \mid^2 = \frac{1}{e^{2\pi\omega/\kappa} - 1}. \quad (2.3.50)$$

因此在 J^+ 处的观测者认为,入射真空态有粒子存在:

$$\begin{aligned} {}_{in}\langle 0 \mid N^{out}_{\omega lm} \mid 0\rangle_{in} = {}_{in}\langle 0 \mid b^+_{\omega lm}b_{\omega lm} \mid 0\rangle_{in} &= \int d\omega' \mid \beta_{\omega\omega'} \mid^2 \\ &= \frac{1}{e^{\omega/(k_B T)} - 1}, \end{aligned} \quad (2.3.51)$$

而且粒子具有温度为

$$T = \frac{\kappa}{2\pi k_B} \quad (2.3.52)$$

的黑体谱.采用普通单位制,

$$T = \frac{\hbar\kappa}{2\pi k_B c}, \quad (2.3.53)$$

$$\kappa = \frac{c^4}{4GM}. \quad (2.3.54)$$

所以,位于 J^+ 的观测者看到黑洞有热辐射.于是,霍金通过量子效应证明了坍缩中的黑洞产生热辐射.在视界形成前夕穿越坍缩体的入射真空态,由于变化引力场的作用而出现了粒子.在强引力场作用下,在视界附近停留了很

长时间,然后到达 J^+,J^+ 中的观测者的真空态是出射真空态 $|0\rangle_{out}|$,到达那里的 $|0\rangle_{in}|$ 在他看来不是真空态,含有粒子(注意,入射真空态为 $|0\rangle_{in}$,由于用海森伯绘景,态不变.出射态仍为 $|0\rangle_{in}$,但它不是出射真空态).

以上的证明只能用于坍缩中的黑洞.

2.3.4 温度格林函数法

下面用温度格林函数给出另一种证明霍金辐射的方法[40].

作克鲁斯卡变换

$$\begin{cases} T = \left(\dfrac{r}{2M} - 1\right)e^{r/(4M)} \operatorname{sh} \dfrac{t}{4M}, \\ R = \left(\dfrac{r}{2M} - 1\right)e^{r/(4M)} \operatorname{ch} \dfrac{t}{4M} \end{cases} \quad (r > 2M), \tag{2.3.55}$$

施瓦西线元变成

$$ds^2 = \frac{32}{r}M^3 e^{r/(2M)}(-dT^2 + dR^2) + r^2 d\Omega^2, \tag{2.3.56}$$

其中 T、R 为克鲁斯卡坐标.把施瓦西时间延拓到虚轴,

$$t = -i\tau, \quad 或 \quad \tau = it,$$

则式(2.3.55)变成

$$\begin{cases} iT = \left(\dfrac{r}{2M} - 1\right)^{1/2} e^{r/(4M)} \sin \dfrac{\tau}{4M}, \\ R = \left(\dfrac{r}{2M} - 1\right)^{1/2} e^{r/(4M)} \cos \dfrac{\tau}{4M} \end{cases} \quad (r > 2M). \tag{2.3.57}$$

不仅施瓦西时空,而且克鲁斯卡时空都欧几里得化了,

$$ds^2 = \frac{32}{r}M^3 e^{r/(2M)}(dT^2 + dR^2) + r^2 d\Omega^2. \tag{2.3.58}$$

从式(2.3.57)可知,T、R 都是虚时间 τ 的周期为 $8\pi M$ 的周期函数.于是,任何以 T、R 为变量的连续函数都将是 τ 的周期函数.

克鲁斯卡时空中的费恩曼传播子(零温)欧几里得化后,也成为 τ 的周期函数.然而,具有虚时周期性是温度格林函数的特征:

$$G_T(\boldsymbol{x}, t) = e^{\mu\beta}(-1)^{2s} G_T(\boldsymbol{x}, t + i\beta), \tag{2.3.59}$$

其中 μ 为化学势,s 为粒子自旋,虚时间周期 $\beta = 1/(k_B T)$.可见,克鲁斯卡时空中的零温传播子,变成了施瓦西时空中温度为

$$T=\frac{1}{8\pi Mk_{\mathrm{B}}}=\frac{\kappa}{2\pi k_{\mathrm{B}}} \tag{2.3.60}$$

的温度格林函数. 这表明,施瓦西黑洞与外界存在温度为 T 的热平衡. 当然,这也表明黑洞有温度为 T 的热辐射.

这个证明不假定黑洞坍缩,但要假定黑洞与外界处于热平衡状态.

对于一般稳态,都可用此方法证明,$\kappa\neq 0$ 的事件视界存在热辐射. 第 3 章中,我们将详细介绍这一方法.

2.4　Damour-Ruffini 法

1976 年,Damour 和 Ruffini 介绍了一种证明霍金辐射的方法[41]. 1988 年,Sannan 对这一方法作了改进[42]. 此方法不用二次量子化,仅仅使用弯曲时空背景中的相对论量子力学,就可证明黑洞存在热辐射. 在证明中,不要求黑洞与外界存在热平衡,也不明显考虑黑洞的坍缩. 所以我们推测,有可能对这种方法加以改造,使之适用于一切事件视界. 由于 Damour-Ruffini 法是对黑洞表面各点的辐射逐点进行研究的,后来我们把它发展改进,用于探讨表面各点温度不同的黑洞的热辐射以及动态黑洞的热辐射. 本节以施瓦西黑洞为例,来介绍 Damour-Ruffini 和 Sannan 的原始工作.

2.4.1　克莱因-戈登方程

在施瓦西时空

$$\mathrm{d}s^2=-\left(1-\frac{2M}{r}\right)\mathrm{d}t^2+\left(1-\frac{2M}{r}\right)^{-1}\mathrm{d}r^2+r^2(\mathrm{d}\theta^2+\sin^2\theta\mathrm{d}\varphi^2) \tag{2.4.1}$$

中,克莱因-戈登方程

$$(\Box-\mu^2)\Phi=0$$

或

$$\frac{1}{\sqrt{-g}}\frac{\partial}{\partial x^{\mu}}\left(\sqrt{-g}g^{\mu\nu}\frac{\partial\Phi}{\partial x^{\nu}}\right)-\mu^2\Phi=0, \tag{2.4.2}$$

可写成

$$\left[-\left(1-\frac{2M}{r}\right)^{-1}r^2\frac{\partial^2}{\partial t^2}+\frac{\partial}{\partial r}(r^2-2Mr)\frac{\partial}{\partial r}+\frac{1}{\sin\theta}\frac{\partial}{\partial\theta}\sin\theta\frac{\partial}{\partial\theta}+\frac{1}{\sin^2\theta}\frac{\partial^2}{\partial\varphi^2}-r^2\mu^2\right]\Phi$$

$$=0. \tag{2.4.3}$$

分离变量

$$\Phi_{\omega lm}=\frac{1}{(4\pi\omega)^{1/2}}\frac{1}{r}R_{\omega}(r,t)Y_{lm}(\theta,\varphi), \tag{2.4.4}$$

可得径向方程

$$\left[-\left(1-\frac{2M}{r}\right)^{-1}r^2\frac{\partial^2}{\partial t^2}+\frac{\partial}{\partial r}(r^2-2Mr)\frac{\partial}{\partial r}-r^2\mu^2\right]\frac{R_{\omega}}{r}=-l(l+1)\frac{R_{\omega}}{r} \tag{2.4.5}$$

和横向方程

$$\left(\frac{1}{\sin\theta}\frac{\partial}{\partial\theta}\sin\theta\frac{\partial}{\partial\theta}+\frac{1}{\sin^2\theta}\frac{\partial^2}{\partial\varphi^2}\right)Y_{lm}=l(l+1)Y_{lm}. \tag{2.4.6}$$

式中 μ、ω、l 和 m 分别为粒子的静质量、能量、角量子数和磁量子数，Y_{lm} 为球谐函数.我们讨论的辐射沿径向传播，所以只对径向方程感兴趣.

2.4.2 乌龟坐标变换

施瓦西黑洞的视界位于 $r=2M$ 处.定义乌龟坐标

$$r_*=r+2M\ln\frac{r-2M}{2M}, \tag{2.4.7}$$

或

$$\mathrm{d}r_*=\left(1-\frac{2M}{r}\right)^{-1}\mathrm{d}r, \tag{2.4.8}$$

$$\begin{cases}\dfrac{\mathrm{d}}{\mathrm{d}r}=\left(1-\dfrac{2M}{r}\right)^{-1}\dfrac{\mathrm{d}}{\mathrm{d}r_*},\\[2ex] \dfrac{\mathrm{d}^2}{\mathrm{d}r^2}=\left(1-\dfrac{2M}{r}\right)^{-2}\dfrac{\mathrm{d}^2}{\mathrm{d}r_*^2}-\dfrac{2M}{(r-2M)^2}\dfrac{\mathrm{d}}{\mathrm{d}r_*}.\end{cases} \tag{2.4.9}$$

此变换的特点是把视界（坐标奇点）推到坐标无穷远处.由式(2.4.7)，不难看出：

当 $r\to 2M$ 时，$r_*\to-\infty$；

当 $r\to+\infty$ 时，$r_*\to+\infty$.

现在，把式(2.4.5)整理成

$$r\left(1-\frac{2M}{r}\right)^{-1}\frac{\partial^2 R_\omega}{\partial t^2}-(r-2M)\frac{\partial^2 R_\omega}{\partial r^2}-\frac{2M}{r}\frac{\partial R_\omega}{\partial r}+\left[r^2\mu^2+\frac{2M}{r}-l(l+1)\right]\frac{R_\omega}{r}$$
$$=0. \tag{2.4.10}$$

在乌龟坐标变换下，它可化成

$$\left\{-\frac{\partial^2}{\partial t^2}+\frac{\partial^2}{\partial r_*^2}-\left(1-\frac{2M}{r}\right)\left[\frac{2M}{r^3}+\frac{l(l+1)}{r^2}+\mu^2\right]\right\}R_\omega(r_*,t)=0. \tag{2.4.11}$$

容易看出，此径向方程在 $r\to\infty$ 处化成波动方程

$$\left(-\frac{\partial^2}{\partial t^2}+\frac{\partial^2}{\partial r_*^2}-\mu^2\right)R_\omega(r_*,t)=0; \tag{2.4.12}$$

在视界附近也化成波动方程

$$\left(-\frac{\partial^2}{\partial t^2}+\frac{\partial^2}{\partial r_*^2}\right)R_\omega(r_*,t)=0. \tag{2.4.13}$$

式(2.4.13)与式(2.4.12)不同之处是少了质量项.实际上，任何粒子在视界附近的运动，在无穷远处观测者看来，均与静质量为零的粒子相仿.式(2.4.13)正反映了这一事实.此外，我们还看到，式(2.4.11)中的

$$V=\left(1-\frac{2M}{r}\right)\left[\frac{2M}{r^3}+\frac{l(l+1)}{r^2}+\mu^2\right] \tag{2.4.14}$$

相当于黑洞附近的一个势垒.这个势垒当然会对进出黑洞的粒子产生散射.

从波动方程(2.4.13)，可得入射波解

$$R_\omega^{\mathrm{in}}=\mathrm{e}^{-\mathrm{i}\omega(t+r_*)} \tag{2.4.15}$$

和出射波解

$$R_\omega^{\mathrm{out}}=\mathrm{e}^{-\mathrm{i}\omega(t-r_*)}. \tag{2.4.16}$$

引入超前爱丁顿-芬克斯坦(Eddington-Finkelstein)坐标

$$v=t+r_*, \tag{2.4.17}$$

式(2.4.15)和式(2.4.16)可分别重写成

$$R_\omega^{\mathrm{in}}=\mathrm{e}^{-\mathrm{i}\omega v}, \tag{2.4.18}$$

$$R_\omega^{\mathrm{out}}=\mathrm{e}^{2\mathrm{i}\omega r_*}\cdot\mathrm{e}^{-\mathrm{i}\omega v}. \tag{2.4.19}$$

新坐标线元

$$\mathrm{d}s^2=-\left(1-\frac{2M}{r}\right)\mathrm{d}v^2+2\mathrm{d}v\mathrm{d}r+r^2(\mathrm{d}\theta^2+\sin^2\theta\mathrm{d}\varphi^2) \tag{2.4.20}$$

的特点是，度规分量在 $r=2M$ 处不存在奇异性，即 $g_{\mu\nu}$ 不发散，且行列式 $g=-r^4\sin^2\theta\neq0$，而且入射波在视界上解析. 但是，下面将看到，出射波式(2.4.19)在视界上是非解析的. 因此，这一坐标系只能很好地描写入射波，而不能很好地描写出射波.

2.4.3 解析延拓

研究辐射时，人们感兴趣的是出射波. 然而

$$R_\omega^{\text{out}}=e^{2i\omega r}\cdot e^{-i\omega v}=e^{2i\omega r}\cdot e^{-i\omega v}\left(\frac{r-2M}{2M}\right)^{i4M\omega},\tag{2.4.21}$$

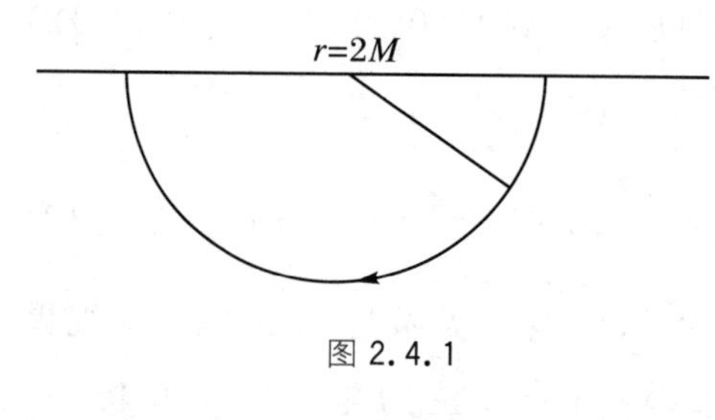

图 2.4.1

显然，上式在 $r=2M$ 处是奇异的. 式(2.4.21)只能描述视界外的出射粒子，不能描写视界内的出射粒子. 为此，我们把 R_ω^{out} 解析延拓到视界内，我们以奇点 $r=2M$ 为圆心、以 $|r-2M|$ 为半径，沿下半复 r 平面作解析延拓，转动 $-\pi$ 角，这时

$$r-2M\to|r-2M|e^{-i\pi}=(2M-r)e^{-i\pi},\tag{2.4.22}$$

于是得视界内的出射波

$$\begin{aligned}R_\omega^{\text{out}}&=e^{2i\omega r}e^{-i\omega v}\left(\frac{2M-r}{2M}\right)^{i4M\omega}\cdot e^{4\pi M\omega}\\&=e^{-i\omega v}e^{4\pi M\omega}e^{i2\omega\{r+2M\ln[(2M-r)/(2M)]\}}\\&=e^{4\pi M\omega}e^{2i\omega r}\cdot e^{-i\omega v}\quad(r<2M).\end{aligned}\tag{2.4.23}$$

视界外的出射波则仍如式(2.4.19)所示，

$$R_\omega^{\text{out}}=e^{2i\omega r}\cdot e^{-i\omega v}\quad(r>2M).\tag{2.4.24}$$

由于视界内部是单向膜区，式(2.4.23)描写的是一个入射负能反粒子，它等价于一个逆时前进的出射正能粒子. 式(2.4.24)描写的则是顺时针前进的正能粒子.

注意，在视界内乌龟坐标定义为

$$r_*=r+2M\ln\frac{2M-r}{2M}.\tag{2.4.25}$$

实际上，包括视界内外，乌龟坐标的总定义是

$$r_* = r + 2M\ln\left|\frac{r-2M}{2M}\right|. \tag{2.4.26}$$

利用阶梯函数

$$Y(x)=\begin{cases}1, & x\geqslant 0,\\ 0, & x<0,\end{cases} \tag{2.4.27}$$

可把式(2.4.23)与式(2.4.24)所示的出射波统一表述为

$$\Phi_\omega = N_\omega\left[Y(r-2M)R_\omega^{\text{out}}(r-2M) + e^{4\pi M\omega}Y(2M-r)R_\omega^{\text{out}}(2M-r)\right], \tag{2.4.28}$$

式中

$$R_\omega^{\text{out}}(2M-r) = e^{2i\omega r}\cdot e^{-i\omega v}\quad (r<2M). \tag{2.4.29}$$

注意它与式(2.4.23)中的 R_ω^{out} 有区别，它们之间的关系是

$$R_\omega^{\text{out}} = e^{4\pi M\omega}R_\omega^{\text{out}}(2M-r),$$

N_ω 为归一化常数. N_ω^2 为视界外附近出射正能粒子流的强度，$N_\omega^2/(2\pi)$ 为流密度.注意正能玻色子与费米子波函数的内积均为

$$(R_{\omega_1}^{\text{out}}(r-2M), R_{\omega_2}^{\text{out}}(r-2M)) = \delta_{\omega_1\omega_2}\delta_{l_1l_2}\delta_{m_1m_2},$$

负能费米子波函数的内积为

$$(R_{\omega_1}^{\text{out}}(2M-r), R_{\omega_2}^{\text{out}}(2M-r)) = \delta_{\omega_1\omega_2}\delta_{l_1l_2}\delta_{m_1m_2},$$

但负能玻色子波函数的内积为

$$(R_{\omega_1}^{\text{out}}(2M-r), R_{\omega_2}^{\text{out}}(2M-r)) = -\delta_{\omega_1\omega_2}\delta_{l_1l_2}\delta_{m_1m_2},$$

所以，从式(2.4.28)，可得

$$\begin{aligned}
&(\Phi_{\omega_1}, \Phi_{\omega_2})\\
&= N_{\omega_1}N_{\omega_2}\{Y(r-2M)(R_{\omega_1}^{\text{out}}(r-2M), R_{\omega_2}^{\text{out}}(r-2M))\\
&\quad + Y(2M-r)e^{4\pi M(\omega_1+\omega_2)}(R_{\omega_1}^{\text{out}}(2M-r), R_{\omega_2}^{\text{out}}(2M-r))\\
&\quad + Y(r-2M)Y(2M-r)e^{4\pi M\omega_2}(R_{\omega_1}^{\text{out}}(r-2M), R_{\omega_2}^{\text{out}}(2M-r))\\
&\quad + Y(r-2M)Y(2M-r)e^{4\pi M\omega_1}(R_{\omega_1}^{\text{out}}(2M-r), R_{\omega_2}^{\text{out}}(r-2M))\}.
\end{aligned} \tag{2.4.30}$$

式中，右边第三、四两项均只在 $r=2M$ 一点处不为零，但内积是积分，所以贡献为零.第一项在视界外积分，粒子都处于正能态；第二项在视界内积分，粒子处在负能态，所以对玻色子，此项积分有负号.于是有

$$(\Phi_{\omega_1}, \Phi_{\omega_2}) = N_{\omega_1}N_{\omega_2}\left[\delta_{\omega_1\omega_2} \pm e^{4\pi M(\omega_1+\omega_2)}\delta_{\omega_1\omega_2}\right], \tag{2.4.31}$$

式中+号对应费米子,-号对应玻色子.对于费米子,式(2.4.31)右端为正,所以左端应归一化到+1,即

$$(\Phi_{\omega_1},\Phi_{\omega_2})=\delta_{\omega_1\omega_2}. \tag{2.4.32}$$

对于玻色子,由于 $e^{4\pi M(\omega_1+\omega_2)}>1$,右端为负,所以左端应归一化到-1,即

$$(\Phi_{\omega_1},\Phi_{\omega_2})=-\delta_{\omega_1\omega_2}. \tag{2.4.33}$$

总之,从式(2.4.31),可得

$$\pm 1=(\Phi_{\omega},\Phi_{\omega})=N_{\omega}^2(1\pm e^{8\pi M\omega}),$$

即

$$N_{\omega}^2=\frac{1}{e^{8\pi M\omega}\pm 1}. \tag{2.4.34}$$

式中+号对应费米子,-号对应玻色子.上式又可写成

$$N_{\omega}^2=\frac{1}{e^{\omega/(k_B T)}\pm 1}, \tag{2.4.35}$$

$$T=\frac{\kappa}{2\pi k_B},\quad \kappa=\frac{1}{4M}. \tag{2.4.36}$$

其中 k_B 为玻尔兹曼常数,κ 为黑洞表面引力,T 为黑洞的温度.我们看到,黑洞有粒子射出,其能谱为式(2.4.35)所示的黑体谱,这表明,黑洞确实存在式(2.4.36)所示的温度.

相对论量子力学描写的是纯态,怎么会导出式(2.4.35)所示的混合态呢?关键在于用了阶梯函数(2.4.27),它使波函数(2.4.28)在作内积时交叉项(干涉项)的贡献为零,导致式(2.4.30)右端出现混合态的性质,并最终得出式(2.4.35)所示的热谱.

注意,求上述内积时,是对跨越视界内、外的波包作积分.也就是说,积分只在视界附近进行.另外,由于我们讨论的是K-G方程,所以,严格说来,上述证明只对K-G粒子(自旋为零的玻色子,或说标量粒子)成立.但是,所有粒子都必须满足K-G条件,而且,一旦存在热平衡,各种自旋粒子的能谱都应表现为同样温度的黑体谱,所以我们在式(2.4.28)~式(2.4.36)的讨论中,对讨论范围作了扩充,包括了各种自旋的粒子.

2.4.4 对解析延拓的进一步讨论

上面的解析延拓是通过下半复 r 平面进行的.事实上,延拓也可通过上

半复 r 平面进行，这时，转动 $+\pi$ 角，代替式(2.4.28)，我们有

$$\Phi_\omega = N_\omega[Y(r-2M)R_\omega^{\text{out}}(r-2M) + e^{-4\pi M\omega}Y(2M-r)R_\omega^{\text{out}}(2M-r)]. \tag{2.4.37}$$

此即文献[19]中的式(4.89)(安鲁方案).

这时

$$(\Phi_{\omega_1}, \Phi_{\omega_2}) = N_\omega^2(1 \pm e^{-8\pi M\omega}). \tag{2.4.38}$$

由于 $e^{-8\pi M\omega} < 1$，上式右边是正值，$(\Phi_{\omega_1}, \Phi_{\omega_2})$ 应归一化为正值. 若简单作归一化，则

$$N_\omega^2 = \frac{1}{1 \pm e^{-8\pi M\omega}} \tag{2.4.39}$$

似乎不是热谱. 但是，我们可把式(2.4.37)右端乘系数 $e^{4\pi M\omega}$，即重新定义

$$\Phi_\omega = N_\omega[e^{4\pi M\omega}Y(r-2M)R_\omega^{\text{out}}(r-2M) + Y(2M-r)R_\omega^{\text{out}}(2M-r)], \tag{2.4.40}$$

这时

$$(\Phi_{\omega_1}, \Phi_{\omega_2}) = N_\omega^2(e^{8\pi M\omega} \pm 1). \tag{2.4.41}$$

由于 $e^{8\pi M\omega} > 1$，上式右边总是正的，无论对玻色子还是费米子，均有

$$(\Phi_{\omega_1}, \Phi_{\omega_2}) = +1, \tag{2.4.42}$$

我们又得到热谱

$$N_\omega^2 = \frac{1}{e^{8\pi M\omega} \pm 1}. \tag{2.4.43}$$

需要指出，文献[19]介绍的安鲁方案相当于从上半复 r 平面解析延拓波函数. 事实上，从文献[19]的式(4.90)，可直接求内积得到热谱.

2.5 Sannan 的工作

Sannan 用量子场论和量子统计的思想改进了 Damour-Ruffini 的工作，下面介绍 Sannan 的工作[42].

2.5.1 相对散射概率

从式(2.4.23)与式(2.4.19)不难得出出射波穿越视界的相对散射概率.

视界内外出射波函数的相对振幅为 $e^{-4\pi M\omega}$,相对散射概率为

$$P_{\omega}=e^{-8\pi M\omega}, \tag{2.5.1}$$

此概率对玻色子与费米子均成立.

按照费恩曼的观点,式(2.5.1)所示的相对散射概率,也就是在视界外充分靠近视界处产生一个正反粒子对的相对概率.

$$\text{初始的真空态}\xrightarrow{\text{跃迁}}\left\{\begin{array}{ll}\text{没有粒子对产生(真空态)} & C_{\omega}\\ \text{产生一个粒子对} & C_{\omega}P_{\omega}\\ \text{同时产生两个粒子对} & C_{\omega}P_{\omega}^{2}\\ \text{同时产生三个粒子对} & C_{\omega}P_{\omega}^{3}\\ \cdots\cdots & \end{array}\right\}\text{总概率应是 1.}$$

括号中右边一行是达到终态的概率.

由于视界内是单向膜区,任何粒子的顺时过程只能是落向 $r=0$ 的内禀奇点.但视界内 $(\partial/\partial t)^{a}$ 类空,在无穷远处观测者看来,洞内存在负能轨道,因此,式(2.4.19)和式(2.4.23)描述的出射波在视界处散射的过程,实际上是在视界外附近真空涨落产生的正能粒子和负能反粒子对,由于负能反粒子通过量子隧道效应进入洞内,顺时落向奇点,使奇点处质量减小,而正能粒子从视界处飞向远方的过程.此过程可等价描述为,从奇点产生的正能粒子逆时跑向视界,在那里发生散射,然后顺时运动跑向远方.

2.5.2 费米子的辐射谱

费米子遵守泡利不相容原理,每个量子态最多产生一个粒子对.因此只有两种情况出现:

$$\left.\begin{array}{ll}\text{终态不产生粒子对} & \text{概率为 } C_{\omega}\\ \text{终态产生一个粒子对} & \text{概率为 } C_{\omega}P_{\omega}\end{array}\right\}\text{总概率为 1.}$$

所以有

$$C_\omega + C_\omega P_\omega = 1, \tag{2.5.2}$$

即

$$C_\omega = \frac{1}{1 + P_\omega}. \tag{2.5.3}$$

在能量为 ω 的模式中产生一个粒子对的绝对概率

$$P_{1\omega} = C_\omega P_\omega = \frac{P_\omega}{1 + P_\omega}. \tag{2.5.4}$$

在黑洞外部存在势垒，从式(2.4.11)可以看出这一点.因此，视界附近产生的粒子飞向远方时会被势垒散射，设贯穿系数为 Γ_ω，反射系数为 $1 - \Gamma_\omega$，所以，粒子逃逸到远方的概率是 Γ_ω.总而言之，粒子产生的概率是 $P_{1\omega}$，逃向远方的概率是 Γ_ω，产生出粒子并射到无穷远的概率当然是

$$\widetilde{P}_{1\omega} = P_{1\omega}\Gamma_\omega = \frac{P_\omega \Gamma_\omega}{1 + P_\omega}. \tag{2.5.5}$$

上式表示射到无穷远的每个模式中含有一个粒子的概率，也表示射到无穷远的能量为 ω 的平均粒子数 $\overline{N}_\omega$，把式(2.5.1)代入，得

$$\overline{N}_\omega = \frac{\Gamma_\omega}{e^{8\pi M\omega} + 1}, \tag{2.5.6}$$

如果把

$$T = \frac{1}{8\pi M k_B} \tag{2.5.7}$$

看作温度，则式(2.5.6)化成

$$\overline{N}_\omega = \frac{\Gamma_\omega}{e^{\omega/(k_B T)} + 1}, \tag{2.5.8}$$

这正是费米子的热辐射谱.由于势垒的存在，入射到黑洞的波将部分被势垒反射，反射系数为 $1 - \Gamma_\omega$，所以黑洞不能看成完全的黑体，吸收系数为 Γ_ω，故其辐射的热谱比普朗克谱多一个吸收因子 Γ_ω.

2.5.3　玻色子的辐射谱

玻色子不受泡利不相容原理的限制，一个量子态中可能产生多个粒子对.因此，产生“没有对＋一个对＋两个对＋…”的概率是

$$C_\omega + C_\omega P_\omega + C_\omega P_\omega^2 + \cdots = 1. \tag{2.5.9}$$

由此不难得出

$$C_\omega = 1 - P_\omega. \tag{2.5.10}$$

在一个量子态中产生 n 个粒子对的绝对概率是

$$P_{n\omega} = C_\omega P_\omega^n = (1 - P_\omega) P_\omega^n. \tag{2.5.11}$$

由于势垒的存在,产生粒子的概率并不等于射到无穷远的粒子的概率.我们先求有一个粒子射到无穷远的概率$\widetilde{P}_{1\omega}$.若量子态中产生一个粒子,那么它射到无穷远的概率为 $P_{1\omega}\Gamma_\omega$.然而,对于玻色子,$\widetilde{P}_{1\omega} \neq P_{1\omega}\Gamma_\omega$,这是因为还有如下情况未被包含进去.

在此量子态中产生两个粒子,其中一个射到无穷远,另一个被反射回黑洞,概率为 $P_{2\omega}C_2^1\Gamma_\omega(1 - \Gamma_\omega)$.

量子态中产生三个粒子,其中一个射到无穷远,另两个被反射回黑洞,概率为 $P_{3\omega}C_3^1\Gamma_\omega(1 - \Gamma_\omega)^2$.所以

$$\widetilde{P}_{1\omega} = P_{1\omega}\Gamma_\omega + P_{2\omega}2\Gamma_\omega(1 - \Gamma_\omega) + P_{3\omega}3\Gamma_\omega(1 - \Gamma_\omega)^2 + \cdots. \tag{2.5.12}$$

设 $x = P_\omega(1 - \Gamma_\omega)$,则式(2.5.12)化成

$$\widetilde{P}_{1\omega} = (1 - P_\omega)P_\omega\Gamma_\omega \sum_{k=0}^{\infty}(k + 1)x^k. \tag{2.5.13}$$

不难看出

$$\begin{aligned}\sum_{k=0}^{\infty}(k + 1)x^k &= \frac{\mathrm{d}}{\mathrm{d}x}\sum_{k=0}^{\infty}x^{(k+1)} = \frac{\mathrm{d}}{\mathrm{d}x}\left(x\sum_{k=1}^{\infty}x^k\right) \\ &= \frac{\mathrm{d}}{\mathrm{d}x}\left(x \cdot \frac{1}{1 - x}\right) = \frac{1}{(1 - x)^2}.\end{aligned} \tag{2.5.14}$$

把式(2.5.14)代入式(2.5.13),得

$$\widetilde{P}_{1\omega} = \frac{(1 - P_\omega)P_\omega\Gamma_\omega}{[1 - P_\omega(1 - \Gamma_\omega)]^2}. \tag{2.5.15}$$

类似可求得几个粒子被发射到无穷远的概率

$$\begin{aligned}\widetilde{P}_{n\omega} &= P_{n\omega}\Gamma_\omega^n + P_{(n+1)\omega}C_{n+1}^n\Gamma_\omega^n(1 - \Gamma_\omega) + P_{(n+2)\omega}C_{n+2}^n\Gamma_\omega^n(1 - \Gamma_\omega)^2 + \cdots \\ &= (1 - P_\omega)(P_\omega\Gamma_\omega)^n\sum_{k=0}^{\infty}C_{n+k}^n x^k,\end{aligned} \tag{2.5.16}$$

式中

$$\begin{aligned}C_{n+k}^n &= \frac{(n + k)!}{n!(n + k - n)!} = \frac{(n + k)!}{n!k!} \\ &= \frac{1}{n!}(n + k)(n + k - 1)\cdots(k + 1),\end{aligned} \tag{2.5.17}$$

$$x = P_\omega(1 - \Gamma_\omega).$$

不难看出

$$\sum_{k=0}^{\infty} C_{n+k}^{n} x^k = \frac{1}{n!}\frac{\mathrm{d}^n}{\mathrm{d}x^n}\sum_{k=0}^{\infty} x^{k+n} = \frac{1}{n!}\frac{\mathrm{d}^n}{\mathrm{d}x^n}\left(\frac{x^n}{1-x}\right) = \frac{1}{(1-x)^{n+1}}. \tag{2.5.18}$$

代入式(2.5.16),得

$$\widetilde{P}_{n\omega} = \frac{(1-P_\omega)(P_\omega\Gamma_\omega)^n}{[1-P_\omega(1-\Gamma_\omega)]^{n+1}}. \tag{2.5.19}$$

$\widetilde{P}_{n\omega}$为射到无穷远的每个模式含有 n 个粒子的概率,也表示 n 个粒子出现在无穷远的概率.

在 ω 模式中,发射到无穷远的平均粒子数为

$$\overline{N}_\omega = \sum_{n=1}^{\infty} n\widetilde{P}_{n\omega}. \tag{2.5.20}$$

令

$$y = \frac{P_\omega\Gamma_\omega}{1-P_\omega(1-\Gamma_\omega)}, \tag{2.5.21}$$

则

$$\overline{N}_\omega = \frac{(1-P_\omega)P_\omega\Gamma_\omega}{[1-P_\omega(1-\Gamma_\omega)]^2}\sum_{n=1}^{\infty} ny^{n-1}. \tag{2.5.22}$$

与式(2.5.14)类似,可得

$$\sum_{n=1}^{\infty} ny^{n-1} = \frac{\mathrm{d}}{\mathrm{d}y}\sum_{n=1}^{\infty} y^n = \frac{\mathrm{d}}{\mathrm{d}y}\left(\frac{y}{1-y}\right) = \frac{1}{(1-y)^2}, \tag{2.5.23}$$

所以

$$\begin{aligned}\overline{N}_\omega &= \frac{(1-P_\omega)P_\omega\Gamma_\omega}{[1-P_\omega(1-\Gamma_\omega)]^2}\cdot\frac{1}{\{1-P_\omega\Gamma_\omega/[1-P_\omega(1-\Gamma_\omega)]\}^2} \\ &= \frac{P_\omega\Gamma_\omega}{1-P_\omega}.\end{aligned} \tag{2.5.24}$$

将式(2.5.1)代入,得

$$\overline{N}_\omega = \frac{\Gamma_\omega}{\mathrm{e}^{8\pi M\omega}-1} = \frac{\Gamma_\omega}{\mathrm{e}^{\omega/(k_\mathrm{B}T)}-1}. \tag{2.5.25}$$

此即玻色子的普朗克谱(差一个吸收系数 Γ_ω),温度 T 如式(2.5.7)所示.

2.5.4 结论与讨论

考虑到角量子数 l 和磁量子数 m 的存在，式(2.5.6)与式(2.5.25)所表示的费米子与玻色子的辐射平均粒子数为

$$\overline{N}_{\omega lm} = \frac{\Gamma_{\omega lm}}{e^{8\pi M\omega} \pm 1}, \tag{2.5.26}$$

其中+号对应费米子，−号对应玻色子.考虑到相格尺度为 h 量级，并注意到 $\hbar = 1$，

$$h = 2\pi\hbar = 2\pi, \tag{2.5.27}$$

则所有量子态载运到无穷远的总粒子数为

$$\mathrm{d}N = \sum_{l,m,P}\int_0^\infty \frac{\mathrm{d}\omega \mathrm{d}t}{2\pi}\overline{N}_{\omega lmP}. \tag{2.5.28}$$

式中 P 为自旋等其他量子数.总粒子的发射率当然是

$$\frac{\mathrm{d}N}{\mathrm{d}t} = \sum_{l,m,P}\int_0^\infty \frac{\mathrm{d}\omega}{2\pi}\overline{N}_{\omega lmP},$$

黑洞质量的减少率为

$$\frac{\mathrm{d}M}{\mathrm{d}t} = -\frac{1}{2\pi}\sum_{l,m,P}\int_0^\infty \frac{\Gamma_{\omega lmP}}{e^{8\pi M\omega} \pm 1}\omega \mathrm{d}\omega. \tag{2.5.29}$$

讨论：

(1) 上述结论对质量 $\mu \neq 0$ 的粒子当然也成立，对于 $\omega < \mu$ 的情况，当然粒子不可能射到无穷远，此时我们理解 $\Gamma_{\omega lm} = 0$.

(2) 如果不考虑势垒的影响，仅研究视界附近粒子的产生，费米子运算同样简单，玻色子运算会大大简化.

$$\begin{aligned}\overline{N}_\omega &= \sum_{n=1}^\infty nP_{n\omega} = \sum_{n=1}^\infty n(1-P_\omega)P_\omega^n = P_\omega(1-P_\omega)\sum_{n=1}^\infty nP_\omega^{n-1} \\ &= P_\omega(1-P_\omega)\frac{\mathrm{d}}{\mathrm{d}P_\omega}\sum_{n=1}^\infty P_\omega^n = P_\omega(1-P_\omega)\frac{\mathrm{d}}{\mathrm{d}P_\omega}\frac{P_\omega}{1-P_\omega} \\ &= (1-P_\omega)\cdot\frac{P_\omega}{(1-P_\omega)^2} = \frac{P_\omega}{1-P_\omega} = \frac{1}{e^{8\pi M\omega}-1}.\end{aligned} \tag{2.5.30}$$

(3) 以上证明可推广到各种稳态视界，而且可用于存在反作用的情况.

2.6 克尔-纽曼黑洞的热辐射

弯曲时空中带电粒子的克莱因-戈登方程为[41,44-45]

$$\frac{1}{\sqrt{-g}}\frac{\partial}{\partial x^{\mu}}\left[\sqrt{-g}g^{\mu\nu}\left(\frac{\partial}{\partial x^{\nu}}-\mathrm{i}eA_{\nu}\right)\right]\Phi-\mathrm{i}eA_{\mu}\left[g^{\mu\nu}\left(\frac{\partial}{\partial x^{\nu}}-\mathrm{i}eA_{\nu}\right)\right]\Phi=\mu^{2}\Phi,\tag{2.6.1}$$

式中 μ 和 e 分别为粒子的静质量和电荷.在号差为 +2 的克尔-纽曼时空中,电磁四矢为

$$A_0=-\frac{Qr}{\Sigma^2},\quad A_1=A_2=0,\quad A_3=\frac{Qra\sin^2\theta}{\Sigma^2},\tag{2.6.2}$$

式中 $\Sigma^2=r^2+a^2\cos^2\theta$.

把度规式(1.6.1)和式(1.6.17)以及电磁四矢代入后,得

$$\begin{aligned}&\left\{\left[\frac{(r^2+a^2)^2}{\Delta}-a^2\sin^2\theta\right]\frac{\partial^2}{\partial t^2}-2a\left(1-\frac{r^2+a^2}{\Delta}\right)\frac{\partial}{\partial t}\frac{\partial}{\partial\varphi}\right.\\&\left.-\frac{\partial}{\partial r}\Delta\frac{\partial}{\partial r}-\frac{1}{\sin\theta}\frac{\partial}{\partial\theta}\sin\theta\frac{\partial}{\partial\theta}-\left(\frac{1}{\sin^2\theta}-\frac{a^2}{\Delta}\right)\frac{\partial^2}{\partial\varphi^2}\right\}\Phi\\&+2\mathrm{i}eQr\frac{1}{\Delta}\left[a\frac{\partial}{\partial\varphi}+(r^2+a^2)\frac{\partial}{\partial t}\right]\Phi\\&=\left(-\mu^2\Sigma^2+e^2Q^2r^2\frac{1}{\Delta}\right)\Phi.\end{aligned}\tag{2.6.3}$$

式中

$$\begin{aligned}&\Delta=r^2+a^2+Q^2-2Mr=(r-r_+)(r-r_-),\\&r_\pm=M\pm\sqrt{M^2-a^2-Q^2}.\end{aligned}\tag{2.6.4}$$

分离变量,令 $\Phi=\mathrm{e}^{-\mathrm{i}(\omega t-m\varphi)}\chi(\theta)\psi(r)$,得

$$\frac{1}{\sin\theta}\frac{\mathrm{d}}{\mathrm{d}\theta}\sin\theta\frac{\mathrm{d}}{\mathrm{d}\theta}\chi(\theta)=\left[\left(\omega a\sin\theta-\frac{m}{\sin\theta}\right)^2+\mu a^2\cos^2\theta-\lambda\right]\chi(\theta),\tag{2.6.5}$$

$$\frac{\mathrm{d}}{\mathrm{d}r}\Delta\frac{\mathrm{d}}{\mathrm{d}r}\psi(r)=\left\{\lambda+\mu^2r^2-\frac{1}{\Delta}[\omega(r^2+a^2)-am-eQr]^2\right\}\psi(r),\tag{2.6.6}$$

其中 λ 为常数，ω 为粒子的能量，m 为粒子角动量在黑洞转动轴上的投影．若令 $K=(r^2+a^2)\omega-am-eQr$，则式(2.6.6)可化为

$$\Delta\frac{\mathrm{d}^2\psi}{\mathrm{d}r^2}+2(r-M)\frac{\mathrm{d}\psi}{\mathrm{d}r}=\left(\lambda+\mu^2r^2-\frac{K^2}{\Delta}\right)\psi(r). \tag{2.6.7}$$

作乌龟坐标变换

$$\begin{aligned} r_* &= r+\frac{1}{\sqrt{M^2-a^2-Q^2}} \\ &\quad\times\left[\left(Mr_+-\frac{1}{2}Q^2\right)\ln\frac{r-r_+}{r_+}-\left(Mr_--\frac{1}{2}Q^2\right)\ln\frac{r-r_-}{r_-}\right] \\ &= r+\frac{1}{2\kappa_+}\ln\frac{r-r_+}{r_+}-\frac{1}{2\kappa_-}\ln\frac{r-r_-}{r_-}, \end{aligned} \tag{2.6.8}$$

$$\mathrm{d}r_*=\frac{r^2+a^2}{\Delta}\mathrm{d}r, \tag{2.6.9}$$

$$\begin{aligned} \frac{\mathrm{d}}{\mathrm{d}r} &= \frac{r^2+a^2}{\Delta}\frac{\mathrm{d}}{\mathrm{d}r_*}, \\ \frac{\mathrm{d}^2}{\mathrm{d}r^2} &= \left(\frac{r^2+a^2}{\Delta}\right)^2\frac{\mathrm{d}^2}{\mathrm{d}r_*^2}+\frac{2(rQ^2+Ma^2-Mr^2)}{\Delta^2}\frac{\mathrm{d}}{\mathrm{d}r_*}, \end{aligned} \tag{2.6.10}$$

式中

$$\kappa_\pm=\frac{r_+-r_-}{2(r_\pm^2+a^2)}, \tag{2.6.11}$$

方程(2.6.7)化成

$$(r^2+a^2)^2\frac{\mathrm{d}^2\psi}{\mathrm{d}r_*^2}+2r\Delta\frac{\mathrm{d}\psi}{\mathrm{d}r_*}=[\Delta(\lambda+\mu^2r^2)-K^2]\psi. \tag{2.6.12}$$

当 $r\to r_\pm$ 时，$\Delta\to0$，上式化成

$$\frac{\mathrm{d}^2\psi}{\mathrm{d}r_*^2}+\left(\frac{K}{r_\pm^2+a^2}\right)^2\psi=0, \tag{2.6.13}$$

即

$$\frac{\mathrm{d}^2\psi}{\mathrm{d}r_*^2}+(\omega-\omega_0)^2\psi=0, \tag{2.6.14}$$

式中

$$\omega_0=m\Omega_\pm+eV_0,\ \Omega_\pm=\frac{a}{r_\pm^2+a^2},\quad V_0=\frac{Qr_\pm}{r_\pm^2+a^2}. \tag{2.6.15}$$

这里 $\Omega_\pm$ 为内外视界的拖曳速度，V_0 为视界两极($\theta=0$、π)处的静电势(在拖曳系中看，克尔-纽曼黑洞表面各点的静电势相同，均为 V_0)．从式

(2.6.2),知[28]

$$V = - A_0 = \frac{Qr_{\pm}}{r_{\pm}^2 + a^2\cos^2\theta}, \tag{2.6.16}$$

$$A_3 = \frac{Qr_{\pm}\ a\sin^2\theta}{r_{\pm}^2 + a^2\cos^2\theta}. \tag{2.6.17}$$

所以 ω_0 又可写作

$$\omega_0 = (m - eA_3)\Omega_{\pm} + eV. \tag{2.6.18}$$

式中 V 为视界表面上的静电势.方程(2.6.14)的解为

$$\psi = \mathrm{e}^{\pm \mathrm{i}(\omega - \omega_0)r_*}, \tag{2.6.19}$$

所以径向波为

$$\Psi = \mathrm{e}^{-\mathrm{i}\omega t \pm \mathrm{i}(\omega - \omega_0)r_*}. \tag{2.6.20}$$

令

$$\hat{r} = \frac{\omega - \omega_0}{\omega} r_*, \tag{2.6.21}$$

得黑洞表面处的入射波

$$\Psi_{\text{in}} = \mathrm{e}^{-\mathrm{i}\omega(t+\hat{r})} = \mathrm{e}^{-\mathrm{i}\omega v} \tag{2.6.22}$$

和出射波

$$\Psi_{\text{out}} = \mathrm{e}^{-\mathrm{i}\omega(t-\hat{r})} = \mathrm{e}^{-\mathrm{i}\omega v} \cdot \mathrm{e}^{2\mathrm{i}\omega\hat{r}} = \mathrm{e}^{-\mathrm{i}\omega v} \cdot \mathrm{e}^{2\mathrm{i}(\omega - \omega_0)r_*}, \tag{2.6.23}$$

式中

$$v = t + \hat{r} \tag{2.6.24}$$

为超前爱丁顿坐标.在视界外部,靠近视界处,$r \to r_+$.从式(2.6.8),可知

$$r_* \approx \frac{1}{2\kappa_+}\ln(r - r_+). \tag{2.6.25}$$

代入式(2.6.23),得

$$\Psi_{\text{out}} = \mathrm{e}^{-\mathrm{i}\omega v} \cdot (r - r_+)^{(\mathrm{i}/\kappa_+)(\omega - \omega_0)}. \tag{2.6.26}$$

显然,此波在视界 $r = r_+$ 上非解析.我们以 r_+ 为圆心、$|r - r_+|$ 为半径,沿下半复 r 平面把它解析延拓到黑洞内部,可以得到出射波在视界上的散射概率,并证明有谱为

$$N_\omega = \frac{1}{\exp[(\omega - \omega_0)/(k_B T)] \pm 1}, \tag{2.6.27}$$

$$T = \frac{\kappa_+}{2\pi k_B}, \quad \kappa_+ = \frac{r_+ - r_-}{2(r_+^2 + a^2)} \tag{2.6.28}$$

的出射波从黑洞射出.其中+号对应费米子,-号对应玻色子.显然,这是温度为 T 的黑体辐射谱.于是,我们证明了克尔-纽曼黑洞具有温度,并发出热辐射.

2.7 狄拉克粒子的热辐射

1972 年 Teukolsky 解决了克尔度规中电磁场、中微子场及重力场的退耦问题,得到了上述三种静质量为零的粒子的量子场方程[46].1976 年,Damour 和 Ruffini 讨论了施瓦西黑洞和克尔黑洞的克莱因-戈登粒子的霍金蒸发问题[41].同年,钱德拉塞卡成功地找到了克尔度规中质量不为零的狄拉克粒子的退耦的量子场方程[47],Page 又把这一工作推广到克尔-纽曼度规[18].1980 年,刘辽、许殿彦根据钱德拉塞卡的工作,研究了准极端克尔黑洞狄拉克粒子的霍金蒸发问题[20].1981 年,我们把刘辽等的工作推广到克尔-纽曼时空,证明了任何温度的克尔-纽曼黑洞均热辐射狄拉克粒子[44].现在,我们就以这一工作为例,来介绍证明稳态黑洞热辐射狄拉克粒子的方法.

2.7.1 克尔-纽曼时空中的狄拉克方程

Page 给出克尔-纽曼时空中带电粒子狄拉克方程的旋量表示式为(采用 $c=\hbar=G=1$ 的自然单位制)

$$\sqrt{2}(\nabla_{A\dot{B}}+\mathrm{i}eA_{A\dot{B}})P^A+\mathrm{i}\mu\,\overline{Q}_{\dot{B}}=0,\tag{2.7.1}$$

$$\sqrt{2}(\nabla_{A\dot{B}}-\mathrm{i}eA_{A\dot{B}})Q^A+\mathrm{i}\mu\,\overline{P}_{\dot{B}}=0.\tag{2.7.2}$$

式中 P^A 和 Q^A 为两个二分量旋量;$\nabla_{A\dot{B}}=\sigma^{\mu}_{A\dot{B}}\nabla_{\mu}$ 为协变旋微分;$\sigma^{\mu}_{A\dot{B}}$ 是 2×2 厄米矩阵,满足 $g_{\mu\nu}\sigma^{\mu}_{A\dot{B}}\sigma^{\nu}_{C\dot{D}}=\varepsilon_{AC}\varepsilon_{\dot{B}\dot{D}}$,$\varepsilon_{AC}$、$\varepsilon_{\dot{B}\dot{D}}$ 是反对称的勒维-齐维塔(Levi-Civita)符号;∇_{μ} 即协变微分;μ 为狄拉克粒子的质量;e 为狄拉克粒子的电荷;$A_{A\dot{B}}$ 为黑洞电磁场四矢的旋量分量.

引入零标架 l^{μ}、n^{μ}、m^{μ}、$\overline{m}^{\mu}$，它们满足

$$l^{\mu}n_{\mu} = -m^{\mu}\overline{m}_{\mu} = 1,$$

$$l^{\mu}l_{\mu} = n^{\mu}n_{\mu} = m^{\mu}m_{\mu} = \overline{m}^{\mu}\overline{m}_{\mu} = 0,$$

$$l^{\mu}m_{\mu} = l^{\mu}\overline{m}_{\mu} = n^{\mu}m_{\mu} = n^{\mu}\overline{m}_{\mu} = 0.$$

同时，引入旋基 $\zeta_a^A = \delta_a^A$，其中 A 是旋分量指标，a 是旋基指标，它们分别可取 0 和 1.

任一旋量 ξ^C 的协变旋微分 $\nabla_{A\dot{B}}\xi^C$ 可表示为沿旋基 ζ_a^A 方向的分量，即

$$\zeta_a^A\zeta_{\dot{b}}^{\dot{B}}\zeta_C^c\ \nabla_{A\dot{B}}\xi^C = \nabla_{a\dot{b}}\xi^c = \partial_{a\dot{b}}\xi^c + \Gamma^c_{da\dot{b}}\xi^d,$$

其中 $\nabla_{a\dot{b}}$ 为用旋基分量表示的协变旋微分，$\partial_{a\dot{b}}$ 为用旋基分量表示的普通旋微分，$\Gamma^c_{da\dot{b}}$ 为旋系数.

令

$$\partial_{0\dot{0}} = l^{\mu}\partial_{\mu} \equiv \mathrm{D},\quad \partial_{1\dot{1}} = n^{\mu}\partial_{\mu} \equiv \Delta,$$

$$\partial_{0\dot{1}} = m^{\mu}\partial_{\mu} \equiv \delta,\quad \partial_{1\dot{0}} = \overline{m}^{\mu}\partial_{\mu} \equiv \overline{\delta},$$

方程(2.7.1)和(2.7.2)可分别化成

$$\sqrt{2}(\nabla_{a\dot{b}} + \mathrm{i}eA_{a\dot{b}})P^a + \mathrm{i}\mu\overline{Q}_{\dot{b}} = 0,$$

$$\sqrt{2}(\nabla_{a\dot{b}} - \mathrm{i}eA_{a\dot{b}})Q^a + \mathrm{i}\mu\overline{P}_{\dot{b}} = 0,$$

即

$$\partial_{a\dot{b}}P^a + \Gamma^a_{da\dot{b}}P^d + \mathrm{i}eA_{a\dot{b}}P^a + \mathrm{i}\frac{\mu}{\sqrt{2}}\overline{Q}_{\dot{b}} = 0, \tag{2.7.3}$$

$$\partial_{a\dot{b}}Q^a + \Gamma^a_{da\dot{b}}Q^d + \mathrm{i}eA_{a\dot{b}}Q^a + \mathrm{i}\frac{\mu}{\sqrt{2}}\overline{P}_{\dot{b}} = 0, \tag{2.7.4}$$

方程(2.7.3)和(2.7.4)可化为四个耦合的方程：

$$\begin{aligned}
&(\mathrm{D} + \varepsilon - \rho + \mathrm{i}eA_{0\dot{0}})P^0 + (\overline{\delta} + \pi - \alpha + \mathrm{i}eA_{1\dot{0}})P^1 = \mathrm{i}\frac{\mu}{\sqrt{2}}\overline{Q}^{\dot{1}},\\
&(\mathrm{D} + \beta - \pi + \mathrm{i}eA_{0\dot{1}})P^0 + (\Delta + \mu - \gamma + \mathrm{i}eA_{1\dot{1}})P^1 = -\mathrm{i}\frac{\mu}{\sqrt{2}}\overline{Q}^{\dot{0}},\\
&(\mathrm{D} + \overline{\varepsilon} - \overline{\rho} + \mathrm{i}eA_{\dot{0}0})\overline{Q}^{\dot{0}} + (\delta + \overline{\pi} - \overline{\alpha} + \mathrm{i}eA_{\dot{1}0})\overline{Q}^{\dot{1}} = -\mathrm{i}\frac{\mu}{\sqrt{2}}P^1,\\
&(\overline{\delta} + \overline{\beta} - \overline{\tau} + \mathrm{i}eA_{\dot{0}1})\overline{Q}^{\dot{0}} + (\Delta + \overline{\mu} - \overline{\gamma} + \mathrm{i}eA_{\dot{1}1})\overline{Q}^{\dot{1}} = \mathrm{i}\frac{\mu}{\sqrt{2}}P^0.
\end{aligned} \tag{2.7.5}$$

μ、γ、β、τ、ε、ρ、π、α 等都是纽曼与彭罗斯给旋系数规定的特殊名称. 有关

内容以及前面关于标架、旋基等的详细介绍参见 1.4 节或文献[16-17].

令

$$F_1 = P^0, \quad F_2 = P^1, \quad G_1 = \overline{Q}^{\dot{1}}, \quad G_2 = -\overline{Q}^{\dot{0}},$$

同时有

$$A_{0\dot{0}} = A \cdot l, \quad A_{0\dot{1}} = A \cdot m, \quad A_{1\dot{0}} = A \cdot \overline{m}, \quad A_{1\dot{1}} = A \cdot n,$$

方程组(2.7.5)化成

$$\begin{aligned}
&(\mathrm{D} + \varepsilon - \rho + \mathrm{i}eA \cdot l)F_1 + (\overline{\delta} + \pi - \alpha + \mathrm{i}eA \cdot \overline{m})F_2 = \mathrm{i}\frac{\mu}{\sqrt{2}}G_1, \\
&(\Delta + \mu - \gamma + \mathrm{i}eA \cdot n)F_2 + (\delta + \beta - \tau + \mathrm{i}eA \cdot m)F_1 = \mathrm{i}\frac{\mu}{\sqrt{2}}G_2, \\
&(\delta + \overline{\pi} - \overline{\alpha} + \mathrm{i}eA \cdot m)G_1 - (\mathrm{D} + \overline{\varepsilon} - \overline{\rho} + \mathrm{i}eA \cdot l)G_2 = -\mathrm{i}\frac{\mu}{\sqrt{2}}F_2, \\
&(\Delta + \overline{\mu} - \overline{\gamma} + \mathrm{i}eA \cdot n)G_1 - (\overline{\delta} + \overline{\beta} - \overline{\tau} + \mathrm{i}eA \cdot \overline{m})G_2 = \mathrm{i}\frac{\mu}{\sqrt{2}}F_1.
\end{aligned} \tag{2.7.6}$$

对于上述零标架，$\varepsilon = 0$，而且在克尔-纽曼时空中(注意，本节度规号差为 -2，与 2.6 节不同)，

$$A \cdot l = \frac{Qr}{\Delta}, \quad A \cdot n = \frac{Qr}{2\Sigma^2}, \quad A \cdot m = A \cdot \overline{m} = 0.$$

在采用 Boyer-Lindquist 坐标的克尔-纽曼度规中，

$$\begin{aligned}
l^\mu &= \frac{1}{\Delta}(r^2 + a^2, \Delta, 0, a), \\
n^\mu &= \frac{1}{2\Sigma^2}(r^2 + a^2, -\Delta, 0, a), \\
m^\mu &= \frac{1}{\sqrt{2}\,\overline{\Sigma}}\left(\mathrm{i}a\sin\theta, 0, 1, \frac{\mathrm{i}}{\sin\theta}\right),
\end{aligned}$$

其中

$$\begin{aligned}
&\Delta = r^2 + a^2 + Q^2 - 2Mr, \quad \Sigma^2 = r^2 + a^2\cos^2\theta, \\
&\overline{\Sigma} = r + \mathrm{i}a\cos\theta, \quad \overline{\Sigma}^* = r - \mathrm{i}a\cos\theta.
\end{aligned}$$

引入

$$F_1 = e^{-i(\omega t - m\varphi)}(r - ia\cos\theta)^{-1} f_1(r,\theta),$$

$$F_2 = e^{-i(\omega t - m\varphi)} f_2(r,\theta),$$

$$G_1 = e^{-i(\omega t - m\varphi)} g_1(r,\theta),$$

$$G_2 = e^{-i(\omega t - m\varphi)}(r + ia\cos\theta)^{-1} g_2(r,\theta),$$

式中 ω 为狄拉克粒子的能量，m 为狄拉克粒子的角动量在克尔-纽曼黑洞转轴方向上的投影.

方程组(2.7.6)化为

$$\begin{aligned}
&\mathscr{D}_0 f_1 + \frac{1}{\sqrt{2}}\mathscr{L}_{1/2} f_2 = \frac{1}{\sqrt{2}}(i\mu r + a\mu\cos\theta) g_1,\\
&\Delta\mathscr{D}_{1/2}^+ f_2 - \sqrt{2}\mathscr{L}_{1/2}^+ f_1 = -\sqrt{2}(i\mu r + a\mu\cos\theta) g_2,\\
&\Delta\mathscr{D}_0 g_2 - \frac{1}{\sqrt{2}}\mathscr{L}_{1/2}^+ g_1 = \frac{1}{\sqrt{2}}(i\mu r - a\mu\cos\theta) f_2,\\
&\Delta\mathscr{D}_{1/2}^+ f_2 + \sqrt{2}\mathscr{L}_{1/2} g_2 = -\sqrt{2}(i\mu r - a\mu\cos\theta) f_1.
\end{aligned} \tag{2.7.7}$$

式中定义了

$$\mathscr{D}_n = \partial_r - \frac{iK}{\Delta} + 2n\frac{r-M}{\Delta},$$

$$\mathscr{D}_n^+ = \partial_r + \frac{iK}{\Delta} + 2n\frac{r-M}{\Delta},$$

$$\mathscr{L}_n = \partial_\theta - q + n\cot\theta,$$

$$\mathscr{L}_n^+ = \partial_\theta + q + n\cot\theta,$$

$$K = (r^2 + a^2)\omega - am - eQr,$$

$$q = a\omega\sin\theta - \frac{m}{\sin\theta}.$$

分离变量：

$$f_1(r,\theta) = R_{-1/2}(r)S_{-1/2}(\theta) = R(r)S(\theta),$$

$$f_2(r,\theta) = R_{+1/2}(r)S_{+1/2}(\theta),$$

$$g_1(r,\theta) = R_{+1/2}(r)S_{-1/2}(\theta),$$

$$g_2(r,\theta) = R_{-1/2}(r)S_{+1/2}(\theta).$$

最后得到用普通微分表达的克尔-纽曼时空中退耦的狄拉克方程

$$\sqrt{\Delta}\frac{d}{dr}\left(\sqrt{\Delta}\frac{dR}{dr}\right) - \frac{i\mu\Delta}{\lambda + i\mu r}\frac{dR}{dr}$$

$$+\left[\frac{K^2 + i(r-M)K}{\Delta} - 2i\omega r + ieQ - \frac{\mu K}{\lambda + i\mu r} - \mu^2 r^2 - \lambda^2\right]R$$

$$= 0, \tag{2.7.8}$$

$$\frac{1}{\sin\theta}\frac{\mathrm{d}}{\mathrm{d}\theta}\left(\sin\theta\frac{\mathrm{d}S}{\mathrm{d}\theta}\right)+\frac{a\mu\sin\theta}{\lambda+a\mu\cos\theta}\frac{\mathrm{d}S}{\mathrm{d}\theta}$$
$$+\left[\left(\frac{1}{2}+a\omega\cos\theta\right)^2+\left(\frac{-m+(\cos\theta)/2}{\sin\theta}\right)^2-\frac{3}{4}+2a\omega m-a^2\omega^2\right.$$
$$\left.+\frac{a\mu\left(\frac{1}{2}\cos\theta+a\omega\sin^2\theta-m\right)}{\lambda+a\mu\cos\theta}-a^2\mu^2\cos^2\theta+\lambda^2\right]S$$
$$= 0. \tag{2.7.9}$$

2.7.2 狄拉克粒子的霍金蒸发

径向方程(2.7.8)可化为

$$\Delta\frac{\mathrm{d}^2R}{\mathrm{d}r^2}+\left[(r-M)-\frac{\mu^2r\Delta+\mathrm{i}\lambda\mu\Delta}{\lambda^2+\mu^2r^2}\right]\frac{\mathrm{d}R}{\mathrm{d}r}+\left\{\frac{K^2}{\Delta}-\lambda^2-\mu^2r^2-\frac{\mu\lambda K-\mathrm{i}\mu^2Kr}{\lambda^2+\mu^2r^2}\right.$$
$$\left.-\mathrm{i}\left[-eQ+2\omega r-\frac{K(r-M)}{\Delta}\right]\right\}R=0, \tag{2.7.10}$$

引入式(2.6.8)～式(2.6.10)所示的乌龟坐标变换

$$\frac{\mathrm{d}r_*}{\mathrm{d}r}=\frac{r^2+a^2}{\Delta}, \tag{2.7.11}$$

方程(2.7.10)化为

$$(r^2+a^2)^2\frac{\mathrm{d}^2R}{\mathrm{d}r_*^2}+\left[2r\Delta-(r-M)(r^2+a^2)-(r^2+a^2)\mu\Delta\frac{\mu r+\mathrm{i}\lambda}{\lambda^2+\mu^2r^2}\right]\frac{\mathrm{d}R}{\mathrm{d}r_*}$$
$$+\Delta\left\{\frac{K^2}{\Delta}-\lambda^2-\mu^2r^2-\mu K\frac{\lambda-\mathrm{i}\mu r}{\lambda^2+\mu^2r^2}-\mathrm{i}\left[-eQ+2\omega r-\frac{K(r-M)}{\Delta}\right]\right\}R$$
$$= 0. \tag{2.7.12}$$

在视界附近，$\Delta\to 0$，可得

$$(r_+^2+a^2)^2\frac{\mathrm{d}^2R}{\mathrm{d}r_*^2}-(r_+-M)(r_+^2+a^2)\frac{\mathrm{d}R}{\mathrm{d}r_*}+[K^2+\mathrm{i}K(r_+-M)]R=0. \tag{2.7.13}$$

方程(2.7.13)是一个波动方程，很容易得到其解为

$$\begin{cases}R\approx \mathrm{e}^{\mathrm{i}(\omega-m\Omega-eV_0)r_*},\\ R\approx 0.\end{cases} \tag{2.7.14}$$

从式(2.6.15)可知，这里 $\Omega = a/(r_+^2 + a^2)$ 为视界角速度，$V_0 = A_0 = Qr_+/(r_+^2 + a^2)$ 为视界上 $\theta = 0$ 与 π 处的静电势.式(2.7.14)中的非零解可写为

$$R \approx e^{+i(\omega - \omega_0)r_*},$$

径向波函数可写为

$$\begin{aligned}\psi_\omega &= e^{-i\omega t + i(\omega-\omega_0)r_*} = e^{-i\omega[t - r_*(\omega-\omega_0)/\omega]} \\ &= e^{-i\omega(t - \hat{r})},\end{aligned} \tag{2.7.15}$$

其中

$$\omega_0 = m\Omega + eV_0, \quad \hat{r} = \frac{\omega - \omega_0}{\omega} r_*. \tag{2.7.16}$$

显然，上式描写从视界向外的出射波：

$$\psi_\omega^{\text{out}} \approx e^{-i\omega(t - \hat{r})}. \tag{2.7.17}$$

引入超前类爱丁顿坐标 $v = t + \hat{r}$，则

$$\psi_\omega^{\text{out}} \approx e^{-i\omega v + i2(\omega - \omega_0)r_*}. \tag{2.7.18}$$

在视界附近，式(2.6.18)近似为

$$r_* \approx \frac{1}{2k_+}\ln(r - r_+), \tag{2.7.19}$$

其中

$$\kappa = \frac{1}{2}\frac{r_+ - r_-}{r_+^2 + a^2}. \tag{2.7.20}$$

恰在视界外，

$$\psi_\omega^{\text{out}} \approx e^{-i\omega v} e^{i[(\omega-\omega_0)/\kappa]\ln(r - r_+)} = e^{-i\omega v}(r - r_+)^{i(\omega-\omega_0)/\kappa}. \tag{2.7.21}$$

现在把克尔-纽曼黑洞视界外的出射波延拓到视界内部.由于在视界 $r = r_+$ 上，出射波函数是非解析的，只能通过复平面绕过视界来延拓.我们沿半径为 $|r - r_+|$ 的下半圆周延拓到视界内，此时变量为

$$|r - r_+|e^{-i\pi} = (r_+ - r)e^{-i\pi}, \tag{2.7.22}$$

故在视界内

$$\begin{aligned}\psi_\omega^{\text{out}} &\approx [(r_+ - r)e^{-i\pi}]^{i(\omega-\omega_0)/\kappa} e^{-i\omega v} \\ &= e^{-i\omega v}(r_+ - r)^{i(\omega-\omega_0)/\kappa} e^{\pi(\omega-\omega_0)/\kappa}.\end{aligned} \tag{2.7.23}$$

引入阶梯函数

$$Y(x) = \begin{cases} 1, & x \geqslant 0, \\ 0, & x < 0, \end{cases} \tag{2.7.24}$$

出射波可统一写为

$$\psi_\omega = N_\omega\left[Y(r-r_+)\psi_\omega^{\text{out}}(r-r_+) + e^{\pi(\omega-\omega_0)/\kappa}Y(r_+-r)\psi_\omega^{\text{out}}(r_+-r)\right]. \tag{2.7.25}$$

其中 ψ_ω^{out} 为归一化的狄拉克波函数.

式(2.7.25)在视界外代表强度为 N_ω^2 或流密度为 $N_\omega^2/(2\pi)$、从视界向外出射的正能粒子流.在视界内,由于时空互换,r 代表时间轴,式(2.7.25)表示引力场中逆时传播的正能粒子流,即顺时传向奇异区的负能反粒子流.这表示在视界处有正反狄拉克粒子对产生.

显然,由归一化条件,可得

$$\begin{aligned}(\psi_\omega,\psi_\omega) &= N_\omega^2\left[e^{[2\pi(\omega-\omega_0)/\kappa]}+1\right] \\ &= N_\omega^2\left[e^{(\omega-\omega_0)/(k_B T)}+1\right] = 1,\end{aligned} \tag{2.7.26}$$

或

$$N_\omega^2 = \frac{1}{e^{(\omega-\omega_0)/(k_B T)}+1}, \tag{2.7.27}$$

式中

$$T = \frac{\kappa}{2\pi k_B} \tag{2.7.28}$$

为黑洞的温度,κ 为视界处的引力加速度.

式(2.7.27)即克尔-纽曼黑洞的狄拉克粒子的霍金热谱公式,在 $a\neq 0$,$Q=0$ 时,它回到克尔黑洞情况;在 $a=0$,$Q\neq 0$ 时,它描述 Reissner-Nordstrom 黑洞狄拉克粒子的霍金辐射;在 $a=0$,$Q=0$ 时,它描述施瓦西黑洞辐射狄拉克粒子的热谱.

2.8 博戈柳博夫变换与伦德勒辐射

2.8.1 博戈柳博夫变换

我们考虑平直时空中的量子场论,并以标量场为例来进行讨论[19,39].当一个惯性系确定之后,可以从粒子场动力学方程(例如克莱因-戈登

方程)得到一组正频模函数解

$$u_k = e^{ik\cdot x - i\omega t}, \tag{2.8.1}$$

这组解是正交完备的,因而波函数(二次量子化中是算符)可用它展开:

$$\Phi(x) = \sum_k [a_k u_k(x) + a_k^+ u_k^*(x)] = (a, a^+)\begin{pmatrix} u \\ u^* \end{pmatrix}. \tag{2.8.2}$$

其中 k 为波矢,略去了矢量号,ω 为频率,u_k^* 是 u_k 的复共轭.最后的表达式为展开的矩阵形式,矩阵元有无穷多个.

对易关系

$$[a_k, a_j^+] = \delta_{kj}, \quad [a_k, a_j] = [a_k^+, a_j^+] = 0 \tag{2.8.3}$$

完成了二次量子化.a_k 为消灭算符,a_k^+ 为产生算符,$n = a_k^+ a_k$ 为粒子数算符,此时,k 和 ω 分别为粒子的动量和能量.

定义满足

$$a_k|0\rangle = 0 \quad (\forall k) \tag{2.8.4}$$

的希尔伯特(Hilbert)空间的态矢$|0\rangle$为粒子的真空态.由 a_k、a_k^+ 和$|0\rangle$可构成福克(Fock)空间.

显然,找出正、负频模函数 u_k 和 u_k^* 是定义真空和粒子的基础.而 u_k 和 u_k^* 又只能在时间坐标确定之后才能找到.当采用另一个坐标系(关键是用了不同的时间坐标)时,我们会得到另一组正、负频模函数

$$\bar{u}_k = e^{ik\cdot x' - i\omega t'}. \tag{2.8.5}$$

它同样构成正交完备集,波函数 $\Phi(x)$同样可用它展开:

$$\Phi(x') = \sum_k [\bar{a}_k \bar{u}_k(x') + \bar{a}_k^+ \bar{u}_k^*(x')] = (\bar{a}, \bar{a}^+)\begin{pmatrix} \bar{u} \\ \bar{u}^* \end{pmatrix}. \tag{2.8.6}$$

用同样的对易关系

$$[\bar{a}_k, \bar{a}_j^+] = \delta_{kj}, \quad [\bar{a}_k, \bar{a}_j] = [\bar{a}_k^+, \bar{a}_j^+] = 0, \tag{2.8.7}$$

可定义类似的消灭、产生算符,以及相应的真空态$|\bar{0}\rangle$:

$$\bar{a}_k|\bar{0}\rangle = 0 \quad (\forall k). \tag{2.8.8}$$

从式(2.8.2)和式(2.8.6),可得

$$(a, a^+)\begin{pmatrix} u \\ u^* \end{pmatrix} = (\bar{a}, \bar{a}^+)\begin{pmatrix} \bar{u} \\ \bar{u}^* \end{pmatrix}. \tag{2.8.9}$$

由于 u_k 和 $\bar{u}_k$都是完备集,当然相互都可以以对方为基展开,如

$$\bar{u}_j = \sum_i (\alpha_{ji} u_i + \beta_{ji} u_i^*), \tag{2.8.10}$$

其复共轭为

$$\bar{u}_k^* = \sum_i (\alpha_{ki}^* u_i^* + \beta_{ki}^* u_i), \tag{2.8.11}$$

或简写成

$$\begin{aligned} \bar{u} &= \alpha u + \beta u^*, \\ \bar{u}^* &= \alpha^* u^* + \beta^* u. \end{aligned} \tag{2.8.12}$$

上式为矩阵形式，其中$\bar{u}$，α，β，u 等都是矩阵．还可合并成更大的矩阵

$$\begin{pmatrix} \bar{u} \\ \bar{u}^* \end{pmatrix} = \begin{pmatrix} \alpha & \beta \\ \beta^* & \alpha^* \end{pmatrix} \begin{pmatrix} u \\ u^* \end{pmatrix}, \tag{2.8.13}$$

其中 α、β、u、u^* 等都是矩阵．注意，这里的 $*$ 号表示复共轭，不是厄米共轭．

将上式代入式(2.8.9)的右边，得

$$(a, a^+) \begin{pmatrix} u \\ u^* \end{pmatrix} = (\bar{a}, \bar{a}^+) \begin{pmatrix} \alpha & \beta \\ \beta^* & \alpha^* \end{pmatrix} \begin{pmatrix} u \\ u^* \end{pmatrix}. \tag{2.8.14}$$

考虑到波函数 Φ 在基矢上分解的唯一性，得

$$(a, a^+) = (\bar{a}, a\bar{a}^+) \begin{pmatrix} \alpha & \beta \\ \beta^* & \alpha^* \end{pmatrix}, \tag{2.8.15}$$

或

$$\begin{pmatrix} a \\ a^+ \end{pmatrix} = \begin{pmatrix} \alpha & \beta^* \\ \beta & \alpha^* \end{pmatrix} \begin{pmatrix} \bar{a} \\ \bar{a}^+ \end{pmatrix}. \tag{2.8.16}$$

这就是博戈柳博夫变换，又可写成

$$\begin{aligned} a_i &= \sum_j (\alpha_{ji} \bar{a}_j + \beta_{ji}^* \bar{a}_j^+), \\ a_i^+ &= \sum_j (\beta_{ji} \bar{a}_j + \alpha_{ji}^* \bar{a}_j^+), \end{aligned} \tag{2.8.17}$$

注意，此处是对 α 和 β 的前一指标 j 求和，而式(2.8.10)和式(2.8.11)中则是对后一指标 i 求和．这是矩阵(2.8.15)转置成式(2.8.16)的结果．

在量子场论中，玻色场的标积定义为[19]

$$\begin{aligned} (\Phi_1, \Phi_2) &\equiv -\mathrm{i} \int_{t=\mathrm{const}} \Phi_1 \overleftrightarrow{\partial}_t \Phi_2^* \sqrt{\gamma} \mathrm{d}^3 x \\ &\equiv -\mathrm{i} \int_{t=\mathrm{const}} \left[\Phi_1 \frac{\partial}{\partial t} \Phi_2{}^* - \left(\frac{\partial}{\partial t} \Phi_1 \right) \Phi_2{}^* \right] \sqrt{\gamma} \mathrm{d}^3 x. \end{aligned} \tag{2.8.18}$$

费米场的标积则定义为[19]

$$(\Psi,\Phi)=\int_{t=\text{const}}\overline{\Psi}\gamma_0\Phi\sqrt{\gamma}\mathrm{d}^3x$$
$$=\int_{t=\text{const}}\Psi^+\ \Phi\sqrt{\gamma}\mathrm{d}^3x, \tag{2.8.19}$$

其中 γ 是超曲面 $t=\text{const}$ 上的度规张量的行列式，γ_0 则为旋量表示中 γ 矩阵里的一个，两者完全不同. 不难看出

$$(\Phi_1,\Phi_2)=(\Phi_2,\Phi_1)^*, \tag{2.8.20}$$

或

$$(\Phi_1,\Phi_2)=-(\Phi_2^*,\Phi_1^*). \tag{2.8.21}$$

用式(2.8.18)，容易验证

$$\begin{cases}(u_i,u_j)=\delta_{ij},\\(u_i^*,u_j^*)=-\delta_{ij},\\(u_i,u_j^*)=0.\end{cases} \tag{2.8.22}$$

前面说 u_k 构成正交归一基，其正交归一性就是式(2.8.22)所示的性质. 利用式(2.8.10)和式(2.8.22)，不难由正、负频模函数求得博戈柳博夫系数

$$\alpha_{ij}=(\bar{u}_i,u_j),\qquad \beta_{ij}=-(\bar{u}_i,u_j^*). \tag{2.8.23}$$

此外，由

$$\delta_{ij}=(\bar{u}_i,\bar{u}_j)=\left(\sum_k(\alpha_{ik}u_k+\beta_{ik}u_k^*),\sum_t(\alpha_{jl}u_l+\beta_{jl}u_l^*)\right)$$
$$=\sum_{k,l}[\alpha_{ik}\alpha_{jl}^*\delta_{kl}+\beta_{ik}\beta_{jl}^*(-\delta_{kl})]$$
$$=\sum_k(\alpha_{ik}\alpha_{jk}^*-\beta_{ik}\beta_{jk}^*),$$

可知博戈柳博夫系数满足下列关系：

$$\sum_k(\alpha_{ik}\alpha_{jk}^*-\beta_{ik}\beta_{jk}^*)=\delta_{ij},\qquad \sum_k(\alpha_{ik}\beta_{jk}-\beta_{ik}\alpha_{jk})=0. \tag{2.8.24}$$

在上面推导中用了

$$(cu_i,u_j)=c(u_i,u_j),\quad (u_i,cu_j)=c^*(u_i,u_j).$$

从式(2.8.10)可知，当 $\beta_{ji}\neq0$ 时，新正频模函数 $\bar{u}_j$ 是由旧的正、负频模函数混合而成的. 我们说，$\beta_{ji}\neq0$ 意味着正负频混合，β_{ji} 叫作混频系数. 从式

(2.8.17),可知

$$a_i \mid \bar{0}\rangle = \sum_j \beta_{ji}^* \bar{a}_j^+ \mid \bar{0}\rangle, \tag{2.8.25}$$

或

$$\begin{aligned}\langle\bar{0} \mid N_i \mid \bar{0}\rangle = \langle\bar{0} \mid a_i^+ a_i \mid \bar{0}\rangle &= \sum_{j,k} \beta_{ki}\beta_{ji}^* \langle\bar{0} \mid \bar{a}_k \bar{a}_j^+ \mid \bar{0}\rangle \\ &= \sum_{j,k} \beta_{ki}\beta_{ji}^* \delta_{jk} = \sum_j \mid \beta_{ji} \mid^2.\end{aligned} \tag{2.8.26}$$

这表明,当且仅当 $\beta_{ji}=0$ 时,两种真空态才相同,两个福克空间才等价.否则,$|\bar{0}\rangle$真空中会有 $a_i^+ a_i$ 粒子,两种真空不等价,两个福克空间也不等价.所以,真空态和粒子的概念是依赖于坐标系(关键是依赖于时间坐标变换)、依赖于观测者的,不是广义不变量.应该指出,博戈柳博夫变换(2.8.17)的逆变换是

$$\begin{aligned}\bar{a}_j &= \sum_i (\alpha_{ji}^* a_i - \beta_{ji}^* a_i^+), \\ \bar{a}_j^+ &= \sum_i (-\beta_{ji} a_i + \alpha_{ji} a_i^+).\end{aligned} \tag{2.8.27}$$

注意,上式不仅 * 号在式中的位置与式(2.8.17)不同,求和也与式(2.8.17)不同.式(2.8.17)中求和是对 α、β 的前一指标,此处则是对后一指标.α、β 都不是对称矩阵,也都不是厄米矩阵,所以,上述求和方式不等价.

2.8.2 惯性系情况

通常的平直时空量子场论,是洛伦兹协变的,只适用于惯性系.因为① 四动量 P_μ 是未来指向类时的;② P_μ 在时间轴上的投影绝不可能改变符号,而 P_μ 在时间轴上的投影就是能量,所以洛伦兹变换下决不可能产生正、负频混合,一定有 $\beta_{ji}=0$.因此,所有惯性系的福克空间都是等价的.由洛伦兹变换不可能导致真空中出现粒子.

2.8.3 伦德勒辐射

在 1.7 节中我们谈到,坐标变换[19]

$$\begin{aligned}t &= a^{-1} e^{a\xi} \operatorname{sh} a\eta, \\ x &= a^{-1} e^{a\xi} \operatorname{ch} a\eta\end{aligned} \tag{2.8.28}$$

把闵氏时空线元

$$ds^2 = dt^2 - dx^2 - dy^2 - dz^2 \tag{2.8.29}$$

化成

$$ds^2 = e^{2a\xi}(d\eta^2 - d\xi^2) - dy^2 - dz^2. \tag{2.8.30}$$

显然

$$t \pm x = \pm a^{-1} e^{a(\xi \pm \eta)}.$$

新坐标系称为伦德勒坐标系.从上式可得

$$t^2 - x^2 = -a^{-2} e^{2a\xi}. \tag{2.8.31}$$

它表明,ξ = 常数所描出的世界线(即静止于伦德勒系中的观测者的世界线),是一条双曲线.1.7节中已经谈到,伦德勒观测者是一个做匀加速直线运动的观测者.可见,闵氏时空中的双曲线运动是匀加速运动.其固有加速度为

$$\alpha^{-1} = a e^{-a\xi}. \tag{2.8.32}$$

如图2.8.1所示,伦德勒系只覆盖闵氏时空的 R 区或 L 区,R 区和 L 区是两个因果互不连通的伦德勒时空.闵氏时空是整体双曲的,任何一个 η = 常数的超曲面都是它的柯西面.此柯西面伸展于 R 和 L 两个区,F 和 P 分别属于 $R \cup L$ 的因果未来和因果过去.

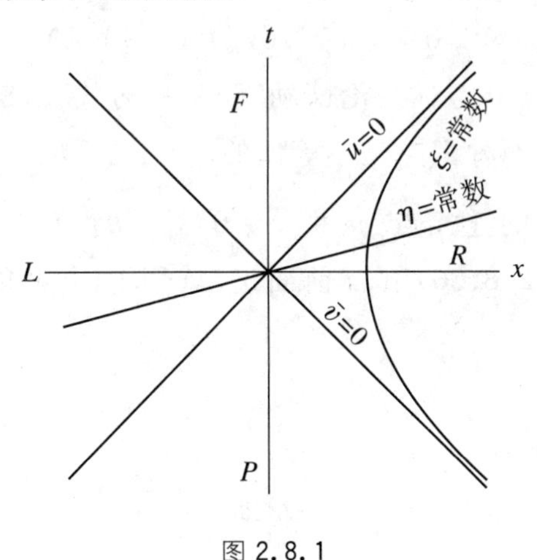

图 2.8.1

设

$$\bar{u}_k = (4\pi\omega)^{-1/2} e^{ik \cdot x - i\omega t}, \tag{2.8.33}$$

为一个无质量标量场在闵氏时空某惯性系中的正频模函数,它构成完备集,波函数 Φ 可用它展开:

$$\Phi = \sum_k (a_k \bar{u}_k + a_k^+ \bar{u}_k^*). \tag{2.8.34}$$

在 R 和 L 两个伦德勒系中,正频模函数分别为[19,43,48]

$$^R u_k = \begin{cases} (4\pi\omega)^{-1/2} e^{ik\xi - i\omega\eta}, & R \text{ 区}, \\ 0, & L \text{ 区}, \end{cases} \tag{2.8.35}$$

$$^L u_k = \begin{cases} (4\pi\omega)^{-1/2} e^{ik\xi + i\omega\eta}, & L \text{ 区}, \\ 0, & R \text{ 区}. \end{cases} \tag{2.8.36}$$

注意,R 区和 L 区中 η 增加的方向相反,或者说 R 区中基灵矢量为 $\frac{\partial}{\partial \eta}$,$L$ 区中为 $-\frac{\partial}{\partial \eta}$,所以 $^R u_k$ 和 $^L u_k$ 中 ω 前面差一个负号.上述两组解分别在 R 区和 L 区中完备,但在整个闵氏时空中都不完备.但是它们的和在闵氏时空中完备.由于 $R \cup L$ 与闵氏时空有相同的柯西面 $\eta =$ 常数,因此式(2.8.35)与式(2.8.36)能够被解析延拓到包括 F 和 P 的整个闵氏时空.所以,波函数 Φ 同样也可以用 $^R u_k$ 和 $^L u_k$ 展开,这种展开与用式(2.8.33)展开一样好.

$$\Phi = \sum_k (b_k^{(1)\,L} u_k + b_k^{(1)+\,L} u_k^* + b_k^{(2)\,R} u_k + b_k^{(2)+\,R} u_k^*). \tag{2.8.37}$$

显然有两个不同的真空态

$$\begin{aligned} & a_k |0\rangle_M = 0 \quad (\forall k), \\ & b_k^{(1)} |0\rangle_R = b_k^{(2)} |0\rangle_R = 0 \quad (\forall k). \end{aligned} \tag{2.8.38}$$

$|0\rangle_M$ 称为闵氏真空,$|0\rangle_R$ 称为伦德勒真空.从对式(2.8.35)和式(2.8.36)的分析可以看出,这两种真空是不等价的.

在 R 区和 L 区的连接点($\bar{u} = \bar{v} = 0$)处,$^R u_k$ 不能光滑地过渡到 $^L u_k$,从式(2.8.35)和式(2.8.36)中 ω 前面正、负号不同,便能看出这点.下面对此作更仔细的分析.

对 $k>0$,我们有

$$^R u_k = (4\pi\omega)^{-1/2} e^{-i\omega u}, \quad \text{右动波}, \tag{2.8.39}$$

$$^L u_k = (4\pi\omega)^{-1/2} e^{i\omega v}, \quad \text{左动波}; \tag{2.8.40}$$

对 $k<0$,我们有

$$^R u_k = (4\pi\omega)^{-1/2} e^{-i\omega v}, \quad \text{左动波}, \tag{2.8.41}$$

$$^L u_k = (4\pi\omega)^{-1/2} e^{i\omega u}, \quad \text{右动波}. \tag{2.8.42}$$

式中爱丁顿-芬克斯坦坐标定义为

$$v = \eta + \xi, \quad u = \eta - \xi. \tag{2.8.43}$$

如图 2.8.2 所示，R 区与 L 区中 η 的指向相反，ξ 增加的方向也相反. 所以，左、右动波方向如下：

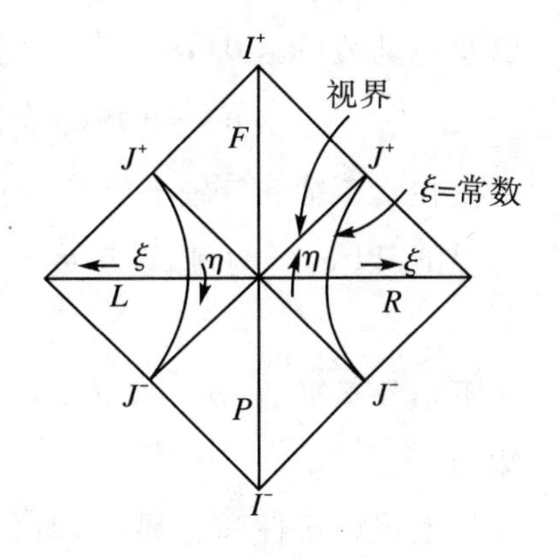

图 2.8.2

R 区中　顺时右动波 ↗

　　　　　顺时左动波 ↖

L 区中　顺时右动波 ↙

　　　　　顺时左动波 ↘

注意，在 R 区，

$$\begin{aligned} \bar{u} &\equiv t - x = -a^{-1}\mathrm{e}^{-au}, \\ \bar{v} &\equiv t + x = a^{-1}\mathrm{e}^{av}, \end{aligned} \tag{2.8.44}$$

或

$$\begin{aligned} u &= -\frac{1}{a}\ln(-a\bar{u}), \\ v &= \frac{1}{a}\ln(a\bar{v}). \end{aligned} \tag{2.8.45}$$

在 L 区，

$$\begin{aligned} \bar{u} &= a^{-1}\mathrm{e}^{-au}, \\ \bar{v} &= -a^{-1}\mathrm{e}^{av}, \end{aligned} \tag{2.8.46}$$

或

$$\begin{aligned} u &= -\frac{1}{a}\ln(a\bar{u}), \\ v &= \frac{1}{a}\ln(-a\bar{v}). \end{aligned} \tag{2.8.47}$$

$\bar{u}\to 0$，$\bar{v}\to 0$ 意味着 $u\to +\infty$，$v\to -\infty$，无论在 R 区还是在 L 区都有此结果. 式(2.8.39)所示的 R 区顺时右动波与式(2.8.42)所示的 L 区顺时右动波，在指数上差一负号，因而在 $\bar{u}=0$（即 $u\to +\infty$）的两区交界处不能光滑连接. 式(2.8.40)所示的 L 区左动波与式(2.8.41)所示的 R 区左动波在 $\bar{v}=0$（即 $v\to -\infty$）的两区交界处也同样不能光滑连接. 实际上，这些波函数在 $\bar{u}=\bar{v}=0$ 处都有本性奇点（无穷多次振荡的点）. 这意味着从 $\bar{u}<0$ 到 $\bar{u}>0$（或从 $\bar{v}<0$ 到 $\bar{v}>0$），右动（或左动）波在 $\bar{u}=\bar{v}=0$ 处是非解析的.

然而，式(2.8.33)所示的正频闵氏模函数与此相反. 其右动波（$k>0$）

$$\bar{u}_k = (4\pi\omega)^{-1/2}\mathrm{e}^{-\mathrm{i}\omega(t-x)} = (4\pi\omega)^{-1/2}\mathrm{e}^{-\mathrm{i}\omega\bar{u}}, \tag{2.8.48}$$

以及左动波($k<0$),

$$\bar{u}_k = (4\pi\omega)^{-1/2} e^{-i\omega(t+x)} = (4\pi\omega)^{-1/2} e^{-i\omega\bar{v}}, \tag{2.8.49}$$

不仅在实 $\bar{u}$ 轴和 $\bar{v}$ 轴上解析,而且在下半复 $\bar{u}$(或复 $\bar{v}$)平面上也是解析且有界的.以 $e^{-i\omega\bar{u}}$ 为例,设 $\bar{u} = a + ib$,则

$$e^{-i\omega\bar{u}} = e^{-i\omega a} e^{b\omega}. \tag{2.8.50}$$

在下半复 $\bar{u}$ 平面,$b<0$,所以 $e^{-i\omega\bar{u}}$ 有界.而 $e^{-i\omega\bar{u}}$ 及其线性叠加的解析性是显然的.

上述解析性和有界性,对任何纯正频模函数的叠加都会保持下来.所以,在 $\bar{u} = \bar{v} = 0$ 点非解析的伦德勒模函数不可能是闵氏模函数的纯正频叠加,一定由闵氏正负频模函数混合而成.因此,$|0\rangle_M$ 和 $|0\rangle_R$ 两种真空肯定不等价.

安鲁(Unruh)在 1976 年指出,虽然 ${}^L u_k$ 和 ${}^R u_k$ 在 $\bar{u} = \bar{v} = 0$ 处非解析,但它们的组合[19,48]

$${}^R u_k + e^{-\pi\omega/a}\, {}^L u_{-k}^* \tag{2.8.51}$$

和

$${}^R u_{-k}^* + e^{\pi\omega/a}\, {}^L u_k \tag{2.8.52}$$

不仅在实 $\bar{u}$、$\bar{v}$ 轴上,而且在下半 $\bar{u}$、$\bar{v}$ 复平面上处处解析且有界,不难看出

$${}^R u_k = (4\pi\omega)^{-1/2} e^{i(\omega/a)\ln(-a\bar{u})} \approx \bar{u}^{i\omega/a}, \tag{2.8.53}$$

$${}^R u_{-k} = (4\pi\omega)^{-1/2} e^{-i(\omega/a)\ln(a\bar{v})} \approx \bar{v}^{-i\omega/a}, \tag{2.8.54}$$

$${}^L u_k = (4\pi\omega)^{-1/2} e^{i(\omega/a)\ln(-a\bar{v})} \approx \bar{v}^{i\omega/a}, \tag{2.8.55}$$

$${}^L u_{-k} = (4\pi\omega)^{-1/2} e^{-i(\omega/a)\ln(a\bar{u})} \approx \bar{u}^{-i\omega/a}, \tag{2.8.56}$$

以上均取 $k>0$,我们已用了式(2.8.39)~式(2.8.42).从式(2.8.56),可知

$$\begin{aligned} e^{-\pi\omega/a}\, {}^L u_{-k}^* &= e^{-i\pi(-i\omega/a)} (4\pi\omega)^{-1/2} e^{i(\omega/a)\ln(a\bar{u})} \\ &= (4\pi\omega)^{-1/2} e^{i(\omega/a)[\ln(a\bar{u}) - \ln(-1)]} \\ &= (4\pi\omega)^{-1/2} e^{i(\omega/a)\ln(-a\bar{u})}. \end{aligned} \tag{2.8.57}$$

这里用了 $\ln(-1) = -i\pi$.我们看到式(2.8.57)与式(2.8.53)的 ${}^R u_k$ 函数形式相同.因此,$e^{-\pi\omega/a}\, {}^L u_{-k}^*$ 可看作是 ${}^R u_k$ 在 L 区的解析延拓.所以,式(2.8.51)在实 $\bar{u}$,$\bar{v}$ 轴上处处解析.同理,$e^{\pi\omega/a}\, {}^L u_k$ 也与 ${}^R u_{-k}^*$ 有相同的函数形式,可以看作 ${}^R u_{-k}^*$ 在 L 区的解析延拓,式(2.8.52)也在实 $\bar{u}$、$\bar{v}$ 轴上处处

解析.

应该说明，${}^{L}u^{*}_{-k}$前乘因子 $e^{-\pi\omega/a}$ 是必要的，否则，

$$ {}^{L}u^{*}_{-k} = (4\pi\omega)^{-1/2} e^{i(\omega/a)\ln(a\bar{u})} \tag{2.8.58} $$

指数上的对数符号里与${}^{R}u_{k}$ 差一个负号. 所以${}^{L}u^{*}_{-k}$不能看作${}^{R}u_{k}$ 在 L 区的解析延拓. 同理，${}^{L}u_{k}$ 也不能看作${}^{R}u^{*}_{-k}$在 L 区的解析延拓.

式(2.8.51)与式(2.8.52)显示了与闵氏正频模函数相同的解析性质，可表示为闵氏正频模函数的线性叠加，不发生正、负频混合. 所以，它们对应的真空也应是闵氏真空$|0\rangle_{M}$，以它们为基展开波函数

$$ \Phi = \sum_{k=-\infty}^{+\infty} [2\mathrm{sh}(\pi\omega/a)]^{-1/2} (d_k^{(1)} f_k^{(1)} + d_k^{(2)} f_k^{(2)} + d_k^{(1)+} f_k^{(1)*} + d_k^{(2)+} f_k^{(2)*}), \tag{2.8.59} $$

式中

$$ f_k^{(1)} = e^{\pi\omega/(2a)}\, {}^{R}u_{k} + e^{-\pi\omega/(2a)}\, {}^{L}u^{*}_{-k}, \tag{2.8.60} $$

$$ f_k^{(2)} = e^{-\pi\omega/(2a)}\, {}^{R}u^{*}_{-k} + e^{\pi\omega/(2a)}\, {}^{L}u_{k}. \tag{2.8.61} $$

注意，式(2.8.51)与式(2.8.52)没有归一化，这里已引入了归一化因子. 其消灭算符满足

$$ d_k^{(1)} |0\rangle_{M} = d_k^{(2)} |0\rangle_{M} = 0 \quad (\forall k). \tag{2.8.62} $$

作内积$(\Phi, {}^{L}u_{k})$和$(\Phi, {}^{R}u_{k})$，把式(2.8.37)代入等式(2.8.62)左边，可得

$$ \begin{cases} b_k^{(1)} = [2\mathrm{sh}(\pi\omega/a)]^{-1/2} [e^{\pi\omega/(2a)} d_k^{(2)} + e^{-\pi\omega/(2a)} d_{-k}^{(1)+}], \\ b_k^{(1)+} = [2\mathrm{sh}(\pi\omega/a)]^{-1/2} [e^{\pi\omega/(2a)} d_k^{(2)+} + e^{-\pi\omega/(2a)} d_{-k}^{(1)}], \\ b_k^{(2)} = [2\mathrm{sh}(\pi\omega/a)]^{-1/2} [e^{\pi\omega/(2a)} d_k^{(1)} + e^{-\pi\omega/(2a)} d_{-k}^{(2)+}], \\ b_k^{(2)+} = [2\mathrm{sh}(\pi\omega/a)]^{-1/2} [e^{\pi\omega/(2a)} d_k^{(1)+} + e^{-\pi\omega/(2a)} d_{-k}^{(2)}], \end{cases} \tag{2.8.63} $$

此即博戈柳博夫变换.

容易得出

$$ {}_{M}\langle 0| b_k^{(1,2)+} b_k^{(1,2)} |0\rangle_{M} = (e^{2\pi\omega/a} - 1)^{-1}. \tag{2.8.64} $$

若把

$$ T \equiv \frac{a}{2\pi k_{B}} \tag{2.8.65} $$

看作温度，则

$$ {}_{M}\langle 0| b_k^{(1,2)+} b_k^{(1,2)} |0\rangle_{M} = \frac{1}{e^{\omega/(k_{B}T)} - 1}. \tag{2.8.66} $$

这正是黑体辐射谱.

可见,对于伦德勒观测者,闵氏真空是温度为 T 的热态.应该注意,a 是伦德勒观测者的坐标加速度,即他的事件视界的表面引力,T 是坐标温度.按照 Tolman 关系,固有温度

$$T_{\mathrm{p}}=(g_{00})^{-1/2}T, \tag{2.8.67}$$

代入伦德勒度规,得

$$T_{\mathrm{p}}=\frac{1}{2\pi k_{\mathrm{B}}\alpha}, \tag{2.8.68}$$

其中

$$\alpha^{-1}=a\mathrm{e}^{-a\xi} \tag{2.8.69}$$

为伦德勒观测者的固有加速度.

由于熵是不变量,固有能量 ω_{p} 与坐标能量的关系与式(2.8.67)一样,

$$\omega_{\mathrm{p}}=(g_{00})^{-1/2}\omega, \tag{2.8.70}$$

所以,式(2.8.66)又可表示成

$${}_{\mathrm{M}}\langle 0|b_k^{(1,2)+}b_k^{(1,2)}|0\rangle_{\mathrm{M}}=\frac{1}{\mathrm{e}^{\omega_{\mathrm{p}}/(k_{\mathrm{B}}T_{\mathrm{p}})}-1}, \tag{2.8.71}$$

热谱中的 ω_{p}、T_{p} 都是固有量.

闵可夫斯基真空,在匀加速直线运动的观测者看来是热态,温度正比于他的加速度,这就是伦德勒效应,或称安鲁效应.有关的热辐射称为伦德勒辐射.

2.9 Damour-Ruffini 法的二次量子化基础

Damour 和 Ruffini 在 1976 年提出了一个证明黑洞存在热辐射的方法[41].此方法与流行的 Hawking[38]、Hartle[49]、Gibbons[40]、Unruh[48]等人建议的方法有明显不同.首先,它主要用弯曲时空量子场论中的相对论量子力学,没有强调二次量子化.其次,它不像霍金等人的方法,既没有假定黑洞坍缩,又没有假定黑洞与外界处于热平衡.第三,它不是对时间 t 作解释延拓,而是对空间坐标(黑洞的径向坐标)作解释延拓.不过,应该指出,由于视界内外时空坐标互换,究竟延拓 t 还是 r,并无根本区别.

然而，运用D-R法，曾成功地证明于克尔-纽曼黑洞热辐射狄拉克粒子[44]；证明了任何稳态时空，只要存在事件视界，就一定会有霍金辐射[28]．后来，我们又把此法推广到动态时空，建立了一个研究动态黑洞热效应的新方法[50]，并首次得出了表面温度不均匀（表面存在温度梯度）的动态黑洞模型[51]．D-R法的上述成功，表明它存在牢固的物理基础．Sannan曾探讨此法与量子场论的关系[42]．我们也曾对此法给出过一些物理解释，指出“未来事件视界的内部（洞内）存在物质源”这一前提相当于霍金方案中的黑洞“坍缩”[52]．我们还曾以伦德勒辐射为例，用类光坐标探讨过D-R法的量子场论基础[43]．

本节的目的是以克尔黑洞为例，来论证D-R法与安鲁法的等价性，建立D-R法与二次量子化的关系，从而把它建立在弯曲时空量子场论的牢固基础之上．先简单回顾一下D-R法对克莱因-戈登粒子的处理，并改进以往引入类光爱丁顿-芬克斯坦坐标的方式．再从D-R的解析延拓引出安鲁的二次量子化方法．然后证明用安鲁的二次量子化模函数可以作D-R式的解释延拓，并同样可得黑洞的热辐射．

2.9.1　D-R法在弯曲时空中的应用

我们以克尔时空为例，介绍D-R法在弯曲时空中的应用[43,53-54]．

克尔时空中的克莱因-戈登方程

$$(\Box-\mu^2)\Phi=0, \tag{2.9.1}$$

在分离变量

$$\Phi=\mathrm{e}^{-\mathrm{i}(\omega t-m\varphi)}\chi(\theta)\psi(r) \tag{2.9.2}$$

后可化成径向方程

$$\frac{\mathrm{d}}{\mathrm{d}r}\Delta\frac{\mathrm{d}}{\mathrm{d}r}\psi=\left\{\lambda+\mu^2r^2-\frac{1}{\Delta}[\omega(r^2+a^2)-ma]^2\right\}\psi \tag{2.9.3}$$

和横向方程

$$\frac{1}{\sin\theta}\frac{\mathrm{d}}{\mathrm{d}\theta}\sin\theta\frac{\mathrm{d}}{\mathrm{d}\theta}\chi=\left(\omega a\sin\theta-\frac{m}{\sin\theta}+\mu^2a^2\cos^2\theta-\lambda\right)\chi, \tag{2.9.4}$$

式中

$$\Delta=r^2+a^2-2Mr.$$

M和a分别为黑洞的质量和比角动量．μ、ω、m分别为粒子的质量、能量和

角动量. λ 是分离变量常数. 在乌龟坐标变换

$$r_* = r + \frac{1}{2\kappa_+}\ln[(r - r_+)/r_+] - \frac{1}{2\kappa_-}\ln[(r - r_-)/r_-] \quad (2.9.5)$$

之下,式(2.9.3)可化成

$$(r^2 + a^2)^2 \frac{d^2\psi}{dr_*^2} + 2r\Delta \frac{d\psi}{dr_*} = \{\Delta(\lambda + \mu^2 r^2) - [(r^2 + a^2)\omega - ma]^2\}\psi, \quad (2.9.6)$$

其中

$$\kappa_\pm = \frac{r_+ - r_-}{2(r_\pm^2 + a^2)}, \quad r_\pm = M \pm (M^2 - a^2)^{1/2}.$$

r_+ 为外视界(事件视界)位置, r_- 为内视界位置, κ_+ 和 κ_- 分别为外、内视界上的表面引力(以下仅在外视界附近讨论,我们简称 r_+ 为视界,并把 κ_+ 写作 κ). 在视界附近,即 $r \to r_+$ 时,有 $\Delta \to 0$,方程(2.9.6)可化成

$$\frac{d^2\psi}{dr_*^2} + (\omega - \omega_0)^2\psi = 0, \quad (2.9.7)$$

其解为

$$\psi_\pm = \exp[\pm i(\omega - \omega_0)r_*], \quad (2.9.8)$$

其中

$$\omega_0 = m\Omega_H, \quad \Omega_H = \frac{a}{r_+^2 + a^2}.$$

Ω_H 为黑洞的转动角速度. 由式(2.9.2)与式(2.9.8),可得黑洞视界外附近的入射波解和出射波解

$$R_{in}(r > r_+) = e^{-i\omega t}\psi_-(r) = e^{-i\omega t - i(\omega - \omega_0)r_*} = e^{-i(\omega - \omega_0)v}, \quad (2.9.9)$$

$$R_{out}(r > r_+) = e^{-i\omega t}\psi_+(r) = e^{-i\omega t + i(\omega - \omega_0)r_*} = e^{-i(\omega - \omega_0)u}, \quad (2.9.10)$$

式中,超前和滞后爱丁顿-芬克斯坦坐标分别为

$$v = \frac{\omega}{\omega - \omega_0}t + r_*, \quad u = \frac{\omega}{\omega - \omega_0}t - r_*. \quad (2.9.11)$$

v 与 u 的这种定义方式与以前不同. 按以前的方式定义,将会在引进广义类光克鲁斯卡坐标时遇到困难.

现在采用超前坐标 v 来继续讨论. 在新坐标系 $(v, r_*, \theta, \varphi)$ 下,度规分量在视界处非奇异,入射波也处处解析. 但出射波

$$R_{out}(r > r_+) = e^{2i(\omega - \omega_0)r_* - i(\omega - \omega_0)v}$$
$$\approx e^{-i(\omega - \omega_0)v}(r - r_+)^{i(\omega - \omega_0)/\kappa} \quad (2.9.12)$$

却在视界 r_+ 上不解析. 式中 κ 即式(2.9.6)中的 κ_+. 这里,我们用了式(2.9.5)在视界处的渐近表达式

$$r_* \approx \frac{1}{2\kappa}\ln(r - r_+).$$

按照 D-R 的建议,我们从下半复 r 平面把出射波解析延拓到视界内:

$$r - r_+ \to |r - r_+| e^{-i\pi} = (r_+ - r)e^{-i\pi}. \tag{2.9.13}$$

由此得

$$\widetilde{R}_{\text{out}}(r<r_+) = e^{\pi(\omega-\omega_0)/\kappa} e^{2i(\omega-\omega_0)r_* - i(\omega-\omega_0)v}. \tag{2.9.14}$$

把视界内外的出射波统一表述为

$$\varphi_\omega = N_\omega [R_{\text{out}}(r>r_+) + e^{\pi(\omega-\omega_0)/\kappa} R^*_{\text{out}}(r<r_+)], \tag{2.9.15}$$

式中 N_ω 为归一化常数,

$$R_{\text{out}}(r>r_+) = e^{2i(\omega-\omega_0)r_* - i(\omega-\omega_0)v}, \tag{2.9.16}$$

$$R^*_{\text{out}}(r<r_+) = e^{2i(\omega-\omega_0)r_* - i(\omega-\omega_0)v}. \tag{2.9.17}$$

求内积

$$(\varphi_\omega, \varphi_\omega) = N^2_\omega [1 - e^{\pi(\omega-\omega_0)/\kappa}]. \tag{2.9.18}$$

考虑到 $e^{\pi(\omega-\omega_0)/\kappa} > 1$,上式右端为负,所以波函数应归一化为 -1,即

$$(\varphi_\omega, \varphi_\omega) = -1. \tag{2.9.19}$$

于是得到玻色子的出射谱为

$$N^2_\omega = \frac{1}{e^{(\omega-\omega_0)/(k_B T)} - 1}, \tag{2.9.20}$$

式中

$$T = \frac{\kappa}{2\pi k_B} \tag{2.9.21}$$

为黑洞的霍金辐射温度.

2.9.2 从 D-R 延拓得安鲁模函数

在视界内部和外部分别求解方程(2.9.7),它们的入射波(2.9.9)是同一的,且在视界 $r = r_+$ 上解析,

$$R_{\text{in}} = e^{-i(\omega-\omega_0)(\hat{t} + r_*)} = e^{-i(\omega-\omega_0)v}, \tag{2.9.22}$$

出射波解则分别为

$$R_{\text{out}}(r>r_+) = e^{-i(\omega-\omega_0)(\hat{t} - r_*)} = e^{-i(\omega-\omega_0)u}, \tag{2.9.23}$$

$$R_{\text{out}}(r<r_+)=\mathrm{e}^{-\mathrm{i}(\omega-\omega_0)(r_*-\hat{t})}=\mathrm{e}^{+\mathrm{i}(\omega-\omega_0)u},\tag{2.9.24}$$

式中 $\hat{t}=[\omega/(\omega-\omega_0)]t$.式(2.9.24)考虑了视界内部时空坐标互换,$r_*$ 为时间,$\hat{t}$ 为空间坐标.式(2.9.23)与式(2.9.24)分别在视界外部和内部解析,但在视界上均不解析.它们一起组成出射波的完备集,任何跨越视界的出射波包均可用它们展开,

$$\varphi_{\text{out}}=\int \mathrm{d}\omega[b_\omega^{(1)}R_{\text{out}}(r<r_+)+b_\omega^{(2)}R_{\text{out}}(r>r_+)$$
$$+b_\omega^{(1)+}R_{\text{out}}^*(r<r_+)+b_\omega^{(2)+}R_{\text{out}}^*(r>r_+)],\tag{2.9.25}$$

式中 $b_\omega^{(1)}$、$b_\omega^{(2)}$、$b_\omega^{(1)+}$、$b_\omega^{(2)+}$ 分别为粒子在视界内部和外部的消灭与产生算符.用它们可建立福克空间和真空态,

$$b_\omega^{(1)}|0\rangle_{\text{out}}=b_\omega^{(2)}|0\rangle_{\text{out}}=0\quad(\forall\,\omega).\tag{2.9.26}$$

另一方面,把出射波(2.9.23)通过下半复 r 平面解析延拓到视界内部而得到的波函数为

$$\widetilde{R}_{\text{out}}(r<r_+)=\mathrm{e}^{\pi(\omega-\omega_0)/\kappa}\mathrm{e}^{-\mathrm{i}(\omega-\omega_0)u}=\mathrm{e}^{\pi(\omega-\omega_0)/\kappa}R_{\text{out}}^*(r<r_+),\tag{2.9.27}$$

即式(2.9.14).式中 $R_{\text{out}}^*(r<r_+)$ 为式(2.9.24)的复共轭,即式(2.9.17).

引入广义类光克鲁斯卡坐标

$$\begin{aligned}&U=-\frac{1}{\kappa}\mathrm{e}^{-ku},\quad V=\frac{1}{\kappa}\mathrm{e}^{kv}\quad(r>r_+),\\&U=\frac{1}{\kappa}\mathrm{e}^{-ku},\quad V=\frac{1}{\kappa}\mathrm{e}^{kv}\quad(r<r_+),\end{aligned}\tag{2.9.28}$$

或

$$\begin{aligned}&u=\frac{1}{-\kappa}\ln(-\kappa U),\quad v=\frac{1}{\kappa}\ln(\kappa V)\quad(r>r_+),\\&u=\frac{1}{-\kappa}\ln(\kappa U),\quad v=\frac{1}{\kappa}\ln(\kappa V)\quad(r<r_+).\end{aligned}\tag{2.9.29}$$

可把式(2.9.23)、式(2.9.24)及式(2.9.27)分别改写为

$$R_{\text{out}}(r>r_+)=\exp\left[\frac{\mathrm{i}(\omega-\omega_0)}{\kappa}\ln(-\kappa U)\right],\tag{2.9.30}$$

$$R_{\text{out}}(r<r_+)=\exp\left[\frac{-\mathrm{i}(\omega-\omega_0)}{\kappa}\ln(\kappa U)\right],\tag{2.9.31}$$

$$\widetilde{R}_{\text{out}}(r<r_+)=\exp\left[\frac{\pi(\omega-\omega_0)}{\kappa}\right]\cdot\exp\left[\frac{\mathrm{i}(\omega-\omega_0)}{\kappa}\ln(\kappa U)\right]$$
$$=\exp\left[\frac{\mathrm{i}(\omega-\omega_0)}{\kappa}\ln(-\kappa U)\right].\tag{2.9.32}$$

式(2.9.32)最后一步用了

$$\ln(-1) = -\mathrm{i}\pi. \tag{2.9.33}$$

显然,式(2.9.30)与式(2.9.31)有不同的函数形式.式(2.9.30)与式(2.9.32)有相同的函数形式,而且广义克鲁斯卡坐标 U 在视界内外及视界上均有意义,因而可把 $R_{\text{out}}(r>r_+)$ 与 $\widetilde{R}_{\text{out}}(r<r_+)$ 的线性组合

$$\begin{aligned}\rho_1 &\approx R_{\text{out}}(r>r_+) + \widetilde{R}(r<r_+) \\ &= R_{\text{out}}(r>r_+) + \mathrm{e}^{\pi(\omega-\omega_0)/\kappa} R^*_{\text{out}}(r<r_+)\end{aligned} \tag{2.9.34}$$

作为一个整体,看成一个在视界内外均解析的波函数.同理,若把出射波(2.9.23)的复共轭

$$R^*_{\text{out}}(r>r_+) = \mathrm{e}^{\mathrm{i}(\omega-\omega_0)u} \tag{2.9.35}$$

通过下半复 r 平面解析延拓到视界内,则有

$$\begin{aligned}\widetilde{R}^*_{\text{out}}(r<r_+) &= \mathrm{e}^{-\pi(\omega-\omega_0)/\kappa}\mathrm{e}^{i(\omega-\omega_0)u} \\ &= \mathrm{e}^{-\pi(\omega-\omega_0)/\kappa} R_{\text{out}}(r<r_+).\end{aligned} \tag{2.9.36}$$

显然,线性组合

$$\begin{aligned}\rho_2 &\approx R^*_{\text{out}}(r>r_+) + \widetilde{R}^*_{\text{out}}(r<r_+) \\ &= R^*_{\text{out}}(r>r_+) + \mathrm{e}^{-\pi(\omega-\omega_0)/\kappa} R_{\text{out}}(r<r_+)\end{aligned} \tag{2.9.37}$$

作为一个整体,也可看成在视界内外均解析的波函数.

实际上,式(2.9.34)即式(2.9.15),只差一个归一化常数 N_ω.作内积,有

$$\begin{aligned}(\rho_1,\rho_1) &\approx 1-\mathrm{e}^{2\pi(\omega-\omega_0)/\kappa}<0, \\ (\rho_2,\rho_2) &\approx -1+\mathrm{e}^{-2\pi(\omega-\omega_0)/\kappa}<0.\end{aligned} \tag{2.9.38}$$

所以 ρ_1、ρ_2 实际上是负频波.我们定义

$$\begin{aligned}f_1^* &= \mathrm{e}^{-\pi(\omega-\omega_0)/(2\kappa)}\rho_1 \\ &= \mathrm{e}^{-\pi(\omega-\omega_0)/(2\kappa)} R_{\text{out}}(r>r_+) + \mathrm{e}^{\pi(\omega-\omega_0)/(2\kappa)} R^*_{\text{out}}(r<r_+), \\ f_2^* &= \mathrm{e}^{\pi(\omega-\omega_0)/(2\kappa)}\rho_2 \\ &= \mathrm{e}^{\pi(\omega-\omega_0)/(2\kappa)} R^*_{\text{out}}(r>r_+) + \mathrm{e}^{-\pi(\omega-\omega_0)/(2k)} R_{\text{out}}(r<r_+).\end{aligned} \tag{2.9.39}$$

显然

$$\begin{aligned}f_1 &= \mathrm{e}^{-\pi(\omega-\omega)/(2\kappa)} R^*_{\text{out}}(r>r_+) + \mathrm{e}^{\pi(\omega-\omega_0)/(2\kappa)} R_{\text{out}}(r<r_+), \\ f_2 &= \mathrm{e}^{\pi(\omega-\omega_0)/2\kappa} R_{\text{out}}(r>r_+) + \mathrm{e}^{-\pi(\omega-\omega_0)/(2\kappa)} R^*_{\text{out}}(r<r_+).\end{aligned} \tag{2.9.40}$$

它们也对出射波形成正交完备集,任一跨越视界的出射波包均可用它们

展开

$$\varphi_{\text{out}} = \int \mathrm{d}\omega \left(2\mathrm{sh}\pi \frac{\omega - \omega_0}{\kappa}\right)^{-1/2}$$

$$\cdot \left[d_\omega^{(1)} f_1 + d_\omega^{(2)} f_2 + d_\omega^{(1)+} f_1^* + d_\omega^{(2)+} f_2^*\right], \tag{2.9.41}$$

其中 $d_\omega^{(1)}$、$d_\omega^{(2)}$ 和 $d_\omega^{(1)+}$、$d_\omega^{(2)+}$ 为消灭和产生算符,用它们可构成另一组福克空间及真空态

$$d_\omega^{(1)} |0\rangle'_{\text{out}} = d_\omega^{(2)} |\rangle'_{\text{out}} = 0 \quad (\forall\ \omega). \tag{2.9.42}$$

容易看出,入射波解(2.9.22)对入射波形成正交完备集,任一入射波均可用它展开

$$\varphi_{\text{in}} = \int \mathrm{d}\omega (a_\omega R_{\text{in}} + a_\omega^+ R_{\text{in}}^*), \tag{2.9.43}$$

于是可定义入射真空态

$$a_\omega |0\rangle_{\text{in}} = 0, \quad \forall\ \omega. \tag{2.9.44}$$

由于模式(2.9.40)与模式(2.9.22)在时空流形上有相同的解析性质,它们在视界内外及视界上均解析,应该对应相同的真空态,所以

$$|0\rangle'_{\text{out}} = |0\rangle_{\text{in}}. \tag{2.9.45}$$

两者最多差一个与观测无关的相因子,写出博戈柳博夫变换

$$\begin{aligned} b_\omega^{(1)} &= \left\{\left[2\mathrm{sh}\left(\pi \frac{\omega - \omega_0}{k}\right)\right]\right\}^{-1/2} \left[\mathrm{e}^{\pi(\omega-\omega_0)/(2\kappa)} d_\omega^{(1)} + \mathrm{e}^{-\pi(\omega-\omega_0)/(2\kappa)} d_\omega^{(2)+}\right], \\ b_\omega^{(2)} &= \left\{\left[2\mathrm{sh}\left(\pi \frac{\omega - \omega_0}{k}\right)\right]\right\}^{-1/2} \left[\mathrm{e}^{\pi(\omega-\omega_0)/(2\kappa)} d_\omega^{(2)} + \mathrm{e}^{-\pi(\omega-\omega_0)/(2\kappa)} d_\omega^{(1)+}\right], \end{aligned} \tag{2.9.46}$$

容易算出入射真空态中含有出射粒子

$$\begin{aligned} {}_{\text{in}}\langle 0 \mid b_\omega^{(1,2)} b_\omega^{(1,2)} \mid 0\rangle_{\text{in}} &= \left[2\mathrm{sh}\left(\pi \frac{\omega - \omega_0}{\kappa}\right)\right]^{-1} \mathrm{e}^{-\pi(\omega-\omega_0)/\kappa} \\ &= \frac{1}{\mathrm{e}^{2\pi(\omega-\omega_0)/\kappa} - 1}. \end{aligned} \tag{2.9.47}$$

这表明入射真空态$|0\rangle_{\text{in}}$在视界上散射后,成为含有热粒子的出射态.由于采用海森伯绘景,出射量子态仍保持为入射时的$|0\rangle_{\text{in}}$态,但出射时的$|0\rangle_{\text{in}}$已不再是真空态,出射真空态是$|0\rangle_{\text{out}}$.在未来类光无穷远处的观测者看来,$|0\rangle_{\text{in}}$是一个热态.

我们用 Damour-Ruffini 的解析延拓步骤,得到了安鲁型解析函数(2.9.39)与(2.9.40),进而通过安鲁型的博戈柳博夫变换证明了霍金辐射

的存在.

实际上,安鲁型的解析函数(2.9.40)可以通过 D-R 方式从上半复 r 平面解析延拓而直接得到.

把视界外的出射波 $R_{\text{out}}(r>r_+)$和 $R^*_{\text{out}}(r>r_+)$通过上半复 r 平面(而不是 D-R 文中的通过下半复 r 平面)解析延拓到视界内部,

$$r-r_+\to|r-r_+|\mathrm{e}^{\mathrm{i}\pi}=(r_+-r)\mathrm{e}^{\mathrm{i}\pi},\tag{2.9.48}$$

得

$$R_{\text{out}}(r>r_+)\to\overset{\approx}{R}_{\text{out}}(r<r_+)=\mathrm{e}^{-\pi(\omega-\omega_0)/\kappa}R^*_{\text{out}}(r<r_+),\tag{2.9.49}$$

$$R^*_{\text{out}}(r>r_+)\to\overset{\approx}{R}{}^*_{\text{out}}(r<r_+)=\mathrm{e}^{\pi(\omega-\omega_0)/\kappa}R_{\text{out}}(r<r_+),\tag{2.9.50}$$

视界内外的波函数可统一表述为

$$\psi_1\approx R^*_{\text{out}}(r>r_+)+\mathrm{e}^{\pi(\omega-\omega_0)/\kappa}R_{\text{out}}(r<r_+),\tag{2.9.51}$$

$$\psi_2\approx R_{\text{out}}(r>r_+)+\mathrm{e}^{-\pi(\omega-\omega_0)/\kappa}R^*_{\text{out}}(r<r_+).\tag{2.9.52}$$

式(2.9.51)乘因子 $\mathrm{e}^{-\pi(\omega-\omega_0)/(2\kappa)}$ 即为式(2.9.40)中的 f_1,式(2.9.52)乘因子 $\mathrm{e}^{\pi(\omega-\omega_0)/(2\kappa)}$ 即为式(2.9.40)中的 f_2. 可见,安鲁建议的解析函数,本质上是通过 D-R 型的解析延拓而得到的.

最后,我们要说明,如果不采用本节建议的爱丁顿-芬克斯坦坐标的新形式(2.9.11)而采用文献[44]中的旧形式,则式(2.9.32)将不可能写成如此简洁的形式. 可见,新形式(2.9.11)比旧形式优越.

2.9.3　对安鲁型模函数作 D-R 式解析延拓

我们将看到,不必通过博戈柳博夫变换,使用 D-R 求内积的方法,就可以从安鲁型的波函数(2.9.51)与(2.9.52)分别得到霍金热谱.

加入归一化常数 N_1,式(2.9.51)可写成

$$\psi_1=N_1[R^*_{\text{out}}(r>r_+)+\mathrm{e}^{\pi(\omega-\omega_0)/\kappa}R_{\text{out}}(r<r_+)],\tag{2.9.53}$$

求内积

$$(\psi_1,\psi_1)=N_1^2[-1+\mathrm{e}^{2\pi(\omega-\omega_0)/\kappa}],\tag{2.9.54}$$

式(2.9.54)右端大于零,所以 ψ_1 应归化为 $+1$,于是得

$$N_1^2=\frac{1}{\mathrm{e}^{2\pi(\omega-\omega_0)/\kappa}-1}.\tag{2.9.55}$$

同理,若把式(2.9.52)乘上因子 $N_2\mathrm{e}^{\pi(\omega-\omega_0)/\kappa}$,写成

$$\psi_2 = N_2[e^{\pi(\omega-\omega_0)/\kappa}R_{out}(r>r_+) + R^*_{out}(r<r_+)], \qquad (2.9.56)$$

求内积

$$1 = (\psi_2, \psi_2) = N_2^2[e^{2\pi(\omega-\omega_0)/\kappa} - 1], \qquad (2.9.57)$$

同样得到霍金热谱，

$$N_2^2 = \frac{1}{e^{2\pi(\omega-\omega_0)/\kappa} - 1}. \qquad (2.9.58)$$

顺便指出，式(2.9.15)与式(2.9.34)只差一个归一化因子 N_ω，式(2.9.20)所示的、用D-R方案得到的热谱实际上就是对 ρ_1 求内积而得到的.加入归一化因子后，ρ_1 可写作

$$\rho_1 = N_1[R_{out}(r>r_+) + e^{\pi(\omega-\omega_0)/\kappa}R^*_{out}(r<r_+)], \qquad (2.9.59)$$

求内积

$$(\rho_1, \rho_1) = N_1^2[1 - e^{2\pi(\omega-\omega_0)/\kappa}], \qquad (2.9.60)$$

上式右端为负，所以 ρ_1 应归一化为 -1，于是得到热谱

$$N_1^2 = \frac{1}{e^{2\pi(\omega-\omega_0)/\kappa} - 1}. \qquad (2.9.61)$$

同理，把 ρ_2 乘因子 $N_2 e^{\pi(\omega-\omega_0)/\kappa}$，得

$$\rho_2 = N_2[e^{\pi(\omega-\omega_0)/\kappa}R^*_{out}(r>r_+) + R_{out}(r<r_+)], \qquad (2.9.62)$$

作内积

$$-1 = (\rho_2, \rho_2) = N_2^2[-e^{2\pi(\omega-\omega_0)/\kappa} + 1], \qquad (2.9.63)$$

同样得到霍金热谱，

$$N_2^2 = \frac{1}{e^{2\pi(\omega-\omega_0)/\kappa} - 1}. \qquad (2.9.64)$$

2.9.4 结论与讨论

在克尔坐标下，波函数 $R_{out}(r>r_+)$ 和 $R_{out}(r<r_+)$ 在视界上均不解析.可以认为，黑洞时空被视界 r_+ 分为 $r>r_+$ 和 $r<r_+$ 两个互不连通的部分.如果把 r 扩充为复数，则 $R_{out}(r>r_+)$ 和 $R^*_{out}(r>r_+)$ 可以通过复 r 平面解析延拓到黑洞内部.波函数 ψ_1、ψ_2、ρ_1 和 ρ_2 均可认为是此复流形上的解析函数，均可看作连通复时空上的纯量子态.当把 r 限制为实数时，相应的实时空流形被视界分成两个部分.这时，ψ_1、ψ_2、ρ_1 和 ρ_2 中的每一个也分解成两部分，一部分在视界内，另一部分在视界外.由于任何信息均不能从

视界内部跑到外部，视界内外的出射波互不相干，复时空中的纯态波函数 ψ_1、ψ_2、ρ_1 和 ρ_2 均成为实时空中的混合态波函数，并显现出热性质. 这就是 D-R 方案的物理意义.

安鲁型的解析波函数本质上是通过 D-R 型的解析延拓得到的. 从下半复 r 平面解析延拓 Damour-Ruffini 得到的 f_1^*、f_2^*（或 ρ_1、ρ_2），与从上半复 r 平面解析延拓安鲁得到的 f_1、f_2（或 ψ_1、ψ_2）互为复共轭. 把这些波函数归一化，或用它们构造博戈柳博夫变换，均可得到相同的霍金辐射谱.

D-R 方案的物理意义是，定义在连通复时空流形上的纯态波函数，在被视界分割开的实时空中呈现为混合态，并表现出热性质.

2.10　克尔-纽曼时空中的非热辐射

本节将简单介绍发生在黑洞视界附近的非热量子效应，包括米斯勒（C. W. Misner）超辐射和斯塔诺宾斯基（A. A. Starobinsky）-安鲁（C. G. Unruh）过程. 米斯勒超辐射是一种受激辐射，而斯塔诺宾斯基-安鲁过程是一种自发辐射，它们都是非热辐射.

2.10.1　彭罗斯过程

在介绍黑洞的量子效应之前，先介绍一个从转动黑洞的能层中提取能量的经典效应——彭罗斯过程[1-2,35].

研究表明，在无穷远处观测者看来，黑洞的能层中存在经典的负能轨道. 设有一个从无穷远来到能层的正能物体，在能层中分成两块，一块沿负能轨道运行并落入黑洞，另一块重新飞回无穷远. 能量守恒定律告诉我们，转动的黑洞吸收负能物体后能量会降低，而出射到无穷远的物体的能量会增加. 研究表明，黑洞损失的能量是它的转动动能，在此过程中，黑洞的角动量减少，但面积增加，故不违背面积定理. 所以，彭罗斯过程是一个从能层中提取黑洞转动能量的过程. 此过程的最终结局是使黑洞停止转动. 如果转动黑洞带电，终态是 Reissner-Nordström 黑洞，如果不带电，终态是施瓦西黑洞.总之，彭罗斯过程使稳态黑洞退化为静态黑洞.

2.10.2 受激辐射

彭罗斯过程启发人们，既然实物粒子穿过能层返回有可能增加能量，从波粒二象性考虑，一个入射波穿过能层返回，也应有可能得到加强.这个效应被米斯勒证明了[1,55].他证明，当入射波的频率满足

$$\mu < \omega \leqslant m\Omega + eV_0 \tag{2.10.1}$$

时，出射波会得到增强，上式中 μ、m、e 分别是入射波量子的静质量、角动量和电荷，Ω 和 V_0 则分别是黑洞视界的角速度和黑洞两极的静电势.这个称为米斯勒超辐射的效应，实际是一种受激辐射.它减少的是黑洞的转动能量、角动量和电荷，在此过程中，黑洞的面积不减少.这个效应是彭罗斯过程的量子对应.

2.10.3 自发辐射

量子力学告诉我们，受激辐射系数与自发辐射系数有一定关系.既然克尔-纽曼黑洞附近有受激辐射，一定也应该有自发辐射.这就是斯塔诺宾斯基-安鲁过程[56-58].在介绍这个过程之前，我们先介绍一下平直时空中的克莱因(Klein)机制[59].

相对论量子力学告诉我们，标量粒子要满足克莱因-戈登方程

$$\left(\frac{\partial}{\partial x^\mu}\frac{\partial}{\partial x^\mu} - \mu^2\right)\Phi = 0, \tag{2.10.2}$$

非标量粒子也要满足相应的克莱因-戈登条件.这将使得任何粒子都必须满足相对论的能量-动量关系

$$\varepsilon^2 = p^2c^2 + \mu^2c^4, \tag{2.10.3}$$

其中 μ、p、ε 分别为粒子的静质量、动量和能量.引入粒子的德布罗意关系

$$\varepsilon = \hbar\omega, \quad p = \hbar k, \tag{2.10.4}$$

并采用 $c = \hbar = G = 1$ 的自然单位制，式(2.10.3)可化成

$$\omega = \pm\sqrt{k^2 + \mu^2}. \tag{2.10.5}$$

这表明任何粒子都有正、负能态存在.狄拉克提出新的真空概念来解释他的量子理论.狄拉克真空如图2.10.1所示.正负能态之间隔着一个禁区,那里不能有任何粒子存在.狄拉克认为真空是所有正能态都空着,而所有负能态都已被粒子填满的状态.他用这个理论解释自旋为半整数的粒子的运动,并预言了正电子的存在.

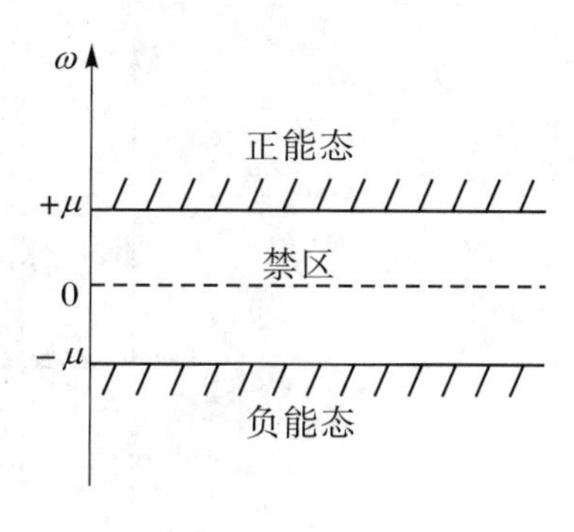

图2.10.1

克莱因设想在真空中加一个强的静电场,于是克莱因-戈登方程会化成

$$\left[\left(\frac{\partial}{\partial x^{\mu}}-\mathrm{i}eA_{\mu}\right)\left(\frac{\partial}{\partial x^{\mu}}-\mathrm{i}eA_{\mu}\right)-\mu^{2}\right]\Phi=0. \tag{2.10.6}$$

由于平直时空是均匀各向同性的,能保证四动量守恒,所以方程(2.10.6)的解的形式必为

$$\Phi=\Phi_{0}\exp(\mathrm{i}k_{\nu}x_{\nu}), \tag{2.10.7}$$

代入上式,可得相对论性能量-动量关系

$$(k_{\mu}-eA_{\mu})(k_{\mu}-eA_{\mu})+\mu^{2}=0\quad(\mu=1,2,3,4). \tag{2.10.8}$$

非标量粒子必须满足类似于式(2.10.6)的克莱因-戈登条件,所以也满足式(2.10.8)所示的相对论性能量-动量关系.注意到

$$\begin{aligned}&k_{4}=\mathrm{i}k_{0},\quad k_{0}=\omega,\\&A_{4}=\mathrm{i}A_{0},\quad A_{0}=V,\quad A_{i}=0\quad(i=1,2,3),\end{aligned} \tag{2.10.9}$$

可由式(2.10.8),得到

$$\omega=eV\pm(k^{2}+\mu^{2})^{1/2}. \tag{2.10.10}$$

上式表明,静电场会使狄拉克真空中的正负能级平移 eV,情况如图2.10.2所示.电场沿 z 轴方向,强度为 E,位于 z_1 与 z_2 之间.当电场足够强,使得

$$eV>2\mu \tag{2.10.11}$$

时,就会产生如图2.10.2所示的正负能级交错.在能级交错区,充满了负能态的电子,能级比正能态最低能级 μ 要高.对于这些粒子来说,禁区相当于

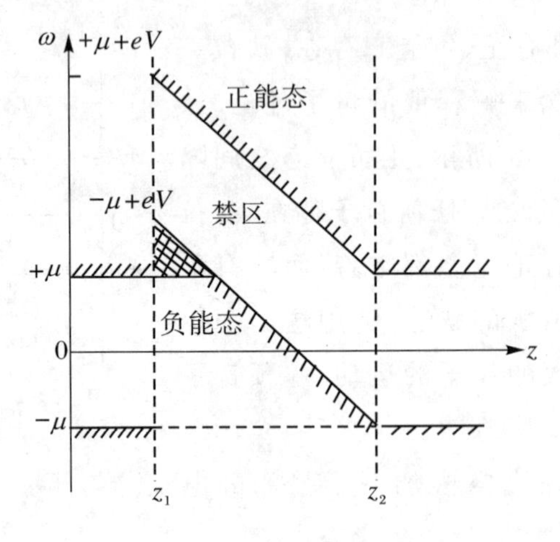

图 2.10.2

高度为 2μ 的势垒.能级高于正能态的负能电子可通过隧道效应跑出,而留下一个负能空穴,即正能反粒子.静电场造成了真空中正反粒子对的产生,这就是克莱因机制.一般认为,正反粒子对被拉开康普顿波长的距离,就算实化了.由此可求出产生克莱因机制的电场强度的下限为

$$E \approx \frac{2\mu c^2}{e \lambdabar} = \frac{2\mu^2 c^3}{e\hbar} = \frac{2\mu^2}{e}, \tag{2.10.12}$$

其中康普顿波长为

$$\lambdabar = \frac{\lambda}{2\pi} = \frac{\hbar}{\mu c}. \tag{2.10.13}$$

对于电子,这个下限大约是 10^{16} V/cm.我们想要说明的是,稳态黑洞视界的角速度和静电势也会导致视界附近狄拉克真空的正负能级交错.

弯曲时空中的哈密顿-雅可比方程为[60]

$$g^{\mu\nu}\left(\frac{\partial S}{\partial x^\mu} - eA_\mu\right)\left(\frac{\partial S}{\partial x^\nu} - eA_\nu\right) + \mu^2 = 0. \tag{2.10.14}$$

其中 S 为哈密顿主函数,

$$S = \int L \mathrm{d}\tau, \tag{2.10.15}$$

L 为拉格朗日函数.我们有

$$L = \frac{\mathrm{d}S}{\mathrm{d}\tau}, \tag{2.10.16}$$

可证明四动量

$$p_\mu = \frac{\partial S}{\partial x^\mu}. \tag{2.10.17}$$

把式(1.6.17)代入式(2.10.14),可得

$$\Delta\left(\frac{\partial S}{\partial r}\right)^2 + \left(\frac{\partial S}{\partial \theta}\right)^2 + \left(\frac{1}{\sin\theta}\frac{\partial S}{\partial \varphi} + a\sin\theta\frac{\partial S}{\partial t}\right)^2 - \frac{1}{\Delta}\left[(r^2+a^2)\frac{\partial S}{\partial t} + a\frac{\partial S}{\partial \varphi} + Qer\right]^2 + \mu^2 r^2 + \mu^2 \cdot a^2\cos^2\theta = 0. \tag{2.10.18}$$

分离变量

$$S = -\omega t + R(r) + H(\theta) + m\varphi \tag{2.10.19}$$

后,代入式(2.10.18),得两个方程.我们对关于 θ 的方程不感兴趣,只对径向方程

$$\Delta\left(\frac{dR}{dr}\right)^2 - \frac{1}{\Delta}[-\omega(r^2+a^2) + am + Qer]^2 + \mu^2 r^2 = -K \tag{2.10.20}$$

感兴趣.上面的 ω 和 m 分别为粒子的能量和角动量,K 为常数.Δ 如式(1.6.3)所示.在坐标变换

$$dZ = +\frac{dr}{\Delta} \tag{2.10.21}$$

之下,径向方程化成

$$\left(\frac{dR}{dZ}\right)^2 = [\omega(r^2+a^2) - am - Qer]^2 - \Delta(\mu^2 r^2 + K). \tag{2.10.22}$$

式(2.10.22)的左边非负,所以

$$[\omega(r^2+a^2) - am - Qer]^2 \Delta(\mu^2 r^2 + K) \geqslant 0, \tag{2.10.23}$$

取等号后解得

$$\omega_0^\pm = (r^2+a^2)^{-1}\left[am + Qer \pm \sqrt{\Delta(\mu^2 r^2 + K)}\right]. \tag{2.10.24}$$

此式给出了粒子的正能态

$$\omega \geqslant \omega_0^+ \tag{2.10.25}$$

和负能态

$$\omega \leqslant \omega_0^-, \tag{2.10.26}$$

而能量处在

$$\omega_0^- < \omega < \omega_0^+ \tag{2.10.27}$$

的状态是禁区.在视界上,

$$\begin{aligned}\Delta &= (r - r_+)(r - r_-) \\ &= r^2 + a^2 + Q^2 - 2Mr = 0,\end{aligned} \tag{2.10.28}$$

ω_0^+ 和 ω_0^- 重合.当 r 足够大时,

$$\omega_0^{\pm} \to \pm \mu. \tag{2.10.29}$$

可见,式(2.10.24)的确描述克尔-纽曼时空中的狄拉克真空[61].我们只对视界附近的能级情况感兴趣.定义视界上 ω_0^+ 与 ω_0^- 重合的能量为 ω_0.容易算出

$$\begin{aligned}\omega_0 &= \frac{a}{r_+^2 + a^2} m + \frac{Qr_+ e}{r_+^2 + a^2} \\ &= \Omega m + eV_0.\end{aligned} \tag{2.10.30}$$

这里已利用了式(2.1.8)和式(2.1.9).显然,仅当 ω_0 大于粒子的静质量即

$$\omega_0 > \mu \tag{2.10.31}$$

时,在视界上才能发生正负能级交错.情况如图 2.10.3 所示.这时,会发生类似于克莱因机制的现象,将有粒子对通过隧道效应而实化.此效应被称为斯塔诺宾斯基-安鲁过程,它实际上是与受激辐射(米斯勒超辐射)相应的自发辐射.我们看到,辐射粒子的能量范围与受激辐射一样,

$$\mu < \omega \leqslant \omega_0 = m\Omega + eV_0. \tag{2.10.32}$$

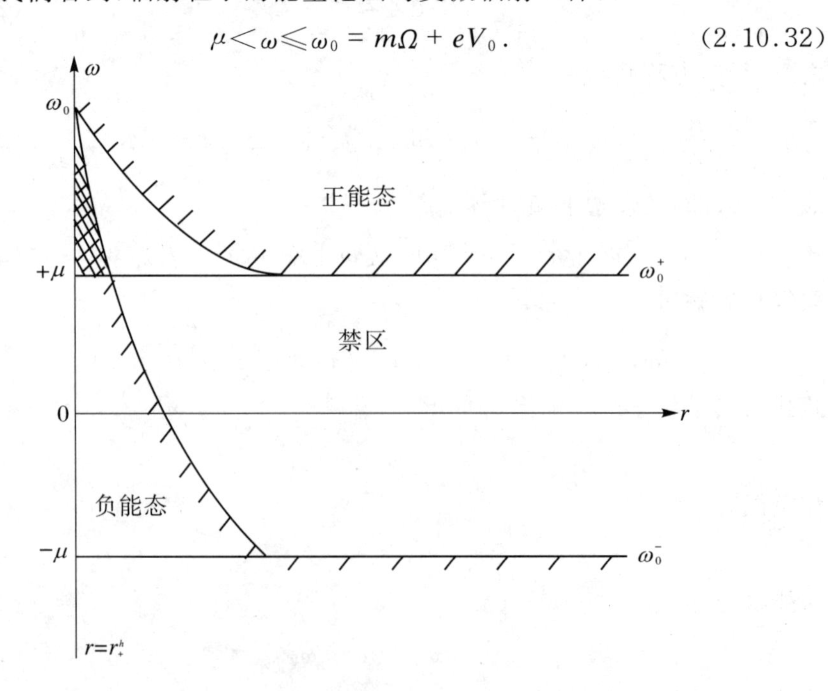

图 2.10.3

受激辐射与自发辐射都不是热性质的,与黑洞的温度无关.这两个过程会导致黑洞转动能与电磁能的减少,同时也导致黑洞角动量和电荷的减少.但可证明,在这两个过程中,黑洞面积不会减少.

非热辐射的终态是施瓦西黑洞.施瓦西黑洞不再有这两种非热辐射产生,因此可把施瓦西黑洞看作黑洞的基态,而把转动、带电的黑洞看作黑洞的激发态.

第3章　一般稳态时空的热效应

3.1　一般稳态时空的霍金辐射

本节的目的是要证明，$\kappa \neq 0$ 的稳态视界一定会产生霍金辐射，辐射温度[27-28,52,62]

$$T = \frac{\kappa}{2\pi k_{\mathrm{B}}}.$$

3.1.1　拖曳系

考虑线元为

$$\mathrm{d}s^2 = g_{00}\mathrm{d}t^2 + g_{11}\mathrm{d}x^2 + g_{22}\mathrm{d}y^2 + g_{33}\mathrm{d}z^2 + 2g_{03}\mathrm{d}t\mathrm{d}z \tag{3.1.1}$$

的稳态黎曼时空.由于时轴非正交，视界

$$\hat{g}_{00} = g_{00} - \frac{g_{03}^2}{g_{33}} = 0 \tag{3.1.2}$$

与无限红移面

$$g_{00} = 0 \tag{3.1.3}$$

一般不重合，其间存在能层，能层内的质点不可能静止，不可避免会被引力场拖动.试图静止于视界面上的质点会以速度

$$\Omega_{\mathrm{H}} = \lim_{x \to \xi}\frac{\mathrm{d}z}{\mathrm{d}t} = \lim_{x \to \xi}\frac{-g_{03}}{g_{33}} \tag{3.1.4}$$

拖动，而且此速度是唯一的.式中 $x = \xi$ 为视界位置。

时轴非正交系不存在同时面,这一点也是不理想的.为此,我们采用拖曳系

$$\frac{dz}{dt}=-\frac{g_{03}}{g_{33}},\tag{3.1.5}$$

于是线元可化成

$$ds^2=\hat{g}_{00}dt^2+g_{11}dx^2+g_{22}dy^2,\tag{3.1.6}$$

其中

$$\hat{g}_{00}\equiv g_{00}-\frac{g_{03}^2}{g_{33}}.\tag{3.1.7}$$

这是一个时轴正交的坐标系,不难证明

$$\hat{g}_{00}=\frac{1}{g^{00}}.\tag{3.1.8}$$

我们设

$$\begin{gathered}g^{00}=\frac{\theta_1}{(x-\xi)^n},\quad g^{03}=\frac{\theta_2}{(x-\xi)^p},\quad g^{22}=\frac{\theta_3}{(x-\xi)^q},\\ g^{33}=\frac{\theta_4}{(x-\xi)^r},\quad g^{11}=f\cdot(x-\xi)^m,\end{gathered}\tag{3.1.9}$$

式中 θ_i 与 f 在 $x=\xi$ 处均非零非奇异.

3.1.2 表面引力

按定义,视界的表面引力是静止于视界外附近、相对于视界静止的质点所具有的固有加速度 $|b|$ 与红移因子的乘积,在该质点趋近于视界面时的极限.

由于所考虑的质点相对于视界静止,视界本身以 Ω_H 转动,故该质点也必须以 Ω_H 转动,所以,它静止于拖曳系中.

固有距离

$$dx_p=\sqrt{\gamma_{11}}dx=\sqrt{g_{11}}dx,\tag{3.1.10}$$

这里 $\gamma_{\mu\nu}$ 为纯空间度规.固有速度为

$$\frac{dx_p}{d\tau}=\sqrt{g_{11}}\frac{dx}{d\tau}.$$

固有加速度

$$b=\frac{d^2x_p}{d\tau^2}=\sqrt{g_{11}}\frac{d^2x}{d\tau^2}+\frac{1}{2}\frac{1}{\sqrt{g_{11}}}\left(\frac{\partial g_{11}}{\partial x^\nu}\frac{dx^\nu}{d\tau}\right)\frac{dx}{d\tau}\quad(\nu=0,1,2,3).\tag{3.1.11}$$

由于所考虑的质点无 x 方向运动(相对于视界静止),所以

$$b=\sqrt{g_{11}}\frac{d^2x}{d\tau^2}.\tag{3.1.12}$$

从测地线方程知

$$\frac{d^2x}{d\tau^2}=-\Gamma^1_{\mu\nu}\frac{dx^\mu}{d\tau}\frac{dx^\nu}{d\tau}=-\Gamma^1_{00}\left(\frac{dt}{d\tau}\right)^2.\tag{3.1.13}$$

上式考虑了质点相对于拖曳系静止,

$$\frac{dx}{d\tau}=\frac{dy}{d\tau}=\frac{dz}{d\tau}=0.\tag{3.1.14}$$

拖曳系中的红移因子不是 $\sqrt{-g_{00}}$ 而是 $\sqrt{-\hat{g}_{00}}$,即

$$\frac{dt}{d\tau}=\frac{1}{\sqrt{-\hat{g}_{00}}}=\sqrt{-g^{00}}.\tag{3.1.15}$$

代入式(3.1.12)及式(3.1.13),得

$$\begin{aligned}b&=\sqrt{g_{11}}\frac{d^2x}{d\tau^2}=-\sqrt{g_{11}}\Gamma^1_{00}\left(\frac{dt}{d\tau}\right)^2\\&=-\sqrt{g_{11}}\cdot\frac{1}{2}g^{11}(-\hat{g}_{00,1})\cdot(-g^{00})\\&=\frac{1}{2}\sqrt{g^{11}}\,\hat{g}_{00,1}\cdot(-g^{00}).\end{aligned}\tag{3.1.16}$$

注意,视界外部是 $x>\xi$ 的时空区,而重力加速度指向 ξ 内部方向,所以 $b<0$,表面引力

$$\kappa=\lim_{x\to\xi}(|b|\sqrt{-\hat{g}_{00}})=\lim_{x\to\xi}(-b\cdot\sqrt{-\hat{g}_{00}}).\tag{3.1.17}$$

把式(3.1.16)代入,得

$$\begin{aligned}\kappa&=\frac{-1}{2}\lim_{x\to\xi}\sqrt{g^{11}}\,\hat{g}_{00,1}\left(\frac{-1}{\hat{g}_{00}}\right)\cdot\sqrt{-\hat{g}_{00}}\\&=\frac{-1}{2}\lim_{x\to\xi}\sqrt{\frac{-g^{11}}{\hat{g}_{00}}}\,\hat{g}_{00,1},\end{aligned}\tag{3.1.18}$$

或

$$\kappa=\frac{-1}{2}\lim_{x\to\xi}\sqrt{\frac{-g^{11}}{g^{00}}}\frac{(g^{00})'}{g^{00}}. \tag{3.1.19}$$

把式(3.1.9)代入,可得

$$\begin{aligned}\kappa&=\frac{-1}{2}\lim_{x\to\xi}\sqrt{\frac{-f}{\theta_1}\cdot(x-\xi)^{m+n}}\cdot\frac{(x-\xi)^n}{\theta_1}\left[\frac{\theta_1'}{(x-\xi)^n}-n\frac{\theta_1}{(x-\xi)^{n+1}}\right]\\&=\frac{-1}{2}\lim_{x\to\xi}\sqrt{\frac{-f}{\theta_1}}\cdot(x-\xi)^{(m+n)/2}\left(\frac{\theta_1'}{\theta_1}-\frac{n}{x-\xi}\right)\\&=\frac{1}{2}\lim_{x\to\xi}\sqrt{\frac{-f}{\theta_1}}\left[n-\frac{\theta_1'}{\theta_1}(x-\xi)\right]\cdot(x-\xi)^{(m+n)/2-1}.\end{aligned} \tag{3.1.20}$$

要使 κ 在视界上为非零的有限值,必须有

$$\begin{cases}m+n=2,\\n\neq 0,\end{cases}\quad 或\quad\begin{cases}m=0,\\n=0.\end{cases} \tag{3.1.21}$$

从式(3.1.2)、式(3.1.8)和式(3.1.9)可知,视界由

$$\hat{g}_{00}=\frac{(x-\xi)^n}{\theta_1}=0 \tag{3.1.22}$$

决定,故必有

$$n>0. \tag{3.1.23}$$

于是 $m=0$ 且 $n=0$ 的解被排除.因此,对于 κ 为非零有限值的视界,必须有

$$\begin{cases}m+n=2,\\n>0.\end{cases} \tag{3.1.24}$$

所以,式(3.1.20)可化成

$$\kappa=\frac{1}{2}\lim_{x\to\xi}\sqrt{\frac{-f}{\theta_1}}\left[n-\frac{\theta_1'}{\theta_1}(x-\xi)\right], \tag{3.1.25}$$

或

$$\kappa=\frac{n}{2}\sqrt{\frac{-f(\xi,y,z)}{\theta_1(\xi,y,z)}}. \tag{3.1.26}$$

注意,这里得到的表面引力在视界上不一定是常数,它可能是 y、z 的函数.也就是说,对于视界二维类空截面上各点,κ 不一定相同,这对应于视界面上存在温度梯度的情况.当稳态黑洞非孤立(即时空非渐近平直)时,有可能出现这种情况.

3.1.3 克莱因-戈登方程

对稳态时空中的克莱因-戈登方程

$$\frac{1}{\sqrt{-g}}\frac{\partial}{\partial x^\mu}\left(\sqrt{-g}g^{\mu\nu}\frac{\partial}{\partial x^\nu}\Phi\right)-\mu^2\Phi=0,\tag{3.1.27}$$

分离变量

$$\Phi=e^{-i\omega t}\varphi(x)\psi(y,z),\tag{3.1.28}$$

得

$$g^{11}\frac{d^2\varphi}{dx^2}+\frac{1}{\sqrt{-g}}\frac{\partial}{\partial x}(\sqrt{-g}g^{11})\frac{d\varphi}{dx}+\frac{\varphi(x)}{\psi(y,z)}G(x,y,z)=(\mu^2+\omega^2g^{00})\varphi.\tag{3.1.29}$$

其中

$$G(x,y,z)=g^{22}\frac{\partial^2\psi}{\partial y^2}+g^{33}\frac{\partial^2\psi}{\partial z^2}-2i\omega g^{03}\frac{\partial\psi}{\partial z}+\frac{1}{\sqrt{-g}}\left[\frac{\partial}{\partial y}(\sqrt{-g}g^{22})\frac{\partial\psi}{\partial y}+\frac{\partial}{\partial z}(\sqrt{-g}g^{33})\frac{\partial\psi}{\partial z}-i\omega\frac{\partial}{\partial z}(\sqrt{-g}g^{03})\cdot\psi\right].\tag{3.1.30}$$

作乌龟变换

$$x_*=\frac{1}{2\kappa}\ln\frac{x-\xi}{\xi},\tag{3.1.31}$$

$$\begin{cases}\dfrac{d}{dx}=\dfrac{1}{2\kappa\cdot(x-\xi)}\dfrac{d}{dx_*},\\[2mm]\dfrac{d^2}{dx^2}=\dfrac{1}{4\kappa^2(x-\xi)^2}\dfrac{d^2}{dx_*^2}-\dfrac{1}{2\kappa(x-\xi)^2}\dfrac{d}{dx_*}.\end{cases}\tag{3.1.32}$$

方程(3.1.29)化成

$$\frac{d^2\varphi}{dx_*^2}-2\kappa\frac{d\varphi}{dx_*}+2\kappa\cdot(x-\xi)\left(\frac{1}{\sqrt{-g}}\frac{\partial\sqrt{-g}}{\partial x}+\frac{1}{g^{11}}\frac{\partial g^{11}}{\partial x}\right)\frac{d\varphi}{dx_*}+\frac{4\kappa^2(x-\xi)^2}{g^{11}}\frac{\varphi(x)}{\psi(y,z)}G(x,y,z)=\frac{4\kappa^2(x-\xi)^2}{g^{11}}(\mu^2+\omega^2g^{00})\varphi(x).\tag{3.1.33}$$

由

$$g = g_{11} g_{22}(g_{00} g_{33} - g_{03}^2) = g_{11} g_{22} g_{33}\left(g_{00} - \frac{g_{03}^2}{g_{33}}\right)$$

$$= g_{11} g_{22} g_{33}\hat{g}_{00}, \tag{3.1.34}$$

得

$$\ln(-g) = \ln[-g_{11} g_{22} g_{33}(g^{00})^{-1}] = \ln(-g_{11} g_{22} \cdot E^{-1})$$

$$= -\ln g^{11} - \ln g^{22} - \ln(-E). \tag{3.1.35}$$

式中已用了

$$g_{33} = \frac{g^{00}}{E}, \tag{3.1.36}$$

而

$$E \equiv g^{00} g^{33} - (g^{03})^2. \tag{3.1.37}$$

容易看出

$$\frac{1}{\sqrt{-g}} \frac{\partial \sqrt{-g}}{\partial x} = \frac{\partial}{\partial x}\left[\frac{1}{2}\ln(-g)\right] = \frac{-1}{2}\left[\frac{(g^{11})'}{g^{11}} + \frac{(g^{22})'}{g^{22}} + \frac{E'}{E}\right]$$

$$= -\frac{1}{2}\left[\frac{f'}{f} + \frac{m}{x-\xi} + \frac{\theta_3'}{\theta_3} - \frac{q}{x-\xi}\right.$$

$$+ \frac{(\theta_1'\theta_4 + \theta_4'\theta_1) - \theta_1\theta_4(n+r)(x-\xi)^{-1}}{\theta_1\theta_4 - \theta_2^2(x-\xi)^{n+r-2p}}$$

$$\left. - \frac{2\theta_2\theta_2' - 2p\theta_2^2(x-\xi)^{-1}}{\theta_1\theta_4(x-\xi)^{2p-n-r} - \theta_2^2}\right]. \tag{3.1.38}$$

式(3.1.33)中第三项的系数为

$$L \equiv 2\kappa(x-\xi)\left(\frac{1}{\sqrt{-g}}\frac{\partial\sqrt{-g}}{\partial x} + \frac{1}{g^{11}}\frac{\partial g^{11}}{\partial x}\right)$$

$$= \kappa(x-\xi)\left[\frac{f'}{f} + \frac{m}{x-\xi} - \frac{\theta_3'}{\theta_3} + \frac{q}{x-\xi} - \frac{(\theta_1'\theta_4 + \theta_4'\theta_1) - \theta_1\theta_4(n+r)(x-\xi)^{-1}}{\theta_1\theta_4 - \theta_2^2(x-\xi)^{n+r-2p}}\right.$$

$$\left. + \frac{2\theta_2\theta_2' - 2p\theta_2^2(x-\xi)^{-1}}{\theta_1\theta_4(x-\xi)^{2p-n-r} - \theta_2^2}\right]$$

$$= \kappa \cdot \left[\left(\frac{f'}{f} - \frac{\theta_3'}{\theta_3}\right)(x-\xi) + m + q\right.$$

$$-\frac{(\theta_1'\theta_4+\theta_4'\theta_1)(x-\xi)-\theta_1\theta_4(n+r)}{\theta_1\theta_4-\theta_2^2(x-\xi)^{n+r-2p}}$$

$$+\left.\frac{2\theta_2\theta_2'(x-\xi)-2p\theta_2^2}{\theta_1\theta_4(x-\xi)^{2p-n-r}-\theta_2^2}.\right] \tag{3.1.39}$$

注意到

$$g^{33}=Eg_{00},\quad g^{03}=-Eg_{03},\quad g^{00}=Eg_{33}, \tag{3.1.40}$$

可得

$$\frac{g^{03}}{g^{00}}=-\frac{g^{03}}{g_{33}},\quad \frac{g^{33}}{g^{03}}=-\frac{g_{00}}{g_{03}}. \tag{3.1.41}$$

而在视界上,

$$\hat{g}_{00}=g_{00}-\frac{g_{03}^2}{g_{33}}=0.$$

当 g_{03}在视界上非零非奇异时,上式可化成

$$\frac{g_{03}}{g_{33}}=\frac{g_{00}}{g_{03}}, \tag{3.1.42}$$

利用式(3.1.41),可得

$$\frac{g^{03}}{g^{00}}=\frac{g^{33}}{g^{03}}. \tag{3.1.43}$$

把式(3.1.9)代入,得

$$\frac{\theta_2}{(x-\xi)^p}\frac{(x-\xi)^n}{\theta_1}=\frac{\theta_4}{(x-\xi)^r}\frac{(x-\xi)^p}{\theta_2},$$

即

$$\frac{\theta_2}{\theta_1}(x-\xi)^{n-p}=\frac{\theta_4}{\theta_2}(x-\xi)^{p-r}. \tag{3.1.44}$$

由于 θ_i 在 ξ 上非零非奇异,故必须有

$$n+r=2p, \tag{3.1.45}$$

此式无论是否在视界上均成立.注意到

$$\Omega_{\mathrm{H}}=\lim_{x\to\xi}\frac{-g_{03}}{g_{33}}=\lim_{x\to\xi}\frac{-g^{03}}{g^{00}}=\lim_{x\to\xi}\left[\frac{\theta_2}{\theta_1}(x-\xi)^{n-p}\right], \tag{3.1.46}$$

只要要求 Ω_{H} 为非零的有限值(即视界面被引力场拖动),就一定有

$$n=p, \tag{3.1.47}$$

联系式(3.1.45),可得

$$n = p = r,\tag{3.1.48}$$

此式也无论是否在视界上均成立.这里已要求 g_{03} 和 g_{33} 均在视界上非零非奇异.另外,从式(3.1.44)还可知道,在视界上一定有

$$\theta_1\theta_4 - \theta_2^2 = 0.\tag{3.1.49}$$

此式仅在视界上成立.如果不仅要求

$$\Omega_{\mathrm{H}} = \lim_{x\to\xi}\frac{-g_{03}}{g_{33}} \neq 0,\tag{3.1.50}$$

而且要求

$$\lim_{x\to\xi} g_{03} \neq 0,\tag{3.1.51}$$

即

$$\lim_{x\to\xi} g_{00} \neq 0,\tag{3.1.52}$$

也就是说,要求无限红移面不与视界重合(存在能层),则从式(3.1.40),知

$$E = -\frac{g^{03}}{g_{03}} = \frac{-\theta_2}{(x-\xi)^n\cdot g_{03}}.\tag{3.1.53}$$

又

$$E = g^{00}g^{33} - (g^{03})^2 = \frac{\theta_1\theta_4 - \theta_2^2}{(x-\xi)^{2n}},\tag{3.1.54}$$

联立以上两式,得

$$\theta_1\theta_4 - \theta_2^2 = -\frac{\theta_2}{g_{03}}(x-\xi)^n.\tag{3.1.55}$$

微分得

$$\begin{aligned}(\theta_1\theta_4 - \theta_2^2)' &\equiv \frac{\partial}{\partial x}(\theta_1\theta_4 - \theta_2^2)\\ &= -\left(\frac{\theta_2}{g_{03}}\right)'(x-\xi)^n - \frac{\theta_2}{g_{03}}n(x-\xi)^{n-1}.\end{aligned}$$

所以

$$\frac{(\theta_1\theta_4 - \theta_2^2)'}{\theta_1\theta_4 - \theta_2^2} = \left[\left(\frac{\theta_2}{g_{03}}\right)'(x-\xi) + n\frac{\theta_2}{g_{03}}\right]\left[\frac{\theta_2}{g_{03}}(x-\xi)\right]^{-1},$$

$$\lim_{x\to\xi}\frac{(\theta_1\theta_4 - \theta_2^2)'}{\theta_1\theta_4 - \theta_2^2}\cdot(x-\xi) = n.\tag{3.1.56}$$

把式(3.1.48)与式(3.1.56)代入式(3.1.39),得

$$\lim_{x\to\xi} L = \kappa\cdot\left\{m + q + n + r - \lim_{x\to\xi}\left[\frac{(\theta_1\theta_4 - \theta_2^2)'}{\theta_1\theta_4 - \theta_2^2}\cdot(x-\xi)\right]\right\}.$$

$$= \kappa \cdot \{m + q + n\} = \kappa \cdot (2 + q). \tag{3.1.57}$$

显然，只有当

$$\lim_{x \to \xi} L = 2\kappa \tag{3.1.58}$$

时，式(3.1.33)中第二、三项才能相互抵消，去掉克莱因-戈登方程中的$\frac{\mathrm{d}\varphi}{\mathrm{d}x_*}$项，而这一点是把式(3.1.33)在视界附近化成波动方程所必须满足的. 由此看来，应该有

$$q = 0. \tag{3.1.59}$$

容易看出，上式是视界面积为非零有限值所要求的. 众所周知，视界面积

$$A = \int \mathrm{d}A = \int \begin{vmatrix} g_{22} & 0 \\ 0 & g_{33} \end{vmatrix}^{1/2} \mathrm{d}y\mathrm{d}z = \int \sqrt{g_{22}g_{33}}\,\mathrm{d}y\mathrm{d}z$$

$$= \int \sqrt{\frac{g_{33}}{g^{22}}}\,\mathrm{d}y\mathrm{d}z = \int \sqrt{\frac{g_{33}}{\theta_3}}(x - \xi)^{q/2}\,\mathrm{d}y\mathrm{d}z. \tag{3.1.60}$$

只有 $q = 0$，才能保证 A 为非零有限值，更确切地说，是要保证视界面积元为非零小量，即保证$\begin{vmatrix} g_{22} & g_{32} \\ g_{23} & g_{33} \end{vmatrix}^{1/2}$非零非奇异.

另一方面，式(3.1.33)左端第四项为

$$\frac{4\kappa^2(x - \xi)^2}{g^{11}}G = \frac{4\kappa^2(x - \xi)^{2-m}}{f}G = \frac{4\kappa^2(x - \xi)^n}{f}G$$

$$= \frac{4\kappa^2}{f}\left\{(x - \xi)^{n-q}\left[\theta_3 \frac{\partial^2 \psi}{\partial y^2} + \frac{1}{\sqrt{-g}}\frac{\partial}{\partial y}(\sqrt{-g}\theta_3)\frac{\partial \psi}{\partial y}\right]\right.$$

$$+ (x - \xi)^{n-r}\left[\theta_4 \frac{\partial^2 \psi}{\partial z^2} + \frac{1}{\sqrt{-g}}\frac{\partial}{\partial z}(\sqrt{-g}\theta_4)\frac{\partial \psi}{\partial z}\right]$$

$$\left. - (x - \xi)^{n-p}\left[\frac{\mathrm{i}\omega}{\sqrt{-g}}\frac{\partial}{\partial z}(\sqrt{-g}\theta_2)\psi + 2\mathrm{i}\omega\theta_2\frac{\partial \psi}{\partial z}\right]\right\}. \tag{3.1.61}$$

当存在另一基灵矢量$\left(\frac{\partial}{\partial z}\right)^a$时，度规分量不含 z，进一步分离变量

$$\psi(y, z) = Y(y)\mathrm{e}^{\mathrm{i}\nu z}, \tag{3.1.62}$$

则式(3.1.61)化成

$$\begin{aligned}
&\frac{4\kappa^2(x-\xi)^2}{g^{11}}G \\
&=\frac{4\kappa^2}{f}\left\{(x-\xi)^{n-q}\left[\theta_3\frac{\mathrm{d}^2Y}{\mathrm{d}y^2}+\frac{1}{\sqrt{-g}}\frac{\partial}{\partial y}(\sqrt{-g}\theta_3)\cdot\frac{\mathrm{d}Y}{\mathrm{d}y}\right]\mathrm{e}^{\mathrm{i}\nu z}\right. \\
&\quad\left.+(-\nu^2\theta_4)Y\mathrm{e}^{\mathrm{i}\nu z}+2\nu\omega\theta_2Y\mathrm{e}^{\mathrm{i}\nu z}\right\},
\end{aligned}\tag{3.1.63}$$

式中

$$\begin{aligned}
g&=\frac{g_{33}}{g^{11}g^{22}g^{00}}=\frac{(x-\xi)^{q-m+2n}}{f\cdot\theta_3\cdot(\theta_1\theta_4-\theta_2^2)} \\
&=\frac{-g_{03}\cdot(x-\xi)^{q-m+n}}{\theta_2\cdot\theta_3\cdot f}.
\end{aligned}\tag{3.1.64}$$

式(3.1.63)又可写成

$$\begin{aligned}
\frac{4\kappa^2(x-\xi)^2}{g^{11}}G&=\frac{4\kappa^2}{f}\left\{(x-\xi)^{n-q}\left[\theta_3\frac{\mathrm{d}^2Y}{\mathrm{d}y^2}+\left(\frac{\theta_3}{2g}\frac{\partial g}{\partial y}+\frac{\partial\theta_3}{\partial y}\right)\frac{\mathrm{d}Y}{\mathrm{d}y}\right]\mathrm{e}^{\mathrm{i}\nu z}\right. \\
&\quad\left.+(2\nu\omega\theta_2-\nu^2\theta_4)Y\mathrm{e}^{\mathrm{i}\nu z}\right\}.
\end{aligned}\tag{3.1.65}$$

下面分析$\frac{1}{g}\frac{\partial g}{\partial y}$的发散性.不难看出

$$\frac{1}{g}\frac{\partial g}{\partial y}=-\left[\frac{(f\theta_3)'}{f\theta_3}+\frac{(\theta_1\theta_4-\theta_2^2)'}{\theta_1\theta_4-\theta_2^2}\right],\tag{3.1.66}$$

注意这里撇号表示对 y 求导.从式(3.1.55),可知

$$\frac{(\theta_1\theta_4-\theta_2^2)'}{\theta_1\theta_4-\theta_2^2}=\left(-\frac{\theta_2'}{g_{03}}+\frac{\theta_2g_{03}'}{g_{03}^2}\right)\left(-\frac{g_{03}}{\theta_2}\right)=\frac{\theta_2'}{\theta_2}-\frac{g_{03}'}{g_{03}},\tag{3.1.67}$$

所以

$$\frac{1}{g}\frac{\partial g}{\partial y}=-\left(\frac{f'}{f}+\frac{\theta_3'}{\theta_3}+\frac{\theta_2'}{\theta_2}-\frac{g_{03}'}{g_{03}}\right).\tag{3.1.68}$$

由于 f、θ_i、g_{03} 均在视界上非零非奇异,所以$\frac{1}{g}\frac{\partial g}{\partial y}$在视界上非奇异.

因为度规还满足

$$q=0,\tag{3.1.69}$$

故对式(3.1.65)取极限,得

$$\lim_{x\to\xi}\frac{4\kappa^2(x-\xi)^2G}{g^{11}}=\frac{4\kappa^2}{f}(2\nu\omega\theta_2-\nu^2\theta_4)Y(y)\mathrm{e}^{\mathrm{i}\nu z}.\tag{3.1.70}$$

把式(3.1.58)与式(3.1.70)代入式(3.1.33),得

$$\frac{\mathrm{d}^2\varphi}{\mathrm{d}x_*^2}+\frac{4\kappa^2}{f}(2\nu\omega\theta_2-\nu^2\theta_4)\varphi+n^2\omega^2\varphi=0,\tag{3.1.71}$$

或

$$\frac{\mathrm{d}^2\varphi}{\mathrm{d}x_*^2}+n^2\left(\omega^2-2\frac{\theta_2}{\theta_1}\nu\omega+\frac{\theta_4}{\theta_1}\nu^2\right)\varphi=0. \tag{3.1.72}$$

注意到视界拖曳速度

$$\Omega_{\mathrm{H}}=\lim_{x\to\xi}\left(-\frac{g_{03}}{g_{33}}\right)=\lim_{x\to\xi}\frac{g^{03}}{g^{00}}=\lim_{x\to\xi}\frac{\theta_2}{\theta_1}, \tag{3.1.73}$$

以及式(3.1.49)

$$\frac{\theta_2}{\theta_1}=\frac{\theta_4}{\theta_2}, \tag{3.1.74}$$

可知

$$\lim_{x\to\xi}\frac{\theta_4}{\theta_1}=\lim_{x\to\xi}\left(\frac{\theta_4}{\theta_2}\cdot\frac{\theta_2}{\theta_1}\right)=\lim_{x\to\xi}\left(\frac{\theta_2}{\theta_1}\right)^2=\Omega_{\mathrm{H}}^2. \tag{3.1.75}$$

所以式(3.1.72)可化成

$$\frac{\mathrm{d}^2\varphi}{\mathrm{d}x_*^2}+n^2(\omega-\omega_0)^2\varphi=0, \tag{3.1.76}$$

式中

$$\omega_0=\nu\Omega_{\mathrm{H}}. \tag{3.1.77}$$

克尔黑洞是式(3.1.76)的一个特例,其度规满足

$$m=n=p=r=1,\quad q=0, \tag{3.1.78}$$

$$\lim_{x\to\xi}\left[\frac{(\theta_1\theta_4-\theta_2^2)'}{(\theta_1\theta_4-\theta_2^2)}(x-\xi)\right]=1, \tag{3.1.79}$$

$$\lim_{x\to\xi}\frac{\theta_4}{\theta_1}=\lim_{r\to r_+}\frac{g^{33}}{g^{00}}=\left(\frac{a}{r_+^2+a^2}\right)^2=\Omega_{\mathrm{H}}^2, \tag{3.1.80}$$

$$\lim_{x\to\xi}\frac{\theta_2}{\theta_1}=\lim_{r\to r_+}\frac{g^{03}}{g^{00}}=\frac{a}{r_+^2+a^2}=\Omega_{\mathrm{H}}. \tag{3.1.81}$$

这时

$$\omega_0=\frac{a\nu}{r_+^2+a^2}=\nu\Omega_{\mathrm{H}}. \tag{3.1.82}$$

事实上,只要

$$\lim_{x\to\xi}\left[\frac{4\kappa^2(x-\xi)^n}{f}G\right]\frac{\varphi(x)}{\psi(y,z)}=n^2A\varphi(x), \tag{3.1.83}$$

$$\lim_{x\to\xi}L=2\kappa, \tag{3.1.84}$$

方程(3.1.33)就可在视界附近化成波动方程(3.1.76).式中常数 A 可写成

$$A=\omega_0^2-2\omega\omega_0. \tag{3.1.85}$$

克尔黑洞只是满足式(3.1.83)与式(3.1.84)的时空中的一个.

3.1.4　存在电磁场情况

这时,克莱因-戈登方程

$$\frac{1}{\sqrt{-g}}\left(\frac{\partial}{\partial x^\mu}-\mathrm{i}eA_\mu\right)\left[\sqrt{-g}g^{\mu\nu}\left(\frac{\partial}{\partial x^\nu}-ieA_\nu\right)\Phi\right]=\mu^2\Phi \tag{3.1.86}$$

可化成

$$\frac{1}{\sqrt{-g}}\frac{\partial}{\partial x^\mu}\left(\sqrt{-g}g^{\mu\nu}\frac{\partial}{\partial x^\nu}\Phi\right)+B(x,y,z,t)=\mu^2\Phi, \tag{3.1.87}$$

其中

$$B=\frac{-\mathrm{i}e}{\sqrt{-g}}\frac{\partial}{\partial x^\mu}(\sqrt{-g}g^{\mu\nu}A_\nu)\Phi-2\mathrm{i}eA_\mu g^{\mu\nu}\frac{\partial}{\partial x^\nu}\Phi-e^2g^{\mu\nu}A_\mu A_\nu\Phi. \tag{3.1.88}$$

对时空与电磁场均不随时间变化的情况,即 $g_{\mu\nu}$ 和 A_ν 均与 t 无关,也即电磁场只能是静电场或静磁场的情况,如果 q、r、p 均小于 n,则有

$$\begin{aligned}\lim_{x\to\xi}\frac{4\kappa^2(x-\xi)^2}{g^{11}}B&=\frac{-4\kappa^2\theta_1}{f}(2eA_0\omega+e^2A_0^2)\\&=n^2(2eA_0\omega+e^2A_0^2),\end{aligned} \tag{3.1.89}$$

当式(3.1.84)也成立时,克莱因-戈登方程化成

$$\frac{\mathrm{d}^2\varphi}{\mathrm{d}x_*^2}+n^2(\omega-\omega_0)^2\varphi=0, \tag{3.1.90}$$

式中

$$\omega_0=eA_0, \tag{3.1.91}$$

这实际上是一种静态情况.

当 $q=0,n=p=r$,且存在基灵矢量 $\left(\frac{\partial}{\partial z}\right)^a$ 时,分离变量

$$\psi(y,z)=\mathrm{e}^{\mathrm{i}\nu z}Y(y), \tag{3.1.92}$$

可证

$$\lim_{x\to\xi}\frac{4\kappa^2(x-\xi)^2}{g^{11}}B=n^2\left\{2eA_0\omega+e^2A_0^2+\frac{\theta_2}{\theta_1}(2e\omega A_3+2e^2A_0A_3)\right.$$

$$-\frac{\theta_2}{\theta_1}2\nu eA_0-\frac{\theta_4}{\theta_1}(2\nu eA_3-e^2A_3^2)\Big\}\Phi. \tag{3.1.93}$$

如果式(3.1.83)与式(3.1.84)同时成立,则克莱因-戈登方程(3.1.86)可化成

$$\frac{\mathrm{d}^2\varphi}{\mathrm{d}x_*^2}+n^2\left\{(\omega+eA_0)^2+\frac{\theta_2}{\theta_1}2(\omega+eA_0)(eA_3-\nu)+\frac{\theta_4}{\theta_1}(\nu-eA_3)^2\right\}\varphi=0. \tag{3.1.94}$$

因为$\lim\limits_{x\to\xi}\frac{\theta_4}{\theta_1}=\lim\limits_{x\to\xi}\left(\frac{\theta_2}{\theta_1}\right)^2=\Omega_{\mathrm{H}}^2$,上式可化成

$$\frac{\mathrm{d}^2\varphi}{\mathrm{d}x_*^2}+n^2(\omega-\omega_0)^2\varphi=0, \tag{3.1.95}$$

式中

$$\omega_0=eV+\Omega_{\mathrm{H}}(\nu-eA_3)=eV_0+\nu\Omega_{\mathrm{H}}, \tag{3.1.96}$$

静电势 $V=-A_0$,V_0 则为两极处的静电势.

克尔-纽曼黑洞就是这里 $n=p=r=1$ 的一个特例.应该注意,上述证明中并未要求电磁场一定起源于视界内部,它也可以起源于视界外部的其他源.这就是说,视界外部的电磁场源也将影响视界产生的热辐射的能谱.

3.1.5 解析延拓

波动方程(3.1.95)的解为

$$\varphi=\mathrm{e}^{\pm\mathrm{i}n(\omega-\omega_0)x_*}, \tag{3.1.97}$$

入射波

$$\Phi_{\mathrm{in}}=\mathrm{e}^{-\mathrm{i}\omega t-\mathrm{i}n(\omega-\omega_0)x_*}=\mathrm{e}^{-\mathrm{i}\omega v}, \tag{3.1.98}$$

出射波

$$\Phi_{\mathrm{out}}=\mathrm{e}^{-\mathrm{i}\omega t+\mathrm{i}n(\omega-\omega_0)x_*}=\mathrm{e}^{-\mathrm{i}\omega v}\mathrm{e}^{2\mathrm{i}n(\omega-\omega_0)x_*}, \tag{3.1.99}$$

式中

$$v\equiv t+\frac{\omega-\omega_0}{\omega}nx_* \tag{3.1.100}$$

为超前爱丁顿坐标.利用式(3.1.31),式(3.1.99)可表示成

$$\Phi_{\mathrm{out}}=\mathrm{e}^{-\mathrm{i}\omega v}(x-\xi)^{\mathrm{i}2n(\omega-\omega_0)/(2\kappa)}. \tag{3.1.101}$$

此波在视界 $x=\xi$ 处非解析,下面准备在复平面内作解析延拓到视界内部.

延拓以 ξ 为圆心、以 $\rho=|x-\xi|$ 为半径，从下半复平面进行(图3.1.1).注意，只需延拓 π/n 角，就可使 $\hat{g}_{00}$ 与 g_{11} 同时改变符号，即延拓到了视界内部.延拓前，在实轴上，

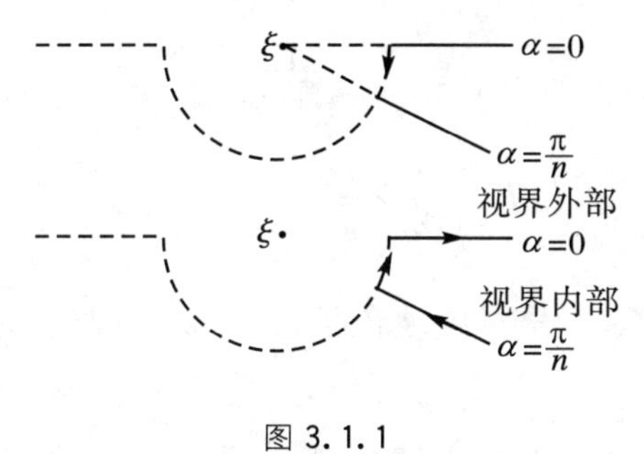

图 3.1.1

$$\hat{g}_{00}=\frac{(x-\xi)^n}{\theta_1}=\frac{|x-\xi|^n}{\theta_1}=\frac{\rho^n}{\theta_1},\tag{3.1.102}$$

$$g_{11}=\frac{1}{f(x-\xi)^m}=\frac{|x-\xi|^{n-2}}{f}=\frac{\rho^{n-2}}{f},\tag{3.1.103}$$

$$g_{11}\mathrm{d}x^2=\frac{(x-\xi)^{n-2}}{f}[\mathrm{d}(x-\xi)]^2=\frac{\rho^{n-2}}{f}\mathrm{d}\rho^2.\tag{3.1.104}$$

延拓 π/n 后，有

$$\tilde{g}_{00}=\frac{(\rho\cdot\mathrm{e}^{-\mathrm{i}\pi/n})^n}{\theta}=\frac{\rho^n\mathrm{e}^{-\mathrm{i}\pi}}{\theta}=\frac{-\rho^n}{\theta},\tag{3.1.105}$$

$$\begin{aligned}\tilde{g}_{11}(\mathrm{d}\,\tilde{x})^2&=\frac{(\rho\cdot\mathrm{e}^{-\mathrm{i}\pi/n})^{n-2}}{f}\cdot[\mathrm{d}(\rho\mathrm{e}^{-\mathrm{i}\pi/n})]^2\\&=\frac{\rho^{n-2}}{f}\cdot\mathrm{e}^{-\mathrm{i}\pi}(\mathrm{d}\rho)^2=-\frac{\rho^{n-2}}{f}\cdot(\mathrm{d}\rho)^2.\end{aligned}\tag{3.1.106}$$

可见，在沿下半复平面转动 $\alpha=\pi/n$ 角后，$\hat{g}_{00}$ 与 g_{11} 确实同时改变了符号，这说明已延拓到了视界内部，即基灵矢量 $\left(\frac{\partial}{\partial t}\right)^a$ 的类空区.

下面来把出射波(3.1.101)延拓到视界内部.延拓前，

$$\Phi_{\text{out}}=\mathrm{e}^{-\mathrm{i}\omega v}\rho^{\mathrm{i}n(\omega-\omega_0)/\kappa},\tag{3.1.107}$$

延拓到视界内部，得

$$\Phi_{\text{out}}=\mathrm{e}^{-\mathrm{i}\omega v}(\rho\cdot\mathrm{e}^{-\mathrm{i}\pi/n})^{\mathrm{i}n(\omega-\omega_0)/\kappa}=\mathrm{e}^{-\mathrm{i}\omega v}\rho^{\mathrm{i}n(\omega-\omega_0)/\kappa}\mathrm{e}^{\pi(\omega-\omega_0)/\kappa}\tag{3.1.108}$$

比较式(3.1.108)与式(3.1.107)可知，出射波在通过视界时发生了散射.波

函数的相对相因子为 $e^{-\pi(\omega-\omega_0)/\kappa}$,相对散射概率为

$$P_\omega = e^{-2\pi(\omega-\omega_0)/\kappa}. \tag{3.1.109}$$

用 Sannan 发展的 D-R 法,容易证明出射波谱为

$$N_\omega = \frac{\Gamma_\omega}{e^{(\omega-\omega_0)/(k_B T)} \pm 1}, \tag{3.1.110}$$

$$T = \frac{\kappa}{2\pi k_B}. \tag{3.1.111}$$

式中 + 号对应费米子,- 号对应玻色子. $\omega > \omega_0$ 的粒子为热辐射,$\omega < \omega_0$ 的粒子为非热辐射.

我们看到,稳态时空中的非简并视界(即 $\kappa > 0$ 的视界),普遍产生霍金热辐射,它们的表面引力都相应于温度.

3.1.6 讨论

(1) 综上所述,视界的热力学性质将对度规的函数形式给出一定限制.

① 事件视界 $\Rightarrow n > 0$

② κ 为非零有限值 $\Rightarrow \begin{cases} m+n=2, \\ n \neq 0 \end{cases}$

(①②) $\Rightarrow \begin{cases} m+n=2, \\ n>0. \end{cases}$

③ 视界面积 A 为非零有限值(或面积元为非零小量)$\Rightarrow q=0$.

④ Ω_H 为非零有限值 $\Rightarrow n=p$

⑤ 存在非零有限的能层区 $\Rightarrow n+r=2p$

(④⑤) $\Rightarrow n=p=r$.

(即视界与无限红移面不重合,也即 g_{03} 在视界上非零且有限.)

以上是对存在拖曳的稳态视界而言的.

(2) 对于静态时空,则有

① 事件视界 $\Rightarrow n > 0$

② κ 为非零有限值 $\Rightarrow \begin{cases} m+n=2, \\ n \neq 0 \end{cases}$

(①②) $\Rightarrow \begin{cases} m+n=2, \\ n>0. \end{cases}$

③ 视界面积 A 为非零有限值(或面积元 δA 为非零无穷小量)$\Rightarrow q+r=0$.

(3) 对于具有内禀自旋角动量的黑洞($g_{03} \neq 0$,但 $\Omega_H = 0$ 的稳态轴对称黑洞),

① 事件视界 $\Rightarrow n>0$

② κ 非零有限 $\Rightarrow\begin{cases} m+n=2, \\ n\neq 0 \end{cases}$ $\Bigg\}\Rightarrow\begin{cases} m+n=2, \\ n>0. \end{cases}$

③ 视界面积 A 为非零有限值(或面积元 δA 为非零无穷小量)$\Rightarrow q+r=0$.

④ $\Omega_{\mathrm{H}}=0\Rightarrow n>p$.

3.2 卡诺循环

设稳态时空[63-64]

$$ds^2=g_{00}dt^2+g_{11}dx^2+g_{22}dy^2+g_{33}dz^2+2g_{03}dtdz \tag{3.2.1}$$

中,$x=\xi$ 处存在事件视界.由于存在时轴交叉项,视界

$$\hat{g}_{00}=g_{00}-\frac{g_{03}^2}{g_{33}}=0 \tag{3.2.2}$$

将不再与无限红移面

$$g_{00}=0 \tag{3.2.3}$$

重合,二者之间存在能层区.能层中的质点将不可避免地被引力场拖曳,否则它的世界线将类空.特别是试图停留在视界表面的观测者或粒子,只能以唯一的速度

$$\Omega_{\mathrm{H}}=\lim_{x\to\xi}\frac{dz}{dt}=\lim_{x\to\xi}\frac{-g_{03}}{g_{33}} \tag{3.2.4}$$

被拖曳.

质点的运动由哈密顿-雅可比方程决定[1,36],

$$g^{\mu\nu}\left(\frac{\partial S}{\partial x^{\mu}}-eA_{\mu}\right)\left(\frac{\partial S}{\partial x^{\nu}}-eA_{\nu}\right)+\mu^2=0, \tag{3.2.5}$$

式中 e 和 μ 分别为质点电荷和静质量,A_{μ} 为电磁四矢,S 为哈密顿主函数,

$$S=\int L d\tau. \tag{3.2.6}$$

拉格朗日函数 L 是广义坐标 x^{μ} 与广义速度 $\dot{x}^{\mu}$ 的函数.$\dot{x}^{\mu}$ 就是粒子四速,

$$\dot{x}^{\mu}=\frac{\mathrm{d}x^{\mu}}{\mathrm{d}\tau}=U^{\mu}.$$

L 可具体写为

$$L=\frac{1}{2}\mu g_{\mu\nu}\dot{x}^{\mu}\dot{x}^{\nu}+eA_{\mu}\dot{x}^{\mu},\tag{3.2.7}$$

粒子总的四动量为

$$\widetilde{P}_{\mu}=\frac{\partial S}{\partial x^{\mu}}=\frac{\partial L}{\partial \dot{x}^{\mu}}=\mu g_{\mu\nu}\dot{x}^{\nu}+eA_{\mu},\tag{3.2.8}$$

其中四维协变机械动量

$$P_{\mu}=\frac{\partial S}{\partial x^{\mu}}-eA_{\mu}=\mu g_{\mu\nu}U^{\nu},\tag{3.2.9}$$

而逆变机械动量为

$$P^{\mu}=\mu\frac{\mathrm{d}x^{\mu}}{\mathrm{d}\tau}=\mu U^{\mu},\tag{3.2.10}$$

二者以度规张量相联系.

考虑相对于视界面静止的质点,其广义速度

$$\frac{\mathrm{d}x}{\mathrm{d}\tau}=\frac{\mathrm{d}y}{\mathrm{d}\tau}=0,$$

但

$$\frac{\mathrm{d}t}{\mathrm{d}\tau}\neq 0,\quad \frac{\mathrm{d}z}{\mathrm{d}\tau}\neq 0.\tag{3.2.11}$$

于是可得

$$\begin{aligned}&P_{1}=g_{1\mu}P^{\mu}=g_{11}P^{1}=\mu g_{11}\frac{\mathrm{d}x}{\mathrm{d}\tau}=0,\\&P_{2}=g_{2\mu}P^{\mu}=g_{22}P^{2}=\mu g_{22}\frac{\mathrm{d}y}{\mathrm{d}\tau}=0,\\&P_{3}=g_{3\mu}P^{\mu}=g_{30}P^{0}+g_{33}P^{3}=\mu\left(g_{03}\frac{\mathrm{d}t}{\mathrm{d}\tau}+g_{33}\frac{\mathrm{d}z}{\mathrm{d}\tau}\right).\end{aligned}\tag{3.2.12}$$

由式(3.2.4)可知,对于无穷靠近视界且相对视界静止的质点,

$$P_{3}=0,\tag{3.2.13}$$

所以,哈密顿-雅可比方程(3.2.5)可化成

$$g^{00}\left(\frac{\partial S}{\partial t}-eA_{0}\right)^{2}+\mu^{2}=0.\tag{3.2.14}$$

分离变量

$$S = -\omega t + F(x, y, z), \tag{3.2.15}$$

并注意到静电势

$$V = -A_0, \tag{3.2.16}$$

式(3.2.14)可化成

$$g^{00}(\omega - eV)^2 + \mu^2 = 0. \tag{3.2.17}$$

如果质点不带电，$e = 0$，则从上式可得

$$\omega = \frac{\mu}{\sqrt{-g^{00}}}. \tag{3.2.18}$$

下面考虑静止于视界外附近

$$x = \xi + \delta \tag{3.2.19}$$

处的质点，它离视界的坐标距离为 δ，固有距离为

$$d = \int_{\xi}^{\xi+\delta} \sqrt{\gamma_{11}} \mathrm{d}x = \int_{\xi}^{\xi+\delta} \sqrt{g_{11}} \mathrm{d}x, \tag{3.2.20}$$

式中 $\gamma_{\mu\nu}$ 为纯空间度规.

我们设度规可写成如下形式[27-28]：

$$g_{11} = \frac{1}{f(x, y, z) \cdot (x - \xi)^m}, \tag{3.2.21}$$

$$g^{00} = \frac{\theta_1(x, y, z)}{(x - \xi)^n}, \tag{3.2.22}$$

其中 f 和 θ_1 在 ξ 处非零非奇异. 在 3.1 节中已经证明，在视界附近，表面引力可写成

$$\kappa = \frac{1}{2}\sqrt{\frac{-f}{\theta_1}}\left[n - \frac{\theta_1'}{\theta_1}(x - \xi)\right], \tag{3.2.23}$$

式中

$$\theta' \equiv \frac{\partial \theta}{\partial x}.$$

还证明了对事件视界必定有

$$m + n = 2, \quad n > 0. \tag{3.2.24}$$

把式(3.2.21)代入式(3.2.20)，得

$$\begin{aligned} d &= \int_{\xi}^{\xi+\delta} [f(x, y, z) \cdot (x - \xi)^m]^{-1/2} \mathrm{d}x \\ &= [f(\eta, y, z)]^{-1/2} \int_{\xi}^{\xi+\delta} \frac{1}{1 - m/2} \mathrm{d}[(x - \xi)^{1-m/2}] \end{aligned}$$

$$= \frac{2}{n}\frac{\delta^{n/2}}{\sqrt{f(\eta,y,z)}}, \tag{3.2.25}$$

式中 η 为$(\xi,\xi+\delta)$中的值.

把式(3.2.21)、式(3.2.22)代入式(3.2.18),得

$$\begin{aligned}\omega &= \mu\sqrt{g_{11}}\frac{1}{\sqrt{-g^{00}g_{11}}} = \mu\sqrt{\frac{-f}{\theta_1}(x-\xi)^{m+n}}\sqrt{g_{11}} \\ &= \mu\sqrt{\frac{-f}{\theta_1}}(x-\xi)\frac{(x-\xi)^{-m/2}}{\sqrt{f(x,y,z)}} \\ &= \mu\frac{2\kappa}{n-\frac{\theta_1'}{\theta_1}(x-\xi)}\frac{\delta^{n/2}}{\sqrt{f(x,y,z)}} \\ &= \mu\frac{2\kappa}{n-\frac{\theta_1'}{\theta_1}(x-\xi)}\frac{\sqrt{f(\eta,y,z)}}{\sqrt{f(x,y,z)}}\frac{nd}{2}.\end{aligned} \tag{3.2.26}$$

当 $x\to\xi$,即质点静止于视界面附近时,略去高阶小量,得

$$\omega\to\mu\cdot\kappa\cdot d. \tag{3.2.27}$$

质点的结合能

$$B=\mu-\omega, \tag{3.2.28}$$

所以

$$B=\mu(1-\kappa d). \tag{3.2.29}$$

假定在 $x\to\infty$ 处存在温度为 T 的大热源,则可仿照克尔-纽曼黑洞情况,构造一个循环过程,其效率

$$\eta<1-\frac{\alpha\kappa}{T}, \tag{3.2.30}$$

其中

$$\alpha = \alpha'\beta, \tag{3.2.31}$$

$$\beta = \frac{2\pi\hbar c}{4\times 2.822k_{\mathrm{B}}}, \tag{3.2.32}$$

α'是待定常数.式(3.2.30)非常类似于通常热力学中不可逆卡诺循环的效率

$$\eta<1-\frac{T_1}{T_2}, \tag{3.2.33}$$

式中 T_1 和 T_2 分别为冷源和热源的温度.式(3.2.30)与式(3.2.33)的对比启示我们,$\alpha\kappa$ 可理解为黑洞的温度,写成

$$T_B = \alpha\kappa. \tag{3.2.34}$$

这样,式(3.2.30)可写成

$$\eta < 1 - \frac{T_B}{T}. \tag{3.2.35}$$

已经知道,盒子升、降对外做功是两个绝热过程;盒子在热源 T 处吸收辐射 $\delta\mu$ 是等温过程.当把视界看作有温度的客体(冷源)时,盒子向视界内部注入辐射的过程也是一个等温过程.这样,我们讨论的理想实验由两个等温过程和两个绝热过程构成循环,这正是卡诺循环.可见,把 $\alpha\kappa$ 理解为视界的温度是有道理的.当然,由于式(3.2.30)是不等式,α 定不下来.实际上,α 可由霍金辐射确定.

总之,我们没有利用度规的具体函数形式,就证明了对于一个稳态时空中的事件视界,一定可以构造一个卡诺循环,因而该视界可以看作具有与 κ 成正比的温度.可见,温度是事件视界的普遍属性,与度规函数形式的细节无关.

3.3　产生霍金-安鲁效应的普遍坐标变换

本节从少数几个物理意义明确的条件,得出产生霍金-安鲁效应的普遍坐标变换.我们提出在时空稳态、时轴正交的前提下,一种"分离时空变量形式的坐标变换"是产生热效应的充分条件.推测这种形式的分离变量是统计物理基本假设的一种表达方式.[65]

加速运动的伦德勒效应和黑洞的霍金效应已被理论物理界所普遍接受.然而,对这类效应统计根源的探讨还不能令人满意.已经证明,视界的存在普遍导致霍金效应[27-28],本书进一步给出导致这一效应的普遍坐标变换,并对其前提条件进行分析.同时指出,必定有表面引力不为零的事件视界伴随霍金效应一起出现.我们认为,导致热效应的关键是"分离时空变量型的

坐标变换”,并推测此“变换”很可能是统计物理基本假设的一种表达形式.

3.3.1 命题的内容

提出以下命题,并加以证明:

如果一个时轴正交的零温时空

$$ds^2 = -G_0 dT^2 + G_1 dX^2 + G_2 dY^2 + G_3 dZ^2 \tag{3.3.1}$$

变换到一个新时空

$$ds^2 = g_{00} dt^2 + 2g_{01} dt dx + g_{11} dx^2 + G_2 dY^2 + G_3 dZ^2, \tag{3.3.2}$$

其坐标变换满足以下条件:

① 时空坐标变换取分离变量的形式

$$T = f_1(x) g_1(t), \quad X = f_2(x) g_2(t), \tag{3.3.3}$$

式中 $f_1(x)$、$f_2(x)$、$g_1(t)$和 $g_2(t)$都不为常数,即

$$f_1'(x) \neq 0, \quad f_2'(x) \neq 0, \quad g_1'(t) \neq 0, \quad g_2'(t) \neq 0;$$

② 新时空时轴正交

$$g_{0i} = 0 \quad (i = 1、2、3); \tag{3.3.4}$$

③ 新时空稳态

$$\frac{\partial}{\partial t} g_{00} = \frac{\partial}{\partial t} g_{11} = \frac{\partial}{\partial t} G_2 = \frac{\partial}{\partial t} G_3 - 0, \tag{3.3.5}$$

且

$$\frac{\partial}{\partial t} G_0 = \frac{\partial}{\partial t} G_1 = 0; \tag{3.3.6}$$

④ 初条件:当 $t = 0$ 时,

$$T = 0, \tag{3.3.7}$$

则可证明,坐标变换必定具有如下形式:

$$T = f(x) \mathrm{sh}\omega t, \quad X = f(x) \mathrm{ch}\omega t, \tag{3.3.8}$$

式中 ω 为大于零的常数.新时空必定具有有限温度

$$T = \frac{\omega}{2\pi k_B}, \tag{3.3.9}$$

而且,必然有事件视界伴随新时空一起出现,其表面引力

$$\kappa = \omega. \tag{3.3.10}$$

3.3.2 命题的证明

作坐标变换

$$\mathrm{d}T=\frac{\partial T}{\partial x}\mathrm{d}x+\frac{\partial T}{\partial t}\mathrm{d}t,\quad \mathrm{d}X=\frac{\partial X}{\partial x}\mathrm{d}x+\frac{\partial X}{\partial t}\mathrm{d}t,\tag{3.3.11}$$

代入式(3.3.1)并与式(3.3.2)比较,可得

$$\begin{aligned}
g_{00}&=-\left[G_0\left(\frac{\partial T}{\partial t}\right)^2-G_1\left(\frac{\partial X}{\partial t}\right)^2\right],\\
g_{11}&=G_1\left(\frac{\partial X}{\partial x}\right)^2-G_0\left(\frac{\partial T}{\partial x}\right)^2,\\
g_{01}&=G_1\,\frac{\partial X}{\partial x}\frac{\partial X}{\partial t}-G_0\,\frac{\partial T}{\partial x}\frac{\partial T}{\partial t}.
\end{aligned}\tag{3.3.12}$$

由时轴正交,得

$$G_1\,\frac{\partial X}{\partial x}\frac{\partial X}{\partial t}=G_0\,\frac{\partial T}{\partial x}\frac{\partial T}{\partial t}.\tag{3.3.13}$$

时空稳态意味着

$$\begin{aligned}
&\frac{\partial}{\partial t}g_{00}=-\frac{\partial}{\partial t}\left[G_0\left(\frac{\partial T}{\partial t}\right)^2-G_1\left(\frac{\partial X}{\partial t}\right)^2\right]=0,\\
&\frac{\partial}{\partial t}g_{11}=\frac{\partial}{\partial t}\left[G_1\left(\frac{\partial X}{\partial x}\right)^2-G_0\left(\frac{\partial T}{\partial x}\right)^2\right]=0,\\
&\frac{\partial}{\partial t}G_2=\frac{\partial}{\partial t}G_3=0.
\end{aligned}\tag{3.3.14}$$

由式(3.3.13),知

$$G_1\left(\frac{\partial X}{\partial x}\right)^2-G_0\left(\frac{\partial T}{\partial x}\right)^2=\frac{G_0\left(\dfrac{\partial T}{\partial x}\right)^2}{G_1\left(\dfrac{\partial X}{\partial t}\right)^2}\left[G_0\left(\frac{\partial T}{\partial t}\right)^2-G_1\left(\frac{\partial X}{\partial t}\right)^2\right].\tag{3.3.15}$$

利用式(3.3.13)和式(3.3.14),得到

$$\frac{\partial}{\partial t}\left[\frac{\left(\dfrac{\partial T}{\partial x}\right)^2}{\left(\dfrac{\partial X}{\partial t}\right)^2}\right]=0,\quad \frac{\partial}{\partial t}\left[\frac{\left(\dfrac{\partial X}{\partial x}\right)^2}{\left(\dfrac{\partial T}{\partial t}\right)^2}\right]=0.\tag{3.3.16}$$

把式(3.3.3)代入,有

$$\frac{\partial}{\partial t}\left[\frac{g_1(t)}{g_2'(t)}\right]=0,\quad \frac{\partial}{\partial t}\left[\frac{g_2(t)}{g_1'(t)}\right]=0. \tag{3.3.17}$$

所以

$$g_1(t)=c_1 g_2'(t),\quad g_2(t)=c_2 g_1'(t), \tag{3.3.18}$$

式中 c_1 与 c_2 为常数.由式(3.3.18),可得

$$g_1''(t)-\omega^2 g_1(t)=0,\quad g_2''(t)-\omega^2 g_2(t)=0, \tag{3.3.19}$$

式中

$$\omega^2=\frac{1}{c_1 c_2}. \tag{3.3.20}$$

显然,ω 是与 t、x、Y、Z 均无关的常数.如果 $\omega=0$,则

$$g_1(t)=c_1' t+c_1'',\quad g_2(t)=c_2' t+c_2'', \tag{3.3.21}$$

式中 c_1'、c_1''、c_2'、c_2''均为任意常数.代入式(3.3.18),可知 $c_1'=c_2'=0$,即 $g_1(t)$与 $g_2(t)$均为常数.这与式(3.3.3)的要求矛盾,所以,必须有

$$\omega\neq 0. \tag{3.3.22}$$

把形如 $g(t)=\mathrm{e}^{\lambda t}$ 的解代入式(3.3.19),可得 $\lambda=\pm\omega$,通解为

$$g_1(t)=A\mathrm{e}^{\omega t}+B\mathrm{e}^{-\omega t}, \tag{3.3.23}$$

式中 A 和 B 为不依赖于 t 的任意常数.应用初条件式(3.3.7),得 $A=-B$,所以

$$g_1(t)=A'\mathrm{sh}\omega t, \tag{3.3.24}$$

类似可得

$$g_2(t)=A''\mathrm{ch}\omega t, \tag{3.3.25}$$

式中 $A'=2A$,$A''=c_2\omega A'$,于是有

$$T=A'f_1(x)\mathrm{sh}\omega t,\quad X=A''f_2(x)\mathrm{ch}\omega t. \tag{3.3.26}$$

把上式代入式(3.3.14),可得

$$G_0 f_1^2(x)=G_1\frac{c_2}{c_1}f_2^2(x),\quad G_1\frac{c_2}{c_1}f_2'^2(x)=G_0 f_1'^2(x). \tag{3.3.27}$$

上式又可写成 $G_0/G_1=c_2 f_2^2/(c_1 f_1^2)$,等号右边与 Y、Z 无关,所以左边 G_0/G_1 也与 Y、Z 无关.

当 $\omega^2=(c_1c_2)^{-1}>0$ 时,由式(3.3.1),知 $G_1c_2/(G_0c_1)>0$,式(3.3.27)可化成

$$f_1(x)=\pm\left(\frac{G_1c_2}{G_0c_1}\right)^{1/2}f_2(x),\quad f_1'(x)=\pm\left(\frac{G_1c_2}{G_0c_1}\right)^{1/2}f_2'(x). \tag{3.3.28}$$

以上两式相乘,得

$$f_1 \cdot f_1' = \pm\left(\frac{G_1 c_2}{G_0 c_1}\right) f_2 \cdot f_2'. \tag{3.3.29}$$

当式(3.3.28)中两式同号时,式(3.3.29)右边取"+"号;当式(3.3.28)中两式异号时,式(3.3.29)右边取"-"号.另一方面,由时轴正交即 $g_{01}=0$,可得

$$f_1 \cdot f_1' = \left(\frac{G_1 c_2}{G_0 c_1}\right) f_2 \cdot f_2'. \tag{3.3.30}$$

所以式(3.3.28)中两式必须同号.微分式(3.3.28)中第一式,可得

$$f_1'(x) = \left[\pm\frac{\partial}{\partial x}\left(\frac{G_1 c_2}{G_0 c_1}\right)^{1/2}\right] f_2(x) \pm \left(\frac{G_1 c_2}{G_0 c_1}\right)^{1/2} f_2'(x). \tag{3.3.31}$$

与式(3.3.28)中第二式比较,知 $\frac{\partial}{\partial x}\left(\frac{G_1 c_2}{G_0 c_1}\right)=0$,其中 c_1 与 c_2 为常数,因此

$$\frac{\partial}{\partial x}\left(\frac{G_1}{G_0}\right) = 0.$$

结合式(3.3.6),可知

$$G_1 = cG_0, \tag{3.3.32}$$

式中 c 为不依赖于 t, x, Y 和 Z 的常数,而且从式(3.3.1)可知,c 为正常数.由式(3.3.28),知

$$f_1(x) = \pm\left(\frac{c_2 c}{c_1}\right)^{1/2} f_2(x),$$

所以式(3.3.26)可写成

$$T = f(x)\mathrm{sh}\omega t, \quad X = \pm c^{-1/2} f(x)\mathrm{ch}\omega t, \tag{3.3.33}$$

式中 $f(x) = A' f_1(x)$.

如果 $\omega^2 = (c_1 c_2)^{-1} < 0$,则式(3.3.26)可表示为

$$T = B' f_1(x)\sin\omega' t, \quad X = B'' f_2(x)\cos\omega' t,$$

式中 $\omega' = |\omega| = (-c_1 c_2)^{-1/2}, B' = 2\mathrm{i}A, B'' = c_2\omega' B'$.这时式(3.3.27)依然成立,但 $c_2/c_1 < 0$,所以

$$f_1(x) = \pm\mathrm{i}\left(\frac{-G_1 c_2}{G_0 c_1}\right)^{1/2} f_2(x), \quad f_1'(x) = \pm\mathrm{i}\left(\frac{-G_1 c_2}{G_0 c_1}\right)^{1/2} f_2'(x).$$

类似于式(3.3.32),有 $G_1 = c' G_0$,式中 c' 也为正常数,不难得出

$$T = f(x)\sin\omega' t, \quad X = \pm\mathrm{i}c'^{-1/2} f(x)\cos\omega' t, \tag{3.3.34}$$

式中 $f(x) = B' f_1(x)$.现在,X 为复函数.而且,把式(3.3.34)代入式(3.3.1)后,新时空的 g_{00} 与 g_{11} 的正负号相同,新时空不具有洛伦兹号差,这

是不合理的.因此,ω^2 必须大于零.式(3.3.33)是我们得到的唯一的坐标变换.

然而,式(3.3.33)还可进一步化简.变换

$$T = f(x)\text{sh}\omega t, \quad X = \frac{-1}{\sqrt{c}} f(x)\text{ch}\omega t, \tag{3.3.35}$$

只不过是

$$T = f(x)\text{sh}\omega t, \quad X = \frac{1}{\sqrt{c}} f(x)\text{ch}\omega t, \tag{3.3.36}$$

在反射 $t \to -t, f(x) \to -f(x)$ 下的结果.不难看出,变换式(3.3.35)和式(3.3.36)给出的两个新坐标系(t,x)和(t',x'),覆盖(T,X)时空的相同部分,只不过对应区有所不同.因此,以后变换式(3.3.33)可只取"+"号,即用式(3.3.36)代替.

虽然 G_0 与 G_1 有可能为 x 和 Y、Z 的函数,但 $c = G_1/G_0$ 为纯粹的常数,因此可对 X 作伸缩变换

$$X' = \sqrt{c}X, \tag{3.3.37}$$

将常数 c 吸收到X'中.这时,变换式(3.3.36)简化为

$$T = f(x)\text{sh}\omega t, \quad X = f(x)\text{ch}\omega t. \tag{3.3.38}$$

这里最后一步已把 X' 形式地换成了 X.式(3.3.38)就是要证明的式(3.3.8).

不管上述坐标变换是否产生新坐标奇点,总可以把 g_{00} 和 g_{11} 写成如下的形式[27-28]:

$$g_{00} = \frac{(x-\xi)^n}{\theta(x,Y,Z)}, \quad g_{11} = \frac{1}{F(x,Y,Z)(x-\xi)^m}. \tag{3.3.39}$$

由于时空稳态,度规不含 t,新奇点只能出现在 x 取某值处,设新奇点位于 $x=\xi$,其中 ξ 可以为 Y、Z 的函数.式中 $m=n=0$ 表示并无新奇点出现的情况.利用式(3.3.1)、式(3.3.2)和式(3.3.8),不难证明

$$g_{00} = -G_0\omega^2 f^2(x), \quad g_{11} = G_0 f'^2(x). \tag{3.3.40}$$

与式(3.3.39)比较,得

$$-G_0\omega^2 f^2(x) = \frac{(x-\xi)^n}{\theta}, \tag{3.3.41}$$

$$G_0 f'^2(x) = \frac{1}{F(x-\xi)^m}. \tag{3.3.42}$$

从式(3.3.41),知

$$f=\pm\frac{(x-\xi)^{n/2}}{\omega(-G_0\theta)^{1/2}},\tag{3.3.43}$$

微分得

$$f'=\pm\frac{(x-\xi)^{n/2-1}}{2\omega(-G_0\theta)^{1/2}}\left[n-\frac{G_0'\theta+G_0\theta'}{G_0\theta}(x-\xi)\right].$$

代入式(3.3.42),得

$$F=\frac{-4\omega^2\theta}{\left[n-(x-\xi)\frac{\partial}{\partial x}\ln(-G_0\theta)\right]^2(x-\xi)^{m+n-2}}.\tag{3.3.44}$$

由于 F、θ 在 $x=\xi$ 附近非零非奇异,且已证明 $\omega>0$,所以只可能有

$$m=0,\quad n=0,\tag{3.3.45}$$

或

$$m+n=2,\quad n\neq 0.\tag{3.3.46}$$

式(3.3.45)意味着坐标变换不产生新奇点,式(3.3.46)意味着有一种特别的新奇点产生.新奇点当然位于旧坐标(T,X,Y,Z)取有限值的范围内,这就是说,式(3.3.8)在 $x=\xi$ 处不应发散,即 $f(\xi)$不应发散.所以,从式(3.3.43),可得

$$n\geqslant 0.\tag{3.3.47}$$

结合式(3.3.46)和式(3.3.47),可知新奇点必有以下特点:

$$m+n=2,\quad n>0.\tag{3.3.48}$$

这正是表面引力大于零的事件视界的充要条件.于是,我们证明了如果坐标变换产生新奇点,则此新奇点必是表面引力大于零的事件视界.不难算出其表面引力[27-28]

$$\begin{aligned}\kappa&=\lim_{x\to\xi}\left\{\frac{1}{2}\sqrt{\frac{-F}{\theta}}(x-\xi)^{(m+n-2)/2}\left[n-\frac{\theta'}{\theta}(x-\xi)\right]\right\}\\&=\omega.\end{aligned}\tag{3.3.49}$$

由于 ω 为常数,显然 κ 也为常数.对于有视界的稳态时空,在文献中已证明,必然存在黑体辐射,其温度为

$$T=\frac{\kappa}{2\pi k_B}.\tag{3.3.50}$$

由式(3.3.49)可知,上式即

$$T=\frac{\omega}{2\pi k_{\mathrm{B}}}. \tag{3.3.51}$$

然而,不管新时空有没有坐标奇点,由坐标变换式(3.3.8)可知,新时空一定有温度.形如式(3.3.8)的坐标变换,有虚的时间($t=\mathrm{i}\sigma$)周期 $2\pi/\omega$,它导致旧时空中的零温格林函数变成新时空中虚时周期为

$$\beta=\frac{2\pi}{\omega}$$

的温度格林函数[40].温度如式(3.3.51)所示.

从上面的讨论可知,只要坐标变换满足命题所给的条件,新时空就一定出现温度.如果新时空出现新的坐标奇点,它一定是事件视界,其表面引力一定满足 $\kappa=\omega$.这表明 κ 与 ω 不能相互独立取值.实际上,式(3.3.8)为一个通解,对一切大于零的 ω 均成立.如果给定 ω 一个值,例如 $\omega=\omega_0$,则新时空视界的表面引力只能取 $\kappa=\omega_0$.这就是说,给定 $\omega=\omega_0$,相当于限定了新时空视界的物理性质;反之,如果给定了视界的表面引力,则相当于给出了边界条件,变换式(3.3.8)中的 ω 不再能随便取值,它必须满足 $\omega=\kappa$.

实际上,不管坐标变换是否产生新的坐标奇点,有温度的新时空都一定存在事件视界,它正是新时空的边界.未出现新坐标奇点的情况,不是没有视界出现,而是视界出现于坐标无穷远处.从式(3.3.8),可得

$$X^2-T^2=f^2(x), \quad \mathrm{th}\,\omega t=\frac{T}{X}. \tag{3.3.52}$$

因为 $|\mathrm{th}\,\omega t|=1$ 只在 $t\to\pm\infty$ 时成立,而 $f(x)=0$ 一般又是新度规的坐标奇点,所以新坐标满足

$$f^2(x)>0, \quad |\mathrm{th}\,\omega t|<1. \tag{3.3.53}$$

这表明,新系只覆盖旧时空中

$$X^2>T^2 \tag{3.3.54}$$

的区域.由上式可知,新坐标系只覆盖旧时空的一部分,覆盖不了全部旧时空.不难看出,新时空的边界

$$X^2-T^2=0 \tag{3.3.55}$$

是零曲面.这里讨论的稳态时空存在基灵矢量 $(\partial/\partial t)^a$,把它作为法矢量可决定超曲面

$$\left(\frac{\partial}{\partial t}\right)^a\left(\frac{\partial}{\partial t}\right)_a=g_{00}=-G_0\omega^2 f^2(x), \tag{3.3.56}$$

与式(3.3.52)和式(3.3.55)比较可知,在新时空的边界处,

$$f(x)=0, \tag{3.3.57}$$

式(3.3.56)化成

$$\left(\frac{\partial}{\partial t}\right)^a\left(\frac{\partial}{\partial t}\right)_a=0. \tag{3.3.58}$$

这是静态时空中零曲面的充要条件.这个作为新时空边界的零超曲面,正是事件视界,下面计算此视界的表面引力.静止于新时空中的质点承受的坐标引力加速度为

$$\frac{\mathrm{d}^2 x}{\mathrm{d}\tau^2}=-\Gamma^1_{00}\left(\frac{\mathrm{d}t}{\mathrm{d}\tau}\right)^2=\frac{G_0' f+2G_0 f'}{2G_0^2 f(f')^2}. \tag{3.3.59}$$

固有加速度为 $\sqrt{g_{11}}\mathrm{d}^2 x/\mathrm{d}\tau^2$,再乘上红移因子,得

$$\sqrt{-g_{00}}\sqrt{g_{11}}\frac{\mathrm{d}^2 x}{\mathrm{d}\tau^2}=G_0\omega f f'\frac{\mathrm{d}^2 x}{\mathrm{d}\tau^2}=\omega\frac{G_0' f+2G_0 f'}{2G_0 f'}. \tag{3.3.60}$$

对于静止于视界附近的物体,由式(3.3.57),可知 $f(x)\to 0$,所以视界表面引力

$$\kappa=\lim_{f(x)\to 0}\left(\sqrt{-g_{00}g_{11}}\frac{\mathrm{d}^2 x}{\mathrm{d}\tau^2}\right)=\omega. \tag{3.3.61}$$

于是得到与式(3.3.49)、式(3.3.50)相同的结论,然而这里没有要求视界一定出现在新坐标取有限值处,$f(x)=0$ 包括了视界位于新坐标系的坐标无穷远处的情况.

可以看到,只要时空坐标变换取分离变量式(3.3.3),就必有 $\omega>0$,$|\mathrm{th}\,\omega t|<1$,也必有 $f^2(x)>0$.这两点都导致式(3.3.54)和式(3.3.55)成立,即导致新坐标系不能覆盖全部旧时空.新时空的边界必定为事件视界,其表面引力 $\kappa=\omega$ 决定新时空的温度.这就是说,有温度的新时空,在几何上只能是零温时空的一部分,$\kappa\neq 0$ 的事件视界必定伴随温度一起出现.

3.3.3　讨论与结论

(1) 条件②要求新时空时轴正交,从而保证了同时具有传递性.文献指出,同时具有传递性即热力学第零定律的一种表达方式.[66-68]

(2) 条件③和④都是为了保证新时空处于稳态,即度规不随时间变化.这一点是存在热平衡的前提条件.条件④保证了 $g_{00}<0$ 而 $g_{11}>0$,即保证

了在新时空中 t 为时间坐标，x 为空间坐标，从而使条件③确实导致新时空处于稳态，引力场(度规)不随时间变化.当然，条件④还可放宽，只要能保证 $g_{00}<0$ 而 $g_{11}>0$ 就行.

总之，条件③和④保证新时空处于稳态，条件②保证热力学第零定律成立.它们都是热平衡的必要条件，但不是产生热效应的充分条件.例如，闵氏时空满足上述条件，但温度为零.

(3) 条件①要求坐标变换具有式(3.3.3)所示的分离变量性质.这一条件是新时空出现热效应的关键.从定理的推导过程可以看出，在时空稳态和时轴正交的前提下，式(3.3.19)在 $\omega^2=0$ 时的解不满足分离变量关系式(3.3.3).因此，分离变量要求 $\omega^2\neq0$，由式(3.3.19)可知，这意味着

$$g_1''(t)\neq0,\quad g_2''(t)\neq0. \tag{3.3.62}$$

即式(3.3.3)中时间 t 的函数必须呈现非线性.对方程(3.3.34)的讨论可知，$\omega^2<0$ 得到的新空间不取洛伦兹号差，无物理意义.因此，唯一的可能是 $\omega^2>0$，这导致式(3.3.8)所示的坐标变换形式，从而在新时空中引进有限温度.

综上所述，在时空稳态和时轴正交的前提下，$\omega^2>0$ 的充要条件(即新时空出现热效应的充分条件)是“时空坐标变换取分离变量式(3.3.3)”.新时空出现有限温度，意味着旧时空中的纯态在新时空中呈现为混合态.已指出，新时空只是旧时空的一部分，新时空中的观测者失去了自己时空之外的一切信息，因此新时空中的观测者要比旧时空中的观测者得到的信息少.所以，新时空中的熵要比旧时空高.这可以看作新时空呈现有限温度的几何解释.

我们看到，在时空稳态和时轴正交的前提下，时空坐标变换的分离变量形式是导致热效应、导致纯态变成混合态的根源.由闵氏等时空的例子可知，无论是“时空稳态”“时轴正交”还是这两个条件的结合，都不是引进热效应和统计因素的关键.所以，作者推测，式(3.3.8)所示的分离变量型的时空坐标变换应该是统计物理基本假设的一种表述形式.这种变换，在用新坐标的函数表示旧时空坐标(X,T)时，把新时间坐标 t 的函数和新空间坐标 x 的函数分离开来，写成相互独立的乘积形式.这一点有些类似于“分子混沌假设”的表达式，然而那里写成乘积形式的是单粒子分布函数，这里却是时间函数和空间函数，差异还是很大的.作者认为，这里存在尚待进一步探索

的内在联系.

(4) 不难看出,伦德勒效应和施瓦西等时空的霍金效应均可作为特例从本节的结果推出.

总之,本节给出了从零温时空到有限温度时空坐标变换的普遍形式和前提条件,指出了这类坐标变换必然导致事件视界的出现.研究表明,在时空稳态和时轴正交的前提下,“分离变量型的时空坐标变换”是导致新时空出现有限温度的充分条件。因此,我们推测,时空坐标的“分离变量”假设,是统计物理基本假设的一种表达方式.

3.4 温度格林函数与霍金-安鲁效应

本节指出,对于在视界上有坐标奇异性的一般稳态时空,普遍可以找到一个延拓到视界内的新坐标系,相应的坐标变换正是我们已经讨论过的分离变量型变换.同时,用周敏耀、陈良范、郭汉英建议的温度格林函数生成泛函的方法,支持了这类比较一般的稳态时空存在霍金-安鲁效应的看法.[69-70]

3.4.1 覆盖视界内外的坐标系

我们曾经用解析延拓法证明,在比较一般的稳态黎曼时空

$$ds^2 = g_{00}\,dt^2 + g_{11}\,dx^2 + g_{22}\,dy^2 + g_{33}\,dz^2 + 2g_{03}\,dt\,dz \tag{3.4.1}$$

中,相对于视界 $x=\xi$ 静止的观测者,会看到来自视界的热辐射.现在进一步讨论上述时空的热性质及其几何根源.

先在

$$\Omega = \frac{dz}{dt} = -\frac{g_{03}}{g_{33}} \tag{3.4.2}$$

决定的拖曳系中讨论,然后再回到静止系来.这时式(3.4.1)化成

$$ds^2 = \hat{g}_{00}\,dt^2 + g_{11}\,dx^2 + g_{22}\,dy^2, \tag{3.4.3}$$

式中[27-28]

$$\hat{g}_{00} = g_{00} - \frac{g_{03}^2}{g_{33}} = \frac{(x-\xi)^n}{\theta_1(x,y,z)}, \tag{3.4.4}$$

$$g_{11} = \frac{1}{f(x,y,z)(x-\xi)^m}, \tag{3.4.5}$$

其中 f、θ_1 在 ξ 点非零非奇异.考虑 $\mathrm{d}y=0$ 的零测地线 $\hat{g}_{00}\mathrm{d}t^2 + g_{11}\mathrm{d}x^2 = 0$，可看出

$$t = \pm \int \sqrt{-\theta_1/f}(x-\xi)^{-1}\mathrm{d}x.$$

定义广义乌龟坐标

$$x_* = \int [-\theta_1(x,y,z)/f(x,y,z)]^{1/2}(x-\xi)^{-1}\mathrm{d}x.$$

引入广义零坐标 $u = t - x_*$，$v = t + x_*$，不难看出

$$\hat{g}_{00}\mathrm{d}u\mathrm{d}v = \hat{g}_{00}\mathrm{d}t^2 + g_{11}\mathrm{d}x^2. \tag{3.4.6}$$

再引入广义零克鲁斯卡坐标

$$U = -\mathrm{e}^{-\kappa u}, \quad V = \mathrm{e}^{\kappa v} \quad (\text{视界外}, x \geqslant \xi),$$

$$U = \mathrm{e}^{-\kappa u}, \quad V = \mathrm{e}^{\kappa v} \quad (\text{视界内}, x \leqslant \xi),$$

其中 $\kappa = (n/2)\sqrt{-f(\xi)/\theta_1(\xi)}$ 为视界表面引力，于是

$$\mathrm{d}U\mathrm{d}V = -\kappa^2 UV\mathrm{d}u\mathrm{d}v = \pm\kappa^2\mathrm{e}^{2\kappa x}\cdot\mathrm{d}u\mathrm{d}v, \tag{3.4.7}$$

在视界外为"+"号，视界内为"−"号.从式(3.4.4)、式(3.4.6)和式(3.4.7)，可知

$$\mathrm{d}s^2 = \pm[(x-\xi)^n/\theta_1(x)]\mathrm{e}^{-2\kappa x}\cdot\kappa^{-2}\mathrm{d}U\mathrm{d}V + g_{22}\mathrm{d}y^2. \tag{3.4.8}$$

引入广义克鲁斯卡坐标

$$\left.\begin{aligned} T &= \frac{V+U}{2} = \mathrm{e}^{\kappa x}\cdot\mathrm{sh}\kappa t, \\ X &= \frac{V-U}{2} = \mathrm{e}^{\kappa x}\cdot\mathrm{ch}\kappa t \end{aligned}\right\} \quad (\text{视界外}, x \geqslant \xi), \tag{3.4.9}$$

$$T = \mathrm{e}^{\kappa x}\cdot\mathrm{ch}\kappa t, \; X = \mathrm{e}^{\kappa x}\cdot\mathrm{sh}\kappa t \quad (\text{视界内}, x \leqslant \xi). \tag{3.4.10}$$

式(3.4.8)可进一步写成

$$\mathrm{d}s^2 = \pm\frac{(x-\xi)^n}{\theta_1(x)}\mathrm{e}^{-2\kappa x}\cdot\kappa^{-2}(\mathrm{d}T^2 - \mathrm{d}X^2) + g_{22}\mathrm{d}y^2. \tag{3.4.11}$$

注意，$\theta_1(x) < 0$，式(3.4.8)与式(3.4.11)中"+"号对应于视界外，"−"号对应于视界内.

下面证明，式(3.4.8)和式(3.4.11)所示的度规在视界 $x=\xi$ 处不再奇异. 令 $\sqrt{-\theta_1(x)/f(x)}\equiv L(x)$，则

$$x_* = \int L(x)\cdot\frac{\mathrm{d}x}{x-\xi}$$

$$= L(\xi)\int\frac{\mathrm{d}x}{x-\xi} + \int L^{(1)}(\xi)\mathrm{d}x + \sum_{i=2}^{\infty}\frac{L^{(i)}(\xi)}{i!}\int(x-\xi)^{i-1}\mathrm{d}x,$$

其中 $L^{(i)}(\xi)\equiv -\mathrm{d}^iL(x)/\mathrm{d}x^i|_{x=\xi}$. 不难看出 $L(\xi)=n/(2\kappa)$. 所以

$$-2\kappa x_* = -n\ln(x-\xi) - 2\kappa L^{(1)}(\xi)x - 2\kappa\sum_{i=2}^{\infty}\frac{L^{(i)}(\xi)}{i!i}(x-\xi)^i,$$

$$\lim_{x\to\xi}\frac{(x-\xi)^n}{\theta_1(x)}\mathrm{e}^{-2\kappa x_*} = \frac{1}{\theta_1(\xi)}.$$

我们看到，式(3.4.8)和式(3.4.11)的度规，在视界 $x=\xi$ 附近确实不再奇异了.

这里定义的零克鲁斯卡坐标 U、V 和广义克鲁斯卡坐标 X、T 是统一覆盖视界内外的坐标系，在视界上没有坐标奇异性. 而式(3.4.1)和式(3.4.3)所示的坐标系，只能覆盖视界外部，或只能覆盖其内部，在视界上存在坐标奇异性. 相应的时空坐标变换式(3.4.9)与式(3.4.10)，正是我们讨论过的分离变量型的变换.[65]

现在，把 T 和 t 延拓到虚时间轴

$$T=-\mathrm{i}\tau,\quad t=-\mathrm{i}\sigma,$$

式(3.4.9)化成

$$\tau=\mathrm{e}^{\kappa x_*}\sin\kappa\sigma,\quad X=\mathrm{e}^{\kappa x_*}\cos\kappa\sigma. \tag{3.4.12}$$

(τ,x,y,z')和(σ,x,y,z')都是度规正定的黎曼时空(z'表示拖曳系中的坐标). 不难看出，坐标 τ、X 显示出虚时周期性，周期为 $2\pi/\kappa$，在伦德勒、施瓦西和克尔等时空中，利用温度格林函数可知，这种虚时周期性正是霍金热效应的几何根源.[19,40]

3.4.2 温度格林函数的生成泛函

周敏耀、陈良范、郭汉英等人把证明霍金-安鲁效应的温度格林函数法发展为生成泛函法.[69] 我们现在把此方法推广到上述比较一般的稳态时空，讨论这类时空的热效应.

在统一覆盖视界内外的广义克鲁斯卡坐标系中，写出正定度规下 φ^i 场的绝对零度的格林函数生成泛函

$$Z[J] = \int [\mathrm{D}\varphi^i(\tau, X, y, z')] \exp\left\{\int_{-\infty}^{+\infty} \mathrm{d}\tau \int \mathrm{d}^3 X \sqrt{\tilde{g}_k} (\mathscr{L} + J_i \varphi^i)\right\}, \tag{3.4.13}$$

式中 $\tilde{g}_k$ 为 (τ, X, y, z') 坐标系下正定度规的行列式. 作坐标变换(3.4.12)，此生成泛函变成

$$Z[J] = \int [\mathrm{D}\varphi^i(\sigma, x_*, y, z')] \exp\left\{\int_0^{2\pi/\kappa} \mathrm{d}\sigma \int \mathrm{d}^3 x \sqrt{\tilde{g}_s} (\mathscr{L} + J_i \varphi^i)\right\}, \tag{3.4.14}$$

式(3.4.14)对虚时 σ 显示出周期性，周期为 $2\pi/\kappa$. 此周期性是由于原泛函中的变量 τ、X 用 $e^{\kappa x} \cdot \sin k\sigma$ 和 $e^{kx} \cdot \cos\kappa\sigma$ 代替而引入的. 这种周期性正是温度格林函数生成泛函的特点. 式(3.4.14)包含温度为 $T = \kappa/(2\pi k_B)$ 的量子混合态的全部信息. 此混合态用密度矩阵

$$\hat{\rho} = (1/Z) e^{-\beta \hat{H}'} \tag{3.4.15}$$

来描写，其中 $\beta = 1/(k_B T) = \kappa/(2\pi)$，$\hat{H}'$ 是拖曳系 (t, x, y, z') 中 φ^i 场的哈密顿量. 以上讨论的都是拖曳坐标系和广义克鲁斯卡坐标系之间的变换. 下面把拖曳系中物理量与静止系 (t, x, y, z) 中的物理量联系起来. 为了清楚起见，用 (t', x', y', z') 表示拖曳坐标系. 两者间的关系由式(3.4.2)决定，

$$t' = t, \quad x' = x, \quad y' = y, \quad z' = z - \Omega_H t, \tag{3.4.16}$$

$$\Omega_H = \lim_{x \to \xi} \Omega = \lim_{x \to \xi} \frac{\mathrm{d}z}{\mathrm{d}t}. \tag{3.4.17}$$

注意，我们仅在事件视界 $x = \xi$ 的邻域内进行讨论. 可以证明，稳态时空事件视界拖曳速度 Ω_H 在整个连通分支上一定是常数. 拖曳系中的哈密顿量 $H' = -\int \mathrm{d}^3 x' \sqrt{-g'} T'^0_0$ 与静止系中的哈密顿量 $H = -\int \mathrm{d}^3 x \sqrt{-g} T^0_0$、角动量 $M = \int \mathrm{d}^3 x \sqrt{-g} T^0_3$ 间用关系式 $T'^0_0 = (\partial t'/\partial x^\mu)(\partial x^\nu/\partial t') T^\mu_\nu$ 相联系.

由式(3.4.16)，可知 $T'^0_0 = T^0_0 + T^0_3 \Omega_H$，所以

$$H' = H - \Omega_H M, \tag{3.4.18}$$

式中 $M \equiv \int \mathrm{d}^3 x \sqrt{-g} (T^0_3)$ 定义为 φ^i 场的与 Ω_H 共轭的广义动量(角动

量).式(3.4.18)在场量子化后就是$\hat{H}' = \hat{H} - \Omega_{\hat{M}}$,于是,式(3.4.15)可用静止系中的物理量表出,

$$\hat{\rho} = \frac{1}{Z}e^{-\beta(\hat{H} - \Omega_{\mathrm{H}}\hat{M})}. \tag{3.4.19}$$

不难看出,坐标能量为ω、坐标角动量为m的粒子数平均值为

$$\langle \hat{N}_{\omega m} \rangle = \frac{T_r(\hat{\rho}\hat{N}_{\omega m})}{T_r\hat{\rho}} = \frac{1}{e^{(\omega - m\Omega_{\mathrm{H}})/(k_{\mathrm{B}}T)} \pm 1}, \tag{3.4.20}$$

其中粒子数算符$\hat{N}_{\omega m} = \hat{a}^{+}_{\omega m}\hat{a}_{\omega m}$,"+"号对应费米子,"-"号对应玻色子.这和在3.1节中用解析延拓法得到的结果完全一致.

我们用格林函数生成泛函的方法再次看到,在比较一般的稳态时空中,静止于视界外部的观测者的确处在温度为$T = \kappa/(2\pi k_{\mathrm{B}})$的环境中.这种温度完全由视界的坐标奇异性引起,它使静止于视界外的观测者所用的坐标系无法延伸到视界内部,从而失去那部分时空的信息,导致热效应的产生.

3.5 视界位置与温度的简单确定

我们建立了一种确定黑洞视界位置和温度的简便而准确的方法,已成功地应用于各种黑洞和宇宙视界[50,71-99].

黑洞的基本特征在于外部观测者得不到洞内物质的任何信息(总质量、总角动量和总电荷除外),因而黑洞的量子辐射谱必定是普朗克谱.根据以往探讨黑洞辐射的经验,得到热谱的关键在于粒子动力学方程一定能在视界附近利用乌龟坐标化成波动方程的标准形式,如克莱因-戈登方程化成

$$-\frac{\partial^2 f(t, r_*)}{\partial t^2} + \frac{\partial^2 f(t, r_*)}{\partial r_*^2} = 0. \tag{3.5.1}$$

这样,便可利用最初由Damour和Ruffini建立,[4]后来又被Sannan发展的方法[42],证明出射波的确具有黑体谱.克莱因-戈登方程能化成式(3.5.1)的原因,在于所用的乌龟坐标使时空在视界附近显式共形于二维闵氏时空.[95-99]我们的新方法正是基于上述事实而建立的.假定在乌龟坐标下,在

任何事件视界附近,二维时空都显式共形于闵氏时空,克莱因-戈登方程都一定能化成类似于式(3.5.1)的波动方程标准形式.由此,不但能得到黑洞的出射谱,还能反过来确定黑洞视界的位置和温度(在稳态情况下相当于得到了视界的表面引力),而不必像以往一样另外计算视界的位置和温度.这对于研究某些复杂时空中的黑洞,特别是动态时空中的黑洞具有重要意义.本节介绍这一方法在克尔-纽曼时空及一般稳态时空中的应用.先以克尔-纽曼时空为例来进行探讨,然后再推广到一般稳态时空[95-96].

3.5.1 克尔-纽曼时空

在克尔-纽曼时空

$$\begin{aligned}\mathrm{d}s^2 =& -\left(1-\frac{2Mr-Q^2}{\rho^2}\right)\mathrm{d}t^2+\frac{\rho^2}{\Delta}\mathrm{d}r^2+\rho^2\mathrm{d}\theta^2\\&+\left[(r^2+a^2)\sin^2\theta+\frac{(2Mr-Q^2)a^2\sin^4\theta}{\rho^2}\right]\mathrm{d}\varphi^2\\&-\frac{2(2Mr-Q^2)a\sin^2\theta}{\rho^2}\mathrm{d}\varphi\mathrm{d}t\end{aligned}\tag{3.5.2}$$

中,克莱因-戈登方程

$$\frac{1}{\sqrt{-g}}\left(\frac{\partial}{\partial x^\mu}-\mathrm{i}eA_\mu\right)\left[\sqrt{-g}g^{\mu\nu}\left(\frac{\partial}{\partial x^\nu}-\mathrm{i}eA_\nu\right)\Phi\right]-\mu^2\Phi=0\tag{3.5.3}$$

可化成

$$\begin{aligned}&\left[\frac{(r^2+a^2)^2}{\Delta}-a^2\sin^2\theta\right]\frac{\partial^2\Phi}{\partial t^2}-2a\left(1-\frac{r^2+a^2}{\Delta}\right)\frac{\partial^2\Phi}{\partial t\partial\varphi}-\Delta\frac{\partial^2\Phi}{\partial r^2}\\&-2(r-M)\frac{\partial\Phi}{\partial r}-\frac{1}{\sin\theta}\frac{\partial}{\partial\theta}\sin\theta\frac{\partial}{\partial\theta}\Phi-\left(\frac{1}{\sin^2\theta}-\frac{a^2}{\Delta}\right)\frac{\partial^2\Phi}{\partial\varphi^2}+\frac{2\mathrm{i}eQr}{\Delta}\\&\left[a\frac{\partial\Phi}{\partial\varphi}+(r^2+a^2)\frac{\partial\Phi}{\partial t}\right]+\left(\mu^2\rho^2-\frac{e^2Q^2r^2}{\Delta}\right)\Phi=0,\end{aligned}\tag{3.5.4}$$

式中

$$\begin{aligned}&\Delta\equiv r^2+a^2+Q^2-2Mr,\quad \rho^2\equiv r^2+a^2\cos^2\theta,\\&A_0=-\frac{Qr}{\rho^2},\quad A_1=A_2=0,\quad A_3=\frac{Qra}{\rho^2}\sin^2\theta,\end{aligned}\tag{3.5.5}$$

$\Phi=\Phi(t,r,\theta,\varphi)$为克莱因-戈登粒子的波函数,$\mu$ 为粒子的静质量.仿照球对称情况,引入乌龟坐标变换

$$r_* = r + \frac{1}{2\kappa}\ln\frac{r - r_{\rm H}}{r_{\rm H}}, \tag{3.5.6}$$

其中 $r_{\rm H}$ 为视界位置,κ 为视界表面引力,两者都是待定常数.容易算出

$$\begin{aligned}\frac{\partial}{\partial r} &= \left[1 + \frac{1}{2\kappa(r - r_{\rm H})}\right]\frac{\partial}{\partial r_*},\\ \frac{\partial^2}{\partial r^2} &= \left[1 + \frac{1}{2\kappa(r - r_{\rm H})}\right]^2\frac{\partial^2}{\partial r_*^2} - \frac{1}{2\kappa\cdot(r - r_{\rm H})^2}\frac{\partial}{\partial r_*}.\end{aligned} \tag{3.5.7}$$

于是方程(3,5・4)可化成

$$\begin{aligned}&\frac{\Delta^2}{4\kappa^2(r - r_{\rm H})^2}\frac{[2\kappa\cdot(r - r_{\rm H}) + 1]^2}{[(r^2 + a^2)^2 - \Delta a^2\sin^2\theta]}\frac{\partial^2\Phi}{\partial r_*^2}\\ &+ \frac{2a[\Delta - (r^2 + a^2)]}{(r^2 + a^2)^2 - \Delta a^2\sin^2\theta}\frac{\partial^2\Phi}{\partial t\partial\varphi} - \frac{\partial^2\Phi}{\partial t^2}\\ &- \frac{\Delta\{\Delta - 2(r - M)(r - r_{\rm H})[2\kappa\cdot(r - r_{\rm H}) + 1]\}}{[(r^2 + a^2)^2 - \Delta a^2\sin^2\theta]2\kappa\cdot(r - r_{\rm H})^2}\frac{\partial\Phi}{\partial r_*}\\ &+ \frac{\Delta - a^2\sin^2\theta}{[(r^2 + a^2)^2 - \Delta a^2\sin^2\theta]\sin^2\theta}\frac{\partial^2\Phi}{\partial\varphi^2} - \frac{2\mathrm{i}eQr}{(r^2 + a^2)^2 - \Delta a^2\sin^2\theta}\\ &\cdot\left[a\frac{\partial\Phi}{\partial\varphi} + (r^2 + a^2)\frac{\partial\Phi}{\partial t}\right] + \frac{e^2Q^2r^2}{(r^2 + a^2)^2 - \Delta a^2\sin^2\theta}\Phi\\ &+ \frac{\Delta}{(r^2 + a^2)^2 - \Delta a^2\sin^2\theta}\left(\frac{1}{\sin\theta}\frac{\partial}{\partial\theta}\sin\theta\frac{\partial\Phi}{\partial\theta} - \rho^2\mu^2\Phi\right) = 0.\end{aligned} \tag{3.5.8}$$

要想使方程(3.5.8)在视界 $r_{\rm H}$ 附近能有类似式(3.5.1)的形式,必须使 $\partial^2\Phi/\partial r_*^2$ 项的系数在 $r\to r_{\rm H}$ 时趋于 1.然而不难看出,该系数的分母在 $r\to r_{\rm H}$ 时趋于零,所以其分子也必须在 $r\to r_{\rm H}$ 时趋于零,于是有

$$\lim_{r\to r_{\rm H}}\Delta^2[2\kappa(r\to r_{\rm H}) + 1]^2 = 0. \tag{3.5.9}$$

从式(3.5.5)可知,这意味着 $r_{\rm H}^2 + a^2 + Q^2 - 2Mr_{\rm H} = 0$.于是得到黑洞的两个视界:

$$\begin{aligned}&\text{外视界}\quad r_+ = M + (M^2 - a^2 - Q^2)^{1/2},\\ &\text{内视界}\quad r_- = M - (M^2 - a^2 - Q^2)^{1/2}.\end{aligned} \tag{3.5.10}$$

不难看出

$$\Delta = (r - r_+)(r - r_-).$$

考虑外视界,令

$$\lim_{r\to r_{\rm H}}\frac{\Delta^2[2\kappa(r - r_{\rm H}) + 1]^2}{4\kappa^2(r - r_{\rm H})^2[(r^2 + a^2)^2 - \Delta a^2\sin^2\theta]} = 1, \tag{3.5.11}$$

得

$$\kappa_+ = \frac{r_+ - r_-}{2(r_+^2 + a^2)}, \tag{3.5.12}$$

此即外视界表面引力.相应的内视界表面引力也可由类似于式(3.5.11)的极限得出,$\kappa_- = \dfrac{r_+ - r_-}{2(r_-^2 + a^2)}$.

计算式(3.5.8)中其余各项的系数在 $r \to r_H$ 时的极限,可知式(3.5.8)化成

$$\frac{\partial^2 \Phi}{\partial r_*^2} - \frac{\partial^2 \Phi}{\partial t^2} - \frac{2a}{r_+^2 + a^2}\frac{\partial^2 \Phi}{\partial t \partial \varphi} - \left(\frac{a}{r_+^2 + a^2}\right)^2 \frac{\partial^2 \Phi}{\partial \varphi^2} - 2\mathrm{i}e \frac{Qr_+}{r_+^2 + a^2}$$

$$\cdot \frac{a}{r_+^2 + a^2}\frac{\partial \Phi}{\partial \varphi} - 2\mathrm{i}e \cdot \frac{Qr_+}{r_+^2 + a^2}\frac{\partial \Phi}{\partial t} + e^2\left(\frac{Qr_+}{r_+^2 + a^2}\right)^2 \Phi = 0. \tag{3.5.13}$$

注意到上述方程对 θ 角的变化无限制,以及时空轴对称,可分离变量

$$\Phi = f(r_*, t)\Theta(\theta) \cdot \mathrm{e}^{\mathrm{i}\nu\varphi}, \tag{3.5.14}$$

式中 ν 为粒子角动量在黑洞转动轴上的投影.再注意到 $V_0 = \dfrac{Qr_+}{r_+^2 + a^2}$ 为黑洞两极处的静电势,$\Omega_H = a/(r_+^2 + a^2)$ 为黑洞转动的角速度,式(3.5.13)可化成

$$\frac{\partial^2 f}{\partial r_*^2} - \left(\frac{\partial}{\partial t} + \mathrm{i}\nu\Omega_H + \mathrm{i}eV_0\right)^2 f = 0. \tag{3.5.15}$$

这就是带电粒子克莱因-戈登方程在乌龟坐标下的标准形式.比式(3.5.1)多出的 V_0 项是由于粒子带电引起的,闵氏时空中带电粒子在电磁场中运动的克莱因-戈登方程也含此项.Ω_H 项反映黑洞转动所引起的拖曳效应,与马赫原理有关,是闵氏时空中所没有的.

考虑到时空稳态,可进一步分离变量 $f = R(r_*)\mathrm{e}^{-\mathrm{i}\omega t}$,$\omega$ 为粒子能量.于是式(3.5.15)化成

$$\frac{\mathrm{d}^2 R}{\mathrm{d}r_*^2} + (\omega - \omega_0)^2 R = 0, \tag{3.5.16}$$

式中 $\omega_0 \equiv \nu\Omega_H + eV_0$.用 2.6 节的方法,容易证明克尔-纽曼黑洞有热谱 $P_\omega = [\mathrm{e}^{(\omega-\omega_0)/(k_B T)} \pm 1]^{-1}$,"+"号对应费米子,"-"号对应玻色子,温度 $T = \kappa/(2\pi k_B)$.表面引力 κ 如式(3.5.12)所示.

综上所述,从要求克莱因-戈登方程在视界附近化成波动方程的标准形

式出发,可以自动确定出克尔-纽曼黑洞的视界和温度,并导出热辐射谱.不难验证,当采用式(3.5.10)与式(3.5.12)所示的 r_H 及 κ 值时,乌龟坐标下的二维时空在视界附近确实显式共形于闵氏时空.

3.5.2　一般稳态时空

对于具有事件视界的一般稳态时空,不用写出度规分量的具体函数形式,就可利用上述方法简单迅速地定出视界的位置和温度.如 3.1 节所述,一般稳态时空

$$ds^2 = g_{00}dt^2 + g_{11}dx^2 + g_{22}dy^2 + g_{33}dz^2 + 2g_{03}dtdz. \tag{3.5.17}$$

在拖曳系

$$\frac{dz}{dt} = -\frac{g_{03}}{g_{33}} \tag{3.5.18}$$

中,线元化成

$$ds^2 = \hat{g}_{00}dt^2 + g_{11}dx^2 + g_{22}dy^2, \tag{3.5.19}$$

式中 $\hat{g}_{00} \equiv g_{00} - g_{03}^2/g_{33}$.设视界位于 $x = \xi$ 处,式中 $\hat{g}_{00}$、g_{11} 可能不仅是 x 的函数,还与 y、z 有关.这里,仅把 x 看作变量,把 y、z 作为任意固定的参量处理.设

$$\begin{aligned} \hat{g}_{00} &= \frac{(x-\xi)^n}{\theta(x,y,z)}, \\ g_{11} &= \frac{1}{f(x,y,z)(x-\xi)^m}, \end{aligned} \tag{3.5.20}$$

式中 θ、f 是在视界处非零非奇异的函数,m、n 是实数.再设乌龟坐标

$$x_* = x + \frac{n}{2\kappa}\ln\frac{x-\xi}{\xi}, \tag{3.5.21}$$

或

$$\begin{aligned} dx_* &= \left[1 + \frac{n}{2\kappa\cdot(x-\xi)}\right]dx, \\ \frac{d}{dx} &= \frac{2\kappa(x-\xi)+n}{2\kappa(x-\xi)}\frac{d}{dx_*}, \\ \frac{d^2}{dx^2} &= \frac{[2\kappa(x-\xi)+n]^2}{4\kappa^2(x-\xi)^2}\frac{d^2}{dx_*^2} - \frac{n}{2\kappa(x-\xi)^2}\frac{d}{dx_*}. \end{aligned} \tag{3.5.22}$$

先把克莱因-戈登方程(3.1.27)按式(3.1.28)分离变量得式(3.1.29),再作

式(3.5.22)所示的乌龟变换,得

$$\frac{\hat{g}_{00}g^{11}[2\kappa(x-\xi)+n]^2}{4\kappa^2(x-\xi)^2}\frac{\mathrm{d}^2\varphi}{\mathrm{d}x_*^2}+\frac{n\hat{g}_{00}}{2\kappa(x-\xi)}\left[\frac{1}{\sqrt{-g}}\frac{\partial}{\partial x}(\sqrt{-g}g^{11})-\frac{g^{11}}{x-\xi}\right]$$

$$\cdot\frac{\mathrm{d}\varphi}{\mathrm{d}x_*}+\hat{g}_{00}\frac{\varphi}{\psi}G=\hat{g}_{00}(\mu^2+\omega^2g^{00})\varphi. \tag{3.5.23}$$

为了使方程(3.5.23)在视界附近化成波动方程(3.5.1)的形式,令$\frac{\mathrm{d}^2\varphi}{\mathrm{d}x_*^2}$项系数在 $x\to\xi$ 时趋于1,这时

$$\lim_{x\to\xi}\hat{g}_{00}g^{11}[2\kappa(x-\xi)+n]^2=\lim_{x\to\xi}f\cdot\theta^{-1}\cdot(x-\xi)^2[2\kappa(x-\xi)+n]^2$$

$$=0, \tag{3.5.24}$$

$$\lim_{x\to\xi}\frac{\hat{g}_{00}g^{11}[2\kappa(x-\xi)+n]^2}{4\kappa^2(x-\xi)^2}=\frac{f(\xi,y,z)\cdot\theta^{-1}(\xi,y,z)\cdot n^2}{4\kappa^2}=1, \tag{3.5.25}$$

定出

$$\kappa=\frac{n}{2}\sqrt{-f/\theta}. \tag{3.5.26}$$

这里已用了式(3.5.20)、式(3.1.24),并考虑到 $\theta<0$.不难证明,此时式(3.5.23)化成

$$\frac{\mathrm{d}^2\varphi}{\mathrm{d}x_*^2}+(\omega-\omega_0)^2\varphi=0. \tag{3.5.27}$$

用 Damour-Ruffini 的解析延拓法,可证明视界有温度为

$$T=\frac{\kappa}{2\pi k_{\mathrm{B}}} \tag{3.5.28}$$

的热辐射发出.注意,波动方程(3.5.27)与(3.1.76)虽然相差一个因子 n^2,但它们的乌龟变换差因子 n,这将使两者对应的出射波在解析延拓到视界内时,转动的角度相同,均沿下半复平面转 π/n 角.

3.6 共形平直技术

本节介绍一种简单、快速确定稳态时空中事件视界位置和霍金-安鲁温

度的方法.我们称这一方法为共形平直技术.[95-99]

3.6.1　乌龟坐标与共形平直

在 3.1 节中,我们证明在一般静态或稳态时空中,乌龟坐标变换可以把克莱因-戈登方程在视界附近化成平直时空中波动方程的标准形式.我们发现,造成上述结果的原因是,乌龟坐标可使时空在视界附近呈现显式共形于二维闵氏时空的形式.[97]

已经证明,在 $x=\xi$ 处存在事件视界的一般静态时空

$$ds^2 = g_{00}dt^2 + g_{11}dx^2 + g_{22}dy^2 + g_{33}dz^2 + 2g_{23}dydz \tag{3.6.1}$$

中一定存在温度为 $T=\kappa/(2\pi k_B)$的霍金辐射,其中 κ 为视界表面引力,

$$\kappa = \frac{n}{2}\sqrt{-f/\theta}. \tag{3.6.2}$$

我们已把度规分量写成

$$g_{00} = \frac{(x-\xi)^n}{\theta(x,y,z)}, \qquad g_{11} = \frac{1}{f(x,y,z)(x-\xi)^m}, \tag{3.6.3}$$

式中 f 和 θ 为在 ξ 附近非零非奇异的函数,m 和 n 为实数,而且必须满足

$$m+n=2, \quad n>0.$$

不难看出,在乌龟坐标变换

$$dx_* = \frac{n dx}{2\kappa(x-\xi)} = \sqrt{\frac{-\theta(\xi,y,z)}{f(\xi,y,z)}}\frac{dx}{x-\xi} \tag{3.6.4}$$

下,二维线元 $ds^2 = g_{00}dt^2 + g_{11}dx^2$ 可化成

$$ds^2 = \Omega^2 d\bar{s}^2, \tag{3.6.5}$$

式中共形因子

$$\Omega^2 = \frac{(x-\xi)^n}{\theta(x,y,z)}. \tag{3.6.6}$$

线元

$$d\bar{s}^2 = -dt^2 + \frac{\theta(x,y,z)}{\theta(\xi,y,z)}\cdot\frac{f(\xi,y,z)}{f(x,y,z)}dx_*^2. \tag{3.6.7}$$

在 $x\to\xi$ 时,化成

$$d\bar{s}^2 = -dt^2 + dx_*^2. \tag{3.6.8}$$

可见,二维时空(3.6.5)在视界附近显式共形于闵氏时空.注意,在上述二维时空的讨论中,我们把 y、z 作为任意固定的参数处理.

在乌龟坐标下,二维时空在视界附近有共形平直的显式形式,这就是克莱因-戈登方程在乌龟坐标下,在视界附近一定会化成平直时空中波动方程标准形式的根本原因.克莱因-戈登方程化成标准形式,保证了我们可用 Damour 和 Ruffini 的方法,证明一般静态时空中的事件视界一定产生热辐射.

在 3.3 节中,我们进一步证明了,在一类坐标变换下,普遍会产生热效应,这类坐标变换联系线元[65]

$$ds^2 = -G_0 dT^2 + G_1 dX^2 + G_2 dY^2 + G_3 dZ^2, \tag{3.6.9}$$

$$ds^2 = g_{00} dt^2 + g_{11} dx^2 + G_2 dY^2 + G_3 dZ^2. \tag{3.6.10}$$

其特点之一是 $G_0 = G_1$,即二维时空 $ds^2 = G_0(-dT^2 + dX^2)$ 呈现共形平直的显式形式.

我们已证明

$$g_{00} = -G_0 \kappa^2 f^2, \quad g_{11} = G_0 f'^2, \tag{3.6.11}$$

式中 $f' \equiv df/dx$,κ 是式(3.3.49)中的 ω.不难找出时空

$$ds^2 = g_{00} dt^2 + g_{11} dx^2 = G_0(-\kappa^2 f^2 dt^2 + f'^2 dx^2) \tag{3.6.12}$$

的乌龟坐标

$$dx_* = \frac{f'}{\kappa f} dx = \frac{1}{\kappa} \frac{df}{f}, \tag{3.6.13}$$

或

$$x_* = \frac{1}{\kappa} \ln f = \frac{1}{2\kappa} \ln f^2, \tag{3.6.14}$$

其中 κ 是常数.在 3.3 节中已证明视界位于 $f = 0$ 处,从式(3.6.14),知

$$f = e^{\kappa x_*}, \tag{3.6.15}$$

于是线元化成

$$ds^2 = G_0 \kappa^2 f^2(-dt^2 + dx_*^2) = G_0 \kappa^2 e^{2\kappa x_*}(-dt^2 + dx_*^2). \tag{3.6.16}$$

显然,新时空也是二维显式共形平直的,显式共形于二维闵氏时空.由于新旧时空均有共形平直的显式形式,我们可用安鲁建议的博戈柳博夫变换法,证明新时空一定存在热效应.

3.6.2 博戈柳博夫变换

无质量粒子的克莱因-戈登方程在共形变换下不变,我们有

$$\frac{\partial^2 \varphi}{\partial T^2}-\frac{\partial^2 \varphi}{\partial X^2}=0 \tag{3.6.17}$$

及

$$\frac{\partial^2 \varphi}{\partial t^2}-\frac{\partial^2 \varphi}{\partial x_*^2}=0. \tag{3.6.18}$$

类似于伦德勒时空与闵氏时空的关系,新时空只覆盖旧时空的 R 区或 L 区(图 3.6.1).因此,方程(3.6.17)的解

$$\bar{U}_l=(4\pi\omega)^{-1/2}\mathrm{e}^{\mathrm{i}lX-\mathrm{i}\omega T} \tag{3.6.19}$$

在整个旧时空上是完备而且解析的,但方程(3.6.18)的解却不是.可以证明,一个解 ${}^RU_l$ 在 R 区(新时空)而且只在 R 区完备;另一个解 ${}^LU_l$ 在 L 区(另一个新时空)而且只在 L 区完备.而且它们并非在整个旧时空上处处解析.它们可以表示为

$$ {}^RU_l=\begin{cases}(4\pi\omega)^{-1/2}\mathrm{e}^{\mathrm{i}lx_*-\mathrm{i}\omega t}, & R\text{ 区},\\ 0, & L\text{ 区},\end{cases} \tag{3.6.20}$$

$$ {}^LU_l=\begin{cases}(4\pi\omega)^{1/2}\mathrm{e}^{\mathrm{i}lx_*+\mathrm{i}\omega t}, & L\text{ 区},\\ 0, & R\text{ 区}.\end{cases} \tag{3.6.21}$$

考虑到新旧时空的坐标变换具有如下形式:

$$\begin{cases}T=f(x)\mathrm{sh}\kappa t,\\ X=f(x)\mathrm{ch}\kappa t,\end{cases}\quad \text{或}\quad \begin{cases}T=\mathrm{e}^{\kappa x_*}\mathrm{sh}\kappa t,\\ X=\mathrm{e}^{\kappa x_*}\mathrm{ch}\kappa t.\end{cases} \tag{3.6.22}$$

可以遵循安鲁的方案,找到在整个旧时空上完备且解析的函数

$$ {}^RU_l+\mathrm{e}^{-\pi\omega/\kappa}\,{}^LU_{-l}^*,\quad {}^RU_{-l}^*+\mathrm{e}^{\pi\omega/\kappa}\,{}^LU_l. \tag{3.6.23}$$

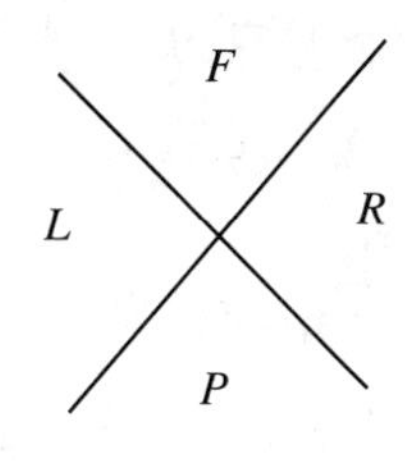

图 3.6.1

显然,波函数 φ 可用完备基式(3.6.20)与式(3.6.21)展开,也可用完备基式(3.6.23)展开:

$$\varphi=\sum_{l=-\infty}^{+\infty}\left(b_l^{(1)}\,{}^LU_l+b_l^{(1)+}\,{}^LU_l^*+b_l^{(2)}\,{}^RU_l+b_l^{(2)+}\,{}^RU_l^*\right), \tag{3.6.24}$$

$$\varphi=\sum_{l=-\infty}^{+\infty}[2\mathrm{sh}(\pi\omega/\kappa)]^{-1/2}\Big(\Big\{d_l^{(1)}[\mathrm{e}^{\pi\omega/(2\kappa)}\,{}^{R}U_l+\mathrm{e}^{-\pi\omega/(2\kappa)}\,{}^{L}U_{-l}^{*}]$$

$$+d_l^{(2)}[\mathrm{e}^{-\pi\omega/(2\kappa)}\,{}^{R}U_{-l}^{*}+\mathrm{e}^{\pi\omega/(2\kappa)}\,{}^{L}U_l]\Big\}+h.c.\Big),\qquad(3.6.25)$$

式中

$$d_l^{(1)}|0\rangle=d_l^{(2)}|0\rangle=0,\quad b_l^{(1)}|\tilde{0}\rangle=b_l^{(2)}|\tilde{0}\rangle=0,\qquad(3.6.26)$$

$|0\rangle$与$|\tilde{0}\rangle$分别为旧时空的真空态和新时空的真空态.可求得博戈柳博夫变换

$$\begin{aligned}b_l^{(1)}&=[2\mathrm{sh}(\pi\omega/\kappa)]^{-1/2}[\mathrm{e}^{\pi\omega/(2\kappa)}d_l^{(2)}+\mathrm{e}^{-\pi\omega/(2\kappa)}d_{-l}^{(1)+}],\\ b_l^{(2)}&=[2\mathrm{sh}(\pi\omega/\kappa)]^{-1/2}[\mathrm{e}^{\pi\omega/(2\kappa)}d_l^{(1)}+\mathrm{e}^{-\pi\omega/(2\kappa)}d_{-l}^{(2)+}].\end{aligned}\qquad(3.6.27)$$

不难算出新时空中的静止观测者从旧时空真空态中检测到的粒子数为

$$\langle 0|b_i^{(1,2)+}b_l^{(1,2)}|0\rangle=[\mathrm{e}^{\omega/(k_{\mathrm{B}}T)}-1]^{-1},\qquad(3.6.28)$$

式中温度

$$T=\kappa/(2\pi k_{\mathrm{B}}).\qquad(3.6.9)$$

这样,我们把安鲁建议的方法推广使用于更一般的坐标变换,再次证明了3.3节中的结论,存在一类普遍的导致热效应的坐标变换.

3.6.3 共形平直技术

我们看到,当把r_{H}和κ的具体值代入时,乌龟坐标下的二维时空线元,在视界附近确实化成显式共形于二维闵氏时空的形式.实际上,反过来,从要求乌龟坐标下的二维时空线元显式共形于二维闵氏时空出发,可以非常容易地算出视界的位置和温度.下面我们分别以克尔-纽曼时空和一般稳态时空为例,来介绍这一方法,我们称这一方法为共形平直技术.[95-96]

先把克尔-纽曼时空线元在拖曳系中表出:

$$\mathrm{d}s^2=\hat{g}_{00}\mathrm{d}t^2+g_{11}\mathrm{d}r^2+g_{22}\mathrm{d}\theta^2,\qquad(3.6.30)$$

式中

$$\hat{g}_{00}\equiv g_{00}-\frac{g_{03}^2}{g_{33}}=\frac{-\rho^2\Delta}{(r^2+a^2)\rho^2-(2Mr-Q^2)a^2\sin^2\theta}.\qquad(3.6.31)$$

时空(3.6.30)的二维线元

$$\mathrm{d}s^2=\hat{g}_{00}\mathrm{d}t^2+g_{11}\mathrm{d}r^2,\qquad(3.6.32)$$

在引入乌龟坐标(3.5.6)后,化成

$$ds^2 = \frac{4\kappa^2\rho^2(r-r_H)^2}{\Delta[2\kappa(r-r_H)+1]^2} \cdot \left\{\frac{-\Delta^2[2\kappa(r-r_H)+1]^2}{[(r^2+a^2)\rho^2+(2Mr-Q^2)a^2\sin^2\theta]\cdot 4\kappa^2(r-r_H)^2}dt^2+dr_*^2\right\}. \tag{3.6.33}$$

要使式(3.6.33)在视界 r_H 附近显式共形于闵氏时空,必须有

$$\lim_{r\to r_H}\Delta^2[2\kappa(r-r_H)+1]^2=0 \tag{3.6.34}$$

及

$$\lim_{r\to r_H}\frac{\Delta^2[2\kappa(r-r_H)+1]^2}{[(r^2+a^2)\rho^2+(2Mr-Q^2)a^2\sin^2\theta]\cdot 4\kappa^2(r-r_H)^2}=1. \tag{3.6.35}$$

由此可分别定出视界位置 r_H 和表面引力 κ,如式(3.5.10)与式(3.5.12)所示.于是,利用乌龟坐标下的"共形条件"定出了视界的位置和温度.这种方法比解克莱因-戈登方程简单,缺点是得不出热谱,特别是给不出热谱中出现的电荷和转动效应.

3.6.4　一般稳态时空

对于具有事件视界的一般稳态时空,不用写出度规分量的具体函数形式,就可利用"共形条件"定出视界的位置和温度.一般稳态时空

$$ds^2=g_{00}dt^2+g_{11}dx^2+g_{22}dy^2+g_{33}dz^2+2g_{03}dtdz, \tag{3.6.36}$$

在拖曳系

$$\frac{dz}{dt}=-\frac{g_{03}}{g_{33}} \tag{3.6.37}$$

下,线元化成

$$ds^2=\hat{g}_{00}dt^2+g_{11}dx^2+g_{22}dy^2, \tag{3.6.38}$$

式中 $\hat{g}_{00}\equiv g_{00}-g_{03}^2/g_{33}$.设视界位于 $x=\xi$ 处,令 $dy=0$,得二维时空线元

$$ds^2=\hat{g}_{00}dt^2+g_{11}dx^2 \tag{3.6.39}$$

式中 $\hat{g}_{00}$、g_{11} 可能不仅是 x 的函数,还与 y、z 有关.这里,仅把 x 看作变量,把 y、z 作为任意固定的参量处理.设

$$\hat{g}_{00}=\frac{(x-\xi)^n}{\theta(x,y,z)},\quad g_{11}=\frac{1}{f(x,y,z)(x-\xi)^m}, \tag{3.6.40}$$

式中 θ、f 是在视界处非零非奇异的函数，m、n 是实数.再设乌龟坐标

$$x_* = x + \frac{n}{2\kappa}\ln[(x-\xi)/\xi], \quad 或$$

$$dx_* = \left[1 + \frac{n}{2\kappa(x-\xi)}\right]dx, \tag{3.6.41}$$

则式(3.6.39)化成

$$ds^2 = \frac{4\kappa^2(x-\xi)^2 g_{11}}{[2\kappa(x-\xi)+n]^2}\left\{\frac{[2\kappa(x-\xi)+n]^2\ \hat{g}_{00}}{4\kappa^2(x-\xi)^2 g_{11}}dt^2 + dx_*^2\right\}. \tag{3.6.42}$$

若要此线元在视界附近显式共形于二维闵氏时空，则必须有

$$\lim_{x\to\xi}\frac{[2\kappa(x-\xi)+n]^2\ \hat{g}_{00}}{g_{11}} = 0, \tag{3.6.43}$$

$$\lim_{x\to\xi}\frac{-[2\kappa(x-\xi)+n]^2\ \hat{g}_{00}}{4\kappa^2(x-\xi)^2 g_{11}} = 1. \tag{3.6.44}$$

从式(3.6.43)，得

$$\lim_{x\to\xi}(\hat{g}_{00}g^{11}) = 0. \tag{3.6.45}$$

从 1.8 节，知

$$\hat{g}_{00}\cdot g^{11} = 0, \tag{3.6.46}$$

这正是在稳态时空中确定视界位置的方程. 把式(3.6.40)代入式(3.6.44)，得

$$\kappa^2 = \lim_{x\to\xi}\frac{-n^2 f}{4\theta}\cdot(x-\xi)^{n+m-2}, \tag{3.6.47}$$

当且仅当 $m+n=2$ 时，κ 非零非奇异.所以，取有限值的 κ 一定是

$$\kappa = \frac{n}{2}\lim_{x\to\xi}\sqrt{-f/\theta}. \tag{3.6.48}$$

式(3.6.46)和式(3.6.48)就是在一般稳态时空中决定事件视界位置和温度的公式.此外，我们顺便得到的 $m+n=2$ 给出了有限温度视界对度规的要求.

另外，从式(3.6.44)出发，不用式(3.6.40)而用洛必达法则，还可得到计算视界表面引力的其他公式

$$\kappa = \frac{n}{2}\lim_{x\to\xi}\sqrt{\frac{(\hat{g}_{00}g^{11})''}{2}}, \tag{3.6.49}$$

视界温度当然是

$$T = \frac{\kappa}{2\pi k_B}, \tag{3.6.50}$$

式中“ ″ ”号表示对 x 的二阶偏导数.

3.6.5　结论

从要求乌龟坐标下的二维时空线元在视界附近显式共形于闵氏时空出发,可以很快定出克尔-纽曼黑洞视界的位置和温度.如果进一步讨论粒子运动方程,则能得到热谱,并看出电荷和转动对热谱的影响.此方法可推广应用于一般稳态时空.再次得到了在一般稳态时空中决定视界位置和表面引力的公式.

3.7　霍金-安鲁效应是时间尺度变换的补偿效应

3.7.1　热坐标变换与共形等度规映射

在 3.1 节中,曾经证明,一般稳态时空,只要具有表面引力不为零的事件视界,就一定存在热效应[27-28],其温度正比于视界表面引力 κ.

在 3.3 节和 3.6 节中又证明,有一类坐标变换必定会导致热效应产生.这类变换的特点是:新旧时空都时轴正交;新时空稳态,联系新旧时空的坐标变换是分离时空变量型的.[65]这些特点限制联系旧时空

$$ds^2 = -G_0 dT^2 + G_1 dX^2 + G_2 dY^2 + G_3 dZ^2 \tag{3.7.1}$$

与新时空

$$ds^2 = g_{00} dt^2 + g_{11} dx^2 + G_2 dY^2 + G_3 dZ^2 \tag{3.7.2}$$

的坐标变换一定取如下形式:

$$T = f(x)\mathrm{sh}\kappa t, \quad X = f(x)\mathrm{ch}\kappa t. \tag{3.7.3}$$

这时线元式(3.7.2)可化成

$$ds^2 = -\kappa^2 G_0 f^2 dt^2 + G_0 f'^2 dx^2 + G_2 dY^2 + G_3 dZ^2, \tag{3.7.4}$$

式中 $f' \equiv df/dx$.选用乌龟坐标

$$dx_* = \frac{f'}{\kappa f}dx = \frac{1}{\kappa}\frac{df}{f}, \tag{3.7.5}$$

并适当选取积分常数,可有

$$f = \frac{1}{\kappa}e^{\kappa x_*}, \tag{3.7.6}$$

代入式(3.7.4),得

$$ds^2 = G_0 e^{2\kappa x_*}(-dt^2 + dx_*^2) + G_2 dY^2 + G_3 dZ^2. \tag{3.7.7}$$

在3.3节中已经证明,新时空式(3.7.4)一定存在事件视界,且位于$f(x)=0$处.κ就是此视界的表面引力.在证明新时空存在热效应的过程中,发现上述三点对坐标变换的要求,还迫使旧时空的二维线元具有显式共形于二维闵氏时空的形式,即

$$d\hat{s}^2 = G_0(-dT^2 + dX^2), \tag{3.7.8}$$

而且,在乌龟坐标下,新时空的二维线元也具有显式共形于二维闵氏时空的形式[97],

$$d\hat{s}^2 = G_0 e^{2\kappa x_*}(-dt^2 + dx_*^2). \tag{3.7.9}$$

在3.6节中,把这一结果与弯曲时空量子场论相结合,再次证明了3.3节的结论:分离时空变量型的坐标变换的确导致霍金效应的出现.

然而,更加引起我们兴趣的是,式(3.7.8)和式(3.7.9)显示出"热效应"与"时空共形性质"之间可能存在深刻的内在联系.式(3.7.8)和式(3.7.9)不仅都显式共形于二维闵氏时空,而且在$\Omega^2>0$的时空区,它们之间还对应一个共形等度规映射.注意到熟知的闵氏时空与伦德勒时空之间、克鲁斯卡时空与施瓦西时空之间都存在上述关系.实际上,这两组体现霍金效应最典型的时空,都不过是3.3节和3.6节中所讨论的普遍坐标变换的特例,当然会表现出式(3.7.8)与式(3.7.9)所示的共形关系.

本节在3.1节的基础上,证明具有视界的稳态时空,其二维线元一定能在乌龟坐标下写成式(3.7.9)的形式;而在覆盖此视界的坐标系下,二维线元一定能写成式(3.7.8)所示的形式.[100-102]

3.1节中讨论的一般四维稳态时空

$$ds^2 = g_{00}dt^2 + g_{11}dx^2 + g_{22}dy^2 + g_{33}dz^2 + 2g_{03}dtdz, \tag{3.7.10}$$

在拖曳系

$$\frac{dz}{dt} = -\frac{g_{03}}{g_{33}} \tag{3.7.11}$$

下,线元化成

$$ds^2 = \hat{g}_{00}dt^2 + g_{11}dx^2 + g_{22}dy^2, \tag{3.7.12}$$

式中

$$\hat{g}_{00} \equiv g_{00} - \frac{g_{03}^2}{g_{33}}. \tag{3.7.13}$$

设在 $x=\xi$ 处存在视界,即 $\hat{g}_{00}(\xi)=0$,考虑二维线元

$$d\hat{s}^2 = \hat{g}_{00}dt^2 + g_{11}dx^2 \tag{3.7.14}$$

及乌龟坐标

$$dx_* = (-g_{11}/\hat{g}_{00})^{1/2}dx, \tag{3.7.15}$$

或

$$x_* = \int(-g_{11}/\hat{g}_{00})^{1/2}dx. \tag{3.7.16}$$

这里将 $\hat{g}_{00}$ 与 g_{11} 中可能含有的变量 y、z 当作任意固定的参数处理.代入式(3.7.14),得

$$d\hat{s}^2 = -\hat{g}_{00}(-dt^2 + dx_*^2). \tag{3.7.17}$$

可见,这个具有视界,因而也一定具有热效应的稳态时空,其二维线元确实有式(3.7.9)所示的显式共形于闵氏时空的形式.

引入类光坐标

$$u = t - x_*, \quad v = t + x_*, \tag{3.7.18}$$

再引入广义类光克鲁斯卡坐标,

$$U = \frac{-1}{\kappa}e^{-\kappa u}, \quad V = \frac{1}{\kappa}e^{\kappa v}, \quad x \geqslant \xi, \tag{3.7.19}$$

$$U = \frac{1}{\kappa}e^{-\kappa u}, \quad V = \frac{1}{\kappa}e^{\kappa v}, \quad x \leqslant \xi, \tag{3.7.20}$$

其中 κ 为视界表面引力,定义为

$$\kappa \equiv \lim_{x\to\xi}\frac{1}{2}\sqrt{\frac{-g^{11}}{\hat{g}_{00}}}\frac{\partial\hat{g}_{00}}{\partial x}. \tag{3.7.21}$$

不难看出式(3.7.14)可重写为

$$d\hat{s}^2 = \hat{g}_{00}du\,dv, \tag{3.7.22}$$

或

$$d\hat{s}^2 = \pm\hat{g}_{00}e^{-2\kappa x_*}\cdot dU\,dV, \tag{3.7.23}$$

式中“+”号对应视界外($x \geqslant \xi$),“-”号对应视界内($x \leqslant \xi$).还可以引入广

义克鲁斯卡坐标

$$T=\frac{V+U}{2}=\frac{1}{\kappa}e^{\kappa x_*}\operatorname{sh}\kappa t,\quad X=\frac{V-U}{2}=\frac{1}{\kappa}e^{\kappa x_*}\operatorname{ch}\kappa t,\tag{3.7.24}$$

把线元式(3.7.23)重写成

$$d\hat{s}^2=\pm(-\hat{g}_{00})e^{-2\kappa x_*}(-dT^2+dX^2),\tag{3.7.25}$$

式中"+"号对应视界外,"-"号对应视界内.不难验证,广义类光克鲁斯卡坐标与广义克鲁斯卡坐标都是覆盖视界及其内外的.

只要假定广义克鲁斯卡坐标系(T,X)处于零温状态,从式(3.7.24)表示的 t 的虚时周期性就可知道,(t,x_*)系处在温度为

$$T=\frac{\kappa}{2\pi k_B}\tag{3.7.26}$$

的有限温度状态.在3.1节中经证明,(t,x_*)系的确处在温度为 T 的状态,因此把(T,X)系视为零温状态是合理的.这个覆盖视界内外的零温参考系,确实具有式(3.7.8)所示的显式共形于二维闵氏时空的形式.

应该强调,目前已知的存在霍金效应的稳态时空,都被包含在3.1节、3.3节、3.4节和3.6节所讨论的普遍情况中,即式(3.7.8)、式(3.7.9)、式(3.7.17)和式(3.7.25)所示的共形性质具有一般性.从上述式子可以归纳出以下结论:

(1) 能够定义真空态的时空,其二维线元都显式共形于二维闵氏时空.能够定义热态的时空,在采用乌龟型坐标时,其二维时空线元也都显式共形于二维闵氏时空.零温与有限温度时空之间,不仅有坐标变换相联系,而且在 $\Omega^2>0$ 的时空区,有共形等度规映射相联系.

(2) 若零温时空线元为

$$d\hat{s}^2=\Omega_1^2(-dT^2+dX^2),\tag{3.7.27}$$

有限温度时空线元为

$$d\hat{s}^2=\Omega_2^2(-dt^2+dx_*^2),\tag{3.7.28}$$

则它们的共形因子一定有如下关系:

$$\Omega\equiv\frac{\Omega_2}{\Omega_1}=e^{\kappa x_*}.\tag{3.7.29}$$

或写成共形等度规映射

$$-dt^2+dx_*^2=e^{-2\kappa x_*}(-dT^2+dX^2).\tag{3.7.30}$$

(3) 处于热态的时空一定存在事件视界.由上述共形因子可定出视界

位置和表面引力.视界位于式(3.7.29)的零点,即

$$\Omega = \frac{\Omega_2}{\Omega_1} = 0 \tag{3.7.31}$$

或

$$x_* \to -\infty \tag{3.7.32}$$

处,表面引力为

$$\kappa = \frac{1}{\Omega}\frac{\partial \Omega}{\partial x_*} \tag{3.7.33}$$

或

$$\kappa = \frac{\partial}{\partial x_*}\ln\Omega. \tag{3.7.34}$$

(4) 零温时空(T,X)与有限温度时空(t,x_*)之间一定用以下关系相联系:

$$T = \frac{1}{\kappa}e^{\kappa x}\cdot \mathrm{sh}\kappa t, \quad X = \frac{1}{\kappa}e^{\kappa x}\cdot \mathrm{ch}\kappa t, \tag{3.7.35}$$

式中乌龟坐标 x_* 与时间 t 基本处于对称地位,都存在虚周期 $2\pi/\kappa$.可见在视界内部,把 x_* 看作时间比把 x 看作时间更合适.

将联系零温时空与有限温度时空的坐标变换称作“热坐标变换”.那么,热变换所联系的时空,其二维时空线元都显式共形于闵氏时空,且对应一个共形等度规映射式(3.7.30).这是一条普遍规律.

3.7.2　尺度变换的补偿场

如果将式(3.7.27)和式(3.7.28)所示的显式共形于二维闵氏时空的线元分成两个部分,一部分为共形因子,另一部分为

$$d\tilde{s}_1^2 = -dT^2 + dX^2, \tag{3.7.36}$$

$$d\tilde{s}_2^2 = -dt^2 + dx_*^2, \tag{3.7.37}$$

并将 $d\tilde{s}$ 定义为坐标长度,就会得到十分有趣的结果.这时线元(3.7.27)和(3.7.28)可重写为

$$d\tilde{s}^2 = \Omega_1^2 \cdot d\tilde{s}_1^2, \tag{3.7.38}$$

$$d\tilde{s}^2 = \Omega_2^2 \cdot d\tilde{s}_2^2, \tag{3.7.39}$$

即线元表示为共形因子与坐标长度的乘积.线元表达式(3.7.38)变到式(3.7.39)的坐标变换,可看作坐标长度的尺度变换,尺度变换因子即如式(3.7.29)所示.

另一方面,坐标长度的尺度标准还随时空点而异,甚至可能与矢量的平移路径有关.假定某二维无穷小矢量 B_μ 在 P 点的坐标长度为 $d\tilde{s}_1 = l$,平移到无限邻近的 P'点后将变成 $l + dl$,于是,坐标长度在平移 dx^μ 后的改变可表示为

$$\delta(\ln l) = -A_\mu dx^\mu, \tag{3.7.40}$$

式中 A_μ 为 B_μ 平移 dx^μ 所引起的坐标长度的相对改变率.下面将看到它并非矢量.此外,上式虽然在无穷小平移下一定成立,但不一定可积.

在坐标变换下,各时空点坐标长度的尺度标准一般将发生变化.如果尺度标准放大 Ω 倍,则坐标长度将放大 Ω^{-1}倍,即

$$l' = \Omega^{-1} l, \tag{3.7.41}$$

式中 l 和 l'分别为矢量 B_μ 在老、新两个坐标系下的坐标长度.当矢量平移时,在老坐标系下,有

$$\delta(\ln l) = -A_\mu dx^\mu, \tag{3.7.42}$$

在新坐标系下,则有

$$\delta(\ln l') = -A'_\mu dx'^\mu. \tag{3.7.43}$$

把式(3.7.41)代入式(3.7.43),可得

$$A'_\mu dx'^\mu = A_\mu dx^\mu + \frac{\partial \ln\Omega}{\partial x^\mu} dx^\mu = \left(A_\nu \frac{\partial x^\nu}{\partial x'^\mu} + \frac{\partial \ln\Omega}{\partial x'^\mu}\right) dx'^\mu. \tag{3.7.44}$$

由于 dx'^μ 为任意位移,从上式可得

$$A'_\mu = A_\nu \frac{\partial x^\nu}{\partial x'^\mu} + \frac{\partial \ln\Omega}{\partial x'^\mu}. \tag{3.7.45}$$

定义

$$\varphi = \ln\Omega, \tag{3.7.46}$$

则式(3.7.45)又可写成

$$A'_\mu = A_\nu \frac{\partial x^\nu}{\partial x'^\mu} + \frac{\partial \varphi}{\partial x'^\mu}. \tag{3.7.47}$$

显然,A_μ 不是矢量.它在坐标变换下比矢量变换规律多了一项$\partial\varphi/\partial x'^\mu$.即使 A_μ 的所有分量在老坐标系中都为零,由于$\partial\varphi/\partial x'^\mu$ 项的存在,A_μ 在新系中的分量 A'_μ仍可能不为零.可以把 A_μ 理解为一种“联络”或一种“规范

势”.相应的规范场强可定义为

$$F_{\mu\nu}=\frac{\partial A_{\nu}}{\partial x^{\mu}}-\frac{\partial A_{\mu}}{\partial x^{\nu}}. \tag{3.7.48}$$

只要式(3.7.40)不可积,即只要坐标长度的尺度标准与矢量的平移路径有关,式(3.7.48)就不为零.显然,此规范场是坐标尺度变换的补偿场.

在广义相对论中,矢量的固有长度

$$L=(B_{\mu}B^{\mu})^{1/2}=\mathrm{d}\hat{s} \tag{3.7.49}$$

在平移下不变,

$$\delta L=0. \tag{3.7.50}$$

从式(3.7.38)和式(3.7.39)可知,这将导致

$$\Omega_1\delta l+l\delta\Omega_1=0,\quad \Omega_2\delta l'+l'\delta\Omega_2=0. \tag{3.7.51}$$

当取 $x^{\mu}=(T,X)$, $x'^{\mu}=(t,x_*)$时,二维时空联络的缩并可写为

$$\begin{aligned}\Gamma^{\alpha}_{\alpha\mu}&=\frac{\partial}{\partial x^{\mu}}\ln\sqrt{-g}=2\frac{\partial\ln\Omega_1}{\partial x^{\mu}},\\ \Gamma'^{\alpha}_{\alpha\mu}&=\frac{\partial}{\partial x'^{\mu}}\ln\sqrt{-g'}=2\frac{\partial\ln\Omega_2}{\partial x'^{\mu}}.\end{aligned} \tag{3.7.52}$$

式中 g 和 g'为二维时空度规的行列式。上式又可写作

$$\delta(\ln l)=-\delta(\ln\Omega_1)=-\frac{1}{2}\Gamma^{\alpha}_{\alpha\mu}\mathrm{d}x^{\mu}, \tag{3.7.53}$$

$$\delta(\ln l')=-\delta(\ln\Omega_2)=-\frac{1}{2}\Gamma'^{\alpha}_{\alpha\mu}\mathrm{d}x'^{\mu}. \tag{3.7.54}$$

与式(3.7.40)、式(3.7.43)比较,可知

$$A_{\mu}=\frac{1}{2}\Gamma^{\alpha}_{\alpha\mu},\quad A'_{\mu}=\frac{1}{2}\Gamma'^{\alpha}_{\alpha\mu}. \tag{3.7.55}$$

可见,规范势是仿射联络的缩并,它当然不是矢量.从式(3.7.52)及式(3.7.55)可知,规范场强(3.7.48)恒为零.这表明,坐标尺度虽然是时空点的函数,但与平移路径无关.

3.7.3 温度是纯规范势

考虑式(3.7.34)以及时空是稳态的,式(3.7.45)中的纯规范势可表示成

$$\frac{\partial \ln \Omega}{\partial x_*} = \kappa, \quad \frac{\partial \ln \Omega}{\partial t} = 0. \tag{3.7.56}$$

由于 κ 表征黑洞温度，所以可以说，霍金-安鲁温度以坐标尺度变换补偿场的纯规范势的形式出现.我们看到，霍金-安鲁效应可以看作尺度变换的补偿效应.

在我们采用的自然单位制下，时间坐标 t（或 T）与空间坐标 x_*（或 X）有相同的坐标尺度.所以，这里讨论的坐标尺度变换，实际上就是时间尺度变换.因此，A_μ 可以看作时间尺度变换所产生的补偿场的规范势，κ 则是其中纯规范势的一个分量.作为量子效应的霍金-安鲁效应，可以看作时间尺度变换的补偿效应，是耐人寻味的.

3.7.4 讨论

应该注意，我们讨论的尺度变换是在二维子时空中进行的.

另外，应该强调，l 和 l' 为坐标长度，定义为

$$l \equiv (\eta_{\mu\nu} B^\mu B^\nu)^{1/2}, \tag{3.7.57}$$

$$l' \equiv (\eta_{\mu\nu} B'^\mu B'^\nu)^{1/2}. \tag{3.7.58}$$

它们不同于外尔（H. Weyl）理论中讨论的固有长度，

$$L \equiv (g_{\mu\nu} B^\mu B^\nu)^{1/2} = \Omega_1 l, \tag{3.7.59}$$

$$L' \equiv (g'_{\mu\nu} B'^\mu B'^\nu)^{1/2} = \Omega_2 l', \tag{3.7.60}$$

式中 $\eta_{\mu\nu}$ 为洛伦兹度规.式(3.7.40)所示的效应起源于坐标尺度标准在平移下的变化.固有尺度的标准在平移下是不变的.即联络仍然是克氏符，本节的讨论没有越出爱因斯坦广义相对论的框架.这是与外尔的原始工作不同的.[103-104]此外，本节中的 L 与 L' 是由坐标变换相联系的，并不像外尔理论中那样由共形变换相联系，所以式(3.7.59)与式(3.7.60)中所示的这两个固有长度是相等的.

外尔对固有长度引进尺度因子的努力失败了，但把外尔尺度因子修改为相因子后理论却取得了长足的进展，发展为主宰当今粒子物理学的规范场论.现在我们又从另一角度尝试发展外尔的工作.不为固有长度引进尺度因子，而为坐标长度引进尺度因子，成功地赋予了外尔理论以新的物理意义.[103-104]

3.8　对乌龟坐标与表面引力的再讨论

现在讨论度规如下式所示的一般稳态黑洞[105]：

$$ds^2 = g_{00}dt^2 + g_{11}dx^2 + g_{22}dy^2 + g_{33}dz^2 + 2g_{03}dtdz. \tag{3.8.1}$$

在拖曳系中，式(3.8.1)化为

$$ds^2 = \hat{g}_{00}dt^2 + g_{11}dx^2 + g_{22}dy^2, \tag{3.8.2}$$

其中$\hat{g}_{00} = g_{00} - g_{03}^2/g_{33}$，拖曳速度为 $\Omega = dz/dt = -g_{03}/g_{33}$.

设黑洞视界位于 $x = \xi$ 处，即$\hat{g}_{00}(\xi) = 0$，我们先找乌龟坐标. 对于 $dy = 0$ 的类光线，有 $0 = ds^2 = \hat{g}_{00}dt^2 + g_{11}dx^2$，可得 $dt = \pm(-g_{11}/\hat{g}_{00})^{1/2}dx$. 乌龟坐标定义为

$$dx_* = (-g_{11}/\hat{g}_{00})^{1/2}dx, \tag{3.8.3}$$

其积分形式为 $x_* = \int(-g_{11}/\hat{g}_{00})^{1/2}dx$. 积分时，应把可能出现在被积函数 $(-g_{11}/\hat{g}_{00})^{1/2}$ 中的 y、z 当作任意固定的参数来处理. 换句话说，乌龟坐标在视界上是逐点定义的. 在乌龟坐标下，线元(3.8.2)改写成

$$ds^2 = -\hat{g}_{00}(-dt^2 + dx_*^2) + g_{22}dy^2. \tag{3.8.4}$$

事件视界的表面引力为

$$\kappa = \lim_{x \to \xi} b \cdot \sqrt{-\hat{g}_{00}}, \tag{3.8.5}$$

式中 b 为视界外附近相对于视界静止的质点所受的固有加速度，$\sqrt{-\hat{g}_{00}}$ 为红移因子. 不难看出

$$\begin{aligned} b &= -\sqrt{g_{11}}\,\Gamma_{00}^1\left(\frac{dt}{ds}\right)^2 = \sqrt{g^{11}}\,\frac{\partial \ln\sqrt{-\hat{g}_{00}}}{\partial x} \\ &= (-\hat{g}_{00})^{-1/2}\,\frac{\partial \ln\sqrt{-\hat{g}_{00}}}{\partial x_*}. \end{aligned} \tag{3.8.6}$$

最后一步用了式(3.8.3). 把式(3.8.6)代入式(3.8.5)，得

$$\kappa = \lim_{x \to \xi}\frac{\partial \ln\sqrt{-\hat{g}_{00}}}{\partial x_*}. \tag{3.8.7}$$

下面再看爱丁顿坐标描述的静态黑洞

$$ds^2 = g_{00}dv^2 + 2g_{01}dvdx + g_{22}dy^2 + g_{33}dz^2, \tag{3.8.8}$$

视界位于 $x=\xi$ 处. 对于 $dy = dz = 0$ 的类光线,有 $0 = ds^2 = g_{00}dv^2 + 2g_{01}dvdx$,即

$$dv = 0, \quad dv = -\frac{2g_{01}}{g_{00}}dx. \tag{3.8.9}$$

乌龟坐标定义为

$$dx_* = -\frac{g_{01}}{g_{00}}dx. \tag{3.8.10}$$

注意式(3.8.10)与式(3.8.9)的区别,$dx_* \neq -(2g_{01}/g_{00})dx$. 这是因为,当用 t 代替 v 时,静态时空线元不应含时轴交叉项 $dtdx$. 由于 $v = t + x_*$,式(3.8.8)可改写成

$$ds^2 = g_{00}dt^2 + 2g_{00}dtdx_* + g_{00}dx_*^2 + 2g_{01}dtdx + 2g_{01}dxdx_*, \tag{3.8.11}$$

当且仅当

$$g_{00}dtdx_* = -g_{01}dtdx \tag{3.8.12}$$

时,式(3.8.11)中才不出现时轴交叉项,而式(3.8.12)即式(3.8.10). 此外,乌龟坐标也只有按式(3.8.10)定义,才能与一般的表达式 $x_* = x + \frac{1}{2\kappa}\ln\frac{x - x_H}{x_H}$ 一致. 已经知道,式(3.8.8)所示黑洞的视界表面引力为

$$\kappa = \lim_{x\to\xi}\left(\frac{-1}{2g_{01}}\frac{\partial g_{00}}{\partial x}\right), \tag{3.8.13}$$

利用式(3.8.10),上式可写成

$$\kappa = \lim_{x\to\xi}\frac{\partial \ln\sqrt{-g_{00}}}{\partial x_*}. \tag{3.8.14}$$

综上所述,在稳态时空中,表征黑洞温度的参数 κ,可统一用简单的公式

$$\kappa = \lim_{x\to\xi}\frac{\partial \ln\sqrt{-\hat{g}_{00}}}{\partial x_*} \tag{3.8.15}$$

来表述. 对于稳态黑洞,κ 是事件视界的表面引力. 霍金-安鲁温度当然是

$$T = \frac{\kappa}{2\pi k_B}. \tag{3.8.16}$$

不难对施瓦西黑洞与克尔-纽曼黑洞验证公式(3.8.15).

注意,式(3.7.34)[101]中的 Ω 为

$$\Omega=\frac{\Omega_2}{\Omega_1}=\frac{\sqrt{-g_{00}}}{\sqrt{-G_0}}=e^{\kappa x}\cdot, \tag{3.8.17}$$

不同于式(3.8.15)中的 $\sqrt{-g_{00}}$,式中 G_0 见式(3.7.2).表面看来,式(3.8.15)与式(3.7.34)有矛盾.但要注意,式(3.8.15)中取了极限 $x\to\xi$,而式(3.7.34)不用取极限.正是这一极限消除了两个公式的差别,使它们得出相同的表面引力 κ.

在本节中,我们给出了在稳态时空中选取乌龟坐标的一般原则,并给出了视界表面引力表达式的简洁而一般的形式.

3.9 非热辐射

考虑如3.1节所示的一般稳态黎曼时空[106]

$$g_{\mu\nu}=\begin{pmatrix} g_{00} & 0 & 0 & g_{03} \\ 0 & g_{11} & 0 & 0 \\ 0 & 0 & g_{22} & 0 \\ g_{30} & 0 & 0 & g_{33} \end{pmatrix}, \tag{3.9.1}$$

在 $x=\xi$ 处存在事件视界,度规分量具有如下形式[28]:

$$\begin{gathered} g^{00}=\frac{\theta_1}{(x-\xi)^n},\quad g^{03}=\frac{\theta_2}{(x-\xi)^p},\quad g^{22}=\frac{\theta_3}{(x-\xi)^q}, \\ g^{33}=\frac{\theta_4}{(x-\xi)^r},\quad g^{11}=f\cdot(x-\xi)^m. \end{gathered} \tag{3.9.2}$$

在3.1节中已经证明,如果此视界具有热性质,则必有

$$m+n=2,\quad n>0. \tag{3.9.3}$$

如果此视界存在拖曳运动,

$$\Omega_{\mathrm{H}}=\lim_{x\to\xi}\frac{\mathrm{d}z}{\mathrm{d}t}=\lim_{x\to\xi}\left(-\frac{g_{03}}{g_{33}}\right)\neq 0, \tag{3.9.4}$$

且

$$\lim_{x \to \xi} g_{03} \neq 0, \infty, \tag{3.9.5}$$

则必有

$$n = p = r. \tag{3.9.6}$$

而且容易证明

$$\Omega_{\mathrm{H}} = \lim_{x \to \xi} \Omega = \lim_{x \to \xi} \frac{\theta_2}{\theta_1}, \tag{3.9.7}$$

$$\Omega_{\mathrm{H}}^2 = \lim_{x \to \xi} \Omega'^2 = \lim_{x \to \xi} \frac{\theta_4}{\theta_1}. \tag{3.9.8}$$

其中已定义

$$\Omega \equiv \frac{\mathrm{d}z}{\mathrm{d}t} = -\frac{g_{03}}{g_{33}} = \frac{g^{03}}{g^{00}} = \frac{\theta_2}{\theta_1}, \tag{3.9.9}$$

$$\Omega'^2 \equiv \frac{g_{00}}{g_{33}} = \frac{g^{33}}{g^{00}} = \frac{\theta_4}{\theta_1}. \tag{3.9.10}$$

(注意,从 3.1 节可知,视界外 $g_{03}<0$,$g^{30}<0$,$g^{00}<0$,$g_{33}>0$,所以 $\theta_2<0$,$\theta_1<0$. 另外,g^{33} 与 g_{00} 总是异号. 在能层内,$g_{00}>0$,能层外,$g_{00}<0$,所以在视界附近,$\theta_4>0$,在无穷远处,$\theta_4<0$,而 θ_1 总是小于零.)

这时,哈密顿-雅可比方程为

$$g^{\mu\nu}\left(\frac{\partial S}{\partial x^{\mu}} - eA_{\mu}\right)\left(\frac{\partial S}{\partial x^{\nu}} - eA_{\nu}\right) + \mu^2 = 0, \tag{3.9.11}$$

其中 μ 和 e 分别为粒子的静质量和电荷,A_{μ} 为电磁四矢,$V = -A_0$ 为静电势,

$$S = \int L \mathrm{d}\tau \tag{3.9.12}$$

为哈密顿主函数,L 为拉格朗日函数. 分离变量

$$S = -\omega t + X(x) + Y(y) + Z(z), \tag{3.9.13}$$

则式(3.9.11)化成

$$\begin{aligned} &g^{00}(\omega - eV)^2 + g^{11}(X' - eA_1)^2 + g^{22}(Y' - eA_2)^2 + g^{33}(Z' - eA_3)^2 \\ &- 2g^{03}(\omega - eV)(Z' - eA_3) + \mu^2 = 0, \end{aligned} \tag{3.9.14}$$

其中

$$X' = \frac{\mathrm{d}X}{\mathrm{d}x}, \quad Y' = \frac{\mathrm{d}Y}{\mathrm{d}y}, \quad Z' = \frac{\mathrm{d}Z}{\mathrm{d}z},$$

作坐标变换

$$\mathrm{d}\hat{x}=\frac{\mathrm{d}x}{x-\xi},\tag{3.9.15}$$

则式(3.9.14)化成

$$\begin{aligned}
&f\cdot\left[\frac{\mathrm{d}X}{\mathrm{d}x}-eA_1(x-\xi)\right]^2\\
&\quad=-\theta_1(\omega-eV)^2-\theta_3(x-\xi)^{n-q}(Y'-eA_2)^2\\
&\quad\quad-\theta_4(x-\xi)^{n-r}(Z'-eA_3)^2\\
&\quad\quad+2\theta_2(x-\xi)^{n-p}(\omega-eV)(Z'-eA_3)-\mu^2(x-\xi)^n.
\end{aligned}\tag{3.9.16}$$

由于采用号差为 +2 的度规，在视界外($x>\xi$ 处)，有 $g^{11}>0$，即 $f>0$，所以上式左边一定大于或等于零，于是得到

$$\begin{aligned}
(\omega-eV)^2\geqslant-\Big[&\frac{\theta_3}{\theta_1}(x-\xi)^{n-q}(Y'-eA_2)^2+\frac{\theta_4}{\theta_1}(x-\xi)^{n-r}(Z'-eA_3)^2\\
&+\frac{\mu^2}{\theta_1}(x-\xi)^n-\frac{2\theta_2}{\theta_1}(x-\xi)^{n-p}(\omega-eV)(Z'-eA_3)\Big].
\end{aligned}\tag{3.9.17}$$

在我们考虑的存在时空拖曳的情况下，如果进一步假设存在类空基灵矢量 $\left(\frac{\partial}{\partial z}\right)^a$，则函数 Z 可进一步写成

$$Z=\nu z,\tag{3.9.18}$$

代入式(3.9.17)，并利用式(3.9.6)与式(3.9.10)，再假定 $q=0$(如果要求视界面积为非零有限值，则可定出 $q=0$)，可得

$$\omega'^2\geqslant(x-\xi)^n\left[-\frac{\theta_3}{\theta_1}(Y'-eA_2)^2-\frac{\mu^2}{\theta_1}\right],\tag{3.9.19}$$

其中

$$\omega'\equiv(\omega-eV)^2-2\Omega(\nu-eA_3)(\omega-eV)+[\Omega'(\nu-eA_3)]^2,\tag{3.9.20}$$

或

$$\omega'^2=[\omega-eV-\Omega(\nu-eA_3)]^2+\delta,\tag{3.9.21}$$

$$\delta\equiv(\nu-eA_3)^2(\Omega'^2-\Omega^2).\tag{3.9.22}$$

由于 Ω 与 Ω' 在视界处有相同的极限，所以

$$\lim_{x\to\xi}\delta=0.\tag{3.9.23}$$

把式(3.9.21)代入式(3.9.19)，并取等号，得

$$[\omega - eV - \Omega(\nu - eA_3)]^2 = (x-\xi)^n \left[\frac{-\theta_3}{\theta_1}(Y' - eA_2)^2 - \frac{\mu^2}{\theta_1}\right] - \delta, \tag{3.9.24}$$

两边开方,得

$$\omega = eV + \Omega(\nu - eA_3) \pm E, \tag{3.9.25}$$

其中

$$E = \left\{(x-\xi)^n \left[\frac{-\theta_3}{\theta_1}(Y' - eA_2)^2 - \frac{\mu^2}{\theta_1}\right] - \delta\right\}^{1/2}. \tag{3.9.26}$$

显然,粒子只能存在于下述能态范围:

$$\omega^+ \geqslant \omega_0^+ = eV + \Omega(\nu - eA_3) + E, \tag{3.9.27}$$

$$\omega^- \leqslant \omega_0^- = eV + \Omega(\nu - eA_3) - E, \tag{3.9.28}$$

而

$$\omega_0^- < \omega < \omega_0^+ \tag{3.9.29}$$

是禁区,宽度为 $2E$.

如果考虑的是渐近平直时空,在 $x \to \infty$ 时,应回到闵氏度规,这时

$$g^{00} = -1, \quad \theta_3 = g^{22} = 1, \quad A_\mu = 0,$$
$$\Omega = \frac{-g_{03}}{g_{33}} = 0, \quad \Omega'^2 = \frac{g_{00}}{g_{33}} = -1, \tag{3.9.30}$$

(视界附近,$g_{00} > 0$,$g_{33} > 0$,所以 $\Omega'^2 > 0$;无穷远处,$g_{00} < 0$,$g_{33} > 0$,所以 $\Omega'^2 < 0$.)并且,闵氏时空 y 方向也存在基灵矢量,在 $x \to \infty$ 时,$Y \to \alpha y$,其中 α 是粒子 y 向广义动量.那么,式(3.9.26)在无穷远处($x \to \infty$)可化成

$$E = (\alpha^2 + \nu^2 + \mu^2)^{1/2}. \tag{3.9.31}$$

对于最低正能态和最高负能态,应有 $\alpha = \nu = 0$,所以

$$E = \mu. \tag{3.9.32}$$

式(3.9.24)化成

$$\omega^2 \geqslant E^2 = \mu^2, \tag{3.9.33}$$

式(3.9.27)与式(3.9.28)分别化成

$$\omega_0^+ = +\mu, \quad \omega_0^- = -\mu. \tag{3.9.34}$$

这正是通常的真空狄拉克能级.可见式(3.9.27)与式(3.9.28)描述的是弯曲时空中的真空狄拉克能级.在视界附近,$x \to \xi$,$E \to 0$,

$$\omega_0 \equiv \omega_0^+ = \omega_0^- = eV + \Omega_H(\nu - eA_3). \tag{3.9.35}$$

这表明，禁区宽度在视界上缩到零，最低正能级与最高负能级重合.只要

$$\omega_0>\mu, \tag{3.9.36}$$

就一定会产生这种粒子的正负能级交错，并出现自发发射.当然，发射粒子的能量一定满足

$$\mu\leqslant\omega<\omega_0=eV+\Omega_H(\nu-eA_3). \tag{3.9.37}$$

从上式可以看出，出射粒子的电荷必须与黑洞(视界内)电荷同号，以保证$eV>0$，广义动量ν必须与视界内物质的广义动量同号，以保证$\nu\Omega_H>0$.否则，$\omega_0<0$，而$\mu>0$，从式(3.9.36)知不可能发射粒子.所以，这种自发发射的结果是使视界内部电荷、广义动量减少，视界上静电势减少，视界的拖曳速度减少.

从以上讨论可以看出，视界附近的非热辐射与热辐射一样，是一种普适效应.只要稳态视界存在拖曳，或者视界面附近存在大的电磁场强，就会产生狄拉克能级的正负交错，导致非热辐射产生，与时空度规的细微结构无关.

3.10　补偿效应与惯性的起源

本节指出霍金-安鲁效应既可以看作时间尺度变换的补偿效应，又可以看作能量尺度变换的补偿效应.温度以补偿场纯规范势的形式出现，反映真空能量零点的改变.霍金-安鲁效应是惯性效应的一部分.惯性效应起源于加速引起的真空变化.[107-108]

时间的均匀性或平移不变性导致能量守恒.当这种均匀性从“整体”过渡到“局域”时，会产生相应的补偿效应.3.7节中讨论的时间尺度压缩和时间尺度变换，就是时间均匀性局域化的一种表现.我们已经指出，这种与共形等度规映射相联系的时间尺度变换，的确会导致补偿效应的出现.霍金-安鲁温度表现为补偿场的纯规范势.本节将指出，时间尺度压缩对应着能量尺度的伸张，时间尺度变换对应着能量尺度变换.霍金-安鲁效应实质上是能量尺度变换的补偿效应.在坐标变换下，能量尺度的变换伴随着真空能量

零点的下移,使原来的真空涨落零点能实化,以霍金-安鲁热效应的形式出现.下面我们就以闵氏时空为例来进行讨论.

3.10.1 时间尺度变换

四维闵氏时空[19]

$$ds^2 = -dt^2 + dx^2 + dy^2 + dz^2, \tag{3.10.1}$$

在伦德勒变换

$$t = \frac{1}{a}e^{a\xi}\operatorname{sh}a\eta, \quad x = \frac{1}{a}e^{a\xi}\operatorname{ch}a\eta \tag{3.10.2}$$

下,可改写为

$$ds^2 = e^{2a\xi}(-d\eta^2 + d\xi^2) + dy^2 + dz^2. \tag{3.10.3}$$

其中二维子时空线元分别为

$$d\hat{s}^2 = \Omega_1^2 d\tilde{s}_1^2, \quad d\hat{s}^2 = \Omega_2^2 d\tilde{s}_2^2. \tag{3.10.4}$$

这里

$$\Omega_1^2 = 1, \ \Omega_2^2 = e^{2a\xi}, \ d\tilde{s}_1^2 = -dt^2 + dx^2, \ d\tilde{s}_2^2 = -d\eta^2 + d\xi^2. \tag{3.10.5}$$

Ω_1 和 Ω_2 分别是坐标长度 $d\tilde{s}_1$ 与 $d\tilde{s}_2$ 的尺度因子,表征坐标长度的尺度伸缩.显然,尺度因子不仅在不同坐标系下不同(分别表现为 Ω_1 和 Ω_2),而且一般还是时空点的函数.

设 B_μ 为二维子时空中的无穷小矢量,其固有长度为 $L = (B_\mu B^\mu)^{1/2} = d\hat{s}$,坐标长度分别为 $l = d\tilde{s}_1$ 和 $l' = d\tilde{s}_2$.由于固有长度在平移下不变,从式(3.10.4),可得

$$\delta(\ln\Omega_1) = -\delta(\ln l), \quad \delta(\ln\Omega_2) = -\delta(\ln l'). \tag{3.10.6}$$

当取 $x^\mu = (t, x)$,$x'^\mu = (\eta, \xi)$时,有

$$\Gamma^\alpha_{\alpha\mu} = \frac{\partial}{\partial x^\mu}\ln\sqrt{-g} = 2\frac{\partial\ln\Omega_1}{\partial x^\mu}, \tag{3.10.7}$$

$$\Gamma'^\alpha_{\alpha\mu} = \frac{\partial}{\partial x'^\mu}\ln\sqrt{-g'} = 2\frac{\partial\ln\Omega_2}{\partial x'^\mu}. \tag{3.10.8}$$

定义

$$A_\mu = \frac{1}{2}\Gamma^\alpha_{\alpha\mu}, \quad A'_\mu = \frac{1}{2}\Gamma'^\alpha_{\alpha\mu}. \tag{3.10.9}$$

从式(3.10.7)与式(3.10.8),可得

$$A_\mu dx^\mu = \delta(\ln\Omega_1), \quad A'_\mu dx'^\mu = \delta(\ln\Omega_2). \tag{3.10.10}$$

把式(3.10.6)代入,得

$$\delta(\ln l) = -A_\mu dx^\mu, \quad \delta(\ln l') = -A'_\mu dx'^\mu. \tag{3.10.11}$$

可见,坐标长度在平移下发生了变化,A_μ 就是变化率.这可归因于坐标长度的尺度基准在平移下发生了变化.依据外尔的思想,可以认为尺度基准的变化产生了一个补偿场,A_μ 就是补偿场的势.从式(3.10.9)可知,A_μ 就是仿射联络的缩并,在坐标变换下应按下式变换:

$$A'_\mu = A_\nu \frac{\partial x^\nu}{\partial x'^\mu} + \frac{1}{2}\frac{\partial}{\partial x^\alpha}\left(\frac{\partial x^\alpha}{\partial x'^\mu}\right), \tag{3.10.12}$$

可见,A_μ 不是矢量.由于补偿场强为零,

$$F_{\mu\nu} \equiv \frac{1}{2} R^\lambda_{\ \lambda\mu\nu} = \frac{1}{2}\Gamma^\lambda_{\lambda\nu,\mu} - \frac{1}{2}\Gamma^\lambda_{\lambda\mu,\nu} = A_{\nu,\mu} - A_{\mu,\nu} = 0, \tag{3.10.13}$$

尺度基准虽然随时空点变化,但与平移路径无关.注意,这里的讨论是在二维子时空中进行的,$F_{\mu\nu}$、A_μ、B_μ 均为二维子时空中的量.由于我们采用自然单位制,从式(3.10.4)可知,时间坐标 dt、$d\eta$ 的尺度,分别与空间坐标 dx、$d\xi$ 的尺度相同.所以,上面讨论的坐标尺度,实质上就是时间尺度.二维子时空与四维时空的坐标时间相同,所以,尺度变换式(3.10.12),不仅可以看作二维子时空中的时间尺度变换,也可看作四维时空中的时间尺度变换.

从式(3.10.4),知 $L^2 = \Omega_1^2 l^2 = \Omega_2^2 l'^2$,即

$$l' = \Omega^{-1} l, \tag{3.10.14}$$

$$\Omega = \frac{\Omega_2}{\Omega_1}. \tag{3.10.15}$$

把式(3.10.14)代入式(3.10.11),可得

$$A'_\mu = A_\nu \frac{\partial x^\nu}{\partial x'^\mu} + \frac{\partial \ln\Omega}{\partial x'^\mu}. \tag{3.10.16}$$

容易验证,式(3.10.12)的最后一项就是式(3.10.16)的最后一项.把式(3.10.5)与式(3.10.15)代入式(3.10.16),可得

$$\frac{\partial \ln\Omega}{\partial \xi} = a, \quad \frac{\partial \ln\Omega}{\partial \eta} = 0. \tag{3.10.17}$$

a 是伦德勒观测者的坐标加速度,也是伦德勒视界上的表面引力,它决定伦德勒时空的温度

$$T = \frac{a}{2\pi k_B}. \tag{3.10.18}$$

可见,伦德勒时空的霍金-安鲁效应作为时间尺度变换的补偿效应出现,温度表现为补偿场的纯规范势.

3.10.2 能量尺度变换

如果测不准关系

$$\Delta t \Delta \omega \approx \hbar \tag{3.10.19}$$

在任何坐标系下,在任何时空点均成立,则时间尺度变换必然伴随着能量尺度变换.时间尺度压缩必然伴随着能量尺度的伸张.所以,霍金-安鲁效应也可看作能量尺度变换导致的补偿效应.为了弄清楚这一点,我们考查伦德勒时空中的狄拉克能级.

在伦德勒系下,哈密顿-雅可比方程为[106]

$$g^{\mu\nu} \frac{\partial S}{\partial x^{\mu}} \frac{\partial S}{\partial x^{\nu}} + \mu^2 = 0, \tag{3.10.20}$$

其中 $S = \int L \mathrm{d}\tau$ 为哈密顿主函数,μ 为粒子的静质量,L 为拉格朗日函数.分离变量

$$S = -\omega \eta + X(\xi) + Y(y) + Z(z). \tag{3.10.21}$$

则式(3.10.20)化成

$$g^{00} \omega^2 + g^{11} X'^2 + g^{22} Y'^2 + g^{33} Z'^2 + \mu^2 = 0, \tag{3.10.22}$$

其中 $X' = \mathrm{d}X/\mathrm{d}\xi, Y' = \mathrm{d}Y/\mathrm{d}y, Z' = \mathrm{d}Z/\mathrm{d}z$.不难看出

$$g^{00} \omega^2 + \mu^2 = -(g^{11} X'^2 + g^{22} Y'^2 + g^{33} Z'^2) \leqslant 0, \tag{3.10.23}$$

所以有

$$\omega^2 \geqslant -g_{00} \mu^2, \tag{3.10.24}$$

即

$$\omega \geqslant \omega_0^+ = \sqrt{-g_{00}}\mu, \quad \omega \leqslant \omega_0^- = -\sqrt{-g_{00}}\mu, \tag{3.10.25}$$

ω_0^+ 与 ω_0^- 之间为禁区.这就是伦德勒时空中的狄拉克能级.

禁区半宽度为

$$\Delta \omega' = \frac{1}{2}(\omega_0^+ - \omega_0^-) = \sqrt{-g_{00}}\mu. \tag{3.10.26}$$

利用式(3.10.3)与式(3.10.5),得

$$\Delta \omega' = \Omega_2 \mu = \mathrm{e}^{a\xi} \mu. \tag{3.10.27}$$

众所周知,闵氏时空中狄拉克能级的禁区半宽度为

$$\Delta\omega = \Omega_1 \mu = \mu. \tag{3.10.28}$$

禁区宽度的相对变化率为

$$\delta(\ln\Delta\omega') = \delta(\ln\Omega_2), \quad \delta(\ln\Delta\omega) = \delta(\ln\Omega_1). \tag{3.10.29}$$

可以把禁区宽度的变化归因于能量尺度的变化,即把禁区宽度的变小归因于能量尺度的伸张.

把式(3.10.6)与式(3.10.11)代入式(3.10.29),得

$$\delta(\ln\Delta\omega') = A'_\mu \mathrm{d}x'^\mu, \quad \delta(\ln\Delta\omega) = A_\mu \mathrm{d}x^\mu. \tag{3.10.30}$$

从式(3.10.27)与式(3.10.28),可知

$$\Delta\omega' = \frac{\Omega_2}{\Omega_1}\Delta\omega = \Omega\Delta\omega, \tag{3.10.31}$$

由此不难得出

$$A'_\mu = A_\nu \frac{\partial x^\nu}{\partial x'^\mu} + \frac{\partial \ln\Omega}{\partial x'^\mu}. \tag{3.10.32}$$

它就是式(3.10.16).可见,时间尺度的相对变化率 A_μ 也就是能量尺度的相对变化率,只不过时间尺度的压缩对应于能量尺度的伸张.此差别体现在式(3.10.11)与式(3.10.30)的右端差一个负号.正如式(3.10.17)与式(3.10.18)所示,式(3.10.32)的纯规范势是霍金-安鲁温度.

由此可见,霍金-安鲁效应可以看作能量尺度变换的补偿效应.能量尺度不仅是时空点的函数,而且在坐标变换下也要变化.其变化率是二维子时空仿射联络的缩并,不是矢量.

3.10.3　惯性起源于真空变化

霍金-安鲁效应是时间平移不变性局域化后的产物,是时间尺度变换的补偿效应.时间尺度变换必然导致能量尺度变换,因此,霍金-安鲁效应又可等价地看作能量尺度变换的补偿效应.值得注意的是,这种补偿效应与共形等度规映射相关联,

$$-\mathrm{d}\eta^2 + \mathrm{d}\xi^2 = \mathrm{e}^{-2a\xi}(-\mathrm{d}t^2 + \mathrm{d}x^2), \tag{3.10.33}$$

从式(3.10.4)容易看出这一点.

另一方面,在用格林函数研究霍金-安鲁效应时,发现闵氏时空中的零温格林函数,在变换到伦德勒时空后,表现为温度格林函数.[40] 这表明伦德

勒时空中的霍金-安鲁热能，实质上是闵氏时空中的真空涨落能．霍金-安鲁效应实际上是真空能量零点发生移动的结果．加速的伦德勒系中的真空能量零点，比闵氏时空中惯性系的真空能量零点要低 $k_B T$ 量级．T 即式(3.10.18)所示的霍金-安鲁温度．从式(3.10.17)可知，式(3.10.32)的第二项(决定霍金温度的 a)，即纯规范势，表征真空能量零点的移动．也就是说，式(3.10.32)不仅反映不同坐标系中能量尺度变化率的关系，而且反映两个坐标系中真空能量零点的变化．

所有支持狭义相对论的实验，只不过证明了真空是洛伦兹不变的，或庞加莱不变的．现在我们看到，当上述对称性局域化之后，真空将发生变化．在式(3.10.33)所示的共形等度规映射下，真空的变化比较简单，只是能量零点简单地向下移动，使部分真空零点能实化为热能．

从式(3.10.9)、式(3.10.16)～式(3.10.18)可以看出霍金-安鲁温度与仿射联络有关，它应是惯性效应的一部分．通常的惯性力是惯性的力学效应，霍金-安鲁效应则是惯性的量子效应、热效应．

由于霍金-安鲁效应起源于真空能级的升降，一个自然的推论是：惯性力起源于真空的变化．这就是说，惯性力既不像牛顿认为的那样起源于绝对空间(相对于绝对空间的加速)，也不像马赫断言的那样，起源于遥远星系(相对于遥远星系的加速)．惯性效应实质上是一个起源于加速引起的真空“形变”的局域效应．惯性力就是真空“形变”造成的反作用力．按照这种看法，惯性作用不是超距作用；惯性力与普通力一样，具有反作用力．

第 4 章　动态黑洞的热效应

4.1　动态黑洞的三个特征曲面

一般说来,黑洞存在三个“类视界曲面,”它们是事件视界、表观视界和类时极限面(无限红移面).对于非球对称的动态黑洞,这三个特征曲面不再互相重合.[11,109]

动态黑洞的热辐射是一个正在深入研究的课题.在我们建议的新方法提出之前,对动态黑洞热辐射的研究,主要采用计算入射“负能流”的方法,该方法仅限于处理渐近平直的、球对称的动态黑洞.[19,110-111]

本节将介绍黑洞的三个“类视界面”,然后再在 4.2 节中介绍用入射“负能流”研究动态黑洞热辐射的传统方法.

4.1.1　三个“类视界”面

1. 事件视界(Event Horizon,EH)

没有任何信息能够到达类光无穷远 J^+ 的时空区,称为黑洞区(即黑洞内部).黑洞区的边界,即黑洞区与信息可达 J^+ 的普通时空区之间的边界,称事件视界.[2]

这是整体微分几何给事件视界下的严格定义.但是,此定义在弯曲时空量子场论的研究中不好使用,通常人们把事件视界看作“保有时空内禀对称性的零超曲面”,或者说其母线线汇的切矢场是类光基灵矢量场的“零超曲

面”，即它的法矢量类光(null 矢量)，

$$n^{\mu}n_{\mu}=0 \tag{4.1.1}$$

(但 $n^{\mu}\neq 0$，如果 $n^{\mu}=0$，或 $n_{\mu}=0$，则是 zero 矢量，不是 null 矢量)，且母线线汇的切矢场为基灵矢量场，

$$l_{\mu;\nu}+l_{\nu;\mu}=0. \tag{4.1.2}$$

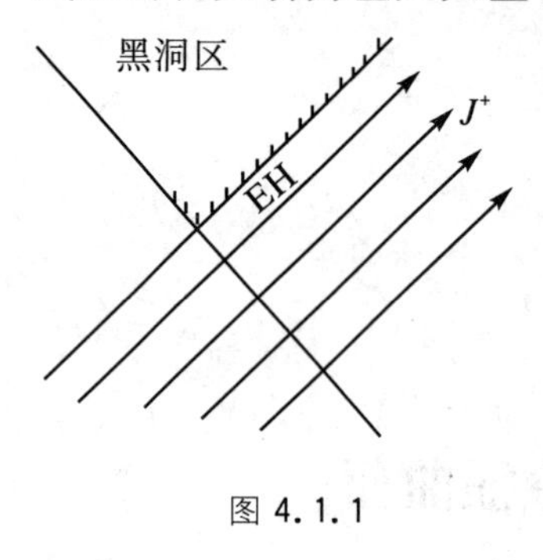

图 4.1.1

实际上，式(4.1.1)只是事件视界的必要条件，不是充分条件. 也就是说，事件视界一定是零曲面，但零曲面不一定都是事件视界. 我们可称满足定义式(4.1.1)与式(4.1.2)的视界为“局部事件视界”. 通常，人们用式(4.1.1)来寻找事件视界.

2. 表观视界(Apparent Horizon，AH)

表观视界定义为陷获区(捕获区，即前面提到的单向膜区，也即时空坐标互换区)的最外边界面，或者说，对于出射光子的最外陷获面(最外捕获面，the outermost marginally trapped surface). 也可以说，它是单向膜区的起点. 在稳态时空中，表观视界总是与事件视界重合，故一直未提到它.

表观视界由类光测地线汇的膨胀(expansion)来定义.[16] 膨胀 Θ 本身定义为

$$\Theta=l^{\mu}_{;\mu}-\kappa, \tag{4.1.3}$$

其中

$$\kappa\equiv n^{\mu}l^{\nu}l_{\mu;\nu}, \tag{4.1.4}$$

在稳态情况下，就是黑洞的表面引力. n^{μ}、l^{μ} 为零标架，满足

$$l^{\mu}l_{\mu}=n^{\mu}n_{\mu}=0,\quad l^{\mu}n_{\mu}=1. \tag{4.1.5}$$

表观视界由

$$\Theta=0 \tag{4.1.6}$$

来定义. 即由表观视界出发的两族类光测地线汇的膨胀 Θ 都是零.

3. 类时极限面(无限红移面，the timelike limit surface，TLS)

对于稳态时空，类时极限面定义为以类时基灵矢量 $\left(\frac{\partial}{\partial t}\right)^{a}$ 为母线的三维超曲面，在 $\left(\frac{\partial}{\partial t}\right)^{a}$ 趋于类光时的极限面，即满足

$$g_{tt} = g_{ab}\left(\frac{\partial}{\partial t}\right)^a\left(\frac{\partial}{\partial t}\right)^b = 0 \tag{4.1.7}$$

或

$$\left(\frac{\partial}{\partial t}\right)^a\left(\frac{\partial}{\partial t}\right)_a = 0 \tag{4.1.8}$$

的三维超曲面.实际上$\left(\frac{\partial}{\partial t}\right)^a$在施瓦西黑洞外部类时,内部类空.

对于动态黑洞,类时极限面定义为

$$g_{vv} = g_{ab}\left(\frac{\partial}{\partial v}\right)^a\left(\frac{\partial}{\partial v}\right)^b = 0, \tag{4.1.9}$$

或

$$\left(\frac{\partial}{\partial v}\right)^a\left(\frac{\partial}{\partial v}\right)_a = 0, \tag{4.1.10}$$

其中 v 为超前爱丁顿坐标,$\left(\frac{\partial}{\partial v}\right)^a$ 对于无穷远静止的观测者是类时矢量.

上述三类特征面都是三维超曲面.其中 EH 总是类光的,AH 一般是类光或类空的,但在动态情况下,也可能类时.TLS 则类时、类光、类空均可能.要注意,式(4.1.9)和式(4.1.10)并不表示 TLS 类光,这是因为$\left(\frac{\partial}{\partial t}\right)^a$一般并不是 TLS 的法矢量.定义 EH 的式(4.1.1)中的 n^μ 是法矢量.

在真空球对称静态情况下,

AH = EH = TLS　(简并,施瓦西).

在真空稳态情况下,

AH = EH≠TLS　(部分简并,克尔,克尔-纽曼).

在非真空球对称动态情况下,

AH = TLS≠EH　(部分简并,Vaidya, Vaidya-Bonner).

在非真空非球对称动态情况下,

AH≠EH,AH≠TLS,EH≠TLS　(非简并,动态克尔).

所以,一般说来,这三个"类视界面"是互相不重合的.

4.1.2　Vaidya 黑洞与动态克尔黑洞

Vaidya 证明

$$ds^2 = \left[1 - \frac{2m(v)}{r}\right]dv^2 - 2dvdr - r^2(d\theta^2 + \sin^2\theta d\varphi^2) \quad (4.1.11)$$

是爱因斯坦场方程的一个解,可以用来描述存在辐射的动态球对称黑洞,可以理解为动态施瓦西黑洞.其中

$$v = t + r_* \quad (4.1.12)$$

为超前爱丁顿-芬克斯坦坐标.

Bonner 得到一个带电的动态施瓦西解,即把 Vaidya 度规(4.1.11)推广到带电的情况[112],

$$ds^2 = \left[1 - \frac{2m(v)}{r} + \frac{Q^2(v)}{r^2}\right]dv^2 - 2dvdr - r^2(d\theta^2 + \sin^2\theta d\varphi^2). \quad (4.1.13)$$

它是爱因斯坦-麦克斯韦方程的严格解,描述带电的球对称辐射场.但由于物理上不存在带电的光辐射,此解受到一些批评.然而,它确实是场方程的解.

运用我们以前介绍的、从施瓦西(R-N)度规生成克尔(克尔-纽曼)度规的复坐标变换法,可从 Vaidya 度规(4.1.11)生成动态克尔度规[16]

$$\begin{aligned} ds^2 = &\left[1 - \frac{2m(v)r}{\rho^2}\right]dv^2 - 2dvdr + \frac{4m(v)ra\sin^2\theta}{\rho^2}dvd\varphi - \rho^2 d\theta^2 \\ &+ 2a\sin^2\theta drd\varphi - \left[(r^2 + a^2) + \frac{2m(v)ra^2\sin^2\theta}{\rho^2}\right]\sin^2\theta d\varphi^2, \end{aligned} \quad (4.1.14)$$

其中

$$\begin{aligned} &dv = dt + dr_*, \quad dr_* = \frac{r^2 + a^2}{\Delta}dr, \\ &\rho^2 = r^2 + a^2\cos^2\theta, \quad \Delta = r^2 + a^2 - 2mr. \end{aligned} \quad (4.1.15)$$

在上述三种度规中,m、Q 均是爱丁顿时间 v 的函数,也就是说,质量和电荷均随时间变化.值得注意的是,度规(4.1.14)中的 a 不是 v 的函数,不随时间变化.当然,这不是说角动量不随时间变化,角动量 J 还是随时间变的,只是 J 和质量 m 的比,即 a,不随时间变化.这就要求黑洞的角动量和质量在演化过程中成比例地变化.这显然是一个值得进一步商榷的问题.这种变化方式肯定不可能是克尔黑洞的唯一演化方式,但它确实是爱因斯坦场方程的一个严格解,描述某种合理的演化途径.

造成 a 是常数的原因，很可能存在于从 Vaidya 度规生成动态克尔度规的复坐标变换过程中，这很可能是此方法局限性的表现.

下面，我们将通过对动态克尔度规的研究，来具体了解黑洞的三个"类视界"特征曲面.[113]

为了使讨论更具有一般性，在以下的讨论中，我们把 a 也看作 v 的函数，即把度规(4.1.14)改写为

$$\begin{aligned} ds^2 = &\left[1 - \frac{2m(v)r}{\rho^2}\right]dv^2 - 2dvdr + \frac{4m(v)ra(v)\sin^2\theta}{\rho^2}dvd\varphi - \rho^2 d\theta^2 \\ &+ 2a(v)\sin^2\theta drd\varphi - \left[r^2 + a^2(v) + \frac{2m(v)ra^2(v)\sin^2\theta}{\rho^2}\right]\sin^2\theta d\varphi^2 . \end{aligned} \tag{4.1.16}$$

在以下的讨论中，只需令 $\dot{a}(v) = da/dv = 0$，就可把式(4.1.16)衍生出的结果退化到式(4.1.14)衍生的结果.

1. 类时极限面(TLS)

从式(4.1.9)可知，只要令 $g_{vv} = 0$，就可以从式(4.1.16)得到类时极限面

$$g_{vv} = 1 - \frac{2m(v)r}{\rho^2} = 0, \tag{4.1.17}$$

即

$$r^2 + a^2\cos^2\theta - 2m(v)r = 0, \tag{4.1.18}$$

类时极限面有两个

$$r_{\text{TLS}}^{\pm} = m \pm (m^2 - a^2\cos^2\theta)^{1/2} . \tag{4.1.19}$$

它在形式上与稳态克尔黑洞没有什么区别，只是式(4.1.19)中 m 和 a 是 v 的函数，因而 $r_{\text{TLS}}^{\pm}$ 均要随时间变化. 当 a 不变时，容易得到

$$\frac{d}{dv}r_{\text{TLS}}^{\pm} = \frac{dm}{dv}\left[1 \pm \frac{m}{(m^2 - a^2\cos^2\theta)^{1/2}}\right]. \tag{4.1.20}$$

对于蒸发黑洞，$dm/dv<0$，从上式不难看出，外类时极限面逐渐收缩，内类时极限面逐渐膨胀. 对于吸积黑洞，$\dot{m} = dm/dv>0$，结论正好相反.

2. 表观视界(AH)

为了求表观视界，先要求出零标架和仿射联络.

从式(4.1.16)，得度规行列式

$$g = -\rho^4\sin^2\theta, \tag{4.1.21}$$

逆变度规张量为

$$g^{\mu\nu}=\begin{pmatrix}\frac{-a^2\sin^2\theta}{\rho^2} & \frac{-(r^2+a^2)}{\rho^2} & 0 & \frac{-a}{\rho^2}\\ \frac{-(r^2+a^2)}{\rho^2} & \frac{-\Delta}{\rho^2} & 0 & \frac{-a}{\rho^2}\\ 0 & 0 & -\frac{1}{\rho^2} & 0\\ \frac{-a}{\rho^2} & \frac{-a}{\rho^2} & 0 & \frac{-1}{\rho^2\sin^2\theta}\end{pmatrix}. \tag{4.1.22}$$

不为零的联络为($\gamma=1/\rho^2$)

$$\Gamma^0_{00}=\frac{1}{2}\gamma^2[\gamma 2m(r^2+a^2)(r^2-a^2\cos^2\theta)-2\dot{m}ra^2\sin^2\theta]$$
$$-\gamma^2 a\dot{a}2mr\sin^2\theta+\gamma^3a^3\dot{a}2mr\sin^2\theta\cos^2\theta,$$

$$\Gamma^0_{01}=\Gamma^0_{10}=-\frac{\gamma}{2}a\dot{a}\sin^2\theta,$$

$$\Gamma^0_{02}=\Gamma^0_{20}=-\gamma^2a^2mr\sin 2\theta,$$

$$\Gamma^0_{03}=\Gamma^0_{30}=\frac{\gamma^2}{2}[\gamma 2ma(r^2+a^2)\sin^2\theta(-r^2+a^2\cos^2\theta)+2\dot{m}ra^3\sin^4\theta$$
$$+\gamma a\sin^2\theta[(1+\gamma 2mr\sin^2\theta)a\dot{a}-\gamma^2a^3\dot{a}2mr\sin^2\theta\cos^2\theta]$$
$$-\frac{\gamma}{2}(r^2+a^2)\dot{a}\sin^2\theta,$$

$$\Gamma^0_{12}=\Gamma^0_{21}=-\frac{\gamma}{2}a^2\sin 2\theta,$$

$$\Gamma^0_{13}=\Gamma^0_{31}=\gamma ar\sin^2\theta+\frac{\gamma}{2}a^2\dot{a}\sin^4\theta,$$

$$\Gamma^0_{22}=-\gamma(r^2+a^2)r-\gamma a^3\dot{a}\sin^2\theta\cos^2\theta,$$

$$\Gamma^0_{23}=\Gamma^0_{32}=\gamma^2a^3mr\sin 2\theta\sin^2\theta,$$

$$\Gamma^0_{33}=\frac{1}{2}\{-\gamma^2a^4 2\dot{m}r\sin^6\theta-\gamma(r^2+a^2)[2r+\gamma^2a^2 2m(-r^2+a^2\cos^2\theta)$$
$$\cdot\sin^2\theta]\sin^2\theta\}-\gamma a^2\sin^4\theta(1+2mr^3\gamma^2\sin^2\theta)a\dot{a},$$

$$\Gamma^1_{00}=\gamma^2\dot{m}r(r^2+a^2\cos 2\theta)+\gamma^3m(r^2-a^2\cos^2\theta)(r^2+a^2-2mr)$$
$$-\gamma^2a\dot{a}2mr+\gamma^3a^3\dot{a}2mr\sin^2\theta\cos^2\theta,$$

$$\Gamma^1_{01}=\Gamma^1_{10}=\gamma^2m(-r^2+a^2\cos^2\theta)-\frac{\gamma}{2}a\dot{a}\sin^2\theta,$$

$$\Gamma^1_{03}=\Gamma^1_{30}$$

$$= \frac{\gamma^2}{2}[\gamma(r^2+a^2-2mr)2ma(-r^2+a^2\cos^2\theta)\sin^2\theta+2\dot{m}ra^3\sin^4\theta$$

$$-\frac{\gamma}{2}(\gamma^2+a^2-2mr)\dot{a}\sin^2\theta+\gamma a\sin^2\theta[(1+2mr\gamma\sin^2\theta)a\dot{a}$$

$$-\gamma^2 2mra^3\dot{a}\sin^2\theta\cos^2\theta],$$

$$\Gamma^1_{12}=\Gamma^1_{21}=-\frac{\gamma}{2}a^2\sin2\theta,$$

$$\Gamma^1_{13}=\Gamma^1_{31}=\frac{1}{2}[\gamma^2 2ma(r^2-a^2\cos^2\theta)\sin^2\theta+2\gamma ar\sin^2\theta]$$

$$+\frac{\gamma}{2}(r^2+a^2)\dot{a}\sin^2\theta,$$

$$\Gamma^1_{22}=-\gamma(r^2+a^2-2mr)r-\gamma(r^2+a^2)a\dot{a}\cos^2\theta,$$

$$\Gamma^1_{33}=-\frac{1}{2}\{\gamma^2a^2(r^2+a^2)2\dot{m}r\sin^4\theta+\gamma(r^2+a^2-2mr)$$

$$\cdot[2r+\gamma^2a^2 2m(-r^2+a^2\cos^2\theta)\sin^2\theta]\sin^2\theta\}$$

$$-\gamma(r^2+a^2)[1+2mr\gamma\sin^2\theta)a\dot{a}-\gamma^2a^3\dot{a}2mr\sin^2\theta\cos^2\theta]\sin^2\theta,$$

$$\Gamma^2_{00}=-\gamma^3mra^2\sin2\theta,$$

$$\Gamma^2_{02}=\Gamma^2_{20}=\gamma a\dot{a}\cos^2\theta,$$

$$\Gamma^2_{03}=\Gamma^2_{30}=\gamma^3mra(r^2+a^2)\sin2\theta,$$

$$\Gamma^2_{21}=\Gamma^2_{12}=\gamma r,$$

$$\Gamma^2_{13}=\Gamma^2_{31}=\frac{\gamma}{2}a\sin2\theta,$$

$$\Gamma^2_{22}=-\frac{\gamma}{2}a^2\sin2\theta,$$

$$\Gamma^2_{33}=-\frac{\gamma}{2}[(r^2+a^2+\gamma a^2 2mr\sin^2\theta)\sin2\theta$$

$$+\gamma^2a^2(r^2+a^2)2mr\sin2\theta\sin^2\theta],$$

$$\Gamma^3_{00}=\frac{\gamma^2}{2}a[\gamma 2m(r^2-a^2\cos^2\theta)-2\dot{m}r]$$

$$-\gamma^3a^2\dot{a}2mr\cos^2\theta-\gamma^2 2mr(1-2a^2\gamma\cos^2\theta)\dot{a},$$

$$\Gamma^3_{01}=\Gamma^3_{10}=-\frac{1}{2}\gamma\dot{a},$$

$$\Gamma^3_{02}=\Gamma^3_{20}=-\gamma^2 2mra\cot\theta,$$

$$\Gamma^3_{03}=\Gamma^3_{30}=\frac{1}{2}\gamma^2a^2[\gamma 2m(-r^2+a^2\cos^2\theta)\sin^2\theta+2\dot{m}r\sin^2\theta]$$

$$+\gamma[(1+2mr\gamma\sin^2\theta)a\dot{a}-\gamma^2a^3\dot{a}2mr\sin^2\theta\cos^2\theta]$$

$$-\frac{1}{2}\gamma a\dot{a}\sin^2\theta,$$

$$\Gamma^3_{12}=\Gamma^3_{21}=-\gamma a\cot\theta,$$

$$\Gamma^3_{13}=\Gamma^3_{31}=\gamma r+\frac{\gamma}{2}a\dot{a}\sin^2\theta,$$

$$\Gamma^3_{22}=-\gamma a^2\dot{a}\cos^2\theta-\gamma ar,$$

$$\Gamma^3_{23}=\Gamma^3_{32}=\gamma(r^2+a^2)\cot\theta+\frac{\gamma^2}{2}a^2(2mr-r^2-a^2\cos^2\theta)\sin2\theta,$$

$$\Gamma^3_{33}=-\frac{\gamma}{2}a\sin^2\theta\{\gamma a^2 2\dot{m}r\sin^2\theta+[2r+2\gamma^2a^2m(-r^2+a^2\cos^2\theta)\sin^2\theta]\}$$

$$-\gamma a\sin^2\theta[(1+2mr\gamma\sin^2\theta)a\dot{a}-\gamma^2a^3\dot{a}2mr\sin^2\theta\cos^2\theta]. \quad (4.1.23)$$

下面利用度规(4.1.16)和(4.1.22)来求零标架.把度规对称化:

$$\left(\frac{\partial}{\partial s}\right)^2=g^{\mu\nu}\left(\frac{\partial}{\partial x^\mu}\right)\left(\frac{\partial}{\partial x^\nu}\right)$$

$$=-\gamma a^2\sin^2\theta\left(\frac{\partial}{\partial v}\right)^2-2\gamma(r^2+a^2)\left(\frac{\partial}{\partial v}\right)\left(\frac{\partial}{\partial r}\right)-2\gamma a\left(\frac{\partial}{\partial v}\right)\left(\frac{\partial}{\partial \theta}\right)-\gamma\Delta\left(\frac{\partial}{\partial r}\right)^2$$

$$-2\gamma a\left(\frac{\partial}{\partial r}\right)\left(\frac{\partial}{\partial \varphi}\right)-\gamma\left(\frac{\partial}{\partial \theta}\right)^2-\gamma\sin^{-2}\theta\left(\frac{\partial}{\partial \varphi}\right)^2$$

$$=\left[-\gamma(r^2+a^2)\frac{\partial}{\partial r}\right]\left[\frac{\partial}{\partial v}+\frac{\Delta}{2(r^2+a^2)}\frac{\partial}{\partial r}+\frac{a}{r^2+a^2}\frac{\partial}{\partial \varphi}\right]$$

$$+\left[\frac{\partial}{\partial v}+\frac{\Delta}{2(r^2+a^2)}\frac{\partial}{\partial r}+\frac{a}{r^2+a^2}\frac{\partial}{\partial \varphi}\right]\left[-\gamma(r^2+a^2)\frac{\partial}{\partial r}\right]$$

$$-\left[\sqrt{\frac{\gamma}{2}}\left(\mathrm{i}a\sin\theta\frac{\partial}{\partial v}+\frac{\partial}{\partial \theta}+\frac{\mathrm{i}}{\sin\theta}\frac{\partial}{\partial \varphi}\right)\right]\left[\sqrt{\frac{\gamma}{2}}\left(-\mathrm{i}a\sin\theta\frac{\partial}{\partial v}+\frac{\partial}{\partial \theta}-\frac{\mathrm{i}}{\sin\theta}\frac{\partial}{\partial \varphi}\right)\right]$$

$$-\left[\sqrt{\frac{\gamma}{2}}\left(-\mathrm{i}a\sin\theta\frac{\partial}{\partial v}+\frac{\partial}{\partial \theta}-\frac{\mathrm{i}}{\sin\theta}\frac{\partial}{\partial \varphi}\right)\right]\left[\sqrt{\frac{\gamma}{2}}\left(\mathrm{i}a\sin\theta\frac{\partial}{\partial v}+\frac{\partial}{\partial \theta}+\frac{\mathrm{i}}{\sin\theta}\frac{\partial}{\partial \varphi}\right)\right], \quad (4.1.24)$$

与

$$\left(\frac{\partial}{\partial s}\right)^2=g^{\mu\nu}\left(\frac{\partial}{\partial x^\mu}\right)\left(\frac{\partial}{\partial x^\nu}\right)$$

$$=\left(n^\mu\frac{\partial}{\partial x^\mu}\right)\left(l^\nu\frac{\partial}{\partial x^\nu}\right)+\left(l^\mu\frac{\partial}{\partial x^\mu}\right)\left(n^\nu\frac{\partial}{\partial x^\nu}\right)$$

$$-\left(m^\mu\frac{\partial}{\partial x^\mu}\right)\left(\overline{m}^\nu\frac{\partial}{\partial x^\nu}\right)-\left(\overline{m}^\mu\frac{\partial}{\partial x^\mu}\right)\left(m^\nu\frac{\partial}{\partial x^\nu}\right) \quad (4.1.25)$$

比较,可得

$$\begin{cases} n^{\mu} = (0, -1, 0, 0)\gamma(r^2 + a^2), \\ l^{\mu} = \left(1, \dfrac{\Delta}{2(r^2 + a^2)}, 0, \dfrac{a}{r^2 + a^2}\right), \\ m^{\mu} = \sqrt{\dfrac{\gamma}{2}}(\mathrm{i}a\sin\theta, 0, 1, \mathrm{i}/\sin\theta), \\ \overline{m}^{\mu} = \sqrt{\dfrac{\gamma}{2}}(-\mathrm{i}a\sin\theta, 0, 1, -\mathrm{i}/\sin\theta), \end{cases} \tag{4.1.26}$$

式中

$$\gamma = \frac{1}{\rho^2}, \quad \Delta = r^2 + a^2 - 2mr. \tag{4.1.27}$$

同样可得零标架的协变分量，

$$\begin{aligned} \mathrm{d}s^2 = & [\gamma(r^2 + a^2)(\mathrm{d}v - a\sin^2\theta\mathrm{d}\varphi)] \\ & \cdot \left[\frac{1}{r^2 + a^2}\left(\frac{\Delta}{2}\mathrm{d}v - \gamma^{-1}\mathrm{d}r - \frac{\Delta}{2}a\sin^2\theta\mathrm{d}\varphi\right)\right] \\ & + \left[\frac{1}{r^2 + a^2}\left(\frac{\Delta}{2}\mathrm{d}v - \gamma^{-1}\mathrm{d}r - \frac{\Delta}{2}a\sin^2\theta\mathrm{d}\varphi\right)\right][\gamma(r^2 + a^2)(\mathrm{d}v - a\sin^2\theta\mathrm{d}\varphi)] \\ & - \sqrt{\frac{\gamma}{2}}[\mathrm{i}a\sin\theta\mathrm{d}v + \gamma^{-1}\mathrm{d}\theta - \mathrm{i}(r^2 + a^2)\sin\theta\mathrm{d}\varphi] \\ & \cdot \sqrt{\frac{\gamma}{2}}[-\mathrm{i}a\sin\theta\mathrm{d}v + \gamma^{-1}\mathrm{d}\theta + \mathrm{i}(r^2 + a^2)\sin\theta\mathrm{d}\varphi] \\ & - \sqrt{\frac{\gamma}{2}}[-\mathrm{i}a\sin\theta\mathrm{d}v + \gamma^{-1}\mathrm{d}\theta + \mathrm{i}(r^2 + a^2)\sin\theta\mathrm{d}\varphi] \\ & \cdot \sqrt{\frac{\gamma}{2}}[\mathrm{i}a\sin\theta\mathrm{d}v + \gamma^{-1}\mathrm{d}\theta - \mathrm{i}(r^2 + a^2)\sin\theta\mathrm{d}\varphi], \end{aligned} \tag{4.1.28}$$

$$\begin{aligned} \mathrm{d}s^2 = & (n_{\mu}\mathrm{d}x^{\mu})(l_{\nu}\mathrm{d}x^{\nu}) + (l_{\mu}\mathrm{d}x^{\mu})(n_{\nu}\mathrm{d}x^{\nu}) \\ & - (m_{\mu}\mathrm{d}x^{\mu})(\overline{m}_{\nu}\mathrm{d}x^{\nu}) - (\overline{m}_{\mu}\mathrm{d}x^{\mu})(m_{\nu}\mathrm{d}x^{\nu}) \end{aligned} \tag{4.1.29}$$

比较以上两式，可得

$$\begin{cases} n_{\mu} = \gamma(r^2 + a^2)(1, 0, 0, -a\sin^2\theta), \\ l_{\mu} = \dfrac{1}{r^2 + a^2}\left(\dfrac{\Delta}{2}, -\gamma^{-1}, 0, -\dfrac{\Delta}{2}a\sin^2\theta\right), \\ m_{\mu} = \sqrt{\dfrac{\gamma}{2}}[-\mathrm{i}a\sin\theta, 0, \gamma^{-1}, \mathrm{i}(r^2 + a^2)\sin\theta], \\ \overline{m}_{\mu} = \sqrt{\dfrac{\gamma}{2}}[\mathrm{i}a\sin\theta, 0, \gamma^{-1}, -\mathrm{i}(r^2 + a^2)\sin\theta]. \end{cases} \tag{4.1.30}$$

容易验证，式(4.1.26)与式(4.1.30)满足零标架条件：

$$\begin{cases} n_\mu n^\mu = l_\mu l^\mu = m_\mu m^\mu = \overline{m}_\mu \overline{m}^\mu = 0, \\ n^\mu l_\mu = -m_\mu \overline{m}^\mu = 1, \\ n_\mu m^\mu = n_\mu \overline{m}^\mu = l_\mu m^\mu = l_\mu \overline{m}^\mu = 0. \end{cases} \tag{4.1.31}$$

现在，按照定义式(4.1.4)求 κ，

$$\kappa = n^\mu l^\nu l_{\mu;\nu} = n^\mu l^\nu (l_{\mu,\nu} - \Gamma^\sigma_{\mu\nu} l_\sigma). \tag{4.1.32}$$

其中

$$\begin{aligned} n^\mu l^\nu l_{\mu,\nu} &= -\gamma(r^2 + a^2)\delta^\mu_1 l^\nu l_{\mu,\nu} \\ &= -\gamma(r^2 + a^2)[\delta^\nu_0 + \frac{\Delta}{2(r^2 + a^2)}\delta^\nu_1 + \frac{a}{r^2 + a^2}\delta^\nu_3] l_{1,\nu} \\ &= -\gamma(r^2 + a^2)\left[l_{1,0} + \frac{\Delta}{2(r^2 + a^2)} l_{1,1} + \frac{a}{r^2 + a^2} l_{1,3}\right], \end{aligned} \tag{4.1.33}$$

从式(4.1.30)，知

$$l_1 = -\frac{1}{\gamma(r^2 + a^2)} = \frac{-\rho^2}{r^2 + a^2} = \frac{-(r^2 + a^2\cos^2\theta)}{r^2 + a^2},$$

$$l_{1,0} = \frac{2a\,\dot{a}\,r^2\sin^2\theta}{(r^2 + a^2)^2}, \quad l_{1,1} = \frac{-2ra^2\sin^2\theta}{(r^2 + a^2)^2}, \quad l_{1,3} = 0,$$

所以

$$n^\mu l^\nu l_{\mu,\nu} = \frac{\Delta\gamma r a^2\sin^2\theta}{(r^2 + a^2)^2} - \frac{2a\,\dot{a}\,\gamma r^2\sin^2\theta}{r^2 + a^2}. \tag{4.1.34}$$

又

$$\begin{aligned} & -n^\mu l^\nu \Gamma^\sigma_{\mu\nu} l_\sigma \\ &= \gamma(r^2 + a^2)\delta^\mu_1 l^\nu(\Gamma^0_{\mu\nu} l_0 + \Gamma^1_{\mu\nu} l_1 + \Gamma^2_{\mu\nu} l_2 + \Gamma^3_{\mu\nu} l_3) \\ &= \gamma(r^2 + a^2) l^\nu(\Gamma^0_{1\nu} l_0 + \Gamma^1_{1\nu} l_1 + \Gamma^3_{1\nu} l_3) \\ &= \gamma(r^2 + a^2)[l^0(\Gamma^0_{10} l_0 + \Gamma^1_{10} l_1 + \Gamma^3_{10} l_3) \\ &\quad + l^1(\Gamma^0_{11} l_0 + \Gamma^1_{11} l_1 + \Gamma^3_{11} l_3) + l^3(\Gamma^0_{13} l_0 + \Gamma^1_{13} l_1 + \Gamma^3_{13} l_3)] \\ &= \gamma(r^2 + a^2)\Big\{-\frac{\gamma}{2}a\,\dot{a}\sin^2\theta\,\frac{\Delta}{2(r^2 + a^2)} + \Big[m\gamma^2(-r^2 + a^2\cos^2\theta) \\ &\quad - \frac{\gamma}{2}a\,\dot{a}\sin^2\theta\Big]\Big(-\frac{\gamma^{-1}}{r^2 + a^2}\Big) + \Big(-\frac{1}{2}\gamma\,\dot{a}\Big)\Big[-\frac{\Delta}{2(r^2 + a^2)}a\sin^2\theta\Big]\Big\} \\ &\quad + \gamma(r^2 + a^2)\,\frac{a}{r^2 + a^2}\Big(\gamma a r\sin^2\theta + \frac{\gamma}{2}a^2\,\dot{a}\sin^4\theta\Big)\frac{\Delta}{2(r^2 + a^2)} \end{aligned}$$

$$+\left\{\frac{1}{2}[\gamma^2 2ma(r^2-a^2\cos^2\theta)\sin^2\theta+2\gamma ar\sin^2\theta]\right.$$

$$\left.+\frac{\gamma}{2}(r^2+a^2)\dot{a}\sin^2\theta\right\}\frac{-\gamma^{-1}}{r^2+a^2}$$

$$+\left(\gamma r+\frac{\gamma}{2}a\dot{a}\sin^2\theta\right)\left[\frac{-\Delta}{2(r^2+a^2)}a\sin^2\theta\right], \tag{4.1.35}$$

注意到含 $\dot{a}$ 的项相互抵消,可得

$$-n^\mu l^\nu \Gamma^\sigma_{\mu\nu} l_\sigma=\frac{-\gamma}{r^2+a^2}[m(-r^2+a^2\cos^2\theta)+a^2 r\sin^2\theta]. \tag{4.1.36}$$

把式(4.1.34)和式(4.1.36)代入式(4.1.32),得

$$\kappa=\frac{\Delta\gamma ra^2\sin^2\theta}{(r^2+a^2)^2}-\frac{\gamma}{r^2+a^2}[m(-r^2+a^2\cos^2\theta)+a^2 r\sin^2\theta]-\frac{2a\dot{a}\gamma r^2\sin^2\theta}{r^2+a^2}. \tag{4.1.37}$$

从式(4.1.3)知

$$\Theta=l^\mu_{,\mu}+\Gamma^\mu_{\mu\sigma}l^\sigma-\kappa, \tag{4.1.38}$$

因为

$$l^\mu_{,\mu}=l^1_{,1}=\frac{(r-m)(r^2+a^2)-r\Delta}{(r^2+a^2)^2}, \tag{4.1.39}$$

$$\Gamma^\mu_{\mu\sigma}l^\sigma=\Gamma^\mu_{0\mu}l^0+\Gamma^\mu_{1\mu}l^1+\Gamma^\mu_{3\mu}l^3=2\gamma a\dot{a}\cos^2\theta+\gamma r\frac{\Delta}{r^2+a^2}, \tag{4.1.40}$$

把式(4.1.37)、式(4.1.39)、式(4.1.40)代入式(4.1.38),得

$$\Theta=\frac{\gamma r\Delta}{r^2+a^2}+\frac{2a\dot{a}}{r^2+a^2}. \tag{4.1.41}$$

当 a 为常数时

$$\Theta=\frac{\gamma r\Delta}{r^2+a^2}. \tag{4.1.42}$$

可见,当 a 与 v 有关时,表观视界由 $\gamma r\Delta+2a\dot{a}=0$ 决定,即由

$$\frac{r\Delta}{r^2+a^2\cos^2\theta}+2a\dot{a}=0 \tag{4.1.43}$$

决定.当 a 为常数时,则由

$$\frac{r\Delta}{r^2+a^2\cos^2\theta}=0 \tag{4.1.44}$$

即

$$\Delta=r^2+a^2-2mr=0 \tag{4.1.45}$$

决定.这时,表观视界为

$$r_{\mathrm{AH}}^{\pm}=m\pm\sqrt{m^{2}-a^{2}}. \tag{4.1.46}$$

3. 事件视界(EH)

York 认为,事件视界是光子的黏着面,不允许光子从这里逃向远方.[109]先看径向出射类光测地线.从

$$\frac{\mathrm{d}}{\mathrm{d}v}=l^{a}\nabla=\frac{\partial}{\partial v}+\frac{\Delta}{2(r^{2}+a^{2})}\frac{\partial}{\partial r}+\frac{a}{r^{2}+a^{2}}\frac{\partial}{\partial\varphi}, \tag{4.1.47}$$

可得

$$\dot{r}\equiv\frac{\mathrm{d}r}{\mathrm{d}v}=\frac{\Delta}{2(r^{2}+a^{2})}, \tag{4.1.48}$$

$$\begin{aligned}\ddot{r}&\equiv\frac{\mathrm{d}^{2}r}{\mathrm{d}v^{2}}\\&=\frac{-\dot{m}r}{r^{2}+a^{2}}-\frac{\Delta\cdot 2a\dot{a}}{2(r^{2}+a^{2})^{2}}+\frac{\Delta}{2(r^{2}+a^{2})}\left[\frac{r-m}{r^{2}+a^{2}}-\frac{2r\Delta}{2(r^{2}+a^{2})^{2}}\right]\\&=\frac{-\dot{m}r}{r^{2}+a^{2}}+\dot{r}\left[\frac{r-m}{r^{2}+a^{2}}-\frac{2(r\dot{r}+a\dot{a})}{r^{2}+a^{2}}\right].\end{aligned} \tag{4.1.49}$$

式中

$$\dot{m}=\frac{\mathrm{d}m}{\mathrm{d}v},\quad \dot{a}=\frac{\mathrm{d}a}{\mathrm{d}v},\quad \Delta=r^{2}+a^{2}-2mr.$$

值得注意的是,在求式(4.1.49)时,要用式(4.1.47),

$$\ddot{r}=\frac{\mathrm{d}}{\mathrm{d}v}\dot{r}=l^{a}\nabla_{a}\dot{r}=\left[\frac{\partial}{\partial v}+\frac{\Delta}{2(r^{2}+a^{2})}\frac{\partial}{\partial r}+\frac{a}{r^{2}+a^{2}}\frac{\partial}{\partial\varphi}\right]\dot{r}. \tag{4.1.50}$$

从式(4.1.48)和式(4.1.49)可知,当$\dot{m}<0$时,在外表观视界处,即r_{AH}^{+}处,

$$\dot{r}=0,\quad \ddot{r}>0. \tag{4.1.51}$$

因此,光子可从表观视界逃到远方,这不符合事件视界的定义.可见,对于动态黑洞,表观视界不再与事件视界重合.

York 建议事件视界的“工作定义”如下:

当把辐射量$L=-\dot{m}$看作小量时,在一阶近似下,

(1) 事件视界应严格类光;

(2) 光子应长时间滞留在事件视界上.

这就是说,在$O(L)$的量级,事件视界应由

$$\dot{r}_{\mathrm{EH}}\approx 0,\quad \ddot{r}_{\mathrm{EH}}\approx 0 \tag{4.1.52}$$

决定.利用迭代法,先令式(4.1.49)中$\ddot{r}=0$,得

$$\dot{r}\approx\frac{(r-m-2a\dot{a})-[(r-m-2a\dot{a})^2-8\dot{m}(m+\sqrt{m^2-a^2})^2]^{1/2}}{4(m+\sqrt{m^2-a^2})},\tag{4.1.53}$$

其中 r 取r_{AH}^{+},即在外表观视界处取值(这时假定 r_{EH}^{+}偏离 r_{AH}^{+}很小),由于假定$\dot{m}$和$\dot{a}$均很小,为了简单,r_{AH}^{+}选取$\dot{a}=0$时的值,即 $r_{AH}^{+}=m+\sqrt{m^2-a^2}$(注意,$\dot{a}\neq0$,这里仅在式(4.1.53)中 r 取r_{AH}^{+}时,选用$\dot{a}=0$的 r_{AH}^{+}),于是有

$$\dot{r}\approx\frac{(m^2-a^2)^{1/2}-2a\dot{a}-[(\sqrt{m^2-a^2}-2a\dot{a})^2-8\dot{m}(m+\sqrt{m^2-a^2})^2]^{1/2}}{4(m+\sqrt{m^2-a^2})},\tag{4.1.54}$$

这里用了

$$r_{AH}^{+}=m+\sqrt{m^2-a^2}.$$

把式(4.1.54)代入式(4.1.48),得

$$r_{EH}^{\pm}=\frac{m\pm\sqrt{m^2-(1-2A)^2a^2}}{1-2A},\tag{4.1.55}$$

式中

$$A=\frac{(r-m-2a\dot{a})-[(r-m-2a\dot{a})^2-8\dot{m}r^2]^{1/2}}{4r}\bigg|_{r\to m+\sqrt{m^2-a^2}}.\tag{4.1.56}$$

注意,此 A 即式(4.1.53)和式(4.1.54)中的$\dot{r}$.

式(4.1.55)给出了事件视界的位置.对于$\dot{a}=0$的情况,式(4.1.55)和式(4.1.56)可约化为

$$r_{EH}^{\pm}=\frac{m\pm[m^2-(1-2A)^2a^2]^{1/2}}{1-2A},\tag{4.1.57}$$

$$A=\frac{(m^2-a^2)^{1/2}-[(m^2-a^2)-8\dot{m}(m+\sqrt{m^2-a^2})^2]^{1/2}}{4(m+\sqrt{m^2-a^2})}.\tag{4.1.58}$$

式(4.1.57)与式(4.1.55)的形式相同,但 A 中已不含$\dot{a}$项.

在$\dot{a}=0$的情况下,动态黑洞的事件视界位置(4.1.57)可近似表达为

$$r_{EH}^{+}=r_{+}\left[1+\frac{1+4\dot{m}r_{+}}{r_{+}-r_{-}}+\frac{8\dot{m}a^2}{(r_{+}-r_{-})^2}\right],\tag{4.1.59}$$

$$r_{\mathrm{EH}}^{-} = r_{-}\left[1 + \frac{4\dot{m} r_{+}}{r_{+} - r_{-}} + \frac{8\dot{m} a^2 r_{+}}{(r_{+} - r_{-})^2 r_{-}}\right],$$

$$r_{\pm} = m \pm (m^2 - a^2)^{1/2}. \tag{4.1.60}$$

讨论:(a) 当$\dot{m}=0$时,时空回到稳态,$A=0$,事件视界回到熟知的克尔视界的位置,$r_{\mathrm{EH}}^{\pm}=m\pm(m^2-a^2)^{1/2}$.

(b) 当$a=0$时,$A\approx+2\dot{m}$,式(4.1.57)化成$r_{\mathrm{EH}}^{+}\approx 2m(1+4\dot{m})$,$r_{\mathrm{EH}}^{-}\approx 0$,回到球对称 Vaidya 情况.

(c) 当$\dot{m}<0$,$a\neq 0$时,从式(4.1.59)、式(4.1.60)可以知道,$r_{\mathrm{EH}}^{+}<r_{\mathrm{AH}}^{+}$,$r_{\mathrm{EH}}^{-}<r_{\mathrm{AH}}^{-}$,即内、外事件视界都发生收缩,黑洞外能层变厚,内能层变薄.

4.2 用辐射反作用研究球对称动态黑洞的热辐射

对于渐近平直的球对称动态黑洞,已经发展了一种研究其热辐射的方法.由于这种黑洞是球对称的,可当作二维情况来处理.先算出重正化能动张量的安鲁真空平均值$\langle T_{ab}\rangle$,然后考查黑洞的入射负能流,最后定出其辐射温度.[19,110,113]

下面以 Vaidya 黑洞为例,来介绍这种方法.用(v,r)表示的任意二维度规为

$$\mathrm{d}s^2 = -A(v,r)\mathrm{d}\nu^2 + 2B(v,r)\mathrm{d}v\mathrm{d}r. \tag{4.2.1}$$

可以证明对于无质量标量场,重正化后的能动张量的真空平均值中的

$$t_{vv} = -\frac{1}{12\pi}\left[\frac{p^2}{4} - \frac{1}{2}\left(\frac{\partial}{\partial v} + \frac{1}{2}AB^{-1}\frac{\partial}{\partial r}\right)p\right] + F(v), \tag{4.2.2}$$

其中

$$p = B^{-1}\left(\frac{\partial B}{\partial v} + \frac{1}{2}\frac{\partial A}{\partial r}\right). \tag{4.2.3}$$

$F(v)$决定于类光无穷远处的边界条件.对于渐近平直时空,$F(v)=0$.比较 Vaidya 度规

$$\mathrm{d}s^2 = -\left[1 - \frac{2m(v)}{r}\right]\mathrm{d}v^2 + 2\mathrm{d}v\mathrm{d}r + r^2(\mathrm{d}\theta^2 + \sin^2\theta\mathrm{d}\varphi^2) \tag{4.2.4}$$

与式(4.2.1),可知在 Vaidya 情况下,

$$A = 1 - \frac{2m(v)}{r}, \quad B = 1, \tag{4.2.5}$$

不难算出

$$t_{vv} = \frac{1}{24\pi}\left(\frac{\dot{m}}{r^2} - \frac{m}{r^3} + \frac{3m^2}{2r^4}\right). \tag{4.2.6}$$

应该指出,t_{vv}是我们目前能够算出的t_{ab}唯一的一个分量.不过,在事件视界上(仅在视界上!),我们还知道

$$t_{uv} = t_{vu} = 0, \quad t_{uu} = 0. \tag{4.2.7}$$

式(4.2.6)则写成

$$t_{vv} = \frac{1}{24\pi}\left(\frac{\dot{m}}{r_{\mathrm{E}}^2} - \frac{m}{r_{\mathrm{E}}^3} + \frac{3m^2}{2r_{\mathrm{E}}^4}\right) \equiv t_{\mathrm{E}}. \tag{4.2.8}$$

式(4.2.7)和式(4.2.8)描述了事件视界附近的全部能流及应力情况.于是,我们看到,对于无质量标量场,在视界处有进入黑洞的负能流.它相当于有正能量从黑洞中涌出.此能流的有效温度为

$$T = \left(\frac{12}{\pi k_{\mathrm{B}}} | t_{\mathrm{E}} |\right)^{1/2}, \tag{4.2.9}$$

把式(4.2.8)代入,可得

$$T = \frac{1}{8\pi m k_{\mathrm{B}}}(1 - 8\dot{m})^{1/2}, \tag{4.2.10}$$

这里用了从式(4.2.8)算出的

$$t_{\mathrm{E}} = \frac{-(1 - 8\dot{m})}{768\pi m^2}. \tag{4.2.11}$$

讨论:(a) 此计算只针对无质量标量场,如要使证明充分,还应计算其他场.

(b) 计算在 $L = -\dot{m} \ll 1$ 的情况下进行,只包括$\dot{m}$的一阶小量.

(c) 此方法只对球对称黑洞、二维黑洞,且时空渐近平直的情况才可使用.

(d) T 是有效温度,如要确认其是真实温度,还应算出热谱.

4.3 动态时空事件视界的确定

在 4.1 节中，我们介绍了一种确定动态黑洞事件视界的方法，可以近似地确定 Vaidya 黑洞的视界位置.

本节将介绍一种新的、精确确定事件视界的一般方法，可用于各种动态黑洞.新方法的指导思想是：在动态时空中，事件视界仍应是零超曲面，而且，仍应是保持有时空内禀对称性的零超曲面.所以仍应从零曲面方程出发来确定事件视界.下面举例介绍这一方法.[77,114]

Vaidya 时空线元为

$$\mathrm{d}s^2 = -\left[1-\frac{2m(v)}{r}\right]\mathrm{d}v^2 + 2\mathrm{d}v\mathrm{d}r + r^2(\mathrm{d}\theta^2 + \sin^2\theta\mathrm{d}\varphi^2). \tag{4.3.1}$$

度规用矩阵表出为

$$g_{\mu\nu} = \begin{pmatrix} -\left(1-\frac{2m}{r}\right) & 1 & 0 & 0 \\ 1 & 0 & 0 & 0 \\ 0 & 0 & r^2 & 0 \\ 0 & 0 & 0 & r^2\sin^2\theta \end{pmatrix}, \tag{4.3.2}$$

度规行列式

$$g = -r^4\sin^2\theta, \tag{4.3.3}$$

度规的逆变分量为

$$g^{\mu\nu} = \begin{pmatrix} 0 & 1 & 0 & 0 \\ 1 & 1-\frac{2m}{r} & 0 & 0 \\ 0 & 0 & r^{-2} & 0 \\ 0 & 0 & 0 & r^{-2}\sin^{-2}\theta \end{pmatrix}, \tag{4.3.4}$$

在这一时空中，零曲面方程

$$g^{\mu\nu}\frac{\partial f}{\partial x^\mu}\frac{\partial f}{\partial x^\nu} = 0 \tag{4.3.5}$$

可写为

$$2\frac{\partial f}{\partial r}\frac{\partial f}{\partial v}+\left(1-\frac{2m}{r}\right)\left(\frac{\partial f}{\partial r}\right)^2+\frac{1}{r^2}\left(\frac{\partial f}{\partial \theta}\right)^2+\frac{1}{r^2\sin^2\theta}\left(\frac{\partial f}{\partial \varphi}\right)^2=0. \tag{4.3.6}$$

由于时空球对称,视界作为特征曲面应该与 θ、φ 无关,所以上式可化成

$$2\left(\frac{\partial f}{\partial r}\right)\left(\frac{\partial f}{\partial v}\right)+\left(1-\frac{2m}{r}\right)\left(\frac{\partial f}{\partial r}\right)^2=0. \tag{4.3.7}$$

另一方面,零超曲面

$$f=f(r,v)=0 \tag{4.3.8}$$

可写成显式形式

$$r=r(v). \tag{4.3.9}$$

我们有

$$\frac{\mathrm{d}r}{\mathrm{d}v}\frac{\partial f}{\partial r}+\frac{\partial f}{\partial v}=0, \tag{4.3.10}$$

代入式(4.3.7),可得

$$2\frac{\mathrm{d}r}{\mathrm{d}v}=1-\frac{2m}{r}, \tag{4.3.11}$$

或

$$r=\frac{2m}{1-2\dot{r}}, \tag{4.3.12}$$

其中

$$\dot{r}\equiv\frac{\mathrm{d}r}{\mathrm{d}v}. \tag{4.3.13}$$

式(4.3.12)就是 Vaidya 时空中的事件视界.当黑洞随时间变化不快,即辐射或吸积不快时,$\dot{m}$ 及 $\dot{r}$ 均是小量,所以

$$\dot{r}\approx 2\dot{m}. \tag{4.3.14}$$

式(4.3.12)可近似写成

$$r\approx 2m(1+4\dot{m}). \tag{4.3.15}$$

上式与用流行的辐射反作用法确定的 Vaidya 黑洞视界(4.1.62)相同.这表明,本节介绍的新方法比流行的旧方法精确,而且简便.这种方法适用于一切动态黑洞,以后我们会看到这一方法在非球对称动态时空中的应用.

4.4 决定动态黑洞温度的新方法

在 4.2 节中,我们介绍了用辐射反作用研究动态黑洞热辐射的方法.此方法是目前国际上流行的方法.我们看到,该方法只适用于渐近平直的球对称黑洞,而且结果不够精确.本节将介绍一种我们自己发现的、研究动态黑洞热效应的新方法,计算简单、精确,适用于各种动态黑洞,包括非球对称、非渐近平直的黑洞.[71-99]

新方法的思路如下.从第 2 章和第 3 章可知,Damour-Ruffini 法是研究黑洞热辐射的强有力方法.此方法的关键是,在乌龟坐标下,粒子动力学方程(例如克莱因-戈登方程、狄拉克方程)的径向部分,在稳态时空的事件视界附近,均能化成波动方程的标准形式

$$\frac{\partial^2 \Phi}{\partial r_*^2}-\frac{\partial^2 \Phi}{\partial t^2}=0, \tag{4.4.1}$$

或用爱丁顿坐标表示为

$$\frac{\partial^2 \Phi}{\partial r_*^2}+2\frac{\partial^2 \Phi}{\partial v \partial r_*}=0. \tag{4.4.2}$$

由此可解出入射波解与出射波解.其中出射波在视界上不解析,可通过下半复 r 平面解析延拓到视界内,并最终算出辐射谱为黑体谱,并给出黑洞的温度.

最初,是先用零曲面条件定出视界位置 r_H,并用计算视界表面引力的方法给出 κ,再构造乌龟坐标,然后把粒子动力学方程化成式(4.4.1)或式(4.4.2)的形式.后来,我们看到,可以反过来做.把 r_H 与 κ 作为未知量引入乌龟坐标,要求粒子动力学方程在视界附近化成式(4.4.1)与式(4.4.2)的形式,从而定出 r_H 与 κ,并求出热谱.这样定出的 r_H 与零曲面条件得出的一样.这样定出的 κ 也与计算表面引力得到的一样.[50,78-79]

我们还指出,粒子动力学方程之所以能化成式(4.4.1)与式(4.4.2)的形式,是因为二维时空(t,r_*)在事件视界附近总是显式共形于二维闵氏时空.[95-99]

黑洞最基本的特征是，除去总质量、总电荷和总角动量之外，没有任何信息可以逃离它.这样的星体只能是黑体，射出的只能是具有普朗克谱的平衡热辐射.

动态黑洞既然还是黑洞，当然应该具有这一特点，应该有平衡热辐射从它射出，只不过温度随时间变化.从 Damour-Ruffini 法可知，得到热谱的关键是，在乌龟坐标下，粒子动力学方程在视界附近会化成式(4.4.1)与式(4.4.2)的形式.根据我们研究稳态黑洞的经验，我们推测，把 r_H 与 κ 作为未知量引入乌龟坐标，并要求动力学方程在视界附近化成式(4.4.1)与式(4.4.2)的形式，应能自动定出 r_H 与 κ 的值，并算得辐射谱.这样，就可克服以往方法中求 r_H 与 κ 的困难.实际研究表明，我们的推测是正确的.下面，我们就以 Vaidya 黑洞为例来介绍这一方法.[50,78-79]

在 Vaidya 时空中，把克莱因-戈登方程[83-86]

$$(\Box - \mu^2)\Phi = 0 \tag{4.4.3}$$

分离变量

$$\Phi = \frac{1}{r}\rho(r, v)Y_{lm}(\theta, \varphi), \tag{4.4.4}$$

可分解为径向方程和横向方程.其径向方程为

$$\left(1 - \frac{2m}{r}\right)\frac{\partial^2 \rho}{\partial r^2} + 2\frac{\partial^2 \rho}{\partial r \partial v} + \frac{2m}{r^2}\frac{\partial \rho}{\partial r} - \left[\frac{2m}{r^3} + \mu^2 + \frac{l(l+1)}{r^2}\right]\rho = 0, \tag{4.4.5}$$

式中 μ 为粒子的静质量，l 为粒子的角量子数，从分离变量常数 $\lambda = l(l+1)$ 引进.横向方程与我们讨论的黑洞辐射问题无关，这里略去.

定义广义乌龟坐标

$$\begin{aligned} r_* &= r + \frac{1}{2\kappa}\ln\frac{r - r_H(v)}{r_H(v_0)}, \\ v_* &= v - v_0. \end{aligned} \tag{4.4.6}$$

式中 κ 为待定参数，在乌龟变换下是一个常数.

从式(4.4.6)，可得

$$\begin{cases}\dfrac{\partial}{\partial r}=\left[1+\dfrac{1}{2\kappa(r-r_{\mathrm{H}})}\right]\dfrac{\partial}{\partial r_*},\\ \dfrac{\partial}{\partial v}=\dfrac{\partial}{\partial v_*}-\dfrac{\dot r_{\mathrm{H}}}{2\kappa(r-r_{\mathrm{H}})}\dfrac{\partial}{\partial r_*},\\ \dfrac{\partial^2}{\partial r^2}=\left[1+\dfrac{1}{2\kappa(r-r_{\mathrm{H}})}\right]^2\dfrac{\partial^2}{\partial r_*^2}-\dfrac{1}{2\kappa(r-r_{\mathrm{H}})^2}\dfrac{\partial}{\partial r_*},\\ \dfrac{\partial^2}{\partial r\partial v}=\left[1+\dfrac{1}{2\kappa(r-r_{\mathrm{H}})}\right]\dfrac{\partial^2}{\partial v_*\partial r_*}-\dfrac{\dot r_{\mathrm{H}}}{2\kappa(r-r_{\mathrm{H}})}\left[1+\dfrac{1}{2\kappa(r-r_{\mathrm{H}})}\right]\dfrac{\partial^2}{\partial r_*^2}\\ \qquad+\dfrac{\dot r_{\mathrm{H}}}{2\kappa(r-r_{\mathrm{H}})^2}\dfrac{\partial}{\partial r_*},\end{cases}\tag{4.4.7}$$

计算时用了

$$\begin{aligned}&\mathrm{d}r_*=\left[1+\frac{1}{2\kappa(r-r_{\mathrm{H}})}\right]\mathrm{d}r-\frac{\dot r_{\mathrm{H}}}{2\kappa(r-r_{\mathrm{H}})}\mathrm{d}v,\\&\mathrm{d}v_*=\mathrm{d}v.\end{aligned}\tag{4.4.8}$$

把式(4.4.7)用于式(4.4.5),则式(4.4.5)可写成

$$\begin{aligned}&\frac{[2\kappa(r-r_{\mathrm{H}})+1](r-2m)-2r\dot r_{\mathrm{H}}}{2\kappa r(r-r_{\mathrm{H}})}\frac{\partial^2\rho}{\partial r_*^2}+2\frac{\partial^2\rho}{\partial r_*\partial v_*}\\&+\left\{\frac{2r\dot r_{\mathrm{H}}-(r-2m)}{r(r-r_{\mathrm{H}})[2\kappa(r-r_{\mathrm{H}})+1]}+\frac{2m}{r^2}\right\}\frac{\partial\rho}{\partial r_*}\\&-\frac{2\kappa(r-r_{\mathrm{H}})}{2\kappa(r-r_{\mathrm{H}})+1}\left[\frac{2m}{r^3}+\mu^2+\frac{l(l+1)}{r^2}\right]\rho=0.\end{aligned}\tag{4.4.9}$$

从零曲面方程(4.3.12)可知,$\partial^2\rho/\partial r_*^2$ 项系数的分子在 $r\to r_{\mathrm{H}}$,$v\to v_0$ 时趋于零,

$$\lim_{\substack{r\to r_{\mathrm{H}}(v_0)\\ v\to v_0}}\{[2\kappa(r-r_{\mathrm{H}})+1](r-2m)-2r\dot r_{\mathrm{H}}\}=r_{\mathrm{H}}-2m-2r_{\mathrm{H}}\dot r_{\mathrm{H}}=0.\tag{4.4.10}$$

所以,可用洛必达法则求$\partial^2\rho/\partial r_*^2$ 项系数的极限:

$$\begin{aligned}A&=\lim_{\substack{r\to r_{\mathrm{H}}(v_0)\\ v\to v_0}}\frac{[2\kappa(r-r_{\mathrm{H}})+1](r-2m)-2r\dot r_{\mathrm{H}}}{2\kappa r(r-r_{\mathrm{H}})}\\&=\lim_{\substack{r\to r_{\mathrm{H}}(v_0)\\ v\to v_0}}\frac{2\kappa(r-2m)+[2\kappa(r-r_{\mathrm{H}})+1]-2\dot r_{\mathrm{H}}}{2\kappa(r-r_{\mathrm{H}})+2\kappa r}\\&=\frac{2\kappa(r_{\mathrm{H}}-2m)+1-2\dot r_{\mathrm{H}}}{2\kappa r_{\mathrm{H}}}.\end{aligned}\tag{4.4.11}$$

调节参数 κ,可使此极限为1,即 $A=1$,于是可得

$$\kappa=\frac{1-2\dot{r}_{\mathrm{H}}}{4m}. \tag{4.4.12}$$

容易证明,在上述极限下,式(4.4.9)中$\partial\rho/\partial r_*$项与 ρ 项的系数均趋于零.注意,证明$\partial\rho/\partial r_*$项的系数趋于零,要用零曲面方程(4.4.10).所以,克莱因-戈登方程的径向方程在 Vaidya 黑洞视界附近,化成了波动方程的标准形式

$$\frac{\partial^2\rho}{\partial r_*^2}+2\frac{\partial^2\rho}{\partial r_*\partial v_*}=0. \tag{4.4.13}$$

容易得到此方程的入射波解

$$\rho_{\mathrm{in}}=\mathrm{e}^{-\mathrm{i}\omega v_*}. \tag{4.4.14}$$

和出射波解

$$\rho_{\mathrm{out}}=\mathrm{e}^{-\mathrm{i}\omega v_*+2\mathrm{i}\omega r_*}=\mathrm{e}^{-\mathrm{i}\omega v_*+2\mathrm{i}\omega r}(r-r_{\mathrm{H}})^{\mathrm{i}\omega/\kappa}. \tag{4.4.15}$$

出射波在黑洞事件视界上不解析,但我们可以使用2.4节介绍的 Damour-Ruffini 的办法,把它通过下半复 r 平面解析延拓到黑洞内部,

$$r-r_{\mathrm{H}}\rightarrow|r-r_{\mathrm{H}}|\mathrm{e}^{-\mathrm{i}\pi}=(r_{\mathrm{H}}-r)\mathrm{e}^{-\mathrm{i}\pi}, \tag{4.4.16}$$

$$\rho_{\mathrm{out}}\rightarrow\tilde{\rho}_{\mathrm{out}}=\mathrm{e}^{\pi\omega/k}\rho'_{\mathrm{out}}, \tag{4.4.17}$$

其中

$$\rho'_{\mathrm{out}}=\mathrm{e}^{-\mathrm{i}\omega v_*+2\mathrm{i}\omega r_*}\quad(r<r_{\mathrm{H}}). \tag{4.4.18}$$

利用阶梯函数

$$y(x)=\begin{cases}1, & x\geqslant 0,\\ 0, & x<0,\end{cases} \tag{4.4.19}$$

可写出视界内外总的出射波函数

$$\rho_\omega=N_\omega[y(r-r_{\mathrm{H}})\rho_{\mathrm{out}}+y(r_{\mathrm{H}}-r)\mathrm{e}^{\pi\omega/\kappa}\rho'_{\mathrm{out}}]. \tag{4.4.20}$$

求内积,得

$$-1=(\rho_\omega,\rho_\omega)=N_\omega^2(1-\mathrm{e}^{2\pi\omega/\kappa}), \tag{4.4.21}$$

于是得到出射波谱

$$N_\omega^2=\frac{1}{\mathrm{e}^{\omega/(k_{\mathrm{B}}T)}-1}, \tag{4.4.22}$$

式中温度

$$T=\frac{\kappa}{2\pi k_{\mathrm{B}}}. \tag{4.4.23}$$

式(4.4.22)即普朗克黑体辐射谱.此温度是随时间变化的.从式(4.4.12)可知,κ 是 v_0 的函数.v_0 即辐射粒子脱离黑洞表面的时刻.式(4.4.6)中的 v 描述脱离黑洞后辐射粒子的运动,v_0 则描述黑洞的演化.

当黑洞缓变(辐射和吸积微弱)时,$\dot{m}$ 和 $\dot{r}$ 是小量,$r\approx 2m$,式(4.4.12)可化成

$$\kappa=\frac{1-4\dot{m}}{4m}, \tag{4.4.24}$$

于是式(4.4.23)所示的温度可写为

$$T=\frac{1}{8\pi k_{\mathrm{B}}m}(1-4\dot{m}). \tag{4.4.25}$$

这正是式(4.2.10)给出的、用辐射反作用定出的 Vaidya 黑洞的温度.

实际上,我们可以不求解零曲面方程,即不利用式(4.3.12),而直接要求方程(4.4.9)在视界附近化成波动方程的标准形式(4.4.13),即要求$\frac{\partial^2\rho}{\partial r_*^2}$的系数在 $r\to r_{\mathrm{H}}$,$v\to v_0$ 时趋于1,就可一次定出 r_{H} 与 κ.事实上,由于

$$\lim_{\substack{r\to r_{\mathrm{H}}(v_0)\\ v\to v_0}} 2\kappa r(r-r_{\mathrm{H}})=0, \tag{4.4.26}$$

若要

$$\lim_{\substack{r\to r_{\mathrm{H}}(v_0)\\ v\to v_0}}\frac{[2\kappa(r-r_{\mathrm{H}})+1](r-2m)-2r\dot{r}_{\mathrm{H}}}{2\kappa r(r-r_{\mathrm{H}})}=1, \tag{4.4.27}$$

必须先有

$$\lim_{\substack{r\to r_{\mathrm{H}}(v_0)\\ v\to v_0}}\{[2\kappa(r-r_{\mathrm{H}})+1](r-2m)-2r\dot{r}_{\mathrm{H}}\}=0. \tag{4.4.28}$$

由式(4.4.28)定出 r_{H} 的位置,即定出事件视界.由式(4.4.27)定出 κ 的值,即定出黑洞的温度.

用上面介绍的方法,容易得出各种动态黑洞的热效应.下面举几个例子.

(1) 一般球对称蒸发黑洞[50]

线元为

$$\mathrm{d}s^2=-\mathrm{e}^{2\psi}\left(1-\frac{2m}{r}\right)\mathrm{d}v^2+2\mathrm{e}^{\psi}\mathrm{d}v\mathrm{d}r+r^2(\mathrm{d}\theta^2+\sin^2\theta\mathrm{d}\varphi^2), \tag{4.4.29}$$

式中 $m = m(r,v)$，$\psi = \psi(r,v)$. 用上述方法可得

$$r_{\mathrm{H}} = \frac{2m}{1 - 2\dot{r}_{\mathrm{H}}\mathrm{e}^{-\psi}}, \tag{4.4.30}$$

$$\kappa = \frac{1 - 2m' - 2\dot{r}_{\mathrm{H}}\mathrm{e}^{-\psi}(1 - r_{\mathrm{H}}\psi')}{4m + 2r_{\mathrm{H}}(\mathrm{e}^{-\psi} - 1)}, \tag{4.4.31}$$

式中 $m' = \partial m/\partial r$，$\psi' = \partial\psi/\partial r$，温度由式(4.4.23)给出.

(2) 球对称带电蒸发黑洞[80]

线元为

$$\mathrm{d}s^2 = -\left(1 - \frac{2m}{r} + \frac{Q^2}{r^2}\right)\mathrm{d}v^2 + 2\mathrm{d}v\mathrm{d}r + r^2(\mathrm{d}\theta^2 + \sin^2\theta\mathrm{d}\varphi^2), \tag{4.4.32}$$

式中 $m = m(v)$，$Q = Q(v)$. 容易得出

$$r_{\mathrm{H}} = \frac{m + \sqrt{m^2 - Q^2(1 - 2\dot{r}_{\mathrm{H}})^2}}{1 - 2\dot{r}_{\mathrm{H}}}, \tag{4.4.33}$$

$$\kappa = \frac{r_{\mathrm{H}} - m - 2r_{\mathrm{H}}\dot{r}_{\mathrm{H}}}{2mr_{\mathrm{H}} - Q^2}. \tag{4.4.34}$$

热谱为

$$N_{\omega}^2 = \frac{1}{\mathrm{e}^{(\omega - \omega_0)/(k_{\mathrm{B}}T)} - 1}, \tag{4.4.35}$$

$$T = \frac{\kappa}{2\pi k_{\mathrm{B}}}, \quad \omega_0 = eV, \quad V = \frac{Q}{r_{\mathrm{H}}}. \tag{4.4.36}$$

V 为黑洞外视界两极处的静电势.

(3) Vaidya-de Sitter 时空[89-90,115]

线元为

$$\mathrm{d}s^2 = -\left(1 - \frac{2m}{r} - \frac{1}{3}\lambda r^2\right)\mathrm{d}v^2 + 2\mathrm{d}v\mathrm{d}r + r^2(\mathrm{d}\theta^2 + \sin^2\theta\mathrm{d}\varphi^2), \tag{4.4.37}$$

式中 $m = m(v)$，λ 是宇宙学常数，与 v 无关. 不难得出

$$r_+ = 2\sqrt{\frac{1 - 2\dot{r}_+}{\lambda}}\cos\left(\alpha_1 + \frac{\pi}{3}\right), \tag{4.4.38}$$

$$r_{\mathrm{c}} = 2\sqrt{\frac{1 - 2\dot{r}_{\mathrm{c}}}{\lambda}}\cos\left(\alpha_2 - \frac{\pi}{3}\right), \tag{4.4.39}$$

$$\kappa_+ = \frac{\lambda(r_{++} - r_+)(r_+ - r_-)}{6r_+(1 - 2\dot{r}_+)}, \tag{4.4.40}$$

$$\kappa_c = \frac{\lambda(r_c - r'_+)(r_c - r'_-)}{6r_c(1 - 2\dot{r}_c)} \tag{4.4.41}$$

其中(r_+,κ_+)为黑洞视界的位置和温度参数,(r_c,κ_c)为宇宙视界的位置和温度参数.式中

$$\alpha_1 = \frac{1}{3}\arccos\frac{3m\lambda^{1/2}}{(1 - 2\dot{r}_+)^{3/2}}, \tag{4.4.42}$$

$$\alpha_2 = \frac{1}{3}\arccos\frac{3m\lambda^{1/2}}{(1 - 2\dot{r}_c)^{3/2}}, \tag{4.4.43}$$

$$r_{++} = 2\sqrt{\frac{1 - 2\dot{r}_+}{\lambda}}\cos\left(\alpha_1 - \frac{\pi}{3}\right), \tag{4.4.44}$$

$$r_- = -2\sqrt{\frac{1 - 2\dot{r}_+}{\lambda}}\cos\alpha_1, \tag{4.4.45}$$

$$r'_+ = 2\sqrt{\frac{1 - 2\dot{r}_c}{\lambda}}\cos\left(\alpha_2 + \frac{\pi}{3}\right), \tag{4.4.46}$$

$$r'_- = -2\sqrt{\frac{1 - 2\dot{r}_c}{\lambda}}\cos\alpha_2, \tag{4.4.47}$$

黑洞温度 T_+ 和宇宙视界温度 T_c 分别是

$$T_+ = \frac{\kappa_+}{2\pi k_B}, \quad T_c = \frac{\kappa_c}{2\pi k_B}. \tag{4.4.48}$$

在 4.7 节和 4.8 节中,我们将把此方法应用到非球对称的动态黑洞情况.

4.5 用共形平直技术研究动态黑洞的热效应

在 4.4 节中,我们发展了一种研究动态黑洞热辐射的新方法.此方法是基于以下物理考虑而提出的.我们注意到,在一般稳态时空的视界附近,克莱因-戈登方程都能在乌龟坐标变换下化成平直时空中无质量粒子波动方程的标准形式.而且,总可以利用这一结果证明来自黑洞的辐射具有普朗克

谱.因此,我们推测,在做热辐射的动态视界附近,克莱因-戈登方程也能化成平直时空中的形式.在此假定下,我们简捷地计算出多种动态黑洞的视界位置和辐射温度,其一阶近似与前人的结果一致.需要强调的是,由于前人采用的事件视界的工作定义不够精确,计算能动张量真空平均值的方法又过于复杂,他们只求得动态视界位置的一阶近似,而我们得到的是更精确的解.

我们在3.6节中指出,具有有限温度的静态或稳态黑洞时空,在乌龟坐标下其二维线元一定能在视界附近显式共形于闵氏时空.这就找到了在乌龟坐标下克莱因-戈登方程在视界附近一定化成平直时空波动方程的标准形式的根本原因.[95-97]

我们认为,动态时空与此类似.如果采用前人算出的动态视界位置和温度的一阶近似,很容易证明,在乌龟坐标下,动态时空的二维线元在视界附近确实显式共形于闵氏时空.当然此结果也只在一阶近似下成立.

反过来,如果假定上述"共形平直"的结论是精确的,就可以直接算出动态视界位置和温度的精确值,而不必像4.4节中那样去求解克莱因-戈登方程.下面举几个例子.[98]

(1) 一般球对称动态时空

线元为

$$ds^2 = -e^{2\psi}\left(1-\frac{2m}{r}\right)dv^2 + 2e^{\psi}dvdr + r^2(d\theta^2 + \sin^2\theta d\varphi^2), \quad (4.5.1)$$

在乌龟坐标变换

$$\begin{aligned} r_* &= r + \frac{1}{2\kappa}\ln\frac{r - r_H(v)}{r_H(v_0)}, \\ v_* &= v - v_0 \end{aligned} \quad (4.5.2)$$

下,二维线元化成

$$ds^2 = \frac{2e^{\psi}\kappa(r - r_H)}{2\kappa(r - r_H) + 1}\left\{\frac{-(r-2m)e^{\psi}[2\kappa(r - r_H) + 1] + 2r\dot{r}_H}{2\kappa r(r - r_H)}dv_*^2 + 2dv_*dr_*\right\}, \quad (4.5.3)$$

式中 ψ、m 是 r 和 v 的函数,κ、v_0 是常数,r_H 则是 v 的函数.若要此时空在视界附近显式共形于二维闵氏时空,dv_*^2 的系数在 $r\to r_H$ 时必须趋于1,注意到其分母趋于零,其分子也必须趋于零,否则会发散,于是有

$$\lim_{r\to r_H}\{(r-2m)e^{\psi}[2\kappa(r - r_H) + 1] - 2r\dot{r}_H\} = 0, \quad (4.5.4)$$

得视界位置

$$r_{\mathrm{H}}=\frac{2M}{1-2\dot{r}_{\mathrm{H}}\mathrm{e}^{-\psi}}. \tag{4.5.5}$$

再令

$$\lim_{r\to r_{\mathrm{H}}}\frac{(r-2m)\mathrm{e}^{\psi}[2\kappa(r-r_{\mathrm{H}})+1]-2r\dot{r}_{\mathrm{H}}}{2\kappa r(r-r_{\mathrm{H}})}=1, \tag{4.5.6}$$

得

$$\kappa=\frac{1-2m'-2\dot{r}_{\mathrm{H}}\mathrm{e}^{-\psi}(1-r_{\mathrm{H}}\psi')}{4M+2r_{\mathrm{H}}(\mathrm{e}^{-\psi}-1)}, \tag{4.5.7}$$

辐射温度为

$$T=\frac{\kappa}{2\pi k_{\mathrm{B}}}, \tag{4.5.8}$$

式中

$$m'=\frac{\partial m}{\partial r},\quad \psi'=\frac{\partial\psi}{\partial r},\quad \dot{r}_{\mathrm{H}}=\frac{\mathrm{d}r_{\mathrm{H}}}{\mathrm{d}v},\quad M=m(r_{\mathrm{H}},v_0). \tag{4.5.9}$$

从以上结果,不难约化出 Vaidya 黑洞的视界位置

$$r_{\mathrm{H}}=\frac{2M}{1-2\dot{r}_{\mathrm{H}}} \tag{4.5.10}$$

和视界温度

$$\kappa=\frac{1-2\dot{r}_{\mathrm{H}}}{4M}. \tag{4.5.11}$$

(2) 球对称带电黑洞

线元为

$$\mathrm{d}s^2=-\left(1-\frac{2m}{r}+\frac{Q^2}{r^2}\right)\mathrm{d}v^2+2\mathrm{d}v\mathrm{d}r+r^2(\mathrm{d}\theta^2+\sin^2\theta\mathrm{d}\varphi^2), \tag{4.5.12}$$

式中 $m=m(v)$,$Q=Q(v)$.在式(4.5.2)所示的乌龟变换下,二维时空线元化成

$$\mathrm{d}s^2=\frac{2\kappa(r-r_{\mathrm{H}})}{2\kappa(r-r_{\mathrm{H}})+1}\cdot\left\{\frac{-(r^2-2mr+Q^2)[2\kappa(r-r_{\mathrm{H}})+1]+2r^2\dot{r}_{\mathrm{H}}}{2\kappa r^2(r-r_{\mathrm{H}})}\mathrm{d}v_*^2+2\mathrm{d}v_*\mathrm{d}r_*\right\}. \tag{4.5.13}$$

令

$$\lim_{r\to r_{\rm H}}\{(r^2-2mr+Q^2)[2\kappa(r-r_{\rm H})+1]-2r^2\dot r_{\rm H}\}=0,\tag{4.5.14}$$

$$\lim_{r\to r_{\rm H}}\frac{(r^2-2mr+Q^2)[2\kappa(r-r_{\rm H})+1]-2r^2\dot r_{\rm H}}{2\kappa r^2(r-r_{\rm H})}=1,\tag{4.5.15}$$

由式(4.5.14),得

$$r_{\rm H}=\frac{m+\sqrt{m^2-Q^2(1-2\dot r_{\rm H})^2}}{1-2\dot r_{\rm H}}.\tag{4.5.16}$$

这里,只取了外视界的值.从式(4.5.15),可得到相应的

$$\kappa=\frac{r_{\rm H}-m-2r_{\rm H}\dot r_{\rm H}}{2mr_{\rm H}-Q^2},\qquad T=\frac{\kappa}{2\pi k_{\rm B}}.\tag{4.5.17}$$

(3) Vaidya-de Sitter 黑洞

线元为

$$\mathrm ds^2=-\left[1-\frac{2m(v)}{r}-\frac{\lambda r^2}{3}\right]\mathrm dv^2+2\mathrm dv\mathrm dr+r^2(\mathrm d\theta^2+\sin^2\theta\mathrm d\varphi^2).\tag{4.5.18}$$

在式(4.5.2)所示的乌龟坐标变换下,二维时空线元化成

$$\mathrm ds^2=\frac{2\kappa(r-r_{\rm H})}{2\kappa(r-r_{\rm H})+1}\cdot\left\{\frac{-(r-2m+\lambda r^3/3)[2\kappa(r-r_{\rm H})+1]+2r\dot r_{\rm H}}{2\kappa r(r-r_{\rm H})}\mathrm dv_*^2+2\mathrm dv_*\mathrm dr_*\right\}.\tag{4.5.19}$$

若要在视界附近显式共形于二维闵氏时空,则必须有

$$r_{\rm H}=r_+=2[(1-2\dot r_+)/\lambda]^{1/2}\cos(\alpha_1+\pi/3),\tag{4.5.20}$$

或

$$r_{\rm H}=r_{\rm c}=2[(1-2\dot r_{\rm c})/\lambda]^{1/2}\cos(\alpha_2-\pi/3).\tag{4.5.21}$$

其中

$$\alpha_1=(1/3)\arccos[3m\lambda^{1/2}/(1-2\dot r_+)^{3/2}],\tag{4.5.22}$$

$$\alpha_2=(1/3)\arccos[3m\lambda^{1/2}/(1-2\dot r_{\rm c})^{3/2}].\tag{4.5.23}$$

式中 r_+ 为黑洞视界,$r_{\rm c}$ 为宇宙视界.此外,还必须有

$$\kappa_+=\frac{1-\lambda r_+^2-2\dot r_+}{2(2m+\lambda r_+^3/3)}$$

$$= \frac{\lambda(r_{++} - r_+)(r_{++} - r_-)}{6r_+(1 - 2\dot{r}_+)}, \tag{4.5.24}$$

或

$$\kappa_c = \frac{1 - \lambda r_c^2 - 2\dot{r}_c}{2(2m + \lambda r_c^3/3)} = \frac{\lambda(r_c - r'_+)(r_c - r'_-)}{6r_c(1 - 2\dot{r}_c)}, \tag{4.5.25}$$

其中

$$r_{++} = 2\left(\frac{1 - 2\dot{r}_+}{\lambda}\right)^{1/2}\cos(\alpha_1 - \pi/3),$$

$$r_- = -2\left(\frac{1 - 2\dot{r}_+}{\lambda}\right)^{1/2}\cos\alpha_1, \tag{4.5.26}$$

$$r'_+ = 2\left(\frac{1 - 2\dot{r}_c}{\lambda}\right)^{1/2}\cos(\alpha_2 + \pi/3),$$

$$r'_- = 2\left(\frac{1 - 2\dot{r}_c}{\lambda}\right)^{1/2}\cos\alpha_2. \tag{4.5.27}$$

我们看到,如果在乌龟坐标下令动态时空的二维线元在视界附近显式共形于闵氏时空,就可简单而准确地算出视界的位置和温度.这就是共形平直技术在动态时空中的应用.这种技术,原则上可用于一切动态黑洞时空.

4.6 动态黑洞对狄拉克粒子的热辐射

本节以 Vaidya-Bonner 时空为例,介绍用旋量方程证明动态黑洞热辐射狄拉克粒子的方法.[94,116-125]

4.6.1 度规与联络

Vaidya-Bonner 时空中的线元为[122]

$$ds^2 = \left[1 - \frac{2M(v)}{r} + \frac{Q^2(v)}{r^2}\right]dv^2 - 2dv dr - r^2 d\theta^2 - r^2\sin^2\theta d\varphi^2. \tag{4.6.1}$$

度规协变与逆变分量分别为

$$g_{\mu\nu}=\begin{pmatrix}\dfrac{\Delta}{r^2} & -1 & 0 & 0\\ -1 & 0 & 0 & 0\\ 0 & 0 & -r^2 & 0\\ 0 & 0 & 0 & -r^2\sin^2\theta\end{pmatrix},$$

$$g^{\mu\nu}=\begin{pmatrix}0 & -1 & 0 & 0\\ -1 & -\dfrac{\Delta}{r^2} & 0 & 0\\ 0 & 0 & -\dfrac{1}{r^2} & 0\\ 0 & 0 & 0 & \dfrac{-1}{r^2\sin^2\theta}\end{pmatrix},\tag{4.6.2}$$

其中 $\Delta=r^2-2Mr+Q^2$,度规行列式 $g=-r^4\sin^2\theta$.可算出不为零的联络分量为

$$\begin{cases}\Gamma^0_{00}=\dfrac{Mr-Q^2}{r^3},\quad \Gamma^0_{22}=-r,\quad \Gamma^0_{33}=-r\sin^2\theta,\\ \Gamma^1_{01}=\Gamma^1_{10}=\dfrac{-(Mr-Q^2)}{r^3},\\ \Gamma^1_{00}=\dfrac{\dot{M}r-Q\dot{Q}}{r^2}+\dfrac{\Delta}{r^5}(Mr-Q^2),\\ \Gamma^1_{22}=\dfrac{-\Delta}{r},\quad \Gamma^1_{33}=-\dfrac{\Delta}{r}\sin^2\theta,\\ \Gamma^2_{21}=\Gamma^2_{12}=\dfrac{1}{r},\quad \Gamma^2_{33}=-\sin\theta\cos\theta,\\ \Gamma^3_{31}=\Gamma^3_{13}=\dfrac{1}{r},\quad \Gamma^3_{32}=\Gamma^3_{23}=\cot\theta.\end{cases}\tag{4.6.3}$$

4.6.2　零标架与旋系数

把线元(4.6.1)写成对称形式,可得零标架的协变形式.再用度规把协变指标上升,可得零标架的逆变形式.

由

$$\begin{cases} l_\mu = \left(\frac{1}{2\Delta}\right)^{1/2}\left(\frac{\Delta}{r},0,0,0\right), \\ n_\mu = \left(\frac{1}{2\Delta}\right)^{1/2}\left(\frac{\Delta}{r},-2r,0,0\right), \\ m_\mu = \frac{r}{\sqrt{2}}(0,0,1,\mathrm{i}\sin\theta), \\ \overline{m}_\mu = \frac{r}{\sqrt{2}}(0,0,1,-\mathrm{i}\sin\theta), \end{cases} \tag{4.6.4}$$

$$l^\mu = g^{\mu\nu} = l_\nu,\ n^\mu = g^{\mu\nu}n_\nu,\ m^\mu = g^{\mu\nu}m_\nu,\ \overline{m}^\mu = g^{\mu\nu}\overline{m}_\nu, \tag{4.6.5}$$

得

$$\begin{cases} l^\mu = \left(\frac{1}{2\Delta}\right)^{1/2}\left(0,-\frac{\Delta}{r},0,0\right), \\ n^\mu = \left(\frac{1}{2\Delta}\right)^{1/2}\left(2r,\frac{\Delta}{r},0,0\right), \\ m^\mu = \frac{1}{\sqrt{2}r}\left(0,0,-1,\frac{-\mathrm{i}}{\sin\theta}\right), \\ \overline{m}^\mu = \frac{1}{\sqrt{2}r}\left(0,0,-1,\frac{\mathrm{i}}{\sin\theta}\right). \end{cases} \tag{4.6.6}$$

它们满足零标架条件

$$g_{\mu\nu} = l_\mu n_\nu + n_\mu l_\nu - m_\mu \overline{m}_\nu - \overline{m}_\mu m_\nu, \tag{4.6.7}$$

$$\begin{cases} l_\mu l^\mu = n_\mu n^\mu = m_\mu m^\mu = \overline{m}_\mu \overline{m}^\mu = 0, \\ l^\mu n_\mu = -m_\mu \overline{m}^\mu = 1, \\ l_\mu m^\mu = l_\mu \overline{m}^\mu = n_\mu m^\mu = n_\mu \overline{m}^\mu = 0. \end{cases} \tag{4.6.8}$$

为了计算旋系数,我们先算零标架的普通微分,其不为零的分量为

$$l_{\mu,\nu} \Rightarrow \begin{cases} l_{0,0} = \frac{\partial l_0}{\partial v} = \frac{\partial}{\partial v}\left(\frac{1}{\sqrt{2\Delta}}\cdot\frac{\Delta}{r}\right) = \frac{1}{\sqrt{2\Delta}}\frac{Q\dot{Q}-\dot{M}r}{r}, \\ l_{0,1} = \frac{\partial l_0}{\partial r} = \frac{\partial}{\partial r}\left(\frac{1}{\sqrt{2\Delta}}\cdot\frac{\Delta}{r}\right) = \frac{1}{\sqrt{2\Delta}}\frac{Mr-Q^2}{r^2}, \end{cases}$$

$$m_{\mu,\nu} \Rightarrow \begin{cases} m_{2,1} = \frac{1}{\sqrt{2}},\quad m_{3,1} = \frac{\mathrm{i}\sin\theta}{\sqrt{2}}, \\ m_{2,2} = 0,\quad m_{3,2} = \frac{r}{\sqrt{2}}\mathrm{i}\cos\theta, \end{cases}$$

$$\bar{m}_{\mu,\nu}\Rightarrow\begin{cases}\bar{m}_{2,1}=\dfrac{1}{\sqrt{2}}, & \bar{m}_{3,1}=\dfrac{-\mathrm{i}\sin\theta}{\sqrt{2}},\\ \bar{m}_{2,2}=0, & \bar{m}_{3,2}=-\dfrac{r}{\sqrt{2}}\mathrm{i}\cos\theta,\end{cases}\tag{4.6.9}$$

$$n_{\mu,\nu}\Rightarrow\begin{cases}n_{0,0}=\dfrac{\partial n_0}{\partial v}=\dfrac{1}{\sqrt{2\Delta}}\dfrac{Q\dot{Q}-\dot{M}r}{r},\\ n_{0,1}=\dfrac{\partial n_0}{\partial r}=\dfrac{1}{\sqrt{2\Delta}}\dfrac{Mr-Q^2}{r},\\ n_{1,0}=\dfrac{\partial n_1}{\partial v}=\dfrac{2r}{\sqrt{2\Delta}}\dfrac{Q\dot{Q}-\dot{M}r}{\Delta},\\ n_{1,1}=\dfrac{\partial n_1}{\partial r}=\dfrac{2}{\sqrt{2\Delta}}\dfrac{Mr-Q^2}{\Delta}.\end{cases}$$

其中

$$\dot{M}=\frac{\mathrm{d}M}{\mathrm{d}v},\quad \dot{Q}=\frac{\mathrm{d}Q}{\mathrm{d}v}.$$

利用式(4.6.3)和式(4.6.9),可以计算纽曼-彭罗斯的旋系数.例如

$$\begin{aligned}\kappa\equiv l_{\mu;\nu}m^\mu l^\nu &= (l_{\mu,\nu}-\Gamma^\lambda_{\mu\nu}l_\lambda)m^\mu l^\nu = l_{\mu,\nu}m^\mu l^\nu-\Gamma^\lambda_{\mu\nu}l_\lambda m^\mu l^\nu\\ &= l_{0,\nu}m^0 l^\nu-\Gamma^0_{\mu\nu}l_0 m^\mu l^\nu = -\Gamma^0_{\mu\nu}l_0 m^\mu l^\nu\\ &= -\Gamma^0_{\mu 1}l_0 m^\mu l^1 = -\Gamma^0_{21}l_0 m^2 l^1-\Gamma^0_{31}l_0 m^3 l^1\\ &= 0,\end{aligned}$$

最后一步用了 $\Gamma^0_{21}=\Gamma^0_{31}=0$.

仿照此步骤,可证明不为零的旋系数仅为

$$\begin{cases}\varepsilon=-\dfrac{1}{2}\left(\dfrac{1}{2\Delta}\right)^{1/2}\dfrac{Mr-Q^2}{r^2}, & \rho=\mu=\left(\dfrac{1}{2\Delta}\right)^{1/2}\dfrac{\Delta}{r^2},\\ \alpha=-\beta=\dfrac{1}{2\sqrt{2}r}\cot\theta, & \gamma=\left(\dfrac{1}{2\Delta}\right)^{1/2}\left[\dfrac{r}{\Delta}(Q\dot{Q}-\dot{M}r)-\dfrac{Mr-Q^2}{2r^2}\right].\end{cases}\tag{4.6.10}$$

此外,微分算子

$$\mathrm{D}=l^\mu\partial_\mu,\quad \Delta'=n^\mu\partial_\mu,\quad \delta=m^\mu\partial_\mu,\quad \bar{\delta}=\bar{m}^\mu\partial_\mu,\tag{4.6.11}$$

可具体写出为

$$
\begin{aligned}
&D = l^1 \frac{\partial}{\partial r} = -\frac{1}{\sqrt{2\Delta}}\frac{\Delta}{r}\frac{\partial}{\partial r},\\
&\Delta' = n^0 \frac{\partial}{\partial v} + n^1 \frac{\partial}{\partial r} = \frac{1}{\sqrt{2\Delta}}\left(2r\frac{\partial}{\partial v} + \frac{\Delta}{r}\frac{\partial}{\partial r}\right),\\
&\delta = m^2 \frac{\partial}{\partial \theta} + m^3 \frac{\partial}{\partial \varphi} = \frac{-1}{\sqrt{2}r}\left(\frac{\partial}{\partial \theta} + \frac{\mathrm{i}}{\sin\theta}\frac{\partial}{\partial \varphi}\right),\\
&\bar{\delta} = \frac{-1}{\sqrt{2}r}\left(\frac{\partial}{\partial \theta} - \frac{\mathrm{i}}{\sin\theta}\frac{\partial}{\partial \varphi}\right).
\end{aligned}
\tag{4.6.12}
$$

注意,Δ'不是式(4.6.2)中的 Δ,也不是 Δ 的微分,而是一个微分算子.电磁四矢

$$
A_\mu = \left(\frac{Q}{r}, 0, 0, 0\right),
\tag{4.6.13}
$$

在零标架上的投影可写为

$$
A_\mu l^\mu = 0, \quad A_\mu n^\mu = \frac{2Q}{\sqrt{2\Delta}}, \quad A_\mu m^\mu = A_\mu \bar{m}^\mu = 0.
\tag{4.6.14}
$$

4.6.3 狄拉克方程

在存在电磁场的情况下,带电粒子的狄拉克方程可写为

$$
\begin{aligned}
&(\nabla_{ab'} + \mathrm{i}eA_{ab'})P^a + \frac{\mathrm{i}}{\sqrt{2}}\mu_0 \overline{Q}_{b'} = 0,\\
&(\nabla_{ab'} - \mathrm{i}eA_{ab'})Q^a + \frac{\mathrm{i}}{\sqrt{2}}\mu_0 \overline{P}_{b'} = 0.
\end{aligned}
\tag{4.6.15}
$$

式中 μ_0 和 e 分别为狄拉克粒子的静质量和电荷,P^a 和 Q^a 为两个二分量旋量,$\nabla_{ab'}$为旋协变微分,$A_{ab'}$为电磁四矢的旋分量.此方程可用零标架和旋系数表出:

$$
\begin{aligned}
&(D + \varepsilon - \rho + \mathrm{i}eA_\mu l^\mu)F_1 + (\bar{\delta} + \pi - \alpha + \mathrm{i}eA_\mu \bar{m}^\mu)F_2 - \frac{1}{\sqrt{2}}\mathrm{i}\mu_0 G_1 = 0,\\
&(\Delta' - \mu - \gamma + \mathrm{i}eA_\mu n^\mu)F_2 + (\delta + \beta - \tau + \mathrm{i}eA_\mu m^\mu)F_1 - \frac{1}{\sqrt{2}}\mathrm{i}\mu_0 G_2 = 0,\\
&(D + \varepsilon^* - \rho^* + \mathrm{i}eA_\mu l^\mu)G_2 - (\delta + \pi^* - \alpha^* + \mathrm{i}eA_\mu m^\mu)G_1 - \frac{1}{\sqrt{2}}\mathrm{i}\mu_0 F_2 = 0,
\end{aligned}
$$

$$(\Delta' + \mu^* - \gamma^* + \mathrm{i}eA_\mu n^\mu)G_1 - (\bar{\delta} + \beta^* - \tau^* + \mathrm{i}eA_\mu \overline{m}^\mu)G_2 - \frac{1}{\sqrt{2}}\mathrm{i}\mu_0 F_1 = 0. \tag{4.6.16}$$

式中

$$\begin{gathered} F_1 = P^0, \quad F_2 = P^1, \quad G_1 = \overline{Q}^{\dot{1}}, \\ G_2 = -\overline{Q}^{\dot{0}}, \quad A_{0\dot{0}} = A_\mu l^\mu, \\ A_{0\dot{1}} = A_\mu m^\mu, \quad A_{1\dot{0}} = A_\mu \overline{m}^\mu, \quad A_{1\dot{1}} = A_\mu n^\mu. \end{gathered} \tag{4.6.17}$$

把式(4.6.10)、式(4.6.12)与式(4.6.14)代入式(4.6.16)，可得

$$\sqrt{\Delta}\left(\frac{\partial}{\partial r} + \frac{1}{\Delta}\frac{2r^2 - 3Mr + Q^2}{2r}\right)F_1 + \left(\frac{\partial}{\partial \theta} - \frac{\mathrm{i}}{\sin\theta}\frac{\partial}{\partial \varphi} + \frac{1}{2}\cot\theta\right)F_2 + \mathrm{i}\mu_0 rG_1 = 0,$$

$$\sqrt{\Delta}\left[\frac{2r^2}{\Delta}\frac{\partial}{\partial v} + \frac{\partial}{\partial r} + \frac{1}{\Delta}\frac{2r^2 - 3Mr + Q^2}{2r} - \frac{r^2}{\Delta^2}(Q\dot{Q} - \dot{M}r) + \mathrm{i}\frac{2eQr}{\Delta}\right]F_2 - \left(\frac{\partial}{\partial \theta} + \frac{\mathrm{i}}{\sin\theta}\frac{\partial}{\partial \varphi} + \frac{1}{2}\cot\theta\right)F_1 - \mathrm{i}\mu_0 rG_2 = 0,$$

$$\sqrt{\Delta}\left(\frac{\partial}{\partial r} + \frac{1}{\Delta}\frac{2r^2 - 3Mr + Q^2}{2r}\right)G_2 - \left(\frac{\partial}{\partial \theta} + \frac{\mathrm{i}}{\sin\theta}\frac{\partial}{\partial \varphi} + \frac{1}{2}\cot\theta\right)G_1 + \mathrm{i}\mu_0 rF_2 = 0,$$

$$\sqrt{\Delta}\left[\frac{2r^2}{\Delta}\frac{\partial}{\partial v} + \frac{\partial}{\partial r} + \frac{1}{\Delta}\frac{2r^2 - 3Mr + Q^2}{2r} - \frac{r^2}{\Delta^2}(Q\dot{Q} - \dot{M}r) + \mathrm{i}\frac{2eQr}{\Delta}\right]G_1 + \left(\frac{\partial}{\partial \theta} - \frac{\mathrm{i}}{\sin\theta}\frac{\partial}{\partial \varphi} + \frac{1}{2}\cot\theta\right)G_2 - \mathrm{i}\mu_0 rF_1 = 0. \tag{4.6.18}$$

分离变量

$$\begin{gathered} G_1 = \mathrm{e}^{im\varphi}R_+(v,r)S_-(\theta), \quad G_2 = \mathrm{e}^{im\varphi}R_-(v,r)S_+(\theta), \\ F_1 = \mathrm{e}^{im\varphi}R_-(v,r)S_-(\theta), \quad F_2 = \mathrm{e}^{im\varphi}R_+(v,r)S_+(\theta). \end{gathered} \tag{4.6.19}$$

式(4.6.18)可化为

$$\tilde{D}_0\tilde{D}_1R_+ + \frac{\lambda - \mathrm{i}\mu_0 r}{\sqrt{\Delta}}\left(\tilde{D}_0\frac{\sqrt{\Delta}}{\lambda - \mathrm{i}\mu_0 r}\right)\tilde{D}_1R_+ - \frac{1}{\Delta}(\lambda^2 + \mu_0^2 r^2)R_+ = 0,$$

$$\tilde{D}_1\tilde{D}_0R_- + \frac{\lambda + \mathrm{i}\mu_0 r}{\sqrt{\Delta}}\left(\tilde{D}_1\frac{\sqrt{\Delta}}{\lambda + \mathrm{i}\mu_0 r}\right)\tilde{D}_0R_- - \frac{1}{\Delta}(\lambda^2 + \mu_0^2 r^2)R_- = 0,$$

$$\mathscr{L}_-\mathscr{L}_+S_+ + \lambda^2 S_+ = 0, \quad \mathscr{L}_+\mathscr{L}_-S_- + \lambda^2 S_- = 0. \tag{4.6.20}$$

其中

$$\tilde{D}_0=\frac{\partial}{\partial r}+\frac{1}{\Delta}\frac{2r^2-3M+Q^2}{2r},$$

$$\begin{aligned}\tilde{D}_1=&\frac{2r^2}{\Delta}\frac{\partial}{\partial v}+\frac{\partial}{\partial r}+\frac{1}{\Delta}\frac{2r^2-3Mr+Q^2}{2r}\\&-\frac{r^2}{\Delta^2}(Q\dot{Q}-\dot{M}r)+\mathrm{i}2eQ\frac{r}{\Delta},\end{aligned} \tag{4.6.21}$$

$$\mathscr{L}_{\pm}=\frac{\partial}{\partial\theta}\pm\frac{m}{\sin\theta}+\frac{1}{2}\cot\theta.$$

λ、m 均为分离变量时引入的常数，实际上，m 是狄拉克粒子角动量的轴向分量.至此，我们已将弯曲时空中的狄拉克方程完全退耦为用普通导数表示的偏微分方程：两个径向方程和两个角向方程.我们研究霍金辐射，仅对径向方程有兴趣.下面研究 R_+ 的方程，R_- 也有类似结果.

4.6.4 乌龟变换

式(4.6.20)中第一个方程可进一步展开为

$$\begin{aligned}&\frac{\partial^2R}{\partial r^2}+\frac{2r^2}{\Delta}\frac{\partial^2R}{\partial v\partial r}+\left[\frac{2r^2}{\Delta}\left(-\frac{\mu_0^2r-\mathrm{i}\mu_0\lambda}{\lambda^2+\mu_0{}^2r^2}+\frac{r-M}{\Delta}+\frac{1}{\Delta}\frac{2r^2-3Mr+Q^2}{2r}\right)\right.\\&\left.+\frac{r}{\Delta^2}(2r^2-7Mr+5Q^2)\right]\frac{\partial^2R}{\partial v^2}+\left[-\frac{\mu_0^2r-\mathrm{i}\mu_0\lambda}{\lambda^2+\mu_0^2r^2}+\frac{r-M}{\Delta}+\frac{3}{\Delta}\frac{2r^2-3Mr+Q^2}{2r}\right.\\&\left.-\frac{r^2}{\Delta^2}(Q\dot{Q}-\dot{M}r)+\mathrm{i}2eQ\frac{r}{\Delta}\right]\frac{\partial R}{\partial r}+\left\{\left[-\frac{r^2}{\Delta^2}(Q\dot{Q}-\dot{M}r)+\mathrm{i}2eQ\frac{r}{\Delta}\right]\right.\\&\times\left(-\frac{\mu_0^2r-\mathrm{i}\mu_0\lambda}{\lambda^2+\mu_0^2r^2}+\frac{r-M}{\Delta}+\frac{1}{\Delta}\frac{2r^2-3Mr+Q^2}{2r}\right)\\&-\frac{r-M}{\Delta}\times\frac{2r^2-3Mr+Q^2}{r}+\frac{1}{\Delta}\frac{2r^2-Q^2}{2r^2}+\frac{4r^2}{\Delta^3}(r-M)(Q\dot{Q}-\dot{M}r)\\&-\frac{r}{\Delta^2}(2Q\dot{Q}-3\dot{M}r)+\mathrm{i}2eQ\frac{Q^2-r^2}{\Delta}+\frac{1}{\Delta}\frac{2r^2-3Mr+Q^2}{2r}\\&\times\left[\frac{1}{\Delta}\frac{2r^2-3Mr+Q^2}{2r}-\frac{r^2}{\Delta^2}(Q\dot{Q}-\dot{M}r)+\mathrm{i}2eQ\frac{r}{\Delta}\right.\\&\left.\left.-\frac{1}{\Delta}(\lambda^2+\mu_0{}^2r^2)\right]\right\}R=0,\end{aligned} \tag{4.6.22}$$

式中 R 即 R_+.作乌龟变换

$$
\begin{aligned}
r_* &= r + \frac{1}{2\kappa}\ln\frac{r - r_H(v)}{r_H(v_0)} \\
v_* &= v - v_0,
\end{aligned}
\tag{4.6.23}
$$

式中 r_H 为黑洞的事件视界，κ 为可调节参数，以后会看出，它表征黑洞的温度．v_0 为某一固定时刻(即粒子脱离事件视界的时刻)．在乌龟变换下，κ 与 v_0 均是常数．微分算子用乌龟坐标表出，有

$$
\begin{aligned}
&\frac{\partial}{\partial r} = \left[1 + \frac{1}{2\kappa(r - r_H)}\right]\frac{\partial}{\partial r_*}, \\
&\frac{\partial}{\partial v} = \frac{\partial}{\partial v_*} - \frac{\dot{r}_H}{2\kappa(r - r_H)}\frac{\partial}{\partial r_*}, \\
&\frac{\partial^2}{\partial r^2} = \left[1 + \frac{1}{2\kappa(r - r_H)}\right]^2\frac{\partial^2}{\partial r_*^2} - \frac{1}{2\kappa(r - r_H)^2}\frac{\partial}{\partial r_*}, \\
&\frac{\partial^2}{\partial v\partial r} = \left[1 + \frac{1}{2\kappa(r - r_H)}\right]\frac{\partial^2}{\partial v_*\partial r_*} - \left[1 + \frac{1}{2\kappa(r - r_H)}\right] \\
&\qquad \cdot \frac{\dot{r}_H}{2\kappa(r - r_H)}\frac{\partial^2}{\partial r_*^2} + \frac{\dot{r}_H}{2\kappa(r - r_H)^2}\frac{\partial}{\partial r_*},
\end{aligned}
\tag{4.6.24}
$$

式中 $\dot{r}_H = \mathrm{d}r_H/\mathrm{d}v$．在作乌龟变换后，方程(4.6.22)改写成

$$
\begin{aligned}
&\frac{\Delta[1 + 2\kappa(r - r_H)] - 2r^2\dot{r}_H}{2\kappa(r - r_H)r^2}\frac{\partial^2 R}{\partial r_*^2} + 2\frac{\partial^2 R}{\partial v_*\partial r_*} + \frac{2\kappa(r - r_H)}{1 + 2\kappa(r - r_H)} \\
&\times\left[2\left(-\frac{\mu_0^2 r - \mathrm{i}\mu_0\lambda}{\lambda^2 + \mu_0^2 r^2} + \frac{r - M}{\Delta} + \frac{1}{\Delta}\frac{2r^2 - 3Mr + Q^2}{2r}\right) + \frac{1}{r\Delta}(2r^2 - 7Mr\right. \\
&\left.+ 5Q^2)\right]\frac{\partial R}{\partial v_*} + \left\{\frac{2r^2\dot{r}_H - \Delta}{r^2(r - r_H)[1 + 2\kappa(r - r_H)]} - \frac{\dot{r}_H}{1 + 2\kappa(r - r_H)}\right. \\
&\times\left[2\left(-\frac{\mu_0^2 r - \mathrm{i}\mu_0\lambda}{\lambda^2 + \mu_0{}^2 r^2} + \frac{r - M}{\Delta} + \frac{1}{\Delta}\frac{2r^2 - 3Mr + Q^2}{2r}\right) + \frac{1}{r\Delta}(2r^2 - 7Mr\right. \\
&\left.+ 5Q^2)\right] - \frac{\Delta}{r^2}\frac{\mu_0^2 r - \mathrm{i}\mu_0\lambda}{\lambda^2 + \mu_0{}^2 r^2} + \frac{r - M}{r^2} + \frac{3}{2}\frac{2r^2 - 3Mr + Q^2}{r^3} - \frac{Q\dot{Q} - \dot{M}r}{\Delta} \\
&\left.+ \mathrm{i}\frac{2eQ}{r}\right\}\frac{\partial R}{\partial r_*} + \frac{2\kappa(r - r_H)}{1 + 2\kappa(r - r_H)}\left\{\left[-\frac{1}{\Delta}(Q\dot{Q} - \dot{M}r) + \mathrm{i}\frac{2eQ}{r}\right]\right. \\
&\times\left(-\frac{\mu_0^2 r - \mathrm{i}\mu_0\lambda}{\lambda^2 + \mu_0^2 r^2} + \frac{r - M}{\Delta} + \frac{1}{\Delta}\frac{2r^2 - 3Mr + Q^2}{2r}\right) \\
&- \frac{r - M}{\Delta}\frac{2r^2 - 3Mr + Q^2}{r^3} + \frac{2r^2 - Q^2}{2r^4} + \frac{4}{\Delta^2}(r - M)(Q\dot{Q} - \dot{M}r) \\
&- \frac{1}{r\Delta}(2Q\dot{Q} - 3\dot{M}r) + \mathrm{i}2eQ\frac{Q^2 - r^2}{r^2\Delta} + \frac{2r^2 - 3Mr + Q^2}{2r^3}
\end{aligned}
$$

$$\times\left[\frac{1}{\Delta}\frac{2r^2-3Mr+Q^2}{2r}-\frac{r^2}{\Delta^2}(Q\dot{Q}-\dot{M}r)+\mathrm{i}2eQ\frac{r}{\Delta}\right]$$

$$-\frac{1}{\Delta}(\lambda^2+\mu_0^2r^2)\Big\}R=0. \tag{4.6.25}$$

4.6.5 霍金辐射

在 Vaidya-Bonner 时空中,表征事件视界的零曲面条件

$$g^{\mu\nu}\frac{\partial f}{\partial x^\mu}\frac{\partial f}{\partial x^\nu}=0 \tag{4.6.26}$$

可化为

$$r^2-2Mr+Q^2-2r^2\frac{\mathrm{d}r}{\mathrm{d}v}=0. \tag{4.6.27}$$

由此可解出视界位置

$$r_{\mathrm{H}}=\frac{M\pm[M^2-Q^2(1-2\dot{r}_{\mathrm{H}})]^{1/2}}{1-2\dot{r}_{\mathrm{H}}}. \tag{4.6.28}$$

其中取正号时,为事件视界.从式(4.6.27)容易看出,式(4.6.25)第一项系数的分子在 $r\to r_{\mathrm{H}}$ 时为零,即

$$\lim_{r\to r_{\mathrm{H}}}\{\Delta[1+2\kappa(r-r_{\mathrm{H}})]-2r^2\dot{r}_{\mathrm{H}}\}=0. \tag{4.6.29}$$

所以,在 $r\to r_{\mathrm{H}}$ 的极限下,式(4.6.25)第一项的系数为$\frac{0}{0}$不定型,运用洛必达法则,可得

$$A=\lim_{\substack{r\to r_{\mathrm{H}}(v)\\ v\to v_0}}\frac{(r^2-2Mr+Q^2)[2\kappa(r-r_{\mathrm{H}})+1]-2r^2\dot{r}_{\mathrm{H}}}{2\kappa r^2(r-r_{\mathrm{H}})}$$

$$=\frac{r_{\mathrm{H}}-M+\kappa(r_{\mathrm{H}}^2-2Mr_{\mathrm{H}}+Q^2)-2r_{\mathrm{H}}^2\dot{r}_{\mathrm{H}}}{\kappa r_{\mathrm{H}}^2}. \tag{4.6.30}$$

选择调节参数 κ,令其等于

$$\kappa=\frac{r_{\mathrm{H}}-M-2r_{\mathrm{H}}\dot{r}_{\mathrm{H}}}{2Mr_{\mathrm{H}}-Q^2}, \tag{4.6.31}$$

可使 $A=1$.于是,在视界附近,也即在 $r\to r_{\mathrm{H}}$ 的情况下,式(4.6.25)可化成

$$\frac{\partial^2R}{\partial r_*^2}+2\frac{\partial^2R}{\partial v_*\partial r_*}+(\alpha_0+\mathrm{i}2\omega_0)\frac{\partial R}{\partial r_*}=0, \tag{4.6.32}$$

其中

$$\alpha_0=\frac{2r_{\mathrm{H}}^2-3Mr_{\mathrm{H}}+Q^2}{2r_{\mathrm{H}}^3}-\frac{Q\dot{Q}-\dot{M}r_{\mathrm{H}}}{2r_{\mathrm{H}}^2\dot{r}_{\mathrm{H}}},\quad \omega_0=\frac{eQ}{r_{\mathrm{H}}}. \tag{4.6.33}$$

解方程(4.6.32)得到狄拉克粒子进出视界的径向波函数

$$\begin{aligned}R^{\mathrm{in}}&=R_+^{\mathrm{in}}\approx \mathrm{e}^{-\mathrm{i}\omega v_*},\\ R^{\mathrm{out}}&=R_+^{\mathrm{out}}\approx \mathrm{e}^{-\mathrm{i}\omega v_*}\mathrm{e}^{-2\mathrm{i}(\omega-\omega_0)r_*}\mathrm{e}^{-\alpha_0 r_*}.\end{aligned} \tag{4.6.34}$$

关于 R_- 的方程，可作类似的讨论，也得到同样的 r_{H} 和 κ，以及类似于式(4.6.34)的径向波函数

$$\begin{aligned}R_-^{\mathrm{in}}&\approx \mathrm{e}^{-\mathrm{i}\omega' v_*},\\ R_-^{\mathrm{out}}&\approx \mathrm{e}^{-\mathrm{i}\omega' v_*}\mathrm{e}^{2\mathrm{i}(\omega'-\omega_0')r_*}\mathrm{e}^{-\alpha_0' r_*},\end{aligned} \tag{4.6.35}$$

其中

$$\alpha_0'=\frac{6\dot{r}_{\mathrm{H}}}{r_{\mathrm{H}}}-\frac{2\mu_0^2 r_{\mathrm{H}}\dot{r}_{\mathrm{H}}}{\lambda^2+\mu_0^2 r_{\mathrm{H}}^2},\quad \omega_0'=\frac{\mu_0\lambda\dot{r}_{\mathrm{H}}}{\lambda^2+\mu_0^2 r_{\mathrm{H}}^2}-\frac{2eQ}{r_{\mathrm{H}}}. \tag{4.6.36}$$

我们注意到，当 $Q=0$ 时，在一阶近似下，有

$$\dot{r}_{\mathrm{H}}\approx 2\dot{M},\quad r_{\mathrm{H}}\approx 2M(1+4\dot{M}), \tag{4.6.37}$$

则

$$\alpha_0'<0,\quad \alpha_0>0. \tag{4.6.38}$$

这说明，$\mathrm{e}^{-\alpha_0' r_*}$ 在 r_{H} 处趋于零，出射波 R_-^{out} 在视界处被阻断.

在式(4.6.35)中，R_+^{in} 在视界上解析，但 R_+^{out} 在视界处具有对数奇异性，用 Damour-Ruffini 的解析延拓法，可将 R_+^{out} 延拓到视界内部：

$$\widetilde{R}_+^{\mathrm{out}}=\mathrm{e}^{-\mathrm{i}\omega v_*}\mathrm{e}^{2\mathrm{i}(\omega-\omega_0)r_*}\mathrm{e}^{-\alpha_0 r_*}\mathrm{e}^{\pi(\omega-\omega_0)/\kappa}\mathrm{e}^{\mathrm{i}\pi\alpha_0/(2\kappa)}, \tag{4.6.39}$$

所以，出射波在视界处的散射概率为

$$\left|\frac{R_+^{\mathrm{out}}}{\widetilde{R}_+^{\mathrm{out}}}\right|^2=\mathrm{e}^{-2\pi(\omega-\omega_0)/\kappa}. \tag{4.6.40}$$

按照 Damour-Ruffini-Sannan 对散射概率的解释，容易得到出射波谱

$$N_\omega=\frac{1}{\mathrm{e}^{(\omega-\omega_0)/(k_{\mathrm{B}}T)}+1}, \tag{4.6.41}$$

式中 T 为辐射温度，

$$T=\frac{\kappa}{2\pi k_{\mathrm{B}}}=\frac{r_{\mathrm{H}}-M-2r_{\mathrm{H}}\dot{r}_{\mathrm{H}}}{2\pi k_{\mathrm{B}}(2Mr_{\mathrm{H}}-Q^2)}. \tag{4.6.42}$$

显然，式(4.6.41)为费米子的黑体辐射谱.我们看到，动态黑洞确实在热辐射狄拉克粒子.

4.7 表面各点温度不同的黑洞

众所周知,任何一种稳态黑洞,其表面各点的温度均相等.所有的动态球对称黑洞,其温度虽然随时间变化,但在同一时刻其表面各点的温度也总是相同.但是,非球对称的动态黑洞,其表面各点却可能有不同的温度.下面我们以动态克尔黑洞为例,介绍这一结果.[51,126]

稳态轴对称克尔黑洞的热效应早已得到相当充分的研究.但是,宇宙中实际存在的黑洞不会是稳态的.由于蒸发和吸积,黑洞一定会随时间变化.要想使理论计算更好地与观测挂钩,必须把对黑洞热效应的研究推进到动态情况.然而,用流行的考查辐射反作用的方法研究动态黑洞,会遇到很大困难,目前只能处理球对称的动态黑洞.在4.4节中我们提出了一种新的确定动态黑洞视界位置和温度的有效方法,成功地计算了几种球对称动态黑洞的视界位置和霍金温度,得到与前人一致的结果.值得注意的是,这种新方法不受“球对称”的限制,原则上可用于任何动态黑洞.本节就用这种方法来研究动态轴对称克尔黑洞的热效应.

用超前爱丁顿坐标表述的动态克尔黑洞的线元为[19,126]

$$ds^2 = -\left(1-\frac{2mr}{\rho^2}\right)dv^2 + 2dvdr - \frac{4mra\sin^2\theta}{\rho^2}dvd\varphi - 2a\sin^2\theta drd\varphi$$

$$+\rho^2 d\theta^2 + \left[(r^2+a^2)+\frac{2mra^2\sin^2\theta}{\rho^2}\right]\sin^2\theta d\varphi^2, \tag{4.7.1}$$

式中

$$\rho^2 = r^2 + a^2\cos^2\theta, \quad m = m(v), \quad a = a(v). \tag{4.7.2}$$

容易写出度规的行列式

$$g = -\rho^4\sin^2\theta, \tag{4.7.3}$$

以及度规的逆变分量

$$g^{00}=\frac{a^2\sin^2\theta}{\rho^2},\quad g^{01}=\frac{r^2+a^2}{\rho^2},$$

$$g^{03}=\frac{a}{\rho^2},\quad g^{11}=\frac{\Delta}{\rho^2},\tag{4.7.4}$$

$$g^{13}=\frac{a}{\rho^2},\quad g^{22}=\frac{1}{\rho^2},\quad g^{33}=\frac{1}{\rho^2\sin^2\theta},$$

其余分量为零.式中

$$\Delta=r^2+a^2-2mr.$$

零曲面方程

$$g^{\mu\nu}\frac{\partial f}{\partial x^\mu}\frac{\partial f}{\partial x^\nu}=0\tag{4.7.5}$$

可写成

$$\frac{a^2\sin^2\theta}{\rho^2}\left(\frac{\partial f}{\partial v}\right)^2+\frac{2(r^2+a^2)}{\rho^2}\frac{\partial f}{\partial v}\frac{\partial f}{\partial r}+\frac{2a}{\rho^2}\frac{\partial f}{\partial v}\frac{\partial f}{\partial\varphi}+\frac{\Delta}{\rho^2}\left(\frac{\partial f}{\partial r}\right)^2$$
$$+\frac{2a}{\rho^2}\frac{\partial f}{\partial r}\frac{\partial f}{\partial\varphi}+\frac{1}{\rho^2}\left(\frac{\partial f}{\partial\theta}\right)^2+\frac{1}{\rho^2\sin^2\theta}\left(\frac{\partial f}{\partial\varphi}\right)^2=0,\tag{4.7.6}$$

式中

$$f=f(r,\theta,v)=0\tag{4.7.7}$$

为曲面方程,考虑到克尔度规的轴对称性,它不是 φ 的函数.式(4.7.7)又可写成另一种形式

$$r=r(\theta,v),\tag{4.7.8}$$

我们有

$$\begin{cases}\dfrac{\partial f}{\partial r}\dfrac{\partial r}{\partial\theta}+\dfrac{\partial f}{\partial\theta}=0,\\ \dfrac{\partial f}{\partial r}\dfrac{\partial r}{\partial v}+\dfrac{\partial f}{\partial v}=0,\\ \dfrac{\partial f}{\partial\varphi}=0.\end{cases}\tag{4.7.9}$$

代入式(4.7.6),可得

$$r^2(1-2\dot{r})-2mr+a^2(1-2\dot{r}+\dot{r}^2\sin^2\theta)+r'^2=0,\tag{4.7.10}$$

式中

$$\dot{r}=\frac{\partial r}{\partial v},\quad r'=\frac{\partial r}{\partial\theta}.\tag{4.7.11}$$

式(4.7.10)就是决定动态克尔黑洞视界位置的零曲面方程.它的解为

$$r_{\mathrm{H}}=\frac{m\pm\{m^2-(1-2\dot{r}_{\mathrm{H}})[1-2\dot{r}_{\mathrm{H}}+\dot{r}_{\mathrm{H}}^2\sin^2\theta)a^2+r'^2_{\mathrm{H}}]\}^{1/2}}{1-2\dot{r}_{\mathrm{H}}}. \tag{4.7.12}$$

显然,视界的二维同时面不是球对称的,与方位角 θ 有关.

现在考虑动态克尔时空中的克莱因-戈登方程

$$\begin{aligned}&a^2\sin^2\theta\frac{\partial^2\Phi}{\partial v^2}+2(a\dot{a}\sin^2\theta+r)\frac{\partial\Phi}{\partial v}+2(r^2+a^2)\frac{\partial^2\Phi}{\partial v\partial r}+2a\frac{\partial^2\Phi}{\partial v\partial\varphi}\\&+2a\frac{\partial^2\Phi}{\partial r\partial\varphi}+\Delta\frac{\partial^2\Phi}{\partial r^2}+2(r-m+a\dot{a})\frac{\partial\Phi}{\partial r}+\frac{\partial^2\Phi}{\partial\theta^2}\\&+\dot{a}\frac{\partial\Phi}{\partial\varphi}+\cot\theta\frac{\partial\Phi}{\partial\theta}+\frac{1}{\sin^2\theta}\frac{\partial^2\Phi}{\partial\varphi^2}\\&\quad=\mu^2\rho^2\Phi,\end{aligned} \tag{4.7.13}$$

式中 μ 为克莱因-戈登粒子的质量.采用推广的乌龟坐标

$$\begin{cases}r_*=r+\dfrac{1}{2\kappa(v_0,\theta_0)}\ln\dfrac{r-r_{\mathrm{H}}(v,\theta)}{r_{\mathrm{H}}(v_0,\theta_0)},\\ v_*=v-v_0,\\ \theta_*=\theta-\theta_0,\end{cases} \tag{4.7.14}$$

式中 v_0、θ_0 为不参与乌龟坐标变换的参数.我们将讨论视界 r_{H} 在 v_0 时刻、极角 θ_0 处的霍金效应.从上式可知

$$\begin{cases}\dfrac{\partial}{\partial r}=\left[1+\dfrac{1}{2\kappa(r-r_{\mathrm{H}})}\right]\dfrac{\partial}{\partial r_*},\\ \dfrac{\partial}{\partial v}=\dfrac{\partial}{\partial v_*}-\dfrac{\dot{r}_{\mathrm{H}}}{2\kappa(r-r_{\mathrm{H}})}\dfrac{\partial}{\partial r_*},\\ \dfrac{\partial}{\partial\theta}=\dfrac{\partial}{\partial\theta_*}-\dfrac{r'_{\mathrm{H}}}{2\kappa(r-r_{\mathrm{H}})}\dfrac{\partial}{\partial r_*}.\end{cases} \tag{4.7.15}$$

$$\begin{cases}\dfrac{\partial^2}{\partial r^2}=\left[1+\dfrac{1}{2\kappa(r-r_{\mathrm{H}})}\right]^2\dfrac{\partial^2}{\partial r_*^2}-\dfrac{1}{2\kappa(r-r_{\mathrm{H}})^2}\dfrac{\partial}{\partial r_*},\\ \dfrac{\partial}{\partial v\,\partial r}=\left[1+\dfrac{1}{2\kappa(r-r_{\mathrm{H}})}\right]\dfrac{\partial^2}{\partial v_*\partial r_*}\\ \qquad-\left[1+\dfrac{1}{2\kappa(r-r_{\mathrm{H}})}\right]\dfrac{\dot{r}_{\mathrm{H}}}{2\kappa(r-r_{\mathrm{H}})}\dfrac{\partial^2}{\partial r_*^2}\\ \qquad+\dfrac{\dot{r}_{\mathrm{H}}}{2\kappa(r-r_{\mathrm{H}})^2}\dfrac{\partial}{\partial r_*},\end{cases}$$

$$\begin{cases}\dfrac{\partial^2}{\partial v\partial\varphi}=\dfrac{\partial^2}{\partial v_*\partial\varphi}-\dfrac{\dot r_H}{2\kappa(r-r_H)}\dfrac{\partial^2}{\partial r_*\partial\varphi},\\ \dfrac{\partial^2}{\partial r\partial\varphi}=\left[1+\dfrac{1}{2\kappa(r-r_H)}\right]\dfrac{\partial^2}{\partial r_*\partial\varphi},\\ \dfrac{\partial^2}{\partial v^2}=\dfrac{\partial^2}{\partial v_*^2}-\dfrac{2\dot r_H}{2\kappa(r-r_H)}\dfrac{\partial^2}{\partial r_*\partial v_*}+\dfrac{\dot r_H^2}{4\kappa^2(r-r_H)^2}\dfrac{\partial^2}{\partial r_*^2}\\ \qquad -\dfrac{\ddot r_H(r-r_H)+\dot r_H^2}{2\kappa(r-r_H)^2}\dfrac{\partial}{\partial r_*},\\ \dfrac{\partial^2}{\partial\theta^2}=\dfrac{\partial^2}{\partial\theta_*^2}-\dfrac{2r'_H}{2\kappa(r-r_H)}\dfrac{\partial^2}{\partial r_*\partial\theta_*}+\dfrac{r'^2_H}{4\kappa^2(r-r_H)^2}\dfrac{\partial^2}{\partial r_*^2}\\ \qquad -\dfrac{r'^2_H+r''_H(r-r_H)}{2\kappa(r-r_H)^2}\dfrac{\partial}{\partial r_*}.\end{cases}\tag{4.7.16}$$

于是式(4.7.13)可化成

$$\begin{aligned}&\frac{\{a^2\dot r_H^2\sin^2\theta-2\dot r_H(r^2+a^2)[2\kappa(r-r_H)+1]+\Delta[2\kappa(r-r_H)+1]^2+r'^2_H\}}{2\kappa(r-r_H)\{(r^2+a^2)[2\kappa(r-r_H)+1]-\dot r_H a^2\sin^2\theta\}}\\ &\times\frac{\partial^2\Phi}{\partial r_*^2}+2\frac{\partial^2\Phi}{\partial r_*\partial v_*}+\frac{1}{(r^2+a^2)[2\kappa(r-r_H)+1]-\dot r_H a^2\sin^2\theta\}}\\ &\times\Big\{\frac{2\dot r_H(r^2+a^2)}{r-r_H}-\frac{a^2\sin^2\theta[\ddot r_H(r-r_H)+\dot r_H^2]}{r-r_H}-\frac{r'^2_H+r''_H(r-r_H)}{r-r_H}\\ &-\frac{\Delta}{r-r_H}+2(r-m)[2k(r-r_H)+1]-2r\dot r_H-r'_H\cot\theta\\ &+2a\dot a[2\kappa(r-r_H)+1]-2a\dot a\dot r_H\sin^2\theta\Big\}\frac{\partial\Phi}{\partial r_*}\\ &+\frac{1}{(r^2+a^2)[2\kappa(r-r_H)+1]-\dot r_H a^2\sin^2\theta}\\ &\cdot\Big\{2a[2\kappa(r-r_H)+1-\dot r_H]\frac{\partial^2\Phi}{\partial r_*\partial\varphi}-2r'_H\frac{\partial^2\Phi}{\partial r_*\partial\theta_*}\Big\}\\ &+\frac{2\kappa(r-r_H)}{(r^2+a^2)[2\kappa(r-r_H)+1]-\dot r_H a^2\sin^2\theta}\Big\{2a\frac{\partial^2\Phi}{\partial v_*\partial\varphi}+a^2\frac{\partial^2\Phi}{\partial v_*^2}\\ &+\frac{\partial^2\Phi}{\partial\theta_*^2}+\frac{1}{\sin^2\theta}\frac{\partial^2\Phi}{\partial\varphi^2}+2(r+a\dot a\sin^2\theta)\frac{\partial\Phi}{\partial v_*}+\cot\theta\frac{\partial\Phi}{\partial\theta_*}\\ &+\dot a\frac{\partial\Phi}{\partial\varphi}-\mu^2\rho^2\Phi\Big\}=0.\end{aligned}\tag{4.7.17}$$

从式(4.7.10)知,当 $r\to r_H$ 时,$\partial^2\varphi/\partial r_*^2$ 项系数的分子趋于零.所以,此系数

在 $r \to r_H$ 时是个$\frac{0}{0}$不定型因子.我们令其在视界 r_H 上等于1,即

$$\lim_{\substack{r\to r_H\\ v\to v_0\\ \theta\to\theta_0}} \frac{a^2\,\dot{r}_H^2\sin^2\theta - 2\,\dot{r}_H(r^2+a^2)[2\kappa(r-r_H)+1] + \Delta[2\kappa(r-r_H)+1]^2 + r_H'^2}{2\kappa(r-r_H)\{(r^2+a^2)[2\kappa(r-r_H)+1] - \dot{r}_H a^2\sin^2\theta\}} = 1, \tag{4.7.18}$$

用洛必达法则,可得

$$\begin{aligned}\kappa &= \frac{(1-2\,\dot{r}_H)r_H - m}{4mr_H - (1-2\,\dot{r}_H)(r_H^2+a^2) - \dot{r}_H a^2\sin^2\theta_0}\\ &= \frac{(1-2\,\dot{r}_H)r_H - m}{2mr_H - (1-\dot{r}_H)\,\dot{r}_H a^2\sin^2\theta_0 + r_H'^2},\end{aligned} \tag{4.7.19}$$

或

$$\kappa = \frac{(1-2\,\dot{r}_H)r_H - m}{(1-2\,\dot{r}_H)[r_H^2 + a^2(1-\dot{r}_H\sin^2\theta_0)] + 2r_H'^2}. \tag{4.7.20}$$

从式(4.7.12)知,对外视界 r_+,有

$$r_+ = \frac{m + \{m^2 - (1-2\,\dot{r}_+)[(1-2\,\dot{r}_+ + \dot{r}_+^2\sin^2\theta_0)a^2 + r_+'^2]\}^{1/2}}{1-2\,\dot{r}_+}. \tag{4.7.21}$$

如果定义

$$\tilde{r}_- = \frac{m - \{m^2 - (1-2\,\dot{r}_+)[(1-2\,\dot{r}_+ + \dot{r}_+^2\sin^2\theta_0)a^2 + r_+'^2]\}^{1/2}}{1-2\,\dot{r}_+}, \tag{4.7.22}$$

则对外视界,式(4.7.20)可化成

$$\kappa_+ = \frac{(1-2\,\dot{r}_+)(r_+ - \tilde{r}_-)}{2(1-2\,\dot{r}_+)[r_+^2 + a^2(1-\dot{r}_+\sin^2\theta_0)] + 2r_+'^2}. \tag{4.7.23}$$

在 $r \to r_+$ 的极限下,克莱因-戈登方程(4.7.17)可化成

$$\frac{\partial^2\Phi}{\partial r_*^2} + 2\frac{\partial^2\Phi}{\partial r_*\partial v_*} + A\frac{\partial\Phi}{\partial r_*} + B\frac{\partial^2\Phi}{\partial r_*\partial\varphi} + C\frac{\partial^2\Phi}{\partial r_*\partial\theta_*} = 0, \tag{4.7.24}$$

式中

$$\begin{aligned}A &= \frac{2r_+\dot{r}_+ - \ddot{r}_+ a^2\sin^2\theta_0 + 2a\,\dot{a}(1-\dot{r}_+\sin^2\theta_0) - r_+'' - r_+'\cot\theta_0}{r_+^2 + a^2(1-\dot{r}_+\sin^2\theta_0)},\\ B &= \frac{2a(1-\dot{r}_+)}{r_+^2 + a^2(1-\dot{r}_+\sin^2\theta_0)},\\ C &= \frac{-2r_+'}{r_+^2 + a^2(1-\dot{r}_+\sin^2\theta_0)}.\end{aligned} \tag{4.7.25}$$

分离变量

$$\Phi = R(r_*)\Theta(\theta_*)e^{il\varphi - i\omega v_*}, \tag{4.7.26}$$

其中 ω 为克莱因-戈登粒子的能量，l 为克莱因-戈登粒子角动量在 φ 轴上的投影，代入式(4.7.24)，可得

$$\begin{aligned} &\Theta' = \lambda\Theta, \\ &R'' + (A + \lambda c + ilB - 2i\omega)R' = 0, \end{aligned} \tag{4.7.27}$$

其中 λ 为分离变量引进的常数. 上式的解为

$$\begin{aligned} &\Theta = c_1 e^{\lambda\theta_*}, \\ &R = c_2 e^{-(A + \lambda C + ilB - 2i\omega)r_*} + c_3. \end{aligned} \tag{4.7.28}$$

式中 c_1、c_2 与 c_3 为积分常数，θ_* 是极角. 如果像通常一样把它的定义域限制在$(0,\pi)$中，并考虑到当轴对称过渡到球对称时，Θ 将成为勒让德函数的一部分，我们应把 λ 选作实数. 显然，式(4.7.24)的解为

$$\begin{aligned} &\Phi_{\text{in}} = e^{-i\omega v_* + \lambda\theta_* + il\varphi}, \\ &\Phi_{\text{out}} = e^{-i\omega v_* + \lambda\theta_* + il\varphi} e^{(2i\omega - ilB - \lambda C - A)r_*}. \end{aligned} \tag{4.7.29}$$

其径向入射分量为

$$\psi_{\text{in}} = e^{-i\omega v_*}, \tag{4.7.30}$$

出射分量为

$$\psi_{\text{out}} = e^{-i\omega v_*} e^{2i(\omega - \omega_0)r_*} e^{-(A + \lambda C)r_*}. \tag{4.7.31}$$

式中

$$\omega_0 = \frac{1}{2}lB = l\Omega_\varphi, \tag{4.7.32}$$

$$\Omega_\varphi = \frac{B}{2} = \frac{a(1 - \dot{r}_+)}{r_+^2 + a^2(1 - \dot{r}_+ \sin^2\theta_0)}. \tag{4.7.33}$$

在视界附近，

$$r_* \approx \frac{1}{2\kappa}\ln(r - r_H), \tag{4.7.34}$$

出射波可写作

$$\psi_{\text{out}} = e^{-i\omega v_*}(r - r_+)^{i(\omega - \omega_0)/\kappa}(r - r_+)^{-\tilde{A}/(2\kappa)}, \tag{4.7.35}$$

其中

$$\widetilde{A} \equiv A + \lambda C. \tag{4.7.36}$$

显然，ψ_{out}在 $r = r_+$ 处非解析，只能通过下半复 r 平面把ψ_{out}解析延拓到视界内部，即

$$r - r_+ \to |r - r_+| e^{-i\pi} = (r_+ - r) e^{-i\pi}, \tag{4.7.37}$$

于是

$$\begin{aligned}\psi_{out} \to \widetilde{\psi}_{out} &= e^{-i\omega v} \cdot (r_+ - r)^{i(\omega-\omega_0)/\kappa} \cdot (r_+ - r)^{-\tilde{A}/(2\kappa)} e^{i\pi\tilde{A}/(2\kappa)} e^{\pi(\omega-\omega_0)/\kappa} \\ &= e^{-i\omega v} \cdot e^{2i(\omega-\omega_0)r_*} \cdot e^{-\tilde{A}r_*} \cdot e^{i\pi\tilde{A}/(2\kappa)} \cdot e^{\pi(\omega-\omega_0)/\kappa}. \end{aligned} \tag{4.7.38}$$

出射波在视界处的散射概率为

$$\left| \frac{\psi_{out}}{\widetilde{\psi}_{out}} \right|^2 = e^{-2\pi(\omega-\omega_0)/\kappa}. \tag{4.7.39}$$

遵循2.5节中Sannan建议的方法，容易证明出射波具有黑体谱

$$N_\omega = \frac{1}{e^{(\omega-\omega_0)/(k_B T)} \pm 1}, \tag{4.7.40}$$

$$T = \frac{\kappa}{2\pi k_B}, \tag{4.7.41}$$

式中“+”号对应费米子，“-”号对应玻色子. κ 与 ω_0 分别由式(4.7.23)及式(4.7.32)给出. 当时空回到稳态时，$\dot{r}_H = 0, \Delta = 0$，导致 $r'_H = 0$，视界位置(4.7.12)、表面引力(4.7.23)及拖曳速度(4.7.33)都回到稳态克尔情况.

我们看到，动态克尔黑洞的视界不是球对称的，霍金温度和拖曳角速度不仅随时间变化，而且与方位角有关. 这是一个极为有趣的结果. 以往研究的所有黑洞(稳态的，或球对称动态的)，其表面各点的温度总是相同的. 本节讨论的动态克尔黑洞的表面存在温度梯度，当然应该有热流，这是值得进一步研究的课题.[127]

4.8 变加速直线运动黑洞的热效应

用“稳态时空中视界表面引力是常数”来表述黑洞热力学第零定律是不妥的. 这种说法只不过是黑洞热力学第零定律在稳态情况下的一个推论. 在稳态情况下，视界表面引力表征黑洞的温度. 上述说法意味着稳态黑洞的霍金温度在视界上处处相同，不随时间或位置而变化. 但是我们在4.7节中指

出原则上允许存在霍金温度不处处相同的事件视界.当然,这样的视界肯定不会是稳态孤立黑洞的视界.研究表明,对于 Vaidya 等球对称非稳态黑洞,霍金温度确实是随时间变化的,但在视界的同时面上(即球形黑洞的二维表面上),它仍然是一个常数.我们在 4.7 节中看到,对于非球对称的非稳态黑洞确实存在视界面上的温度随空间点变化的情况,即在视界的同时面上,此温度也不是常数的情况.本节探讨的做变加速直线运动的辐射黑洞是又一个这样的例子.[51,114]

Kinnersley 讨论了做任意加速运动的点质量的时空,其线元为

$$\begin{aligned} ds^2 = & [1-2ar\cos\theta - r^2(f^2+h^2\sin^2\theta)-2mr^{-1}]du^2+2du dr \\ & +2r^2 f du d\theta + 2r^2 h\sin^2\theta du d\varphi - r^2 d\theta^2 - r^2\sin^2\theta d\varphi^2, \end{aligned} \tag{4.8.1}$$

式中

$$\begin{aligned} f &= -a(u)\sin\theta + b(u)\sin\varphi + c(u)\cos\varphi, \\ h &= b(u)\cos\theta\cos\varphi - c(u)\cot\theta\sin\varphi, \end{aligned} \tag{4.8.2}$$

其中 a、b、c 和 m 都是滞后爱丁顿坐标 u 的任意函数,θ 和 φ 为球坐标.北极点 $\theta=0$ 总是指向加速度的方向.$a(u)$是加速度的大小.b 和 c 描述加速度方向的改变率.对匀加速情况,有 $a=$ 常数和 $b=c=0$.

这种质点的运动十分复杂,本节仅对质点做变加速直线运动的较为简单的情况进行讨论.这时 $a(u)$并非常数,但 $b=c=0$,线元化成

$$\begin{aligned} ds^2 = & (1-2ar\cos\theta - r^2 f^2 - 2mr^{-1})du^2 + 2du dr \\ & + 2r^2 f du d\theta - r^2 d\theta^2 - r^2\sin^2\theta d\varphi^2, \end{aligned} \tag{4.8.3}$$

式中

$$f = -a(u)\sin\theta. \tag{4.8.4}$$

下面将指出,这种时空存在局部事件视界.为讨论霍金辐射方便,用超前爱丁顿坐标 v 取代滞后爱丁顿坐标 u.用 v 描述的做变加速直线运动的质点的时空为

$$\begin{aligned} ds^2 = & (1-2ar\cos\theta - r^2 f^2 - 2mr^{-1})dv^2 - 2dv dr \\ & - 2r^2 f dv d\theta - r^2 d\theta^2 - r^2\sin^2\theta d\varphi^2, \end{aligned} \tag{4.8.5}$$

式中

$$f = -a(v)\sin\theta. \tag{4.8.6}$$

$a=a(v)$为质点加速度的大小,$m=m(v)$为质点的质量.容易算出度规的

行列式及逆变分量分别为

$$g=-r^4\sin^2\theta,\tag{4.8.7}$$

$$g^{\mu\nu}=\begin{pmatrix}0 & -1 & 0 & 0\\ -1 & -\left(1-2ar\cos\theta-\dfrac{2m}{r}\right) & f & 0\\ 0 & f & -\dfrac{1}{r^2} & 0\\ 0 & 0 & 0 & \dfrac{-1}{r^2\sin^2\theta}\end{pmatrix}.\tag{4.8.8}$$

现在用零曲面条件

$$g^{\mu\nu}\frac{\partial F}{\partial x^\mu}\frac{\partial F}{\partial x^\nu}=0\tag{4.8.9}$$

来寻找式(4.8.5)所示的时空中的局部事件视界.上式中

$$F=F(v,r,\theta,\varphi)=0$$

为曲面方程.把式(4.8.8)代入式(4.8.9),得

$$-2\frac{\partial F}{\partial v}\frac{\partial F}{\partial r}-\left(1-2ar\cos\theta-\frac{2m}{r}\right)\left(\frac{\partial F}{\partial r}\right)^2+2f\frac{\partial F}{\partial r}\frac{\partial F}{\partial\theta}$$
$$-\frac{1}{r^2}\left(\frac{\partial F}{\partial\theta}\right)^2-\frac{1}{r^2\sin^2\theta}\left(\frac{\partial F}{\partial\varphi}\right)^2=0.\tag{4.8.10}$$

由于北极点 $\theta=0$ 指向加速方向,此时空显然是轴对称的,F 不为 φ 的函数.即

$$F=F(v,r,\theta)=0,\tag{4.8.11}$$

写成显式形式为

$$r=r(\theta,v).\tag{4.8.12}$$

从式(4.8.11),不难得出

$$\frac{\partial F}{\partial r}\frac{\partial r}{\partial\theta}+\frac{\partial F}{\partial\theta}=0,\quad \frac{\partial F}{\partial r}\frac{\partial r}{\partial v}+\frac{\partial F}{\partial v}=0.\tag{4.8.13}$$

代入式(4.8.10),得

$$2\dot r_{\mathrm H}-\left(1-2ar_{\mathrm H}\cos\theta-\frac{2m}{r_{\mathrm H}}\right)-2fr'_{\mathrm H}-\frac{r'^2_{\mathrm H}}{r^2_{\mathrm H}}=0.\tag{4.8.14}$$

满足此式的曲面 $r_{\mathrm H}$ 就是局部事件视界.式中

$$\dot r_{\mathrm H}=\left(\frac{\partial r}{\partial v}\right)_{r=r_{\mathrm H}},\quad r'_{\mathrm H}=\left(\frac{\partial r}{\partial\theta}\right)_{r=r_{\mathrm H}}.\tag{4.8.15}$$

现在讨论此时空中克莱因-戈登粒子的运动.克莱因-戈登方程为

$$\frac{1}{\sqrt{-g}}\left[\left(\frac{\partial}{\partial x^{\mu}}-\mathrm{i}eA_{\mu}\right)\sqrt{-g}g^{\mu\nu}\left(\frac{\partial}{\partial x^{\nu}}-\mathrm{i}eA_{\nu}\right)\right]\Phi-\mu^2\Phi=0, \tag{4.8.16}$$

式中 e 和 μ 分别代表克莱因-戈登粒子的电荷和质量，A_{μ} 为电磁四矢.利用洛伦兹条件

$$\frac{1}{\sqrt{-g}}\frac{\partial}{\partial x^{\mu}}(\sqrt{-g}g^{\mu\nu}A_{\nu})=0, \tag{4.8.17}$$

可把式(4.8.16)化成

$$\begin{aligned}
&-2\frac{\partial^2\Phi}{\partial v\partial r}-\frac{2}{r}\frac{\partial\Phi}{\partial v}-\left(1-2ar\cos\theta-\frac{2m}{r}\right)\frac{\partial^2\Phi}{\partial r^2}\\
&-\frac{1}{r^2}(2r-6ar^2\cos\theta-2m)\frac{\partial\Phi}{\partial r}+2f\frac{\partial^2\Phi}{\partial r\partial\theta}\\
&+\frac{2f}{r}\frac{\partial\Phi}{\partial\theta}-2a\cos\theta\frac{\partial\Phi}{\partial r}-\frac{1}{r^2}\frac{\partial^2\Phi}{\partial\theta^2}-\frac{\cot\theta}{r^2}\frac{\partial\Phi}{\partial\theta}\\
&-\frac{1}{r^2\sin^2\theta}\frac{\partial^2\Phi}{\partial\varphi^2}+2\mathrm{i}e\left[A_0\frac{\partial\Phi}{\partial r}-A_1\frac{\partial\Phi}{\partial v}+A_1\left(1-2ar\cos\theta-\frac{2m}{r}\right)\frac{\partial\Phi}{\partial r}-A_1f\frac{\partial\Phi}{\partial\theta}\right.\\
&\left.-A_2f\frac{\partial\Phi}{\partial r}+\frac{A_2}{r^2}\frac{\partial\Phi}{\partial\theta}+\frac{A_3}{r^2\sin^2\theta}\frac{\partial\Phi}{\partial\varphi}\right]-e^2A_{\mu}A^{\mu}\Phi-\mu^2\Phi=0.
\end{aligned} \tag{4.8.18}$$

从式(4.8.14)可知，视界位置 r_{H} 不仅与 v 有关，还与方位角 θ 有关.为此，推广乌龟坐标变换为如下形式：

$$\begin{aligned}
&r_*=r+\frac{1}{2\kappa(v_0,\theta_0)}\ln\frac{r-r_{\mathrm{H}}(v,\theta)}{r_{\mathrm{H}}(v_0,\theta_0)},\\
&v_*=v-v_0,\quad \theta_*=\theta-\theta_0.
\end{aligned} \tag{4.8.19}$$

即

$$\begin{aligned}
&\mathrm{d}r_*=\left[1+\frac{1}{2\kappa(r-r_{\mathrm{H}})}\right]\mathrm{d}r-\frac{\dot{r}_{\mathrm{H}}}{2\kappa(r-r_{\mathrm{H}})}\mathrm{d}v-\frac{r'_{\mathrm{H}}}{2\kappa(r-r_{\mathrm{H}})}\mathrm{d}\theta,\\
&\mathrm{d}v_*=\mathrm{d}v,\quad \mathrm{d}\theta_*=\mathrm{d}\theta,
\end{aligned} \tag{4.8.20}$$

式中 v_0、θ_0 为任意固定的参数，在乌龟坐标变换下不变.在 $v=v_0$ 时刻，$\theta=\theta_0$ 方向，视界位于 $r_{\mathrm{H}}=r_{\mathrm{H}}(v_0,\theta_0)$ 处.$\kappa(v_0,\theta_0)$ 为待定的温度函数，在稳态情况下，它就是视界的表面引力.现讨论 $r_{\mathrm{H}}(v_0,\theta_0)$ 附近，克莱因-戈登粒子的量子行为.从式(4.8.20)，可得

$$\frac{\partial}{\partial r}=\left[1+\frac{1}{2\kappa(r-r_{\mathrm{H}})}\right]\frac{\partial}{\partial r_*},$$

$$\frac{\partial}{\partial v} = \frac{\partial}{\partial v_*} - \frac{\dot{r}_H}{2\kappa(r - r_H)}\frac{\partial}{\partial r_*},$$

$$\frac{\partial}{\partial \theta} = \frac{\partial}{\partial \theta_*} - \frac{r'_H}{2\kappa(r - r_H)}\frac{\partial}{\partial r_*}, \tag{4.8.21}$$

$$\frac{\partial^2}{\partial r^2} = \left[1 + \frac{1}{2\kappa(r - r_H)}\right]^2 \frac{\partial^2}{\partial r_*^2} - \frac{1}{2\kappa(r - r_H)^2}\frac{\partial}{\partial r_*},$$

$$\frac{\partial^2}{\partial v \partial r} = \left[1 + \frac{1}{2\kappa(r - r_H)}\right]\frac{\partial^2}{\partial v_* \partial r_*} - \frac{\dot{r}_H}{2\kappa(r - r_H)}\left[1 + \frac{1}{2\kappa(r - r_H)}\right]\frac{\partial^2}{\partial r_*^2} + \frac{\dot{r}_H}{2\kappa(r - r_H)^2}\frac{\partial}{\partial r_*},$$

$$\frac{\partial^2}{\partial \theta \partial r} = \left[1 + \frac{1}{2\kappa(r - r_H)}\right]\frac{\partial^2}{\partial \theta_* \partial r_*} - \frac{r'_H}{2k(r - r_H)}\left[1 + \frac{1}{2\kappa(r - r_H)}\right]\frac{\partial^2}{\partial_*^2} + \frac{r'_H}{2\kappa(r - r_H)^2}\frac{\partial}{\partial r_*},$$

$$\frac{\partial^2}{\partial \theta^2} = \frac{r'^2_H}{[2\kappa(r - r_H)]^2}\frac{\partial^2}{\partial r_*^2} + \frac{\partial^2}{\partial \theta_*^2} - \frac{2r'_H}{2\kappa(r - r_H)}\frac{\partial^2}{\partial r_* \partial \theta_*} - \frac{r'^2_H + r''_H(r - r_H)}{2\kappa(r - r_H)^2}\frac{\partial}{\partial r_*}. \tag{4.8.22}$$

于是,式(4.8.18)可化成

$$\frac{\left\{2\dot{r}_H - \left(1 - 2ar\cos\theta - \frac{2m}{r}\right)[2\kappa(r - r_H) + 1] - 2fr'_H\right\} r^2[2\kappa(r - r_H) + 1] - r'^2_H\}}{2\kappa(r - r_H)[2\kappa(r - r_H) + 1]r^2}$$

$$\times \frac{\partial^2 \Phi}{\partial r_*^2} - 2\frac{\partial^2 \Phi}{\partial r_* \partial v_*} + \left\{2f + \frac{2r'_H}{r^2[2\kappa(r - r_H) + 1]}\right\}\frac{\partial^2 \Phi}{\partial r_* \partial \theta_*}$$

$$+ \left[1 + \frac{1}{2\kappa(r - r_H)}\right]^{-1}\left\{\frac{-2\dot{r}_H}{2\kappa(r - r_H)^2} + \frac{2\dot{r}_H}{2\kappa(r - r_H)r} + \frac{1 - 2ar\cos\theta - \frac{2m}{r}}{2\kappa(r - r_H)^2}\right.$$

$$- \frac{2(r - 8ar^2\cos\theta - m)}{r^2}\left[1 + \frac{1}{2\kappa(r - r_H)}\right] + \frac{2fr'_H}{2\kappa(r - r_H)^2}$$

$$- \frac{2fr'_H}{2kr(r - r_H)} + \frac{r'^2_H + r''_H(r - r_H)}{2\kappa r^2 \cdot (r - r_H)^2} + \frac{r'_H\cos\theta}{2\kappa(r - r_H)r^2\sin\theta}$$

$$+ \left[1 + \frac{1}{2\kappa(r - r_H)}\right]\left[A_0 + A_1\left(1 - 2ar\cos\theta - \frac{2m}{r}\right) - A_2 f\right]2\mathrm{i}e$$

$$\left. - 2\mathrm{i}e\left[\frac{A_1\dot{r}_H}{2\kappa(r - r_H)} + \left(A_1 f - \frac{A_2}{r^2}\right)\frac{r'_H}{2\kappa(r - r_H)}\right]\right\}\frac{\partial \Phi}{\partial r_*}$$

$$+\left[1+\frac{1}{2\kappa(r-r_{\mathrm{H}})}\right]^{-1}\cdot\left\{\left(-\frac{2}{r}+2\mathrm{i}eA_1\right)\frac{\partial\Phi}{\partial v_*}\right.$$
$$+\left(\frac{2f}{r}-\frac{\cot\theta}{r^2}-2\mathrm{i}eA_1f+\frac{2\mathrm{i}eA_2}{r^2}\right)\frac{\partial\Phi}{\partial\theta_*}-\frac{1}{r^2}\frac{\partial^2\Phi}{\partial\theta_*^2}-\frac{1}{r^2\sin^2\theta}\frac{\partial^2\Phi}{\partial\varphi^2}$$
$$\left.+\frac{2\mathrm{i}eA_3}{r^2\sin^2\theta}\frac{\partial\Phi}{\partial\varphi}-e^2A_\mu A^\mu\Phi-\mu^2\Phi\right\}=0. \tag{4.8.23}$$

令$\partial^2\Phi/\partial r_*^2$的系数在 $r\to r_{\mathrm{H}}, v\to v_0, \theta\to\theta_0$ 时趋于 -1，即

$$\lim_{\substack{r\to r_{\mathrm{H}}\\ v\to v_0\\ \theta\to\theta_0}}\left(\left\{2\dot r_{\mathrm{H}}-\left(1-2ar\cos\theta-\frac{2m}{r}\right)[2\kappa(r-r_{\mathrm{H}})+1]-2fr'_{\mathrm{H}}\right\}\right.$$
$$\left.\times r^2\cdot[2\kappa(r-r_{\mathrm{H}})+1]-r'^2_{\mathrm{H}}\right)=0, \tag{4.8.24}$$

$$\lim_{\substack{r\to r_{\mathrm{H}}\\ v\to v_0\\ \theta\to\theta_0}}\left(\left\{2\dot r_{\mathrm{H}}-\left(1-2ar\cos\theta-\frac{2m}{r}\right)[2\kappa(r-r_{\mathrm{H}})+1]-2fr'_{\mathrm{H}}\right\}\right.$$
$$\times r^2[2\kappa(r-r_{\mathrm{H}})+1]-r'^2_{\mathrm{H}})/\{2\kappa(r-r_{\mathrm{H}})[2\kappa(r-r_{\mathrm{H}})+1]\times r^2\}$$
$$=-1. \tag{4.8.25}$$

从式(4.8.24)，可得

$$2\dot r_{\mathrm{H}}-\left(1-2ar_{\mathrm{H}}\cos\theta-\frac{2m}{r_{\mathrm{H}}}\right)-2fr'_{\mathrm{H}}-\frac{r'^2_{\mathrm{H}}}{r^2_{\mathrm{H}}}=0. \tag{4.8.26}$$

此即式(4.8.14)，是决定局部视界位置的方程. 对式(4.8.25)用洛必达法则，可得出

$$\kappa=\frac{1}{2r_{\mathrm{H}}}\frac{m/r^2_{\mathrm{H}}-a\cos\theta-r'^2_{\mathrm{H}}/r^3_{\mathrm{H}}}{m/r^2_{\mathrm{H}}+a\cos\theta+r'^2_{\mathrm{H}}/(2r^3_{\mathrm{H}})}. \tag{4.8.27}$$

前面已提到，κ 为温度函数. 在稳态情况，它就是视界的表面引力. 现在为非稳态情况，κ 偏离视界的表面引力，但仍是决定霍金温度的函数，下面将证明这一点.

研究表明，在 $r\to r_{\mathrm{H}}$ 的极限下，克莱因-戈登方程(4.8.23)化成

$$\frac{\partial^2\Phi}{\partial r_*^2}+2\frac{\partial^2\Phi}{\partial v_*\partial r_*}+B(v_0,\theta_0)\frac{\partial^2\Phi}{\partial r_*\partial\theta_*}-G(v_0,\theta_0)\frac{\partial\Phi}{\partial r_*}=0, \tag{4.8.28}$$

式中

$$B(v_0,\theta_0)=-2(f+r'_{\mathrm{H}}/r^2_{\mathrm{H}}), \tag{4.8.29}$$

$$G(v_0,\theta_0)=G_1(v_0,\theta_0)+\mathrm{i}G_2(v_0,\theta_0), \tag{4.8.30}$$

$$G_1 = \frac{-2}{r_{\rm H}} + 16a\cos\theta + \frac{2m}{r_{\rm H}^2} - \frac{r_{\rm H}'^2}{r_{\rm H}^3} + \frac{r_{\rm H}'}{r_{\rm H}^2}\cot\theta, \tag{4.8.31}$$

$$\begin{aligned} G_2 &= 2e\left[A_0 + A_1\left(1 - 2ar_{\rm H}\cos\theta - 2\frac{m}{r_{\rm H}} - \dot{r}_{\rm H} + fr_{\rm H}'\right) - A_2\left(f + \frac{r_{\rm H}'}{r_{\rm H}^2}\right)\right] \\ &= 2e\left\{A_0 + A_1\left[\dot{r}_{\rm H} - r_{\rm H}'\left(f + \frac{r_{\rm H}'}{r_{\rm H}^2}\right)\right] - A_2\left(f - \frac{r_{\rm H}'}{r_{\rm H}^2}\right)\right\}. \end{aligned} \tag{4.8.32}$$

设式(4.8.28)的解为

$$\Phi = R(r_*)\Theta(\theta_*)\exp(-\mathrm{i}\omega v_* + \mathrm{i}l\varphi), \tag{4.8.33}$$

式中 ω 为克莱因-戈登粒子的能量, l 为粒子的角动量在 φ 轴上的投影. 代入式(4.8.28), 可得

$$-2\mathrm{i}\omega\frac{R'}{R} + \frac{R''}{R} + B\frac{R'\Theta'}{R\Theta} - G\frac{R'}{R} = 0, \tag{4.8.34}$$

式中

$$R' = \frac{\mathrm{d}R}{\mathrm{d}r_*}, \quad R'' = \frac{\mathrm{d}^2 R}{\mathrm{d}r_*^2}, \quad \Theta' = \frac{\mathrm{d}\Theta}{\mathrm{d}\theta_*}. \tag{4.8.35}$$

分离变量得

$$\Theta' = \lambda\Theta, \quad R'' + (B\lambda - G - 2\mathrm{i}\omega)R' = 0. \tag{4.8.36}$$

解为

$$\Theta = \mathrm{e}^{\lambda\theta_*}, \tag{4.8.37}$$

$$R = c_1\exp[(2\mathrm{i}\omega + G - B\lambda)r_*] + c_2, \tag{4.8.38}$$

式中 c_1 和 c_2 为积分常数. 考虑到时空从轴对称退化到球对称时, Θ 应为勒让德函数的一部分, λ 应为实数. 因此, 满足方程(4.8.28)的入射波解 $\Phi_{\rm in}$ 和出射波解 $\Phi_{\rm out}$ 分别为

$$\Phi_{\rm in} = \mathrm{e}^{-\mathrm{i}\omega v_*}\mathrm{e}^{\mathrm{i}l\varphi}\mathrm{e}^{\lambda\theta_*}, \tag{4.8.39}$$

$$\Phi_{\rm out} = \mathrm{e}^{-\mathrm{i}\omega v_*}\mathrm{e}^{\mathrm{i}l\varphi}\mathrm{e}^{(2\mathrm{i}\omega + G - B\lambda)r_*}\mathrm{e}^{\lambda\theta_*}. \tag{4.8.40}$$

只对进出视界的径向波函数感兴趣, 显然入射波和出射波分别为

$$\psi_{\rm in} = \mathrm{e}^{-\mathrm{i}\omega v_*}, \tag{4.8.41}$$

$$\psi_{\rm out} = \mathrm{e}^{-\mathrm{i}\omega v_*}\mathrm{e}^{(G_1 - B\lambda)r_*}\mathrm{e}^{2\mathrm{i}(\omega + G_2/2)r_*}. \tag{4.8.42}$$

由于在视界附近 $r_* \approx \frac{1}{2\kappa}\ln(r - r_{\rm H})$, 式(4.8.42)可改写成

$$\psi_{\rm out} = \mathrm{e}^{-\mathrm{i}\omega v_*}(r - r_{\rm H})^{\widetilde{G}_1/(2\kappa)} \cdot (r - r_{\rm H})^{\mathrm{i}(\omega - \omega_0)/\kappa}, \tag{4.8.43}$$

式中

$$\omega_0 = -\frac{G_2}{2}, \quad \widetilde{G}_1 = G_1 - \lambda B. \tag{4.8.44}$$

显然，ψ_{out}在视界 r_{H} 处非解析.把其沿下半复 r 平面解析延拓到视界内，

$$r - r_{\text{H}} \to |r - r_{\text{H}}| \mathrm{e}^{-\mathrm{i}\pi} = (r_{\text{H}} - r)\mathrm{e}^{-\mathrm{i}\pi}, \tag{4.8.45}$$

于是在视界内部出射波为

$$\begin{aligned}\widetilde{\psi}_{\text{out}} &= \mathrm{e}^{-\mathrm{i}\omega v} \cdot (r_{\text{H}} - r)^{\widetilde{G}_1/(2\kappa)} \mathrm{e}^{-\mathrm{i}\pi \widetilde{G}_1/(2\kappa)} (r_{\text{H}} - r)^{\mathrm{i}(\omega - \omega_0)/\kappa} \mathrm{e}^{\pi(\omega-\omega_0)/\kappa} \\ &= \mathrm{e}^{-\mathrm{i}\omega v} \cdot \mathrm{e}^{\widetilde{G}_1 r} \cdot \mathrm{e}^{2\mathrm{i}(\omega-\omega_0) r} \cdot \mathrm{e}^{-\mathrm{i}\pi \widetilde{G}_1/(2\kappa)} \mathrm{e}^{\pi(\omega-\omega_0)/\kappa}. \end{aligned} \tag{4.8.46}$$

出射波在视界上的散射概率为

$$\left| \frac{\psi_{\text{out}}}{\widetilde{\psi}_{\text{out}}} \right| = \mathrm{e}^{-2\pi(\omega-\omega_0)/\kappa}. \tag{4.8.47}$$

由此不难证明，出射波具有黑体谱

$$N_\omega = \{\exp[(\omega - \omega_0)/(k_{\text{B}} T)] \pm 1\}^{-1}, \tag{4.8.48}$$

式中“+”号对应费米子，“-”号对应玻色子.温度为

$$T = \frac{\kappa}{2\pi k_{\text{B}}}, \tag{4.8.49}$$

化学势为

$$\omega_0 = \frac{-G_2}{2} = -e\left\{A_0 + A_1\left[\dot{r}_{\text{H}} + r'_{\text{H}}\left(f - \frac{r'_{\text{H}}}{r_{\text{H}}^2}\right)\right] + A_2\left(f - \frac{r'_{\text{H}}}{r_{\text{H}}^2}\right)\right\}. \tag{4.8.50}$$

显然，化学势由电磁四矢引起.由于 f 与 θ 有关，化学势 ω_0 为角度的函数.更为有趣的是，从式(4.8.27)可知，κ 即黑洞温度 T，也是方位角 θ 的函数.这就是说，变加速直线运动的黑洞的辐射温度不仅随时间变化，也随方位角变化.在同一时刻，视界面上各点的辐射温度不同.

我们又看到了一种霍金温度在同时面上不是常数的视界.当然，它不是稳态视界，与“稳态视界的表面引力一定是常数”的结论不发生矛盾.不难看出，对于做匀加速直线运动的黑洞，决定视界位置和温度函数的公式(4.8.26)与(4.8.27)，形式上与变加速直线运动的黑洞相同.当加速度为零时，均回到 Vaidya 情况.应该指出的是，出现在化学势 ω_0 中的电磁四矢，并非起源于黑洞内部.本节讨论的黑洞不带电荷.我们看到，来自黑洞外部的电磁四矢照样会对黑洞热辐射谱产生影响.

总之，本节给出了做变加速直线运动的黑洞的辐射温度和决定事件视

界位置的公式.可以看到,此视界不仅随时间变化,而且不是球对称的.黑洞温度也随时间变化,而且在视界的同时面上不是常数.我们确实又找到了一个霍金温度不仅依赖于时间,而且在视界同时面的不同空间点上也不相同的例子.在文献[128－135]中,我们计算了另外几种变加速黑洞的热效应.在文献[136－137]中讨论了变加速黑洞的非热辐射.

4.9 变加速黑洞温度的讨论

4.9.1 伦德勒视界

让式(4.8.14)中的 $m=0$,但 $a(v)\neq 0$,我们得到非均匀直线加速观测者的伦德勒视界方程[114]

$$2\dot{r}_{\mathrm{H}}-(1-2ar_{\mathrm{H}}\cos\theta)-2fr'_{\mathrm{H}}-\frac{r'^2_{\mathrm{H}}}{r^2_{\mathrm{H}}}=0, \tag{4.9.1}$$

这里 r_{H} 是伦德勒视界的位置.克莱因-戈登方程可以写成

$$\begin{aligned}&-2\frac{\partial^2\Phi}{\partial v\partial r}-\frac{2}{r}\frac{\partial\Phi}{\partial v}-(1-2ar\cos\theta)\frac{\partial^2\Phi}{\partial r^2}\\&-\frac{1}{r^2}(2r+6ar^2\cos\theta)\frac{\partial\Phi}{\partial r}+2f\frac{\partial^2\Phi}{\partial r\partial\theta}+\frac{2f}{r}\frac{\partial\Phi}{\partial\theta}-2a\cos\theta\frac{\partial\Phi}{\partial r}\\&-\frac{1}{r^2}\frac{\partial^2\Phi}{\partial\theta^2}-\frac{\cot\theta}{r^2}\frac{\partial\Phi}{\partial\theta}-\frac{1}{r^2\sin^2\theta}\frac{\partial^2\Phi}{\partial\varphi^2}-\mu^2\Phi=0.\end{aligned} \tag{4.9.2}$$

我们在伦德勒视界外部研究方程(4.9.2).由于伦德勒视界外部区域是 $r<r_{\mathrm{H}}$,广义乌龟坐标变换应写成

$$r_*=r+\frac{1}{2\kappa}\ln\frac{r_{\mathrm{H}}(v,\theta)-r}{r_{\mathrm{H}}(v_0,\theta_0)},\quad v_*=v-v_0,\quad \theta_*=\theta-\theta_0. \tag{4.9.3}$$

于是,方程(4.9.2)可以写成

$$\frac{\{2\dot{r}_{\mathrm{H}}-(1-2ar\cos\theta)[2\kappa(r-r_{\mathrm{H}})+1]-2fr'_{\mathrm{H}}\}r^2[2\kappa(r-r_{\mathrm{H}})+1]-r'^2_{\mathrm{H}}}{2\kappa(r-r_{\mathrm{H}})[2\kappa(r-r_{\mathrm{H}})+1]r^2}$$

$$\frac{\partial^2\Phi}{\partial r_*^2}-2\frac{\partial^2\Phi}{\partial r_*\partial v_*}+\left\{\frac{2\dot{r}_{\mathrm{H}}}{r^2[2\kappa(r-r_{\mathrm{H}})+1]}+2f\right\}\frac{\partial^2\Phi}{\partial r_*\partial\theta_*}+\left[1+\frac{1}{2k(r-r_{\mathrm{H}})}\right]^{-1}$$

$$\left\{\frac{-2\dot{r}_{\mathrm{H}}}{2\kappa(r-r_{\mathrm{H}})^{2}}+\frac{2\dot{r}_{\mathrm{H}}}{2\kappa r(r-r_{\mathrm{H}})}+\frac{1-2ar\cos\theta}{2\kappa(r-r_{\mathrm{H}})^{2}}-\frac{2(r-8ar^{2}\cos\theta)}{r^{2}}\left[1+\frac{1}{2\kappa(r-r_{\mathrm{H}})}\right]\right.$$
$$\left.+\frac{2fr'_{\mathrm{H}}}{2\kappa(r-r_{\mathrm{H}})^{2}}-\frac{2fr'_{\mathrm{H}}}{2\kappa r(r-r_{\mathrm{H}})}+\frac{r'^{2}_{\mathrm{H}}+r''_{\mathrm{H}}(r-r_{\mathrm{H}})}{2\kappa r^{2}(r-r_{\mathrm{H}})^{2}}+\frac{r'_{\mathrm{H}}\cos\theta}{2\kappa r^{2}(r-r_{\mathrm{H}})\sin\theta}\right\}\frac{\partial\Phi}{\partial r_{*}}$$
$$-\left[1+\frac{1}{2\kappa(r-r_{\mathrm{H}})}\right]^{-1}\cdot\left[\frac{2}{r}\frac{\partial\Phi}{\partial v_{*}}+\frac{1}{r}\left(-2f+\frac{\cot\theta}{r}\right)\frac{\partial\Phi}{\partial\theta_{*}}+\frac{1}{r^{2}}\frac{\partial^{2}\Phi}{\partial\theta_{*}^{2}}\right.$$
$$\left.+\frac{1}{r^{2}\sin^{2}\theta}\frac{\partial^{2}\Phi}{\partial\varphi^{2}}+\mu^{2}\Phi\right]=0. \tag{4.9.4}$$

当 $r\to r_{\mathrm{H}}(v_0,\theta_0)$，$v\to v_0$ 并且 $\theta\to\theta_0$ 时，上式可以被约化成

$$\alpha\frac{\partial^{2}\Phi}{\partial r_{*}^{2}}+2\frac{\partial^{2}\Phi}{\partial r_{*}\partial v_{*}}+B\frac{\partial^{2}\Phi}{\partial r_{*}\partial\theta_{*}}-G\frac{\partial\Phi}{\partial r_{*}}=0, \tag{4.9.5}$$

其中

$$\alpha\equiv\lim_{\substack{r\to r_{\mathrm{H}}(v_0,\theta_0)\\ v\to v_0\\ \theta\to\theta_0}}\frac{\{2\dot{r}_{\mathrm{H}}-(1-2ar\cos\theta)[2\kappa(r-r_{\mathrm{H}})+1]-2fr'_{\mathrm{H}}\}r^{2}[2\kappa(r-r_{\mathrm{H}})+1]-r'^{2}_{\mathrm{H}}}{-2\kappa(r-r_{\mathrm{H}})[2\kappa(r-r_{\mathrm{H}})+1]r^{2}} \tag{4.9.6}$$

$$B=-2\left(f+\frac{r'_{\mathrm{H}}}{r_{\mathrm{H}}^{2}}\right)\bigg|_{\substack{v\to v_0\\ \theta\to\theta_0}}, \tag{4.9.7}$$

$$G=\left(-\frac{2}{r_{\mathrm{H}}}+16a\cos\theta-\frac{r'^{2}_{\mathrm{H}}}{r_{\mathrm{H}}^{3}}+\frac{r'_{\mathrm{H}}}{r_{\mathrm{H}}^{2}}\cot\theta\right)\bigg|_{\substack{v\to v_0\\ \theta\to\theta_0}}. \tag{4.9.8}$$

这里，我们已用了方程(4.9.1)，把可调节参数选成

$$\kappa=\frac{1}{2r_{\mathrm{H}}}\frac{-a\cos\theta-r'^{2}_{\mathrm{H}}/r_{\mathrm{H}}^{3}}{a\cos\theta+r'^{2}_{\mathrm{H}}/2r_{\mathrm{H}}^{3}}\bigg|_{\substack{v\to v_0\\ \theta\to\theta_0}}, \tag{4.9.9}$$

可得 $\alpha=1$. 方程(4.9.5)可以化成

$$\frac{\partial^{2}\Phi}{\partial r_{*}^{2}}+2\frac{\partial^{2}\Phi}{\partial r_{*}\partial v_{*}}+B\frac{\partial^{2}\Phi}{\partial r_{*}\partial\theta_{*}}-G\frac{\partial\Phi}{\partial r_{*}}=0. \tag{4.9.10}$$

作如下所示的变量分离：

$$\Phi=R(r_{*})\Theta(\theta_{*})\exp(-\mathrm{i}\omega v_{*}+\mathrm{i}n\varphi), \tag{4.9.11}$$

我们可以证明方程(4.9.10)的径向波解分别是

$$\Psi_{\mathrm{in}}=\exp(-\mathrm{i}\omega v_{*}), \tag{4.9.12}$$

$$\Psi_{\mathrm{out}}=\exp(-\mathrm{i}\omega v_{*}+Gr_{*}+2\mathrm{i}\omega r_{*}). \tag{4.9.13}$$

Ψ_{in}是入射波，而 Ψ_{out}是出射波. 在伦德勒视界 r_{H} 附近，Ψ_{out}可以写成

$$\Psi_{\mathrm{out}}=\exp(-\mathrm{i}\omega v_{*})(r_{\mathrm{H}}-r)^{G/(2\kappa)}(r_{H}-r)^{\mathrm{i}\omega/\kappa}, \tag{4.9.14}$$

它在视界上不解析. 通过解析延拓经过下半复 r 平面转 $+\pi$ 角，可把 Ψ_{out}从

伦德勒视界外部 $r<r_H$ 处，延拓到视界内部 $r>r_H$ 处，

$$\begin{cases} r_H - r \to |r_H - r|\exp(i\pi) = (r - r_H)\exp(i\pi), \\ \Psi_{out} \to \Psi'_{out} = \exp(-i\omega v_* + Gr_* + 2i\omega r_*)\exp\left(i\pi\dfrac{G}{2\kappa}\right)\exp\left(-\pi\dfrac{\omega}{\kappa}\right). \end{cases} \tag{4.9.15}$$

出射波在视界上的相对散射概率为

$$\left|\frac{\Psi_{out}}{\Psi'_{out}}\right|^2 = \exp\left(\frac{2\pi\omega}{\kappa}\right), \tag{4.9.16}$$

于是霍金辐射谱为

$$N_\omega = \left[\exp\left(\frac{\omega}{k_B T}\right) \pm 1\right]^{-1}, \tag{4.9.17}$$

这里

$$T = \frac{-\kappa}{2\pi k_B} = \frac{1}{2\pi k_B}\cdot\frac{1}{2r_H}\frac{a\cos\theta + r'^2_H/r^3_H}{a\cos\theta + r'^2_H/2r^3_H}, \tag{4.9.18}$$

T 是霍金-安鲁温度.

我们看到，在非均匀直线加速的伦德勒时空中，伦德勒视界的位置和温度都不仅依赖于时间，而且依赖于极角.

当 $m=0$ 且 $a=$ 常数的时候，我们得到均匀直线加速观测者的伦德勒视界

$$1 - 2ar_H\cos\theta + 2fr'_H + \frac{r'^2_H}{r^2_H} = 0, \tag{4.9.19}$$

它是旋转抛物面

$$r_H = \frac{1}{a(1+\cos\theta)}, \tag{4.9.20}$$

它的霍金温度是常数，$\kappa = -a$，

$$T = \frac{a}{2\pi k_B}. \tag{4.9.21}$$

当 $m=0$ 且 $a=a(v)$ 时，伦德勒视界将偏离抛物面，它的温度将依赖于时间和极角.

当 $a=0$ 但 $m\neq 0$ 时，从式(4.8.14)可得 Vaidya 黑洞

$$r_H = \frac{2m}{1-2\dot{r}_H}, \tag{4.9.22}$$

它的温度依赖于时间 v，但不依赖于极角 θ，

$$\kappa=\frac{1-2\dot{r}_{\rm H}}{4m}.\tag{4.9.23}$$

当 $m=m(v)\neq 0$ 且 $a=a(v)\neq 0$ 时,存在两个视界:伦德勒视界和黑洞视界.从方程(4.8.14)和(4.8.27)可知,这些视界仍是旋转对称的,并且温度依赖于 v 和 θ.

4.9.2 黑洞与伦德勒视界的接触

现在,让我们考虑当黑洞与伦德勒视界接触时会出现什么情况.[137]我们首先寻找 $r_{\rm H}$ 达极值时的 θ 角,取 $r'_{\rm H}=0$,方程(4.8.14)化成

$$(2a\cos\theta_1)r_{\rm H}^2-(1-2\dot{r}_{\rm H})r_{\rm H}+2m=0,\tag{4.9.24}$$

式中 θ_1 是 $r_{\rm H}$ 取极值时的角度.此方程的解是

$$r_{\rm H}=\frac{(1-2\dot{r}_{\rm H})\pm[(1-2\dot{r}_{\rm H})^2-16ma\cos\theta_1]^{1/2}}{4a\cos\theta_1}.\tag{4.9.25}$$

$r_{\rm H}$ 的两个值分别属于黑洞视界和伦德勒视界.当 $\dot{r}_{\rm H}=0$ 且 $ma\ll 1$ 时,方程(4.9.25)约化成

$$r_{\rm H1}\approx\frac{1}{2a\cos\theta_1},\quad r_{\rm H2}\approx 2m.\tag{4.9.26}$$

显然,$r_{\rm H2}$ 属于黑洞视界.比较式(4.9.20)与式(4.9.26),我们知道 $r_{\rm H1}$ 属于伦德勒视界,并且 $\theta_1=0$.现在,我们指出 $r_{\rm H}$ 的极值

$$\begin{aligned}r_{\rm H1}&=\frac{(1-2\dot{r}_{\rm H1})+\sqrt{(1-2\dot{r}_{\rm H1})^2-16ma}}{4a},\\ r_{\rm H2}&=\frac{(1-2\dot{r}_{\rm H2})-\sqrt{(1-2\dot{r}_{\rm H2})^2-16ma}}{4a}.\end{aligned}\tag{4.9.27}$$

当黑洞视界与伦德勒视界接触,即 $r_{\rm H1}=r_{\rm H2}$ 时,我们有

$$(1-2\dot{r}_{\rm H})^2=16ma,\quad a=\frac{m}{r_{\rm H1}^2}=\frac{m}{r_{\rm H2}^2}\tag{4.9.28}$$

$$r_{\rm H1}=r_{\rm H2}=\frac{1-2\dot{r}_{\rm H}}{4a}=\frac{4m}{1-2\dot{r}_{\rm H}}.\tag{4.9.29}$$

方程(4.8.27)约化成

$$T_2=\frac{\kappa_2}{2\pi k_{\rm B}}=\frac{1}{2\pi k_{\rm B}}\cdot\frac{1}{2r_{\rm H2}}\frac{m/r_{\rm H2}^2-a}{m/r_{\rm H2}^2+a},\tag{4.9.30}$$

式(4.9.18)则化成为

$$T_1 = \frac{-\kappa_1}{2\pi k_B} = \frac{1}{2\pi k_B}\cdot\frac{1}{2r_{H1}}\frac{m/r_{H1}^2 - a}{m/r_{H1}^2 + a}. \tag{4.9.31}$$

我们看到,两个视界的接触点($\theta = 0, r_H = 4m/(1-2\dot{r}_H)$)的温度将降到零.这将破缺热力学第三定律.另一方面,黑洞的另一极点(南极,$\theta = \pi$)处,霍金温度将迅速上升

$$T_2 = \frac{\kappa_2}{2\pi k_B} = \frac{1}{2\pi k_B}\cdot\frac{1}{2r_H}\frac{m/r_H^2 + a - r_H'^2/r_H^3}{m/r_H^2 - a + r_H'^2/2r_H^3}, \tag{4.9.32}$$

将会有一个热喷流从那里产生,好像是加速黑洞的尾巴.

黑洞与伦德勒视界的接触类似于两个黑洞的碰撞.可以推测,两个黑洞碰撞时,接触点温度将降到零,而每个黑洞的后面将各带一个由高温喷流构成的尾巴.

4.10 动态时空时间尺度变换的补偿效应

在3.7节中,我们以稳态黑洞为例,论证了黑洞的量子热效应可以看作时间尺度变换的补偿效应,霍金温度以补偿场纯规范势的形式出现.本节把这一工作推广到动态黑洞,指出不仅霍金温度,而且黑洞的熵变化(或温度变化)都可看作补偿场的纯规范势.补偿场的规范势即时空联络的缩并.规范场强恒为零,因而时间尺度虽然是时空点的函数,但与平移路径无关.本节将以 Vaidya 时空为例来进行讨论[138],其结论适用于各种动态黑洞[104,138-143].

4.10.1 施瓦西时空

为了讨论方便,我们首先回顾一下施瓦西情况.

施瓦西时空线元

$$ds^2 = -\left(1-\frac{2M}{r}\right)dt^2 + \left(1-\frac{2M}{r}\right)^{-1}dr^2 + r^2(d\theta^2 + \sin^2\theta d\varphi^2) \tag{4.10.1}$$

在乌龟坐标

$$r_* = r + \frac{1}{2\kappa}\ln\left(\frac{r}{2M} - 1\right) \tag{4.10.2}$$

下，可以写成

$$\mathrm{d}s^2 = -\left(1 - \frac{2M}{r}\right)(-\mathrm{d}t^2 + \mathrm{d}r_*^2) + r^2(\mathrm{d}\theta^2 + \sin^2\theta\mathrm{d}\varphi^2), \tag{4.10.3}$$

或

$$\mathrm{d}s^2 = \frac{1}{2\kappa r}\mathrm{e}^{2\kappa(r_* - r)}(-\mathrm{d}t^2 + \mathrm{d}r_*^2) + r^2(\mathrm{d}\theta^2 + \sin^2\theta\mathrm{d}\varphi^2), \tag{4.10.4}$$

变换到克鲁斯卡坐标，

$$T = \frac{1}{\kappa}\mathrm{e}^{\kappa r_*}\sinh\kappa t, \quad R = \frac{1}{\kappa}\mathrm{e}^{\kappa r_*}\cosh\kappa t, \tag{4.10.5}$$

线元又可改写成

$$\mathrm{d}s^2 = \frac{1}{2\kappa r}\mathrm{e}^{-2\kappa r}(-\mathrm{d}T^2 + \mathrm{d}R^2) + r^2(\mathrm{d}\theta^2 + \sin^2\theta\mathrm{d}\varphi^2). \tag{4.10.6}$$

显然，坐标变换式(4.10.5)在二维(t, r_*)时空中诱导出一个共形等度规映射

$$-\mathrm{d}t^2 + \mathrm{d}r_*^2 = \mathrm{e}^{-2\kappa r_*}(-\mathrm{d}T^2 + \mathrm{d}R^2), \tag{4.10.7}$$

共形因子为

$$\Omega^2 = \mathrm{e}^{-2\kappa r_*}. \tag{4.10.8}$$

从式(4.10.4)和式(4.10.6)可知，二维子时空(t, r_*)或(T, R)的线元可写为

$$\mathrm{d}\hat{s}^2 = \Omega_1^2\mathrm{d}\tilde{s}_1^2, \quad \mathrm{d}\hat{s}^2 = \Omega_2^2\mathrm{d}\tilde{s}_2^2, \tag{4.10.9}$$

其中

$$\Omega_1^2 = \frac{1}{2\kappa r}\mathrm{e}^{-2\kappa r}, \quad \Omega_2^2 = \frac{1}{2\kappa r}\mathrm{e}^{2\kappa(r_* - r)}, \tag{4.10.10}$$

$$\mathrm{d}\tilde{s}_1^2 = -\mathrm{d}T^2 + \mathrm{d}R^2, \quad \mathrm{d}\tilde{s}_2^2 = -\mathrm{d}t^2 + \mathrm{d}r_*^2. \tag{4.10.11}$$

显然，式(4.10.8)所示的Ω满足

$$\Omega = \frac{\Omega_2}{\Omega_1}. \tag{4.10.12}$$

式(4.10.9)所示的两个线元都显式共形于二维闵氏时空。我们定义$\mathrm{d}\tilde{s}^2$为二维时空的坐标长度.线元式(4.10.9)表现为坐标长度与共形因子的乘积，其中共形因子Ω_1与Ω_2表征坐标长度的尺度伸缩.所以坐标变换式

(4.10.5)可以看作坐标长度的尺度变换.另一方面,由于 Ω_1 与 Ω_2 均是时空点的函数,坐标长度的尺度标准还随时空点而异,甚至可能与平移路径有关.

假定有一个二维无穷小矢量 B_μ,它在 P 点的固有长度为 $L=(B_\mu B^\mu)^{1/2}=\mathrm{d}\hat{s}$,而坐标长度定义为 $l=\mathrm{d}\tilde{s}_1$,$l'=\mathrm{d}\tilde{s}_2$.在广义相对论中,联络被选作克罗内克符,因而 L 在平移下不变.于是从式(4.10.9),可得

$$\delta L=0,\quad \Omega_1\delta l+l\delta\Omega_1=0,\quad \Omega_2\delta l'+l'\delta\Omega_2=0. \tag{4.10.13}$$

取 $x^\mu=(T,R)$,$x'^\mu=(t,r_*)$时,二维时空的联络缩并可写为

$$\begin{aligned}\Gamma^\alpha_{\alpha\mu}&=\frac{\partial}{\partial x^\mu}\ln\sqrt{-g}=2\frac{\partial\ln\Omega_1}{\partial x^\mu},\\ \Gamma'^\alpha_{\alpha\mu}&=\frac{\partial}{\partial x'^\mu}\ln\sqrt{-g'}=2\frac{\partial\ln\Omega_2}{\partial x'^\mu}.\end{aligned} \tag{4.10.14}$$

上式又可写作

$$\begin{aligned}\frac{1}{2}\Gamma^\alpha_{\alpha\mu}\mathrm{d}x^\mu&=\frac{\partial\ln\Omega_1}{\partial x^\mu}\mathrm{d}x^\mu=\delta(\ln\Omega_1),\\ \frac{1}{2}\Gamma'^\alpha_{\alpha\mu}\mathrm{d}x'^\mu&=\frac{\partial\ln\Omega_2}{\partial x'^\mu}\mathrm{d}x'^\mu=\delta(\ln\Omega_2).\end{aligned} \tag{4.10.15}$$

从式(4.10.13),可得

$$\delta(\ln l)=-A_\mu\mathrm{d}x^\mu,\quad \delta(\ln l')=-A'_\mu\mathrm{d}x'^\mu, \tag{4.10.16}$$

其中

$$A_\mu=\frac{1}{2}\Gamma^\alpha_{\alpha\mu},\quad A'_\mu=\frac{1}{2}\Gamma'^\alpha_{\alpha\mu}. \tag{4.10.17}$$

式(4.10.16)表示坐标长度在平移下发生了变化,A_μ 就是变化率.这可归因于坐标长度的尺度基准在平移下发生了变化.A_μ 与A'_μ不同,表明尺度基准在不同坐标系下的变化规律也不同.众所周知,联络的缩并在坐标变换下的变换式为

$$\Gamma'^\alpha_{\alpha\mu}=\Gamma^\alpha_{\alpha\mu}\frac{\partial x^\nu}{\partial x'^\mu}+\frac{\partial}{\partial x^\alpha}\left(\frac{\partial x^\alpha}{\partial x'^\mu}\right), \tag{4.10.18}$$

或

$$A'_\mu=A_\nu\frac{\partial x^\nu}{\partial x'^\mu}+\frac{1}{2}\frac{\partial}{\partial x^\alpha}\left(\frac{\partial x^\alpha}{\partial x'^\mu}\right). \tag{4.10.19}$$

式(4.10.19)表示尺度基准在坐标变换下如何变化.显然,A_μ 不是矢量,它在坐标变换下不按矢量的规律变化.依据外尔的思想,我们认为坐标长度尺

度基准的变化产生了一个补偿场，A_μ 就是补偿场的势. 补偿场强可用二维曲率张量

$$R^{\rho}_{\lambda\mu\nu} = \Gamma^{\rho}_{\lambda\nu,\mu} - \Gamma^{\rho}_{\lambda\mu,\nu} + \Gamma^{\rho}_{\sigma\mu}\Gamma^{\sigma}_{\lambda\nu} - \Gamma^{\rho}_{\sigma\nu}\Gamma^{\sigma}_{\lambda\mu} \tag{4.10.20}$$

的缩并来定义：

$$F_{\mu\nu} = \frac{1}{2}R^{\lambda}_{\lambda\mu\nu} = \frac{1}{2}\Gamma^{\lambda}_{\lambda\nu,\mu} - \frac{1}{2}\Gamma^{\lambda}_{\lambda\mu,\nu} = A_{\nu,\mu} - A_{\mu,\nu}. \tag{4.10.21}$$

对换傀标 σ 与 λ，可知上式中联络的乘积项相互抵消. 从式(4.10.14)可知 $A_{\nu,\mu} = A_{\mu,\nu}$，所以 $F_{\mu\nu} = 0$. 从曲率张量的对称性也可知 $F_{\mu\nu} = 0$. 总之，补偿场强是张量，但恒为零. 这表明，尺度基准(因而坐标长度)虽然随时空点变化，但与平移路径无关.

从式(4.10.7)到式(4.10.21)的讨论均是在二维子时空(t, r_*)或(T, R)中进行的. 所涉及的矢量、联络、曲率张量等，均是二维子时空中的量. 由于我们采用自然单位制，从式(4.10.11)可知，时间坐标 t(或 T)与空间坐标 r_*(或 R)有相同的坐标尺度. 所以，上面讨论的坐标尺度变换实际上就是时间尺度变换. 由于二维子时空与四维时空的坐标时间相同，上述尺度变换不仅可看作二维子时空中的时间尺度变换，也可看作四维时空中的时间尺度变换. 因此，A_μ 就是时间尺度变换产生的补偿场的规范势.

从式(4.10.9)，可知 $L^2 = \Omega_1^2 l^2 = \Omega_2^2 l'^2$，即

$$l' = \Omega^{-1} l. \tag{4.10.22}$$

利用式(4.10.16)和式(4.10.17)，可得

$$A'_\mu \mathrm{d}x'^\mu = \left(A_\nu \frac{\partial x^\nu}{\partial x'^\mu} + \frac{\partial \ln\Omega}{\partial x'^\mu}\right)\mathrm{d}x'^\mu. \tag{4.10.23}$$

由 $\mathrm{d}x'^\mu$ 的任意性，有

$$A'_\mu = A_\nu \frac{\partial x^\nu}{\partial x'^\mu} + \frac{\partial \ln\Omega}{\partial x'^\mu}, \tag{4.10.24}$$

其中 Ω 如式(4.10.8)所示. 与式(4.10.19)比较，可知

$$\frac{\partial \ln\Omega}{\partial x'^\mu} = \frac{1}{2}\frac{\partial}{\partial x^\alpha}\left(\frac{\partial x^\alpha}{\partial x'^\mu}\right). \tag{4.10.25}$$

它是补偿场的纯规范势. 用坐标变换式(4.10.5)，也可证明式(4.10.25). 把式(4.10.8)代入，可得

$$\frac{\partial \ln\Omega}{\partial t} = 0, \quad \frac{\partial \ln\Omega}{\partial r_*} = \kappa. \tag{4.10.26}$$

可见,事件视界的表面引力 κ 作为时间尺度变换的纯规范势出现,即黑洞的霍金温度

$$T = \frac{\kappa}{2\pi k_B} \tag{4.10.27}$$

作为时间尺度变换的纯规范势出现.所以,可以把霍金效应看作时间尺度变换下的补偿效应.

4.10.2 爱丁顿坐标下的施瓦西时空

使用超前爱丁顿坐标表示的施瓦西时空

$$ds^2 = -\left(1-\frac{2M}{r}\right)dv^2 + 2dvdr + r^2(d\theta^2 + \sin^2\theta d\varphi^2), \tag{4.10.28}$$

式中超前与滞后爱丁顿坐标分别定义为

$$v = t + r_*, \quad u = t - r_*, \tag{4.10.29}$$

r_* 为式(4.10.2)所示的乌龟坐标.把 r 换成 r_*,式(4.10.28)改写为

$$\begin{aligned} ds^2 &= \left(1-\frac{2M}{r}\right)(-dv^2 + 2dvdr_*) + r^2(d\theta^2 + \sin^2\theta d\varphi^2) \\ &= \frac{e^{2\kappa(r_*-r)}}{2\kappa r}(-dv^2 + 2dvdr_*) + r^2(d\theta^2 + \sin^2\theta d\varphi^2), \end{aligned} \tag{4.10.30}$$

式中 $\kappa = 1/(4M)$.引入类光克鲁斯卡坐标

$$U = -\frac{1}{\kappa}e^{-\kappa u}, \quad V = +\frac{1}{\kappa}e^{\kappa v}. \tag{4.10.31}$$

它与式(4.10.5)所示的克鲁斯卡坐标有以下关系:

$$T = \frac{V+U}{2}, \quad R = \frac{V-U}{2}. \tag{4.10.32}$$

于是式(4.10.30)可化成

$$ds^2 = \frac{e^{-2\kappa r}}{2\kappa r}(-dV^2 + 2dVdR) + r^2(d\theta^2 + \sin^2\theta d\varphi^2). \tag{4.10.33}$$

仿照前面的讨论,可得

$$d\hat{s}^2 = \Omega_1^2 d\tilde{s}_1^2, \quad d\hat{s}^2 = \Omega_2^2 d\tilde{s}_2^2, \tag{4.10.34}$$

$$d\tilde{s}_1^2 = -dV^2 + 2dVdR, \quad d\tilde{s}_2^2 = -dv^2 + 2dvdr_*, \tag{4.10.35}$$

$$\Omega_1^2 = \frac{1}{2\kappa r}e^{-2\kappa r}, \quad \Omega_2^2 = \frac{1}{2\kappa r}e^{2\kappa(r_*-r)}, \quad \Omega^2 = \frac{\Omega_2^2}{\Omega_1^2} = e^{2\kappa r_*}. \tag{4.10.36}$$

同样存在时间尺度变换的补偿场

$$A'_\mu = A_\nu \frac{\partial x^\nu}{\partial x'^\mu} + \frac{1}{2}\frac{\partial}{\partial x^\alpha}\left(\frac{\partial x^\alpha}{\partial x'^\mu}\right), \tag{4.10.37}$$

或

$$A'_\mu = A_\nu \frac{\partial x^\nu}{\partial x'^\mu} + \frac{\partial \ln \Omega}{\partial x'^\mu}. \tag{4.10.38}$$

同样有式(4.10.26)成立,霍金温度以补偿场纯规范势的形式出现.

4.10.3　Vaidya 时空

下面考查 Vaidya 时空

$$\mathrm{d}s^2 = -\left[1 - \frac{2M(v)}{r}\right]\mathrm{d}v^2 + 2\mathrm{d}v\mathrm{d}r + r^2(\mathrm{d}\theta^2 + \sin^2\theta\mathrm{d}\varphi^2). \tag{4.10.39}$$

作广义乌龟坐标变换

$$\begin{cases} r_* = r + \dfrac{1}{2\kappa}\ln\dfrac{r - r_{\mathrm{H}}(v)}{r_0}, \\ v_* = v - v_0, \end{cases} \tag{4.10.40}$$

$$\begin{cases} \mathrm{d}r = \dfrac{2\kappa(r - r_{\mathrm{H}})}{2\kappa(r - r_{\mathrm{H}}) + 1}\mathrm{d}r_* + \dfrac{\dot{r}_{\mathrm{H}}}{2\kappa(r - r_{\mathrm{H}}) + 1}\mathrm{d}v_*, \\ \mathrm{d}v = \mathrm{d}v_* \end{cases} \tag{4.10.41}$$

式中 $r_{\mathrm{H}} = r_{\mathrm{H}}(v)$, $\dot{r}_{\mathrm{H}} = \mathrm{d}r_{\mathrm{H}}/\mathrm{d}v$, $r_0 = r_{\mathrm{H}}(v_0)$, v_0 是所研究的热辐射粒子脱离黑洞表面的时刻,κ 为可调节参数.κ、v_0 和 r_0 在乌龟坐标变换下均是常数.于是,线元式(4.10.39)可改写为

$$\begin{aligned} \mathrm{d}s^2 = & \frac{(r - 2M)[2\kappa(r - r_{\mathrm{H}}) + 1] - 2r\dot{r}_H}{r[2\kappa(r - r_{\mathrm{H}}) + 1]} \\ & \times\left\{-\mathrm{d}v_*^2 + 2\frac{2\kappa r(r - r_{\mathrm{H}})}{(r - 2M)[2\kappa(r - r_{\mathrm{H}}) + 1] - 2r\dot{r}_{\mathrm{H}}}\mathrm{d}v_*\mathrm{d}r_*\right\} \\ & + r^2(\mathrm{d}\theta^2 + \sin^2\theta\mathrm{d}\varphi^2). \end{aligned} \tag{4.10.42}$$

引入

$$u_* = v_* - 2r_* \tag{4.10.43}$$

及广义克鲁斯卡坐标

$$\begin{aligned} & U = -\frac{1}{\kappa}\mathrm{e}^{-\kappa u},\ V = \frac{1}{\kappa}\mathrm{e}^{\kappa v},\ T = \frac{V + U}{2},\ R = \frac{V - U}{2}, \\ & \mathrm{d}v_*^2 = \mathrm{e}^{-2kv}\cdot\mathrm{d}V^2, \end{aligned} \tag{4.10.44}$$

于是有

$$dv_*dr_* = e^{-2\kappa r_*}dVdR - \frac{1}{2}(e^{-2\kappa r_*} - e^{-2\kappa v_*})dV^2. \quad (4.10.45)$$

线元式(4.10.42)可重写为

$$ds^2 = \frac{2\kappa(r-r_H)e^{-2\kappa r_*} + \{r(1-2\dot{r}_H) - 2M[2\kappa(r-r_H)+1]\}e^{-2\kappa v_*}}{r[2k(r-r_H)+1]}$$
$$\times\left\{-dV^2 + 2\frac{2\kappa r(r-r_H)e^{-2\kappa r_*}}{2\kappa r(r-r_H)e^{-2\kappa r_*} + \{r(1-2\dot{r}_H) - 2M[2\kappa(r-r_H)+1]\}e^{-2\kappa v_*}}\right.$$
$$\left.\times dVdR\right\} + r^2(d\theta^2 + \sin^2\theta d\varphi^2). \quad (4.10.46)$$

利用 $\kappa = 1/[2r_H(v_0)] = [1-2\dot{r}_H(v_0)]/(4M)$ 及 $r_H = 2M/(1-2\dot{r}_H)$,不难证明

$$\lim_{\substack{r\to r_H\\ v\to v_0}} \frac{2\kappa r(r-r_H)}{(r-2M)[2\kappa(r-r_H)+1] - 2r\dot{r}_H} = 1, \quad (4.10.47)$$

$$\lim_{\substack{r\to r_H\\ v\to v_0}} \frac{2\kappa r(r-r_H)e^{-2\kappa r_*}}{2\kappa r(r-r_H)e^{-2\kappa r_*} + \{r(1-2\dot{r}_H) - 2M[2\kappa(r-r_H)+1]\}e^{-2\kappa v_*}}$$
$$= 1 \quad (4.10.48)$$

所以式(4.10.42)和式(4.10.46)的二维子时空线元为

$$d\hat{s}^2 = \Omega_1^2 d\tilde{s}_1^2, \quad d\hat{s}^2 = \Omega_2^2 d\tilde{s}_2^2, \quad (4.10.49)$$

$$\Omega_1^2 = \frac{2\kappa r(r-r_H)e^{-2\kappa r_*} + \{r(1-2\dot{r}_H) - 2M[2\kappa(r-r_H)+1]\}e^{-2\kappa v_*}}{r[2\kappa(r-r_H)+1]}, \quad (4.10.50)$$

$$\Omega_2^2 = \frac{(r-2M)[2\kappa(r-r_H)+1] - 2r\dot{r}_H}{r[2\kappa(r-r_H)+1]},$$

$$d\tilde{s}_1^2 = -dV^2 + 2$$
$$\times\frac{2\kappa r(r-r_H)e^{-2\kappa r_*}}{2\kappa r(r-r_H)e^{-2\kappa r_*} + \{r(1-2\dot{r}_H) - 2M[2\kappa(r-r_H)+1]\}e^{-2\kappa v_*}}dVdR,$$

$$d\tilde{s}_2^2 = -dv_*^2 + 2\frac{2\kappa r(r-r_H)}{(r-2M)[2\kappa(r-r_H)+1] - 2r\dot{r}_H}dv_*dr_*. \quad (4.10.51)$$

在事件视界附近,有

$$d\tilde{s}_1^2 \to -dV^2 + 2dVdR, \quad d\tilde{s}_2^2 \to -dv_*^2 + 2dv_*dr_*. \quad (4.10.52)$$

因此,在事件视界附近,从式(4.10.42)到式(4.10.46)的坐标变换式(4.10.44),仍可看作诱导出一个共形等度规映射

$$d\tilde{s}_2^2 = \Omega^{-2}d\tilde{s}_1^2, \quad (4.10.53)$$

或

$$-\mathrm{d}v_*^2+2\mathrm{d}v_*\mathrm{d}r_*\approx\Omega^{-2}(-\mathrm{d}V^2+2\mathrm{d}V\mathrm{d}R), \tag{4.10.54}$$

其中

$$\begin{aligned}\Omega^2&\equiv\frac{\Omega_2^2}{\Omega_1^2}\\&=\frac{(r-2M)[2\kappa(r-r_{\mathrm{H}})+1]-2r\dot{r}_{\mathrm{H}}}{2\kappa r(r-r_{\mathrm{H}})\mathrm{e}^{-2\kappa r_*}+\{r(1-2\dot{r}_{\mathrm{H}})-2M[2\kappa(r-r_{\mathrm{H}})+1]\}\mathrm{e}^{-2\kappa v_*}}.\end{aligned} \tag{4.10.55}$$

类似地,可认为存在时间尺度变换,其补偿场的规范势为

$$A'_\mu=A_\nu\frac{\partial x^\nu}{\partial x'^\mu}+\frac{1}{2}\frac{\partial}{\partial x^\alpha}\left(\frac{\partial x^\alpha}{\partial x'^\mu}\right), \tag{4.10.56}$$

或

$$A'_\mu=A_\nu\frac{\partial x^\nu}{\partial x'^\mu}+\frac{\partial\ln\Omega}{\partial x'^\mu}, \tag{4.10.57}$$

其中 $x^\mu=(V,R)$,$x'^\mu=(v_*,r_*)$,利用式(4.10.55)可以算出规范势 $\frac{\partial\ln\Omega}{\partial x'^\mu}$.从式(4.10.41),可知

$$\frac{\partial r}{\partial r_*}=\frac{2\kappa(r-r_{\mathrm{H}})}{2\kappa(r-r_{\mathrm{H}})+1},\quad \frac{\partial r}{\partial v_*}=\frac{\dot{r}_{\mathrm{H}}}{2\kappa(r-r_{\mathrm{H}})+1},\quad \frac{\partial v}{\partial r_*}=0,\quad \frac{\partial v}{\partial v_*}=1. \tag{4.10.58}$$

所以

$$\lim_{\substack{r\to r_{\mathrm{H}}\\ v\to v_0}}\frac{\partial\ln\Omega}{\partial r_*}=\kappa. \tag{4.10.59}$$

此处用了式(4.10.40)、式(4.10.47)以及 $\kappa=(1-2\dot{r}_{\mathrm{H}})/(4M)$,$r_{\mathrm{H}}=2M/(1-2\dot{r}_{\mathrm{H}})$.同样可算得

$$\lim_{\substack{r\to r_{\mathrm{H}}\\ v\to v_0}}\frac{\partial\ln\Omega}{\partial v_*}=-\kappa\dot{r}_{\mathrm{H}}(1-2\dot{r}_{\mathrm{H}}). \tag{4.10.60}$$

这里用了式(4.10.58)及

$$\begin{aligned}&2M=r_{\mathrm{H}}(1-2\dot{r}_{\mathrm{H}}),\\&2\dot{M}=\dot{r}_{\mathrm{H}}(1-2\dot{r}_{\mathrm{H}})-2r_{\mathrm{H}}\ddot{r}_{\mathrm{H}},\\&r-r_{\mathrm{H}}=r_0\mathrm{e}^{2\kappa(r_*-r)},\end{aligned} \tag{4.10.61}$$

还使用了洛必达法则.

我们看到,Vaidya 黑洞与施瓦西黑洞不同,补偿场纯规范势的两个分

量均不为零.如果仍然把黑洞事件视界面积 A 看作黑洞熵 S,

$$S=\frac{A}{4}=\pi r_{\mathrm{H}}^{2}, \tag{4.10.62}$$

那么

$$\sigma=\frac{1}{4}\frac{\mathrm{d}\ln S}{\mathrm{d}v_{0}}=\frac{\dot{r}_{\mathrm{H}}}{2r_{\mathrm{H}}}=\kappa\dot{r}_{\mathrm{H}}, \tag{4.10.63}$$

于是有

$$\kappa=\lim_{\substack{r\to r_{\mathrm{H}}\\ v\to v_{0}}}\frac{\partial\ln\Omega}{\partial r_{*}}, \tag{4.10.64}$$

$$\tilde{\sigma}\equiv\sigma(1-2\dot{r}_{H})=-\lim_{\substack{r\to r_{\mathrm{H}}\\ v\to v_{0}}}\frac{\partial\ln\Omega}{\partial v_{*}}, \tag{4.10.65}$$

κ 决定黑洞的温度,σ 决定黑洞熵的相对变化率,$\tilde{\sigma}$反映黑洞的熵变化.

另一方面,由于 $\kappa=1/(2r_{\mathrm{H}})$,式(4.10.60)又可等价地写作

$$\lim_{\substack{r\to r_{\mathrm{H}}\\ v\to v_{0}}}\frac{\partial\ln\Omega}{\partial v_{*}}=\frac{\dot{\kappa}}{2\kappa}(1-2\dot{r}_{\mathrm{H}})=\frac{1-2\dot{r}_{\mathrm{H}}}{2}\frac{\mathrm{d}\ln\kappa}{\mathrm{d}v_{0}}. \tag{4.10.66}$$

因此,纯规范势的这一项又可理解为黑洞温度的相对变化.对其他动态黑洞所作的研究表明,式(4.10.66)比式(4.10.65)更具有一般性.[142-143]

值得注意的是,动态黑洞补偿场的纯规范势仅在视界上取值时才反映黑洞的温度和熵变化.而对于静态情况,反映黑洞温度的纯规范势则不需要“限定”在视界上取值.这可能是由于,目前采用的动态情况的乌龟坐标变换式(4.10.40)仅在视界上精确成立.

第5章　奇点、时间与热力学

5.1　广义相对论中的奇点困难

广义相对论告诉我们,球对称黑洞的内部有一个奇点,转动黑洞的内部有一个奇环;还告诉我们,膨胀的宇宙起源于大爆炸的初始奇点,脉动的宇宙则不仅起源于大爆炸的初始奇点,而且最后要收缩于另一个大挤压的终结奇点.这些奇点和奇环的存在与坐标系的选择无关,反映时空的内在性质,是时空的本性奇点或奇环.[1,2,9-11,144-147]

奇点和奇环处,时空的曲率无穷大(弯曲程度无穷大),物质的密度也无穷大.奇点是物理理论无法了解的地方,它随时可能产生无法预测的信息.奇环的附近还会出现"闭合类时线",沿这类曲线生活运动的人会回到自己的过去.这种不可思议的事情真的会发生吗?

人们希望时空中最好不存在奇点。有些物理学家推测,真实的时空中没有奇点.上述奇点的出现,是由于我们把时空的对称性想象得太好而造成的.例如,我们描述的黑洞是"球对称"的,或者旋转"轴对称"的.他们认为,正是"球对称"导致了"奇点"的出现,"轴对称"导致了"奇环"的出现.然而,真实的时空不可能有严格的对称性.星体塌缩生成黑洞的过程,不可能是绝对"球对称"或绝对"轴对称"的.只要上述对称性不是绝对严格的就不会出现奇点和奇环.他们为此作了若干论证.

但是,英国数学物理学家彭罗斯不相信那些物理学家的想法.彭罗斯认为,奇点或奇环(以下把奇点和奇环统称为奇点)虽然使我们为难,但它们的出现是不可避免的.一般的时空都会有奇点.彭罗斯针锋相对地提出“奇点定理”[2,9-11,144-146].这个定理说,只要爱因斯坦的广义相对论正确,并且因果性成立,那么任何有物质的时空都至少存在一个奇点.彭罗斯用微分几何严格证明了“奇点定理”.霍金也参加进来,给出了另外的证明.目前,彭罗斯和霍金的“奇点定理”已被全世界物理学家和数学家所公认.看来,我们无法逃避奇点造成的困难了.不过,彭罗斯提出了“宇宙监督假设”来改善我们的处境.他提出,“存在一位宇宙监督,它禁止裸奇点的出现”(见1.6节).也就是说,“宇宙监督”要求奇点必须包含在黑洞里面,这样,至少我们这些生活在黑洞外部的人,不会受到奇点的“不良”影响,不至陷于狼狈的境地。因为任何信息(包括奇点产生的不可预测的信息)都不可能跑到黑洞外面来.

不难看出,所谓“宇宙监督假设”只是一种权宜之计,这种说法并不比“自然害怕真空”更高明.也可以说,实际上任何问题也没有解决。“宇宙监督假设”只不过暗示我们,应该存在某种物理规律,会禁止“裸奇点”的出现.研究表明,裸奇点出现时,黑洞的温度会处在绝对零度.因此,许多人推测,这位“宇宙监督”很可能就是热力学第三定律.

彭罗斯和霍金在提出并证明“奇点定理”的过程中,对“奇点”概念进行了重新认识,提出了极其重要的新思想:奇点应该看作时间的开始或终结![2,9-11,144-147]

他们把有奇点的时空称为奇异时空.然而,有一个问题,如果有人把奇点从时空中挖掉,剩下的时空还能叫作奇异时空吗?经过研究,彭罗斯和霍金认为,即使把奇点挖掉,时空的根本性质也不会有变化,仍然是奇异时空.然而,挖掉奇点之后,时空中就不存在曲率为无穷大的点了,因此,用“曲率无穷大”来定义奇点是有缺陷的.他们注意到,虽然人们可以把奇点从时空中挖掉,但挖掉之后总会留下一个空洞吧?如果有空洞,那么时空中任何一条经过空洞的曲线都会在那里断掉.实际上,即使在时空中不挖掉奇点,经过奇点的曲线也会在那里断掉.于是,彭罗斯和霍金建议,干脆把奇点从时空中“开除”,认为它们不属于时空。粗略地说,干脆把它们看作时空中的“空洞”,而且是补不上的“空洞”.显而易见,不

图5.1.1 时空中的奇点

仅奇点可以从时空中挖掉，而且任何一个正常点也都可以从时空中挖掉．这些挖掉的正常点不也形成空洞吗？时空中的曲线到达这样的空洞当然也会断掉．但是，这种空洞可以补上，而奇点处的空洞补不上．无论怎样去补，该处的曲率一般都会是无穷大，曲线在那里仍然会断掉．

于是，彭罗斯和霍金这样去证明他们的"奇点定理"：证明时空中至少存在一条具有如下性质的类光（光速）或类时（亚光速）曲线：它在有限的长度内会断掉，而且断掉的地方不能用任何手段修补，以使这条曲线可以延伸过去．

类空（超光速）曲线不在他们的考虑范围之内，因为这样的曲线描述超光速运动，而自然界不存在超光速运动的粒子．光速曲线描述光子运动，亚光速曲线描述低于光速（静质量不为零）的粒子的运动，例如电子运动、火箭运动以及我们人类可以进行的任何活动．总之，光速或亚光速曲线描述自然界存在的一切实际过程．相对论研究表明，时空中的亚光速曲线的长度，恰恰是沿此线运动的粒子（或火箭，或任何物体和人）所经历的固有时间．所以，按照彭罗斯和霍金的观点，"奇点"就是时间过程断掉的地方．奇点定理的实质内容是，在因果性成立、广义相对论正确且有物质存在的时空中，至少有一个可实现的物理过程，它在有限的时间之前开始，或在有限的时间之后终结．也就是说，至少有一个物理过程，它的时间有开始，或有终结，或者既有开始又有终结．换句话说，至少有一个时间过程，它的一头或两头是有限的．

总之，奇点定理告诉我们，时间是有限的，不是无穷无尽的．黑洞的内部有一个时间的"终点"，即黑洞的奇点．白洞的内部有一个时间的"起点"，即白洞的奇点．膨胀宇宙的时间有一个起点（大爆炸奇点），脉动宇宙的时间，则不仅有一个起点（大爆炸奇点），还有一个终点（大挤压奇点）．

奇点定理的前提条件是无可非议的．"因果性成立"，当然是合理的．"广义相对论正确"，也是实验证明了的．"有物质存在"，任何真实的时空必然是这样．

奇点定理的证明过程，也是无可挑剔的．它依据现代微分几何和广义相对论的研究成果，经过了不少专家的反复推敲．

看来，我们无法摆脱奇点困难了．奇点一定存在，时间一定有限．奇点定理不仅确认了奇点不可避免，而且指出奇点困难反映了时间的有限性．

5.2 奇点定理概述

5.2.1 奇点与奇异性的定义

广义相对论中的时空奇点,定义为时空曲率发散的点.仅仅度规分量发散,时空曲率并不发散的点(例如施瓦西时空和克尔-纽曼时空中的事件视界)称为坐标奇点.坐标奇点是由于坐标系选择得不好而造成的,并非时空的本性奇点,这类奇点不在本章的讨论范围之内.

里奇张量 $R_{\mu\nu}$ 和曲率张量 $R^{\alpha}_{\mu\nu\tau}$ 依赖于坐标系的选择,它们在一个坐标系中发散,在另一个坐标系中却可能不发散.因此,直接用它们的发散来定义时空奇点是不合适的.人们注意到,R、$R_{\mu\nu}R^{\mu\nu}$、$R^{\alpha}_{\mu\nu\tau}R^{\mu\nu\tau}_{\alpha}$ 等由曲率张量缩并而成的量是标量,它们可以反映时空曲率的发散性,而且不依赖于坐标系的选择.也就是说,它们如果在一个坐标系中发散,在任何坐标系中就都发散.它们的发散,真正标志着时空曲率的发散,真正反映出时空本身的奇异性.所以,可以用这些标量的发散来定义时空奇点.[2,10-11,145]

彭罗斯和霍金认为奇点不属于时空,奇点是从时空中"开除"掉的部分.粗略地说,奇点可以看作时空中的"洞".他们认为,奇点是因果线(非类空世界线)断掉的地方.如果一根因果线,在伸展有限距离之后就断掉,而且不可能用解析的方法对该处的时空进行修补,以使断掉的因果线继续延伸,那么,因果线断掉的地方就是时空奇点.注意,奇点存在于有限的距离之内,不在无穷远.所以,虽然无穷远点一般也像奇点一样不属于时空,但它们不是奇点.由于一般的世界线不易找到合适的参量来表征"距离",彭罗斯和霍金在研究奇点时把注意力集中到测地线上.测地线有一种很好的参量可以反映距离,那就是仿射参量,类时测地线的仿射参量可以看作固有时间.类光测地线的仿射参量虽然不能看作固有时间,但仍能很好地描述仿射距离.由于类光线的长度恒为零,类光线不能谈论长度,只能谈论距离.今后,为了讨论方便,无论对类时和类光测地线,我们一律用仿射参量来表征距离.

如果有一根非类空测地线(即类时或类光的测地线),在未来或过去方向上,在有限的仿射距离内断掉,不能再继续延伸,那么,这根测地线就被认为碰到了时空的“洞”.如果这个“洞”可以补上,使测地线能继续延伸,则这个“洞”不是时空奇点.如果这个“洞”补不上(例如,曲率发散处的“洞”就补不上),那么它就是奇点。严格说来,“洞”不一定是一个点,可能是一个区域,而且此区域不属于时空,甚至可能不属于流形,个别情况还不属于拓扑空间.如果时空中所有的测地线沿两个方向都可以无限延伸,即它们的仿射距离都可以延伸到无穷远(仿射参量趋于无穷大),那么这个时空称为测地完备的时空.如果至少有一条测地线沿一个方向不能无限延伸,则这根测地线叫作测地不完备的测地线,此时空称为测地不完备的时空.

在绝大多数情况下,曲率奇点就是测地不可延伸的奇点。然而存在着某些例外,有曲率发散但测地可延伸的点,也有曲率不发散而测地不可延伸的“洞”;甚至还存在类空测地完备,但类时测地不完备的“洞”.实际上,这种情况下已很难把奇点看作一个“洞”.

为了避免把奇点看作一个“洞”所带来的困难,最好的办法是不强调奇点本身,而强调时空存在奇异性.如果一个时空至少存在一条仿射距离有限且未来(或过去)不可延伸的非类空测地线,则此时空称作奇异时空(即存在奇异性的时空).不难看出,有奇点的时空一定是奇异时空.

下面,我们先介绍时空的因果结构和能量条件,然后介绍证明奇点定理的思路.[2,10-11,145]

5.2.2　时空的因果结构

分别满足下述条件的时空具有不同的因果结构.它们满足的因果性一个比一个好.

(1) 编时条件(chronology condition):不存在闭合类时线;

(2) 因果条件(causality condition):不存在闭合因果线,即不仅没有闭合类时线,也没有闭合类光线;

(3) 强因果条件(strong causality condition):不存在无限逼近闭合的因果线;

(4) 稳定因果条件(stable causality condition):在微扰下,也不出现闭合因果线;

(5) 整体双曲(globally hyperbolic):时空存在柯西面.

所谓柯西面是这样一张超曲面,时空中的任何一条因果线都必须与它相交,而且只交一次.

整体双曲的时空是因果性最好的时空.整体双曲的时空一定稳定因果,稳定因果的时空一定强因果.强因果时空一定满足因果条件.因果条件一定推出编时条件.闵可夫斯基时空和施瓦西时空都是整体双曲的.Reissner-Nordström 时空是稳定因果的.克尔时空和克尔-纽曼时空则因果性很差,连编时条件都不满足,在奇环附近存在闭合类时线.

5.2.3 能量条件

(1) 弱能量条件(weak energy condition)

固有能量密度 ρ 一定非负,

$$\rho = T_{00} = T_{ab}\xi^a\xi^b \geqslant 0, \tag{5.2.1}$$

式中 T_{ab} 为能量动量张量,ξ^a 为观测者四速.

(2) 强能量条件(strong energy condition)

$$T_{ab}\xi^a\xi^b \geqslant \frac{1}{2}T\xi^a\xi_a, \tag{5.2.2}$$

即

$$\rho + \sum_{i=1}^{3} p_i \geqslant 0. \tag{5.2.3}$$

式中 ρ 为固有能量密度,p_i 为压强(应力).强能量条件是说应力不能太负.事实上,在绝大多数情况下,应力都是正的,所以,一般情况下强能量条件反而比弱能量条件弱.但是,存在应力为负的情况,这时,强能量条件就比弱能量条件强了.

(3) 主能量条件(dominant energy condition)

能流密度 $J^a \equiv -T^a_b\xi^b$ 未来指向,且类时或类光.即

$$J^a\xi_a \leqslant 0 \quad \Rightarrow \quad \rho \geqslant 0 \quad \text{(未来指向)}, \tag{5.2.4}$$

$$J^aJ_a \leqslant 0 \quad \Rightarrow \quad u^2 \leqslant 1 \quad \text{(类时或类光)}. \tag{5.2.5}$$

式中 u 为能流的三维速度.主能量条件实质上是要求能流不能超光速,且弱能量条件必须成立.也就是说,从主能量条件可以推出弱能量条件.

5.2.4　共轭点与最长线

雅可比场：定义在测地线 γ_0 上，描述同一测地线汇中邻近 γ_0 的测地线 γ 偏离 γ_0 的程度，且满足测地偏离方程

$$\xi^a \nabla_a(\xi^b \nabla_b \eta^c) = R_{ab}{}^c{}_d \xi^a \eta^b \xi^d \tag{5.2.6}$$

的矢量场 η^a，称为雅可比场.

线汇的共轭点：如果 η^a 不处处为零，但在 p、q 两点处为零，则 p、q 两点称为线汇的共轭点.

与超曲面共轭的点：一个垂直于超曲面 Σ 的类时测地线汇，在超曲面上雅可比场 $\eta^a(p)\neq 0$，而沿线汇前进，如有一点 q 满足 $\eta^a(q)=0$，则 q 称为此类空超曲面的共轭点.

注意，γ 是无限邻近 γ_0 的测地线。也就是说，线汇中无限邻近的测地线，如果有两个交点，则称此两交点为共轭点. 与超曲面共轭的点，也是指垂直于此超曲面的无限邻近的测地线的交点. 测地线汇，按照定义，是指过每一时空点有一根且只有一根测地线的情况. 在测地线的交点，当然有两根以上的测地线. 从这个意义上讲，共轭点是线汇的奇点，但它不是时空的奇点.

可以证明：

(1) 连接 p、s 两点的类时线中存在局部最长线 γ 的充要条件是，γ 是测地线，且 p、s 间没有与 p 共轭的点.

(2) 从类空超曲面 Σ 出发的类时线 γ 取局部最大值的充要条件是，γ 是垂直于 Σ 的测地线，且其上无共轭点.

总之，不管是类时线还是类光线，取最大值的一定是无共轭点的测地线.

5.2.5　奇点定理的导出

可以证明：

(1) 在强因果时空中，不一定有最长线，如果有，则一定是无共轭点的测地线.

(2) 在整体双曲时空中，一定有最长线，它一定是无共轭点的测地线.

另一方面,又可以证明:

如果广义相对论正确,强能量条件成立,并且时空中至少有一个存在物质的时空点,则测地线上在有限的仿射距离内必存在共轭点.

总之,因果性要求有最长线,即要求存在无共轭点的测地线.能量条件、广义相对论和物质的存在则要求测地线上一定有共轭点,而且是在有限的仿射距离内就出现共轭点.

如果时空同时满足上述因果性和能量条件,并存在物质,而且广义相对论正确,那就会导致矛盾的结论:测地线上既要有共轭点,又要无共轭点.解决此矛盾的唯一出路是,测地线不能无限延伸,在出现共轭点之前,在有限的仿射距离内就断掉.也就是说,此测地线一定会遇到奇点,时空一定存在奇异性.这样,就证明了奇点定理:如果广义相对论正确,能量非负,时空不完全是真空,因果性好,则时空一定存在奇点.

奇点定理有各种大同小异的表述,下面我们给出其中的一种.

奇点定理:如果

(1) 广义相对论正确;

(2) 强能量条件成立;

(3) 编时条件成立;

(4) 一般性条件成立,即

任何类时或类光测地线上包含某一点,在该点有

$$R_{abcd}\xi^a\xi^d \neq 0 \quad (\text{对于类时测地线};\xi^a \text{ 为切矢,四速}), \tag{5.2.7}$$

$$R_{ab}k^a k^b \neq 0 \quad (\text{对于类光测地线};k^a \text{ 为切矢,四速}); \tag{5.2.8}$$

(5) 有一点 p,所有从 p 出发的类时或类光测地线都再次会聚,

则时空至少有一根不完备的类时或类光测地线.

上述定理的条件(4)与(5),实质上是要求时空中存在物质不为零的点.

奇点定理告诉我们,如果一个时空是爱因斯坦场方程的解,因果性良好,能量密度非负,而且此时空中至少有一点不是真空,则这个时空一定存在奇异性.粗略地说,一定存在奇点.我们看到,施瓦西时空、克尔-纽曼时空、膨胀宇宙模型中都有奇点.闵可夫斯基时空和 de Sitter 时空没有奇点,这是因为它们是完全的真空,没有任何物质存在.

通常确认时空奇点有两个步骤:一是证明有非类空测地线在该处不可延伸;二是证明反映曲率的标量在该处发散.

5.3 奇点对黑洞温度的强烈影响

我们将在本节中指出，在一般情况下，奇点都将对黑洞温度产生强烈的影响.如果奇点出现在事件视界上，一般将使那里的温度降低到零或升高到无穷大.这就是说，热力学定律将阻止奇点裸露.此外，两个视界接触，也必将使接触点的温度降低到零.我们先作一般性讨论，然后列举一些实例.[148-150]

在3.1节所讨论的一般四维稳态时空中，如果事件视界出现在 $x=\eta$ 处，奇点出现在 $x=\xi$ 处，则度规中 $\hat{g}_{00}$ 与 g_{11} 可分别写成如下形式：

$$\hat{g}_{00}=\frac{(x-\xi)^{n}(x-\eta)^{q}}{\theta(x,y,z)},\tag{5.3.1}$$

$$g_{11}=\frac{1}{f(x,y,z)(x-\xi)^{m}(x-\eta)^{p}}.\tag{5.3.2}$$

式中 m、n、p、q 为实数.视界 $x=\eta$ 处的表面引力可用下式求出：

$$\kappa_{\eta}=\lim_{x\to\eta}\kappa,\tag{5.3.3}$$

其中

$$\begin{aligned}\kappa&=\frac{1}{2}\hat{g}_{00,1}\sqrt{-g^{11}/\hat{g}_{00}}\\&=\frac{1}{2}\sqrt{-f(x,y,z)/\theta(x,y,z)}(x-\xi)^{(m+n-2)/2}(x-\eta)^{(p+q-2)/2}\\&\quad\times\left[n(x-\eta)+q(x-\xi)-\frac{\theta'}{\theta}(x-\xi)(x-\eta)\right],\end{aligned}\tag{5.3.4}$$

代入式(5.3.3)，可得

$$\kappa_{\eta}=\frac{q}{2}\sqrt{-f(\eta,y,z)/\theta(\eta,y,z)}\,|\eta-\xi|^{(m+n)/2}\quad(q>0).\tag{5.3.5}$$

$q>0$ 来自 η 是事件视界的要求

$$\hat{g}_{00}=0,\tag{5.3.6}$$

这里用了

$$p + q = 2, \tag{5.3.7}$$

以保证 κ_η 非零非发散.这是因为,用本书介绍的几种方法很容易证明视界温度为

$$T_\eta = \frac{\kappa_\eta}{2\pi k_B}. \tag{5.3.8}$$

而事件视界在物理上可以定义为:具有有限温度的类光超曲面.式(5.3.7)恰恰保证了视界 $x = \eta$ 处温度为有限值.

不难看出,当奇点 $x = \xi$ 趋近视界 $x = \eta$ 时,κ_η 受到强烈影响,导致视界温度发生剧烈变化,

$$\lim_{\xi \to \eta} T_\eta = \begin{cases} 0, & m + n > 0, \\ \text{有限值}, & m + n = 0, \\ \infty, & m + n < 0. \end{cases} \tag{5.3.9}$$

除去 $m + n = 0$ 这一特殊情况外,奇点将使黑洞的温度趋于零或无穷大.

当 $x = \xi$ 是另一个事件视界时,此视界温度有限将导致 $m + n = 2$.当这两个视界趋于接触时,将有

$$\lim_{\xi \to \eta} T_\eta = 0, \tag{5.3.10}$$

类似可证

$$\lim_{\eta \to \xi} T_\xi = 0. \tag{5.3.11}$$

这就是说,当两个事件视界相互接触时,它们在接触点的温度都将趋于绝对零度.

由此可见,热力学定律将阻止奇点接触视界(只有 $m + n = 0$ 的情况尚待进一步研究),也将阻止两个黑洞相互接触或碰撞.

在 2.1 节中我们看到克尔-纽曼黑洞的温度为

$$T = \frac{\kappa}{2\pi k_B}, \quad \kappa = \frac{r_+ - r_-}{2(r_+^2 + a^2)}. \tag{5.3.12}$$

当它的内、外视界相互接触时,$r_+ = r_-$,从而有 $\kappa = 0, T = 0$.此外,对于 Schwarschild(施瓦西)-de Sitter 时空,当黑洞视界与宇宙视界相互接触时,它们的温度也将降到零.在 4.9 节中,我们研究了一个加速黑洞与它的伦德勒视界接触的情况,在接触点处,两个视界的温度也都降到零.

下面我们给出一些例子,说明奇点对黑洞温度的强烈影响.

文献曾经展示了一系列具有多阶矩的渐近平直黑洞[151-154],它们是静

态轴对称、非施瓦西的，或稳态轴对称、非克尔的.这类黑洞的特点是在视界或稳态极限面上出现内禀奇异性，使它们一般不再是拓扑球面，从而不与 Robinson-Carter（关于稳态黑洞的唯一性）定理相抵触[155-156].

文献[151－154]用零曲面条件

$$g_{\mu\nu}\frac{\partial f}{\partial x^\mu}\frac{\partial f}{\partial x^\nu}=0$$

确定事件视界，这样定义的视界是局部视界.由于没有采用整体技术，容易对局部视界的真实性产生怀疑.

在本书中，我们用不同的方法证明了有霍金辐射自局部视界产生，从物理角度有力地支持了局部视界的真实性，肯定了局部视界包围的时空区是黑洞区.

让我们来讨论上述文献中稳态轴对称黑洞的性质、它们的转动角速度、霍金效应，以及内禀奇点对视界温度的影响.

稳态轴对称引力场可用扁椭球坐标表示：

$$\begin{aligned}ds^2 =& K^2 f^{-1}\left[e^{2\gamma}(x^2-y^2)\left(\frac{dx^2}{x^2-1}+\frac{dy^2}{1-y^2}\right)+(x^2-1)(1-y^2)d\varphi^2\right]\\&-f(dt-\omega d\varphi)^2.\end{aligned}\tag{5.3.13}$$

文献[152]给出了一个渐近平直解：

$$\begin{aligned}f &= \frac{x-1}{x+1}\frac{C}{D},\\ \omega &= \frac{4K\alpha(1-y^2)E}{(1-\alpha^2)C},\\ e^{2\gamma} &= \frac{x^2-1}{x^2-y^2}\frac{C}{(1-\alpha^2)^2(x^2-y^2)^8},\end{aligned}\tag{5.3.14}$$

$$C\equiv[(x^2-y^2)^4-\alpha^2(x^2-1)^4]^2+4\alpha^2(x^2-1)^3(y^2-1)(x^4+6x^2y^2+y^4)^2,$$

$$\begin{aligned}D\equiv&[(x^2-y^2)^4-\alpha^2(x+1)^2(x^2-1)^3]^2+4\alpha^2y^2(x+1)^2(x^2-1)^2\\&\times(x^4+6x^2y^2+y^4-4x^3-4xy^2)^2,\end{aligned}$$

$$\begin{aligned}E\equiv&(x^2-y^2)^5(3x^5+3x^4+x^3+x^3y^2+6x^2y^2+3xy^2-y^4)\\&-\alpha^2(x^2-y^2)^5(x+1)^3(3x^2-3x+y^2+1)\\&-\alpha^2(x^2-1)^3(5x^9+8x^8+10x^7+10x^7y^2+5x^6-x^6y^2+x^5\\&+76x^5y^2+x^5y^4+45x^4y^2-145x^4y^4+10x^3y^2+10x^3y^4+15x^2y^4\\&-51x^2y^6+5xy^4-y^6-3y^8)+\alpha^4(x^2-1)^3(x+1)^5\end{aligned}$$

$$\times (5x^4 - 10x^3 + 10x^2 + 10x^2y^2 - 5x - 5xy^2 + y^4 + y^2 + 1).$$

式中 K 和 α 都是常数. K 即原文献中的 $-l$, K 与系统总质量有关. α 与系统的质量多阶矩有关. 已经证明, 在体系角动量 $J=0$ 时, $\alpha=0$, K 即体系的总质量 M.

从 $\hat{g}_{00}=0$ 不难定出, $x=1$ 是局部事件视界. 已经证明, 有内禀奇点位于黑洞两极 $y=\pm 1$ 处.

从 $\lim\limits_{x\to 1} f=0$,

$$\lim_{x\to 1}\omega=\frac{4K\alpha}{1-\alpha^2}\cdot\frac{(7+10y^2-y^4)-8\alpha^2(1+y^2)}{(1-y^2)^2}, \tag{5.3.15}$$

$$\lim_{x\to 1}K^2 f^{-1}(x^2-1)(1-y^2)=4K^2(1-y^2),$$

不难算出, 黑洞表面转动角速度

$$\Omega_{\mathrm{H}}\equiv\lim_{x\to 1}\left(-\frac{g_{03}}{g_{33}}\right)=\lim_{x\to 1}\frac{-f\omega}{K^2 f^{-1}(x^2-1)(1-y^2)-f\omega^2}=0. \tag{5.3.16}$$

我们发现, 这个角动量不为零的黑洞, 其表面的转动角速度竟然是零. 通常把这一角速度 Ω_{H} 定义为黑洞的转动角速度. 黑洞的转动角速度为零, 而角动量却不为零, 这是十分有趣的结果.

从

$$-\frac{g^{11}}{g_{00}}=\frac{(1-\alpha^2)^2(x^2-y^2)^8}{K^2C}, \tag{5.3.17}$$

$$\frac{\partial g_{00}}{\partial x}=-f'=-(x-1)'\frac{C}{D(x-1)}-(x-1)\left[\frac{C}{D(x+1)}\right]',$$

不难看出

$$\lim_{x\to 1}\left(-\frac{g^{11}}{g_{00}}\right)^{1/2}=\frac{1-\alpha^2}{K},\quad \lim_{x\to 1}g'_{00}=-\frac{1}{2}. \tag{5.3.18}$$

容易算得 $y\neq\pm 1$ 处视界的表面引力

$$\kappa=-\frac{1}{2}\lim_{x\to 1}\sqrt{\frac{-g^{11}}{\hat{g}_{00}}}\hat{g}'_{00}=-\frac{1}{2}\lim_{x\to 1}\sqrt{\frac{-g^{11}}{g_{00}}}g'_{00}=\frac{1-\alpha^2}{4K}, \tag{5.3.19}$$

其中撇号表示对 x 的偏导数. 式中用了

$$\hat{g}_{00}\equiv g_{00}-\frac{g_{03}^2}{g_{33}},\quad \lim_{x\to 1}\hat{g}_{00}=\lim_{x\to 1}g_{00}. \tag{5.3.20}$$

用我们发展的方法, 不难证明有霍金辐射从视界 $x=1$ 处产生, 其温度

$$T=\frac{\kappa}{2\pi k_{\mathrm{B}}}=\frac{1-\alpha^{2}}{8\pi K\cdot k_{\mathrm{B}}}. \tag{5.3.21}$$

当系统角动量为零时，$\alpha=0$，式(5.3.19)与式(5.3.21)回到施瓦西情况，K 这时就是黑洞的总质量 M. 注意，除去内禀奇点 $y=\pm 1$ 处，黑洞温度在整个视界上是一个常数.

下面讨论奇点处的视界温度. 先令 $y\to\pm 1$，再令 $x\to 1$ 来进行考查. 注意

$$\hat{g}_{00}=-f-\frac{(f\omega)^{2}}{K^{2}f^{-1}(x^{2}-1)(1-y^{2})-f\omega^{2}}, \tag{5.3.22}$$

$$\lim_{y\to\pm 1}\hat{g}_{00}=-\frac{x-1}{x+1}\lim_{y\to\pm 1}\frac{C}{D},$$

$$\lim_{y\to\pm 1}\sqrt{\frac{-g^{11}}{\hat{g}_{00}}}=\frac{1}{K}, \tag{5.3.23}$$

不难算出

$$\begin{aligned}
&\lim_{y\to\pm 1}\left(-\frac{1}{2}\right)\sqrt{\frac{-g^{11}}{\hat{g}_{00}}}\frac{\partial\hat{g}_{00}}{\partial x}\\
&=\frac{-1}{2K}\frac{\partial}{\partial x}\left(-\frac{x-1}{x+1}\right)\lim_{y\to\pm 1}\frac{C}{D}\\
&=\frac{1}{2K}\left\{\frac{3(x-1)^{2}(x+1)^{3}(1-\alpha^{2})^{2}}{[(x+1)^{2}(x-1)-\alpha^{2}(x+1)^{3}]^{2}+4\alpha^{2}(x-1)^{4}}\right.\\
&\quad\left.+(x-1)^{3}\frac{\partial}{\partial x}\frac{(x+1)^{3}(1-\alpha^{2})^{2}}{[(x+1)^{2}(x-1)-\alpha^{2}(x+1)^{3}]^{2}+4\alpha^{2}(x-1)^{4}}\right\}.
\end{aligned} \tag{5.3.24}$$

当 $\alpha\neq 0$ 时，在 $y=\pm 1$ 处，有

$$\kappa(y=\pm 1)=\lim_{x\to 1}\lim_{y\to\pm 1}\left(-\frac{1}{2}\right)\sqrt{\frac{-g^{11}}{\hat{g}_{00}}}\frac{\partial\hat{g}_{00}}{\partial x}=0, \tag{5.3.25}$$

即

$$T(y=\pm 1)=0. \tag{5.3.26}$$

这表明奇点处视界温度为绝对零度. 当 $\alpha=0$ 时，回到平庸的施瓦西情况

$$\kappa(y=\pm 1)=\frac{1}{4K}, \tag{5.3.27}$$

此时，$y=\pm 1$ 处不再是奇点. 对于 $\alpha\neq 0$ 的情况，也可直接从式(5.3.22)出

发计算 $\kappa(y=\pm1)$，结果仍如式(5.3.25)所示.这时要注意，式(5.3.22)右边第二项的$\frac{0}{0}$不定型，要用洛必达法则来处理.

对于文献[153]所述的度规，

$$
\begin{aligned}
&f = 2p(x^2-1)C/D,\\
&\omega = -2Kq(1-y^2)E/(pC),\\
&e^{2\gamma} = \frac{x^2-1}{x^2-y^2}\left[1-\frac{q^2(x^2-1)^3(1-y^2)}{(x^2-y^2)^8}\right], \qquad (5.3.28)\\
&C \equiv (x-y)^8 - q^2(x^2-1)^3(1-y^2)\\
&D \equiv (p+1)(x+1)^2[(x-y)^4+(p-1)(x-1)^3(1+y)]^2\\
&\qquad +(p-1)(x-1)^2[(x-y)^4+(p+1)(x+1)^3(1-y)]^2,\\
&E \equiv (x-y)^5(3x^2-3xy+3px-py+y^2+1)+q^2(x^2-1)^3(x-2y+p).
\end{aligned}
$$

式中 p、q 是实常数，且 $p^2-q^2=1$.当 $q=0$ 时，度规回到施瓦西情况.p、q 与质量多阶矩有关.类似可证明

$$
\Omega \equiv -\frac{g_{03}}{g_{33}} = \frac{-f\omega}{K^2f^{-1}(x^2-1)(1-y^2)-f\omega^2} = 0, \qquad (5.3.29)
$$

$$
\Omega_{\mathrm{H}} = \lim_{x\to1}\Omega = 0, \qquad (5.3.30)
$$

$$
\kappa = \frac{p}{2K(p+1)} \quad (y \neq \pm 1). \qquad (5.3.31)
$$

我们看到，此局部视界(除 $y=\pm1$ 处)也产生热辐射，其温度

$$
T = \frac{\kappa}{2\pi k_{\mathrm{B}}} = \frac{p}{4\pi k_{\mathrm{B}}K(p+1)} \qquad (5.3.32)
$$

在整个视界上(除 $y=\pm1$ 处)也是一个常数.当 $q=0$ 即 $p=1$ 时，回到施瓦西情况.而且，这一存在拖曳的时空，也有 Ω_{H} 为零的奇怪性质.下面考察 $y=\pm1$处的视界温度.在 $p\neq1$ 的情况下，把扁球坐标换成球坐标：

$$
\begin{cases}
Kx = r-M,\\
y=\cos\theta,\\
K=M/P.
\end{cases} \qquad (5.3.33)
$$

不难看出，视界 $x=1$ 即

$$
r = K+M. \qquad (5.3.34)
$$

两极点

$$y=\pm 1 \quad 即 \quad \theta=0、\pi. \tag{5.3.35}$$

容易得出

$$\kappa(\theta=0)=\lim_{x\to 1}\left[\lim_{\theta\to 0}\left(-\frac{1}{2}\right)\left(\frac{-g^{rr}}{\hat{g}_{00}}\right)^{1/2}\frac{\partial \hat{g}_{00}}{\partial r}\right]=0, \tag{5.3.36}$$

$$\kappa(\theta=\pi)=\lim_{x\to 1}\left[\lim_{\theta\to \pi}\left(-\frac{1}{2}\right)\left(\frac{-g^{rr}}{\hat{g}_{00}}\right)^{1/2}\frac{\partial \hat{g}_{00}}{\partial r}\right]$$

$$=\frac{p}{2K(p+1)}. \tag{5.3.37}$$

总之，在 $\theta=0(y=+1)$处，视界表面引力为零.这意味着该处的霍金温度为零.当然，这是指存在质量多阶矩，而使 $p\neq 1$ 的情况.当 $p=1$ 时，黑洞退化为施瓦西黑洞.该处的温度与视界面上其他各点的温度完全相同.值得注意的是，$\theta=\pi(y=-1)$处的视界温度并不为零，而是取式(5.3.31)所示的正常值，即视界温度(表面引力)在该点连续.

文献[153]告诉我们，此黑洞的视界面上并不存在内禀奇性，奇点出现在稳态极限面上(当然是裸露的).从该文中式(11)可知，此黑洞实际上有三个局部事件视界，分别位于 $x=\pm 1$ 及 $x=y$ 处.内视界与黑洞的霍金辐射没有直接关系.但是，文献[148－149]指出，当两个视界相互接触时，它们的表面引力都会趋于零.在 $y=+1$ 处，内视界 $x=y$ 与外视界 $x=+1$ 接触，导致了该处表面引力及温度为零.而在 $y=-1$ 处，不存在两个视界相互接触的情况，所以外视界 $x=+1$ 在该处的温度不是零.总之，与前一种黑洞不同，这里的温度为零不是由于奇点出现在视界上引起的，而是由于两个视界相互接触引起的.

文献[154]中的式(9)和式(15)～式(17)给出了另一个度规：

$$f=\frac{x-1}{x+1}\frac{A}{B}\mathrm{e}^{2\psi},$$

$$\omega=\frac{4K\alpha}{1-\alpha^2}-\frac{2K\alpha\mathrm{e}^{-2\psi}(x+1)^3C}{A},$$

$$\mathrm{e}^{2\gamma}=\mathrm{e}^{2\gamma'}A(1-\alpha^2)^{-2}(x^2-y^2)^{-8},$$

$$\psi=\alpha A_2x(x^2-3x^2y^2+3y^2-y^4)(x^2-y^2)^{-3},$$

$$\gamma'=\frac{1}{2}\ln\frac{x^2-1}{x^2-y^2}+\frac{\alpha A_2(1-y^2)}{2(x^2-y^2)^4}[3(1-5y^2)(x^2-y^2)^2$$

$$
\begin{aligned}
&+8y^2(3-5y^2)(x^2-y^2)+24y^4(1-y^2)]+\frac{\alpha A_2^2(1-y^2)}{8(x^2-y^2)^8}\\
&\times[-12(1-14y^2+25y^4)\cdot(x^2-y^2)^5+3(3-153y^2+697y^4\\
&-675y^6)(x^2-y^2)^4+32y^2(9-105y^2+259y^4-171y^6)(x^2-y^2)^3\\
&+32y^4(45-271y^2+451y^4-225y^6)(x^2-y^2)^2\\
&+2\,304y^6(1-4y^2+5y^4-2y^6)(x^2-y^2)\\
&+1\,152y^8(1-3y^2+3y^4-y^6)],
\end{aligned}
$$

$$
\begin{aligned}
A \equiv &[(x^2-y^2)^4-\alpha^2(x^2-1)^4ab]^2\\
&+\alpha^2(x^2-1)^3(y^2-1)[(x-y)^4a+(x+y)^4b]^2,\\
B \equiv &[(x^2-y^2)^4-\alpha^2(x+1)^2(x^2-1)^3ab]^2+\alpha^2(x+1)^2(x^2-1)^2\\
&\times[(y+1)(x-y)^4a+(y-1)(x+y)^4b]^2,\\
C \equiv &(x+1)[(x^2-y^2)^4-\alpha^2(x^2-1)^4ab][(1+y)(x-y)^4a\\
&+(1-y)(x+y)^4b]-(1-y^2)[(x-y)^4a+(x+y)^4b]\\
&\times[(x^2-y^2)^4+\alpha^2(x+1)^2(x^2-1)^3ab],\\
a = &\exp\left[-\frac{\alpha A_2}{2}\left(\frac{3x^2y^2-x^2+4xy-y^2+3}{(x+y)^4}+\frac{x-3xy^2+y+y^3}{(x-y)^3}\right)\right],\\
b = &\exp\left[-\frac{\alpha A_2}{2}\left(\frac{3x^2y^2-x^2-4xy-y^2+3}{(x-y)^4}+\frac{x-3xy^2-y-y^3}{(x+y)^3}\right)\right].
\end{aligned}
\tag{5.3.38}
$$

式中常数 α 和 A_2 为与质量多阶矩有关的参量. 当 $\alpha A_2=0$ 时回到施瓦西情况. 用 $\hat{g}_{00}=0$ 算得视界位于 $x=1$ 处. 此外, 还知道 $y=\pm 1$ 处存在内禀奇性. 从

$$
\Omega_{\mathrm{H}}=\lim_{x\to 1}\Omega=0 \tag{5.3.39}
$$

可知, 事件视界也是不转动的. 不难算出

$$
\kappa=\frac{1-\alpha^2}{4K}\mathrm{e}^{\alpha A_2/2+3\alpha^2A_2^2/8}\quad (y\neq\pm 1). \tag{5.3.40}
$$

这就是除奇点 $y=\pm 1$ 之外, 视界上任何一点的表面引力, 它是一个常数. 可以证明局部视界产生温度为

$$
T=\frac{\kappa}{2\pi k_{\mathrm{B}}}=\frac{1-\alpha^2}{8\pi k_{\mathrm{B}}K}\mathrm{e}^{\alpha A_2/2+3\alpha^2A_2^2/8} \tag{5.3.41}
$$

的霍金辐射. 当 $\alpha=0$ 时, 上式回到施瓦西黑洞的温度.

下面讨论奇点 $y=\pm 1$ 处的表面引力. 容易算出, 在 $y=\pm 1$ 处有

$$\kappa = \lim_{x\to 1}\lim_{y\to \pm 1}\left(-\frac{1}{2}\right)\left(\frac{-g^{11}}{g_{00}}\right)^2 g'_{00} = \begin{cases} 0, & \alpha A_2 > 0, \\ +\infty, & \alpha A_2 < 0, \end{cases} \tag{5.3.42}$$

即

$$T = \begin{cases} 0, & \alpha A_2 > 0, \\ +\infty, & \alpha A_2 < 0. \end{cases} \tag{5.3.43}$$

此外，可以证明，$\alpha = 0$ 时，在 $y = \pm 1$ 处，有

$$\kappa = \frac{1}{4K}, \tag{5.3.44}$$

回到施瓦西情况.

上述三种渐近平直的稳态轴对称时空中，普遍存在引力拖曳. 拖曳角速度 Ω 不为零，表明黑洞存在角动量及能层区. 然而，Ω 又恰在视界上为零，表明黑洞没有转动角速度. 我们认为，这类黑洞的角动量应该理解为它的(与空间转动无关的)内禀角动量，类似于基本粒子的自旋角动量. 也许，它就是大量粒子自旋角动量的宏观表现. 在文献[157－158]中，我们对黑洞内禀角动量作了进一步的研究.

我们证明了这类黑洞普遍存在霍金辐射，且温度在视界上是常数(除个别点外). 当质量多阶矩消失时，辐射温度都回到施瓦西情况. 这有力地支持了局部视界的真实性，表明它的确是"黑"的，的确是黑洞区的边界. 然而，最令人感兴趣的是，这类黑洞都存在裸奇点，它们或者位于事件视界上，或者位于稳态极限面上[159-160]. 当奇点出现在视界上时，那里的温度不是零就是发散. 当奇点位于稳态极限面上的时候，它不直接影响视界的温度. 但这时有两个视界面相互接触的现象伴随裸奇点出现，这种接触导致该处霍金温度为零.

总之，全都有温度为零或发散的现象伴随裸奇点出现. 热力学第三定律禁止物体的温度通过有限次降温而达到绝对零度，因而不允许温度为零的现象出现. 显然，对于能级数目无限、能量又无上限的系统，温度发散也是热力学规律所不允许的. 所以，热力学定律会阻止这类黑洞的生成.

我们看到，奇点的确会对黑洞温度产生强烈的影响. 在文献[161－162]中，我们给出了其他一些例子.

5.4 从霍金吸收看内禀奇异区的热性质

5.4.1 解释霍金辐射的困难

霍金和其他学者已经证明,稳态黑洞的外视界会产生热辐射,辐射温度正比于视界的表面引力 κ_+. 这种辐射的机制是:视界外附近真空涨落产生的虚正反粒子对可以通过隧道效应而实化. 由于视界内部单向膜区基灵矢量 ξ_t^μ 类空,有顺时负能轨道存在,在视界外附近真空涨落产生的粒子对有可能出现下述情况:其中的负能反粒子穿过隧道进入视界,然后顺时行进落向内禀奇异区(以下简称奇区,对施瓦西黑洞是奇点,对克尔-纽曼黑洞是奇环);而正能粒子则由视界处顺时射向远方. 实际上,顺时行进的负能反粒子相当于逆时前进的正能粒子. 所以,顺时前进落向奇区的负能反粒子,相当于由奇区出发,逆着时间前进的正能粒子,它在视界处被引力场散射,然后顺时飞向无穷远.

上述解释对于施瓦西黑洞没有疑问,但对于转动和带电的黑洞却存在问题. 这是因为它们有内、外两个视界,内视界包围的"空腔"不是单向膜区,不一定允许顺时负能轨道存在. 对于克尔黑洞,"空腔"中存在能层,而能层与奇区(奇环)直接接触,进入外视界的负能反粒子通过单向膜区后,可穿过内视界进入内能层. 因为能层也是基灵矢量 ξ_t^μ 类空区,允许顺时负能轨道存在,所以,负能反粒子可通过能层到达奇区. 但是,对于带电而不转动的 Reissner-Nordström 黑洞,这种解释不行. 因为这种黑洞有两个视界,却没有能层,而奇区又不与内视界接触,所以,负能反粒子到达内视界后不能前进。内视界与奇区之间的空腔不允许顺时负能轨道存在,负能反粒子不能顺时到达奇区,霍金辐射的解释碰到了困难. 这种困难,对于旋转而带电的克尔-纽曼黑洞是普遍存在的.

5.4.2　霍金"吸收"和内禀奇区的热辐射

值得注意的是，负能反粒子虽然不能由内视界顺时运动到达奇区，但却可以逆时运动到达，这相当于内禀奇区产生辐射，辐射的正能粒子穿过空腔到达内视界，与那里的负能反粒子复合.因此，解决上述困难的一个合理设想是，奇区产生辐射，辐射的正能粒子流顺时到达内视界后，在那里被引力场散射，逆时穿过单向膜区，在外视界处再次被引力场散射，然后顺时飞向远方，形成霍金辐射.

下面我们具体探讨这种设想，为此，先研究一下内视界的热性质.[163]

首先考虑视界的表面引力.克尔黑洞外视界的表面引力，即在视界外附近，与视界一起刚性共转的粒子所受的固有加速度和红移因子的乘积，在该粒子无穷趋近于视界面时的极限值.我们把这一定义推广到克尔-纽曼黑洞的内、外视界，

$$\kappa = \lim_{r\to r_\pm}\left(b\,\frac{\mathrm{d}t}{\mathrm{d}\tau}\right) = \lim_{r\to r_\pm}\left(-\frac{1}{2}\sqrt{\frac{-g^{11}}{g^{00}}}\frac{(g^{00})'}{g^{00}}\right)$$

$$= \lim_{r\to r_\pm}\frac{1}{2(r-r_\pm)}\sqrt{\frac{-g^{11}}{g^{00}}},\qquad(5.4.1)$$

其中 $b=\sqrt{g_{11}}\mathrm{d}^2r/\mathrm{d}s^2$ 为固有加速度，$\mathrm{d}t/\mathrm{d}\tau$ 为红移因子，$r=r_+$ 为外视界，$r=r_-$ 为内视界.这里用了短程线方程.因为

$$g^{11}=\frac{\Delta}{\rho^2},\quad g^{00}=\frac{1}{\rho^2}\left[\frac{(r^2+a^2)^2}{\Delta}-a^2\sin^2\theta\right],$$

$$\Delta=r^2+a^2+Q^2-2Mr=(r-r_+)(r-r_-),$$

$$\rho^2=r^2+a^2\cos^2\theta,\quad r_\pm=M\pm(M^2-a^2-Q^2)^{1/2},$$

我们不难从式(5.4.1)得到外、内视界的表面引力

$$\kappa_+=\lim_{r\to r_+}\frac{1}{2(r-r_+)}\left[\frac{\Delta}{\rho^2}\,\frac{\Delta\rho^2}{(r^2+a^2)^2-\Delta a^2\sin^2\theta}\right]^{1/2}$$

$$=\frac{r_+-r_-}{2(r_+^2+a^2)},\qquad(5.4.2)$$

$$\kappa'_-=\lim_{r\to r_-}\frac{1}{2(r-r_-)}\left[\frac{\Delta}{\rho^2}\,\frac{\Delta\rho^2}{(r^2+a^2)^2-\Delta a^2\sin^2\theta}\right]^{1/2}$$

$$= \frac{r_- - r_+}{2(r_-^2 + a^2)} = -\kappa_-. \tag{5.4.3}$$

应该注意,对于黑洞外的观测者,其外视界是未来视界;但是对于内视界所围的“空腔”中的观测者,内视界是过去视界.这就是说,内视界附近的物理过程是外视界附近过程的时间反演,也即黑洞过程的时间反演——白洞过程.

经典的黑洞不发射任何粒子,但量子效应从它“诱导”出霍金辐射.同样,由时间反演不变得到的经典白洞不吸收任何粒子,但我们预期量子效应会从它“诱导”出“霍金吸收”.

这就是说,我们预期内视界从腔内的真空中“夺取”温度为 $T_- = \kappa_-/(2\pi k_B)$ 的热辐射,而留下逆时运动的负能反粒子.逆时运动的负能反粒子与奇区相遇将导致奇区质量的减少.换句话说,我们将预期内禀奇区具有温度 T_-,并发射相应于 T_- 的热辐射,辐射粒子顺时射向内视界并被内视界吸收.

下面我们具体计算这一过程.在克尔-纽曼时空中,克莱因-戈登方程可以化为

$$\Delta \frac{d^2 \Phi}{dr^2} + 2(r - M)\frac{d\Phi}{dr} = \left(\lambda^2 + \mu^2 r^2 - \frac{K^2}{\Delta}\right)\Phi,$$

引入乌龟坐标变换

$$\frac{d\hat{r}}{dr} = \pm \frac{r^2 + a^2 + Q^2}{\Delta} \frac{r_\pm^2 + a^2}{r_\pm^2 + a^2 + Q^2},$$

$$\hat{r} = \pm \frac{r_\pm^2 + a^2}{r_\pm^2 + a^2 + Q^2}\left[r + \frac{M}{\sqrt{M^2 - a^2 - Q^2}}\left(r_+ \ln \frac{|r - r_+|}{r_+} - r_- \ln \frac{|r - r_-|}{r_-}\right)\right], \tag{5.4.4}$$

其中“+”号应用于 $r > r_+$ 的情况,“−”号应用于 $r < r_-$ 的情况.于是,在视界附近,克莱因-戈登方程可化成

$$\frac{d^2 \Phi}{d\hat{r}^2} + \frac{K^2}{(r_\pm^2 + a^2)^2}\Phi = 0,$$

即

$$\frac{d^2 \Phi}{d\hat{r}^2} + (\omega - \omega_0)^2 \Phi = 0. \tag{5.4.5}$$

其中

$$K=(r^2+a^2)\omega-ma-eQr,\quad \omega_0=m\Omega_\pm+eV_\pm,$$

$$\Omega_\pm=\frac{a}{r_\pm^2+a^2},\quad V_\pm=\frac{Qr_\pm^2}{r_\pm^2+a^2}.$$

“+”号对应于外视界,我们不难从上述结果推出外视界的霍金辐射.现在我们只对内视界感兴趣,即只考虑“-”号对应的情况.式(5.4.5)的解为 $\Phi=e^{\pm i(\omega-\omega_0)\hat{r}}$,

$$\text{出射波}\quad \Phi_{out}=e^{-i\omega t+i(\omega-\omega_0)\hat{r}}=e^{-i\omega[t-(\omega-\omega_0)\hat{r}/\omega]}=e^{-i\omega u},\tag{5.4.6}$$

$$\text{入射波}\quad \Phi_{in}=e^{-i\omega t-i(\omega-\omega_0)\hat{r}}=e^{-i\omega[t+(\omega-\omega_0)\hat{r}/\omega]}$$
$$=e^{-i\omega u}\cdot e^{-2i(\omega-\omega_0)\hat{r}}.\tag{5.4.7}$$

因为内视界是过去视界,我们这里采用了“滞后爱丁顿坐标”

$$u=t-\frac{\omega-\omega_0}{\omega}\hat{r}.$$

当 $r\to r_-$ 时,$\hat{r}\to-\infty$;当 $r\to 0$ 时,$\hat{r}\to 0$.所以,式(5.4.6)确实表示由内视界射向奇区的出射波,式(5.4.7)则表示由奇区到内视界的入射波.

不难看出,当 $r\to r_-$ 时,

$$\hat{r}\approx\frac{r_-^2+a^2}{r_-^2+a^2+Q^2}\frac{Mr_-}{\sqrt{M^2-a^2-Q^2}}\ln(r_--r)$$
$$=\frac{1}{2\kappa_-}\ln(r_--r),\tag{5.4.8}$$

于是

$$\Phi_{in}=e^{-i\omega u}(r_--r)^{-i(\omega-\omega_0)/\kappa_-}.\tag{5.4.9}$$

由于波在内视界非解析,我们沿上半复 r 平面把它解析延拓到内视界的外侧(单向膜区),在单向膜区 $|r_--r|e^{i\pi}=(r-r_-)e^{i\pi}$,所以

$$\Phi_{in}=e^{-i\omega u}[(r-r_-)^{i\pi}]^{-i(\omega-\omega_0)/\kappa_-}=e^{-i\omega u}(r-r_-)^{-i(\omega-\omega_0)/\kappa_-}\cdot e^{\pi(\omega-\omega_0)/\kappa_-}$$
$$=\Phi'_{in}(r-r_-)^{\pi(\omega-\omega_0)/\kappa_-}.\tag{5.4.10}$$

总波函数

$$\Phi_\omega=N_\omega[Y(r_--r)\Phi_{in}(r_--r)+e^{\pi(\omega-\omega_0)/\kappa_-}Y(r-r_-)\Phi'_{in}(r-r_-)],$$

$$Y(r)=\begin{cases}1, & r\geqslant 0,\\ 0, & r<0.\end{cases}\tag{5.4.11}$$

$$(\Phi_\omega,\Phi_\omega)=N_\omega^2[1\pm e^{(\omega-\omega_0)/(k_BT_-)}]=\pm 1.$$

最后得到射入内视界的热谱为

$$N_{\omega}^{2}=\frac{1}{e^{(\omega-\omega_{0})/(k_{B}T_{-})}\pm 1},$$
$$T_{-}=\frac{\kappa_{-}}{2\pi k_{B}}, \tag{5.4.12}$$

其中"+"号对应于费米子,"-"号对应于玻色子.

于是,我们证明了:如果有来自空腔、射向内视界的辐射,则这种辐射一定是温度为 T_{-} 的黑体辐射.

前面已经谈到,如果克尔-纽曼黑洞产生霍金辐射的结论是正确的,则应该有从奇区产生、穿过空腔到达内视界的辐射存在.

由此看来,奇区应是温度为 T_{-} 的热源,它产生的热辐射正是霍金辐射的根源.

现在,我们可以这样解释霍金辐射:奇区发出温度为 T_{-} 的热辐射,辐射在内视界处被引力场散射,逆时穿越单向膜区跑向外视界,并降温到 T_{+},然后又在外视界处再次被引力场散射,顺时跑向远方.视界处的散射起着改变时间方向的作用.

也可用另一种说法来解释:外视界发射温度为 T_{+} 的霍金辐射时,负能反粒子通过隧道效应进入视界内,顺时跑向内视界并升温到 T_{-},在内视界附近与来自奇区的正能粒子复合,达到真空态.

于是,我们克服了上一节中提到的解释霍金辐射的困难.按照这种观点,黑洞霍金辐射的根源是奇区的热辐射.

我们从物理的角度出发,求解动力学方程,通过时间反演和量子效应"诱导"出奇区产生热辐射的结论,并且认为奇区的温度是内视界处辐射的温度,而不是外视界的温度.

5.4.3 奇区的温度和热力学第三定律

我们已经论证,内禀奇区发射温度为 T_{-} 的热辐射,这就是说,奇区具有用辐射来定义的温度 T_{-}.由式(5.4.3)可以看出,T_{-} 决定于奇区的质量、角动量和电荷.

完全不转动、不带电的施瓦西黑洞,可以看作克尔-纽曼黑洞在 $a\to 0$,$Q\to 0$ 时的极限,这时内视界缩小为一点而与奇点重合,温度趋于无穷大.

但外视界的温度如式(5.4.2)所示,在 $a\to 0, Q\to 0$ 时为 $\frac{1}{2r_+}=\frac{1}{4M}$,这正是我们通常所说的施瓦西黑洞的霍金辐射温度.对于克尔-纽曼黑洞,虽然一般说来奇区温度不为无穷大,但总比外视界的温度高,即 $\kappa_- \geqslant \kappa_+$.等号仅在 $\kappa_- \to 0$ 时成立.对于极端克尔-纽曼黑洞,内、外视界重合,$\kappa_- = \kappa_+ = 0$,奇区温度和外视界温度都是零.

我们知道,奇区凝聚着物质,奇区的温度要有真正的意义,它必须就是凝聚于奇区的物质的温度.物质的最低温度是 0 K,所以奇区的最低温度也是 0 K.

热力学第三定律指出,不能通过有限次操作把物质的温度降低到 0 K.这条定律不依赖于物质的具体结构,奇区既然由物质组成,那么热力学第三定律当然适用于它.所以,奇区的温度不能通过有限次操作降低到绝对零度.但是,当且仅当 $\kappa_- = 0$,即 $r_+ = r_-$ 时,κ_+ 才等于零,因此,外视界的温度,即我们通常所说的黑洞温度,也不能通过有限次操作降低到绝对零度,这就是黑洞力学的第三定律.黑洞若降不到绝对零度,视界就不会消失,外部的观测者就不会看到裸奇点.

我们看到,黑洞力学第三定律和宇宙监督原理都不过是热力学第三定律的推论.

热力学第三定律禁止黑洞的奇区裸露,这就保证了对于视界外部的观测者存在柯西曲面,从而保证了在黑洞外部空间因果律的有效.物质在绝对零度附近的热性质居然和因果律存在着本质联系,这确实是耐人寻味的.

5.5 第三定律与克尔-纽曼奇环的不可抵达性

本节指出,只有类光线或趋于类光的类时线,才可以到达克尔-纽曼时空的奇环.这种类时线的固有加速度必须在奇环处发散.建议把热力学第三定律扩充为包含温度上限的形式.热力学定律不允许任何观测者到达奇环.

文献[11,164]指出,任何物理上可实现的类时线均不可能到达

Reissner-Nordström 时空的奇点. 文献[165－166]又分别研究了克尔时空和克尔-纽曼时空奇环的可抵达性. 本节用文献[164]中梁灿彬等人建议的方法,重新研究了克尔-纽曼时空奇环附近非类空世界线的行为. 我们认为奇环的可抵达性受热力学定律的制约.

5.5.1 趋向奇环的非类空世界线

克尔-纽曼时空

$$ds^2 = g_{00}dt^2 + g_{11}dr^2 + g_{22}d\theta^2 + g_{33}d\varphi^2 + 2g_{03}dtd\varphi, \quad (5.5.1)$$

$$g_{00} = -\frac{\rho^2 - 2Mr + Q^2}{\rho^2}, \quad g_{11} = \frac{\rho^2}{\Delta}, \quad g_{22} = \rho^2,$$

$$g_{03} = \frac{-(2Mr - Q^2)a\sin^2\theta}{\rho^2},$$

$$g_{33} = \left[r^2 + a^2 + \frac{(2Mr - Q^2)a^2\sin^2\theta}{\rho^2}\right]\sin^2\theta,$$

$$\rho^2 = r^2 + a^2\cos^2\theta, \quad \Delta = r^2 + a^2 + Q^2 - 2Mr, \quad (5.5.2)$$

有两个基灵矢量: $t^a = \left(\frac{\partial}{\partial t}\right)^a$, $z^a = \left(\frac{\partial}{\partial \varphi}\right)^a$. 因此,沿测地线存在两个守恒量:

$$E = -g_{ab}\left(\frac{\partial}{\partial t}\right)^a\left(\frac{\partial}{\partial \tau}\right)^b = -g_{00}\frac{dt}{d\tau} - g_{03}\frac{d\varphi}{d\tau}, \quad (5.5.3)$$

$$L = g_{ab}\left(\frac{\partial}{\partial \varphi}\right)^a\left(\frac{\partial}{\partial \tau}\right)^b = g_{30}\frac{dt}{d\tau} + g_{33}\frac{d\varphi}{d\tau}. \quad (5.5.4)$$

其中 $\xi^a = \left(\frac{\partial}{\partial \tau}\right)^a$ 为粒子四速, E 是粒子的坐标能量, L 是粒子的坐标角动量. 对于无穷远处静止观测者,它们是固有量. 容易证明, E、L 沿测地线守恒:

$$\frac{dE}{d\tau} = \xi^c \nabla_c E = 0, \quad \frac{dL}{d\tau} = \xi^d \nabla_d L = 0. \quad (5.5.5)$$

如果粒子不沿测地线运动,则 E、L 不守恒.

对于非类空世界线,从式(5.5.1),得

$$g_{00}\left(\frac{dt}{d\tau}\right)^2 + g_{11}\left(\frac{dr}{d\tau}\right)^2 + g_{22}\left(\frac{d\theta}{d\tau}\right)^2 + g_{33}\left(\frac{d\varphi}{d\tau}\right)^2 + 2g_{03}\frac{dt}{d\tau}\frac{d\varphi}{d\tau} \leqslant 0, \quad (5.5.6)$$

其中不等号表示类时线，τ 为固有时；等号对应类光线，τ 不表示固有时，而是其他仿射参量．从式(5.5.3)与式(5.5.4)，可知

$$\frac{\mathrm{d}\varphi}{\mathrm{d}\tau}=\frac{g_{00}L+g_{03}E}{g_{00}g_{33}-g_{03}^2},\quad \frac{\mathrm{d}t}{\mathrm{d}\tau}=\frac{g_{03}L+g_{33}E}{-(g_{00}g_{33}-g_{03}^2)}. \tag{5.5.7}$$

代入式(5.5.6)，有

$$g_{11}\left(\frac{\mathrm{d}r}{\mathrm{d}\tau}\right)^2+g_{22}\left(\frac{\mathrm{d}\theta}{\mathrm{d}\tau}\right)^2\leqslant\frac{E^2+2(g_{03}/g_{33})LE+(g_{00}/g_{33})L^2}{-\hat{g}_{00}}, \tag{5.5.8}$$

其中

$$\hat{g}_{00}=g_{00}-\frac{g_{03}^2}{g_{33}}=\frac{-\rho^2\Delta}{(r^2+a^2)^2-\Delta a^2\sin^2\theta}. \tag{5.5.9}$$

现在来考查趋近奇环时，式(5.5.8)的情况．克尔-纽曼奇环由 $r=0$ 且 $\theta=\pi/2$ 确定．显然，当 $r\to 0,\theta\to\pi/2$ 时，$\rho^2=r^2+a^2\cos^2\theta\to 0$．从式(5.5.2)可知，这时 $g_{11}\to 0, g_{22}\to 0$．式(5.5.8)左端第一项是粒子径向速度的平方，是小于或等于光速平方的正数，

$$0\leqslant g_{11}\left(\frac{\mathrm{d}r}{\mathrm{d}\tau}\right)^2=\left(\frac{\mathrm{d}r_{\mathrm{p}}}{\mathrm{d}\tau}\right)^2\leqslant 1. \tag{5.5.10}$$

r_{p} 是径向固有距离．这里采用了自然单位制．$g_{22}\to 0$ 将导致式(5.5.8)左端第二项趋于零．

不难看出，这时

$$\frac{g_{00}}{g_{33}}\to\frac{1}{a^2}, \tag{5.5.11}$$

$$\frac{g_{03}}{g_{33}}\to-\frac{1}{a}, \tag{5.5.12}$$

$$\frac{1}{\hat{g}_{00}}\to+\infty, \tag{5.5.13}$$

与 $r\to 0$ 和 $\theta\to\pi/2$ 的顺序无关．利用式(5.5.11)～式(5.5.13)可证明，趋近奇环($r\to 0,\theta\to\pi/2$)时，式(5.5.8)右端

$$\frac{E^2+2(g_{03}/g_{33})LE+(g_{00}/g_{33})L^2}{-\hat{g}_{00}}\to-\infty\left(E-\frac{L}{a}\right)^2. \tag{5.5.14}$$

而式(5.5.8)左端此时趋于零或正数．于是，式(5.5.8)在奇环处出现矛盾．可见，在奇环处($r\to 0,\theta\to\pi/2$)，$E\neq L/a$ 的任何非类空线均不可能到达奇环．L/E 是入射粒子的比角动量，a 则是黑洞的比角动量，$L/E=a$ 正是角

动量守恒所要求的，它也告诉我们，克尔-纽曼黑洞的物质集中于奇环处.注意，上述证明中，未要求 E、L 沿世界线是常数，故这一结论对测地线和非测地线均成立.

从式(5.5.14)还可看出，不管在奇环处是否有 $E\to L/a$，式(5.5.8)中的不等号均不可能成立.也就是说，即使有非类空线(在奇环处角动量守恒要求 $E=L/a$)到达奇环，它也一定是类光线，或在奇环处趋于类光的类时线.

下面我们将指出，满足 $E=L/a$ 的测地线可以到达奇环，而且此测地线必须类光.先考虑 $r\to 0$，再考虑 $\theta\to\pi/2$ 的情况.由于 E、L 沿测地线守恒，所以在整个测地线上均有 $E=L/a$ 成立.我们有

$$-\frac{1}{\hat{g}_{00}}\left(E^2+\frac{2g_{03}LE}{g_{33}}+L^2\frac{g_{00}}{g_{33}}\right)\xrightarrow{r\to 0}\frac{-E^2\cos^2\theta}{\sin^2\theta}\xrightarrow{\theta\to\frac{\pi}{2}}0, \quad (5.5.15)$$

先取 $\theta\to\pi/2$，再取 $r\to 0$，则有

$$-\frac{1}{\hat{g}_{00}}\left(E^2+\frac{2g_{03}LE}{g_{33}}+L^2\frac{g_{00}}{g_{33}}\right)\xrightarrow{\theta\to\frac{\pi}{2}}\frac{E^2r^2}{\Delta}\xrightarrow{r\to 0}0. \quad (5.5.16)$$

把式(5.5.15)和式(5.5.16)代入式(5.5.8)，可知其满足式(5.5.8)中的等号部分.这就是说，此测地线可到达奇环.由于等号成立，它一定是类光测地线.可见，有 $E=L/a$ 的类光测地线到达克尔-纽曼时空的奇环.

上述讨论并不排除存在到达奇环的非类光非测地线.然而，这种世界线在趋近奇环时必须趋近类光线，而且必须满足角动量守恒 $E\to L/a$.

5.5.2 类时线上固有加速度的特点

在克尔-纽曼时空的奇环附近基灵矢量 $t^a=\left(\frac{\partial}{\partial t}\right)^a$ 一定类时，从

$$t^at_a=g_{00}=-\left(1-\frac{2Mr-Q^2}{r^2+a^2\cos^2\theta}\right)<0 \quad (5.5.17)$$

可以看出这一点.现在考虑一个静止质量不为零的粒子(或观测者)的世界线，其切矢为 $\xi^a\equiv\left(\frac{\partial}{\partial\tau}\right)^a$，$\tau$ 为固有时间.显然，四速 ξ^a 是类时的.四加速度 $A^c=\xi^b\nabla_b\xi^c$ 当然是类空矢量.定义投影算符[164]

$$h^{ab} \equiv g^{ab} + \xi^a \xi^b, \tag{5.5.18}$$

显然

$$h^{bc} A_b t_c = g^{bc} A_b t_c + \xi^b A_b \xi^c t_c = A^c t_c. \tag{5.5.19}$$

对于粒子的有效能量 $E = -\xi^b t_b$，有

$$\xi^b \nabla_b E = -(\xi^b \nabla_b \xi^c) t_c - \xi^c \xi^b \nabla_b t_c = -A^c t_c. \tag{5.5.20}$$

上式最后一步用了基灵方程.从式(5.5.19)与式(5.5.20)，可知

$$\xi^b \nabla_b E = -h^{bc} A_b t_c, \quad \text{或} \quad |\xi^b \nabla_b E| = |h^{bc} A_b t_c|. \tag{5.5.21}$$

在类空超曲面上，度规 h^{bc} 是正定的，是度量空间，于是下面的不等式成立：

$$\begin{aligned} |A_b t_c h^{bc}| &\leqslant (A_b A_c h^{bc})^{1/2} (t_m t_n h^{mn})^{1/2} \\ &= A(t^b t_b + E^2)^{1/2}, \end{aligned} \tag{5.5.22}$$

把式(5.5.21)代入，可得

$$|\xi^b \nabla_b E| \leqslant A(t^b t_b + E^2)^{1/2}, \tag{5.5.23}$$

式中 $A = (A^c A_c)^{1/2}$ 为粒子的固有加速度.从式(5.5.17)知，在充分靠近奇环处，$t^b t_b \leqslant 0$，所以有

$$|\xi^b \nabla_b E| \leqslant AE, \tag{5.5.24}$$

或

$$A \geqslant |\xi^b \nabla_b \ln E| = \mathrm{d}(\ln E)/\mathrm{d}\tau. \tag{5.5.25}$$

另一方面，四速 ξ^a 与基灵矢量 t^a 之间必定存在下述关系：

$$\xi^a = \alpha t^a + u^a, \tag{5.5.26}$$

其中 α 为实标量，u^a 为满足 $t^a u_a = 0$ 的类空矢量.容易看出

$$-1 = \xi^a \xi_a = \alpha^2 t^a t_a + u^a u_a, \tag{5.5.27}$$

$$\xi^a t_a = \alpha^2 t^a t_a, \tag{5.5.28}$$

所以

$$\alpha = \frac{\xi^a t_a}{t^c t_c}. \tag{5.5.29}$$

代入式(5.5.27)，得

$$-1 = \frac{(\xi^a t_a)^2}{t^c t_c} + u^a u_a, \tag{5.5.30}$$

即

$$\frac{E^2}{t^a t_a} = -1 - u^a u_a \leqslant -1, \tag{5.5.31}$$

或

$$E^2 \geqslant -t^a t_a. \tag{5.5.32}$$

这里用了 $u^a u_a > 0, t^a t_a < 0$. 从式(5.5.32),可知

$$E \geqslant (-t^a t_a)^{1/2}. \tag{5.5.33}$$

于是式(5.5.25)可改写成

$$\int_{\tau_1}^{\tau_0} A \mathrm{d}\tau \geqslant \left| \int_{\tau_1}^{\tau_0} \mathrm{d}(\ln E) \right| \geqslant \frac{1}{2} \left| \int_{\tau_1}^{\tau_0} \mathrm{d}[\ln(-t^a t_a)] \right|, \tag{5.5.34}$$

其中 τ_1 为世界线上任一点的时刻, τ_0 为世界线趋于奇环的时刻. 从式(5.5.17),可知

$$t^a t_a \xrightarrow{\theta \to \frac{\pi}{2}} -\left(1 - \frac{2M}{r} + \frac{Q^2}{r^2}\right) \xrightarrow{r \to 0} -\infty, \tag{5.5.35}$$

$$t^a t_a \xrightarrow{r \to 0} -\left(1 + \frac{Q^2}{a^2 \cos^2 \theta}\right) \xrightarrow{\theta \to \frac{\pi}{2}} -\infty, \tag{5.5.36}$$

所以,在趋于奇环($r \to 0, \theta \to \pi/2$)时,

$$\lim_{\substack{r \to 0 \\ \theta \to \frac{\pi}{2}}} \int_{\tau_1}^{\tau_0} A \mathrm{d}\tau = +\infty. \tag{5.5.37}$$

这就是说,到达奇环的粒子的积分加速度必定发散. 由于 $\int_{\tau_1}^{\tau_0} \mathrm{d}\tau$ 有限,这就意味着 $A \to +\infty$. 由于积分下限是任意固定的, τ_1 可以任意逼近 τ_0,这就必然导致

$$\lim_{\tau \to \tau_0} A = +\infty, \tag{5.5.38}$$

也就是说,任何到达奇环的类时线,不管 A 在其他时刻是否发散,在趋于奇环的那个时刻,它必须发散.[168]

前面已经证明,能够到达奇环的非类空线,如果不是类光测地线,则在趋于奇环时,也必须趋于类光线. 因此,式(5.5.38)所示的类时线必须趋于类光线.

值得注意的是,任何趋于奇环的类时线,同时有三个特点:第一是趋于类光线;第二是它所描述的粒子(或观测者)的固有加速度在奇环处发散;第三是在奇环处必须有 $E = L/a$,即满足角动量守恒定律.

5.5.3 安鲁效应与热力学第三定律

在 2.8 节、3.3 节与 3.7 节中,我们都谈到了安鲁效应:在闵可夫斯基

时空中做匀加速直线运动的观测者，处在温度为

$$T=\frac{A}{2\pi k_{\mathrm{B}}} \tag{5.5.39}$$

的热浴中，其中 A 为观测者的固有加速度. 呈现热效应的关键在于，覆盖闵可夫斯基时空的坐标系(T,X)与覆盖伦德勒时空的坐标系(t,x)之间，存在分离变量型的坐标变换

$$\begin{aligned} T&=x\,\mathrm{sh}At,\\ X&=x\,\mathrm{ch}At, \end{aligned} \tag{5.5.40}$$

式中时间坐标变换的指数形式，使得闵可夫斯基时空中的零温格林函数在伦德勒时空中呈现虚时周期，变成温度格林函数. 在 4.9 节中，我们把安鲁的工作推广到变加速直线运动的情况. 变加速观测者的温度仍如式(5.5.39)所示，只不过 A 是时间的函数.

对于一般弯曲时空中做任意加速运动的观测者，在每一瞬间均存在相对于他瞬时静止的局部惯性系. 此局部惯性系与该观测者的随动加速系(局域伦德勒系)之间，同样存在式(5.5.40)所示的坐标变换. 可以预期，该观测者也会存在于式(5.5.39)所示的热浴之中. 因此，我们从式(5.5.38)预期，趋于奇环的观测者的固有温度将趋于无穷大. 由于观测者趋于奇环的固有时间是有限的，他所探测到的温度将在有限的固有时间内发散，这显然是热力学所不允许的.

在负温热力学中[167]，热力学第三定律表述为："不能通过有限次操作，把系统的温度降到 +0 K 或升到 −0 K". 这意味着温度的定义域是一个开区间，即最低和最高温度都是不可达到的. 我们认为，温度的定义域是一个开区间的思想，应该推广到一切热力学体系. 因此，我们建议，通常的第三定律应该推广为："不能通过有限次操作把系统的温度降低到绝对零度，或升高到无穷大".

在这个意义上，我们认为，热力学第三定律是阻止观测者到达奇环的物理根源.

5.6 奇环的若干性质

5.6.1 闭合类时线

对于克尔-纽曼时空，

$$\left(\frac{\partial}{\partial\varphi}\right)^a\left(\frac{\partial}{\partial\varphi}\right)_a = g_{33} = \frac{(r^2+a^2)^2-\Delta a^2\sin^2\theta}{\rho^2}. \tag{5.6.1}$$

在赤道面上，$\theta=\pi/2$，上式化为

$$g_{33} = r^2+a^2+\frac{2Ma^2}{r}-\frac{Q^2a^2}{r^2}. \tag{5.6.2}$$

当 r 充分小时，不管 $r>0$ 还是 $r<0$，均有 $g_{33}<0$. 这时，$\left(\frac{\partial}{\partial\varphi}\right)^a$ 类时，其积分曲线为闭合类时线. 所以，在赤道面上奇环附近，克尔-纽曼时空存在闭合类时线. 由于 $r\to 0$ 时，$g_{33}\to-\infty$，可以认为包络奇环的曲面上，也存在闭合类光线.

对于克尔时空，由于不带电荷，式(5.6.2)化成

$$g_{33} = r^2+a^2+\frac{2Ma^2}{r}. \tag{5.6.3}$$

在 $r>0$ 的时空区，$g_{33}>0$，不存在闭合类时线. 但在赤道面上 $r<0$ 的时空区，充分邻近奇环的地方，$g_{33}<0$，$\left(\frac{\partial}{\partial\varphi}\right)^a$ 类时，存在闭合类时线.

可见，克尔时空与克尔-纽曼时空的因果性都比较差，均不满足编时条件.

5.6.2 奇环以光速转动

现在讨论奇环的拖曳速度. 对于克尔-纽曼黑洞，

$$\Omega = \frac{-g_{03}}{g_{33}} = \frac{(2Mr-Q^2)a}{(r^2+a^2)\rho^2+(2Mr-Q^2)a^2\sin^2\theta}, \tag{5.6.4}$$

$$\Omega_r = \lim_{\substack{r\to 0\\ \theta\to\frac{\pi}{2}}}\Omega = 1/a. \tag{5.6.5}$$

Ω_r 为奇环的拖曳角速度，$\Omega_r = 1/a$ 与取极限 $r \to 0$ 和 $\theta \to \pi/2$ 的顺序无关.

对于克尔黑洞，

$$\Omega_r = \lim_{r\to 0} \lim_{\theta \to \frac{\pi}{2}} \Omega = \frac{1}{a}, \tag{5.6.6}$$

$$\Omega'_r = \lim_{\theta \to \frac{\pi}{2}} \lim_{r\to 0} \Omega = 0. \tag{5.6.7}$$

拖曳角速度依赖于取极限的顺序，这可能与奇环附近时空的拓扑结构有关.目前尚不能说明出现式(5.6.7)的原因.如果把克尔时空看作克尔-纽曼时空在电荷趋于零时的极限，应该采用式(5.6.6)的结果.

由于 a 是黑洞的比角动量，$a = J/M$，所以

$$a\Omega_r = \frac{J}{M}\Omega_r = V^2. \tag{5.6.8}$$

V 为“奇环物质”的转动线速度.从经典类比容易看出这一点.在经典情况下，$J = MR^2\Omega_r$，R 为奇环半径，这时 $a\Omega_r = (R\Omega_r)^2$.显然，$R\Omega_r$ 是奇环的转动线速度.

把 $\Omega_r = 1/a$ 代入代(5.6.8)，可知 $V = 1$.由于采用的是自然单位制，$V = 1$，表明 V 是光速 c.可见奇环以光速转动.

已经证明，只有类光线和趋于类光的类时线才能到达克尔-纽曼奇环，而且到达奇环时必须满足角动量守恒 $L = aE$，这就使得到达克尔-纽曼奇环的物质与“奇环物质”有相同的比角动量，使之可以与“奇环物质”一起转动.前面还谈道，由于到达克尔-纽曼奇环的世界线类光，式(5.5.8)在奇环处必须取等号，即式(5.5.8)左、右两端都必须趋于零.这就要求式(5.5.10)所示的 $\mathrm{d}r_{\mathrm{p}}/\mathrm{d}\tau$ 在奇环处趋于零，即到达克尔-纽曼奇环的物质不再有 r 方向的径向运动.这就是说，到达克尔-纽曼奇环的物质不再做径向运动，但以光速沿环面转动.

广义相对论认为奇环不属于时空.奇环的转动可认为是时空之外的运动，或者理解为物质沿奇环表面(时空边界面)以光速转动.

5.6.3　奇环上存在类光基灵矢量

我们来考查矢量 $l^a = \left(\frac{\partial}{\partial t}\right)^a + \Omega\left(\frac{\partial}{\partial \varphi}\right)^a$ 在奇环表面上的性质.

$$
\begin{aligned}
l^a l_a &= \left(\frac{\partial}{\partial t}\right)^a \left(\frac{\partial}{\partial t}\right)_a + 2\Omega\left(\frac{\partial}{\partial t}\right)^a \left(\frac{\partial}{\partial \varphi}\right)_a + \Omega^2\left(\frac{\partial}{\partial \varphi}\right)^a \left(\frac{\partial}{\partial \varphi}\right)_a \\
&= g_{00} + 2\Omega g_{03} + \Omega^2 g_{33} = g_{00} - \frac{g_{03}^2}{g_{33}} \\
&= \hat{g}_{00} = \frac{-\rho^2 \Delta}{(r^2 + a^2)^2 - \Delta a^2 \sin^2\theta}.
\end{aligned}
\tag{5.6.9}
$$

在克尔-纽曼时空中，

$$
\lim_{\substack{r\to 0 \\ \theta\to\frac{\pi}{2}}} l^a l_a = 0, \tag{5.6.10}
$$

与取极限顺序无关.但在克尔时空中，

$$
\lim_{r\to 0}\lim_{\theta\to\frac{\pi}{2}} l^a l_a = 0, \tag{5.6.11}
$$

$$
\lim_{\theta\to\frac{\pi}{2}}\lim_{r\to 0} l^a l_a = -1. \tag{5.6.12}
$$

我们仍只采用从赤道面上取极限的式(5.6.11)，而把尚不清楚的可能与时空拓扑有关的式(5.6.12)留待以后解决.

从式(5.6.10)和式(5.6.11)可知，在奇环的表面上，l^a 是类光矢量.在奇环上，

$$
\lim_{\substack{r\to 0 \\ \theta\to\frac{\pi}{2}}} l^a = \left(\frac{\partial}{\partial t}\right)^a + \frac{1}{a}\left(\frac{\partial}{\partial \varphi}\right)^a, \tag{5.6.13}
$$

$\left(\frac{\partial}{\partial t}\right)^a$ 和 $\left(\frac{\partial}{\partial \varphi}\right)^a$ 均是基灵矢量，所以式(5.6.13)所示的它们的线性叠加 l^a 也是基灵矢量.这就是说，在奇环上，l^a 是类光基灵矢量.

5.6.4 奇环的温度

以往只注意到克尔时空和克尔-纽曼时空各有两个局部事件视界，即内视界 r_- 与外视界 r_+，

$$
r_{\pm} = M \pm \sqrt{M^2 - a^2 - Q^2}.
$$

这两个视界可以由 $\hat{g}_{00} = 0$ 定出.

如果我们只考虑赤道面，$\theta = \pi/2$，则有

$$
\hat{g}_{00} = \frac{-\Delta r^2}{(r^2 + a^2) r^2 + (2Mr - Q^2) a^2}. \tag{5.6.14}
$$

令上式等于零,可求出三个解,其中 $\Delta=0$ 给出内、外视界 r_- 和 r_+,第三个解 $r=0$ 出现在奇环上.这就是说,奇环上存在局部视界.这与我们刚刚谈到的奇环上存在类光基灵矢量是一致的.

可以证明,对于克尔时空,奇环视界的表面引力

$$\kappa_0=\lim_{r\to 0}\frac{1}{2}\left(\frac{-g^{11}}{g^{00}}\right)^{1/2}\frac{\partial}{\partial r}\ln(-g^{00})=\lim_{r\to 0}\frac{a}{\sqrt{8M}r^{3/2}}=\infty. \tag{5.6.15}$$

这暗示我们,克尔奇环沿赤道面发射温度为无穷大的热辐射.可以认为奇环温度为无穷大.[169]

但是,对于克尔-纽曼时空,

$$\kappa_0=\lim_{r\to 0}\frac{(a^2+Q^2)(Q^2+rM)}{\mathrm{i}Q^3ar}=-\mathrm{i}\infty. \tag{5.6.16}$$

显然不能认为奇环沿赤道面有热辐射.不能据此认为克尔-纽曼奇环具有温度.

5.6.5　奇环的可抵达性

克尔奇环附近时空拓扑结构比较特殊,致使奇环处的许多性质都与取极限 $r\to 0$ 和 $\theta\to\pi/2$ 的顺序有关.例如,奇环的拖曳速度

$$\Omega_r=\lim_{r\to 0}\lim_{\theta\to\frac{\pi}{2}}\left(-\frac{g_{03}}{g_{33}}\right)=\frac{1}{a}, \tag{5.6.17}$$

$$\Omega'_r=\lim_{\theta\to\frac{\pi}{2}}\lim_{r\to 0}\left(-\frac{g_{03}}{g_{33}}\right)=0. \tag{5.6.18}$$

又如

$$\lim_{r\to 0}\lim_{\theta\to\frac{\pi}{2}}\frac{g_{00}}{g_{33}}=\frac{1}{a^2}, \tag{5.6.19}$$

$$\lim_{\theta\to\frac{\pi}{2}}\lim_{r\to 0}\frac{g_{00}}{g_{33}}=-\frac{1}{a^2}. \tag{5.6.20}$$

再如

$$\lim_{r\to 0}\lim_{\theta\to\frac{\pi}{2}}g_{00}=+\infty, \tag{5.6.21}$$

$$\lim_{\theta\to\frac{\pi}{2}}\lim_{r\to 0}g_{00}=-1, \tag{5.6.22}$$

$$\lim_{r\to 0}\lim_{\theta\to\frac{\pi}{2}}\frac{1}{\hat{g}_{00}}=-\infty,\tag{5.6.23}$$

$$\lim_{\theta\to\frac{\pi}{2}}\lim_{r\to 0}\frac{1}{\hat{g}_{00}}=-1.\tag{5.6.24}$$

我们首先研究克尔时空赤道面内的运动，即把讨论限制在 $\theta=\pi/2$ 的情况.这时 $\Omega_r a=1$，从 5.5 节的讨论我们知道，这表明克尔奇环与克尔-纽曼奇环一样，以光速转动.可见，到达奇环的世界线应该类光或趋于类光.

另一方面，a 是黑洞的比角动量，L/E 是粒子的比角动量.粒子到达奇环后的比角动量应该与奇环物质的比角动量(即黑洞的比角动量)相同，所以到达奇环的粒子必须满足 $L/E=a$.从式(5.5.8)和式(5.5.10)可知，趋向克尔奇环的非类空世界线应满足

$$\left(\frac{\mathrm{d}r_{\mathrm{p}}}{\mathrm{d}\tau}\right)^2+g_{22}\left(\frac{\mathrm{d}\theta}{\mathrm{d}\tau}\right)^2\leqslant\frac{E^2+2(g_{03}/g_{33})LE+(g_{00}/g_{33})L^2}{-\hat{g}_{00}}.\tag{5.6.25}$$

此式与式(5.5.8)的区别在于，此式中的度规分量不含电荷 Q.假定这是一条测地线，E 和 L 将沿此线守恒，即 E 和 L 是常数，而且恒有 $L=aE$，后一点是粒子到达奇环时，粒子与奇环的总角动量守恒所要求的.现在我们研究上式的右端，讨论在 $\theta=\pi/2$ 的赤道面内进行.

$$\begin{aligned}\text{右端}&=\frac{E^2[(r^2+a^2)r+2Ma^2]-4MaLE-(r-2M)L^2}{r(r^2+a^2-2Mr)}\\&=\frac{E^2r^2}{r^2+a^2-2Mr}\xrightarrow{r\to 0}0.\end{aligned}\tag{5.6.26}$$

推导中用了 $L=aE$.另一方面，方程左端在 $r\to 0$ 时，$g_{22}\to 0$，所以必须有 $\mathrm{d}r_{\mathrm{p}}/\mathrm{d}\tau\to 0$，而且式(5.6.25)只能等号成立.这就是说，此测地线不能是类时测地线，只能是类光测地线.粒子到达奇环时无沿 r 方向的径向运动，只有沿奇环面的光速转动.

如果不是测地线，式(5.6.25)右端可写成

$$\frac{E^2r^2+(a^2E^2-L^2)}{r^2+a^2-2Mr}+\frac{2M(aE-L)^2}{r(r^2+a^2-2Mr)}.\tag{5.6.27}$$

在 $r\to 0$ 时，由于 $aE\to L$，上式第一项趋于零，但第二项是 $\frac{0}{0}$ 未定型.由于不是测地线，E 和 L 不沿此线守恒，所以第二项的结果尚难确定.

下面我们讨论非赤道面内的非类空世界线(包括测地线和非测地线)在趋近奇环时的行为.式(5.6.25)右端在 $r\to 0$，$\theta\to\pi/2$ 的极限下，有

$$\text{右端} \xrightarrow{r\to 0} E^2 - \frac{L^2}{a^2\sin^2\theta} \xrightarrow{\theta\to\frac{\pi}{2}} E^2 - \frac{L^2}{a^2} = 0, \tag{5.6.28}$$

$L = aE$ 保证此极限为零.在此极限下,式(5.6.25)左端 $g_{22}\to 0$,$\mathrm{d}r_{\mathrm{p}}/\mathrm{d}\tau\to 0$.所以,从非赤道面内趋近奇环的非类空世界线,必须是类光线或趋于类光的类时线.这类世界线到达奇环时,不再有沿 r 方向的运动,只是沿奇环以光速转动.

总之,对于克尔奇环可以得到如下结论:从非赤道面内抵达奇环的非类空世界线,只能是类光线或趋于类光的类时线.在赤道面内类时测地线到不了奇环,类光测地线可以到达奇环.类时非测地线是否能到达奇环,尚需进一步研究.但从奇环以光速转动来看,似乎也只有趋于类光的类时线才有可能抵达.

5.7　热力学第三定律与时间的无限性

本节从固有量和坐标量两个角度讨论了温度与时间无限性之间的关系;指出奇点的出现违背广义热力学第三定律.第三定律将排除时空奇点,保证时间的无限性.

5.7.1　第三定律与类时奇点

从文献[164]及5.5节的证明不难看出,在稳态时空中,任何 $g_{00}\to -\infty$ 的类时奇点,类时线都不可能到达,都只有类光线或趋于类光的测地线才能到达;而且,到达这类奇点的观测者或粒子的积分加速度和固有加速度都必定发散.[168]

设某一稳态时空中存在 $g_{00}\to -\infty$ 的类时奇点.此时空的类时基灵矢量场为 $t^a = \left(\frac{\partial}{\partial t}\right)^a$,企图到达此奇点的观测者描出一条类时曲线 γ,其切矢(观测者的四速)为 $\xi^a = \left(\frac{\partial}{\partial t}\right)^a$,四加速为 $A^c = \xi^b\nabla_b\xi^c$.当然,A^c 是类空的.

定义投影算符 $h^{ab}=g^{ab}+\xi^a\xi^b$.我们有

$$h^{bc}A_b t_c = A^c t_c, \tag{5.7.1}$$

$$\xi^b\nabla_b E = -A^c t_c. \tag{5.7.2}$$

其中 $E=-\xi^b t_b$ 为观测者自身的有效能量.不难看出

$$\xi^b\nabla_b E = -h^{bc}A_b t_c. \tag{5.7.3}$$

由于 h^{bc} 是正定度规,我们有

$$|h^{bc}A_b t_c| \leqslant (h^{bc}A_b A_c)^{1/2}(h^{mn}t_m t_n)^{1/2} = A(t^b t_b + E^2)^{1/2}, \tag{5.7.4}$$

把式(5.7.3)代入,并考虑到 $t^b t_b = g_{00} < 0$,可得

$$|\xi^b\nabla_b E| \leqslant A(t^b t_b + E^2)^{1/2} \leqslant AE, \tag{5.7.5}$$

或

$$A \geqslant \mathrm{d}(\ln E)/\mathrm{d}\tau. \tag{5.7.6}$$

另一方面,容易证明

$$E \geqslant (-t^b t_b)^{1/2} = (-g_{00})^{1/2}, \tag{5.7.7}$$

所以,我们有

$$\begin{aligned}\int_{\tau_1}^{\tau_0} A\mathrm{d}\tau &\geqslant \left|\int_{\tau_1}^{\tau_0}\mathrm{d}(\ln E)\right| \geqslant \frac{1}{2}\left|\int_{\tau_1}^{\tau_0}\mathrm{d}[\ln(-t^b t_b)]\right| \\ &= \frac{1}{2}\left|\int_{\tau_1}^{\tau_0}\mathrm{d}[\ln(-g_{00})]\right|.\end{aligned} \tag{5.7.8}$$

这里 τ_0 是观测者"到达"奇点的时刻,τ_1 是观测者世界线上的任一时刻,观测者从此时刻开始踏上他前往奇点的旅程.

由

$$\lim_{\tau\to\tau_0} g_{00} = -\infty, \tag{5.7.9}$$

我们得到

$$\int_{\tau_1}^{\tau_0} A(\tau)\mathrm{d}\tau = \infty. \tag{5.7.10}$$

这就是说,仅当观测者的积分加速度发散时,他才有可能抵达奇点.[164]

因为 τ_1 是观测者世界线 γ 上的任一时刻,我们有

$$B \equiv \lim_{\tau_1\to\tau_0}\int_{\tau_1}^{\tau_0} A(\tau)\mathrm{d}\tau = \infty, \tag{5.7.11}$$

方程的左边可以写作

$$B = \lim_{\tau_1\to\tau_0}\lim_{\tau_2\to\tau_0}\int_{\tau_1}^{\tau_2} A(\tau)\mathrm{d}\tau$$

$$= \lim_{\tau_1 \to \tau_0} \lim_{\tau_2 \to \tau_0} a(\tau')(\tau_2 - \tau_1), \quad \tau' \in [\tau_1, \tau_2]. \tag{5.7.12}$$

于是有

$$B = \lim_{\tau_1 \to \tau_0} \lim_{\tau_2 \to \tau_0} a(\tau') \cdot \lim_{\tau_1 \to \tau_0} \lim_{\tau_2 \to \tau_0} (\tau_2 - \tau_1)$$
$$= \lim_{\tau' \to \tau_0} a(\tau') \cdot \lim_{\tau_1 \to \tau_0} (\tau_0 - \tau_1). \tag{5.7.13}$$

把上式代入式(5.7.11)左边,则式(5.7.11)成为

$$\lim_{\tau' \to \tau_0} a(\tau') \cdot \lim_{\tau_1 \to \tau_0} (\tau_0 - \tau_1) = \infty. \tag{5.7.14}$$

由

$$\lim_{\tau_1 \to \tau_0} a(\tau')(\tau_0 - \tau_1) = 0, \tag{5.7.15}$$

我们得到

$$\lim_{\tau' \to \tau_0} a(\tau') = \infty. \tag{5.7.16}$$

这就是说,趋近奇点的观测者,不仅积分加速度趋向发散,而且固有加速度本身也趋向发散.[168]

依据安鲁效应,接近这类奇点的观测者的环境温度(固有温度)将趋于无穷大.像5.5节那样,我们把热力学第三定律加以推广;不能通过有限次操作把系统的温度降低到零,或升高到无穷大.我们看到,广义第三定律将阻止任何观测者到达 $g_{00} \to -\infty$ 的类时奇点.

Reissner-Nordström 时空、克尔-纽曼时空中的奇点和奇环,都属于 $g_{00} \to -\infty$ 的奇异性,上述证明对它们都有效.

在克尔时空,当 $r \to 0, \theta \to \pi/2$ 时,$g_{00} \to +\infty$;当 $\theta \to \pi/2, r \to 0$ 时,$g_{00} \to -1$.所以上述证明不包括克尔时空.施瓦西时空中的奇异性是类空的,当 $r \to 0$ 时,$g_{00} \to +\infty$,上述证明当然也不包括施瓦西时空.

但是,克尔时空可以看作克尔-纽曼时空在电荷 Q 趋于零时的极限;施瓦西时空可以看作 Reissner-Nordström 时空在电荷 Q 趋于零时的极限.从纯数学的角度看来,克尔时空与克尔-纽曼时空、施瓦西时空与 R-N 时空,在几何上,甚至在拓扑结构上都存在显著差异,上述"极限"的看法未必是可取的.但是,从物理的角度看,应该是可行的.实际上不会存在电荷绝对为零的黑洞.只要存在一点点电荷,我们上面的证明就会成立.即使能够生成电荷绝对为零的黑洞,也很难想象,在电荷最后消失的一瞬间,其物理结构会发生突然的巨大变化.

上面证明的实质是,广义热力学第三定律会阻止任何观测者抵达 $g_{00} \to$

$-\infty$的奇点.我们认为,有理由相信,观测者抵达任何奇点(包括克尔奇环、施瓦西奇点),都是广义热力学第三定律所不允许的.

注意,彭罗斯和霍金等人证明奇点定理时,用的都是"测地线",按照安鲁效应,测地观测者应该处在绝对零度.因此可以说,奇点定理是在绝对零度下证明的,奇点定理违背热力学第三定律.我们相信,广义热力学第三定律可以排除时空奇点,保证时间的无限性.

5.7.2 克尔奇异区与施瓦西奇异区的坐标温度

在5.6节中我们指出,克尔奇环上存在温度发散的局部视界,因而在克尔黑洞内部的赤道面内,存在来自奇环的、温度发散的热辐射.这可以看作克尔奇环存在发散温度、违背广义热力学第三定律的证据.当然,这里谈到的是坐标温度,而不是5.5节及5.7.1小节讨论的固有温度.

在5.4节中,我们通过内视界的"霍金吸收",论证过克尔、Reissner-Nordström和克尔-纽曼黑洞的内禀奇异区可能存在温度.当奇点和奇环不被局部视界包围时(例如R-N和克尔-纽曼情况),可以认为奇点和奇环的温度,就是内视界进行霍金吸收的温度.当奇点和奇环被局部视界包络时(例如克尔情况),则奇环温度应视作包络它的局部视界的温度,这一温度一般不等于内视界的温度.这种情况类似于施瓦西-de Sitter时空,两个视界(黑洞视界与宇宙视界)温度不同,两视界之间可以看作非平衡区,有关特性尚待进一步研究.

我们感兴趣的是上述带电或转动黑洞退化为施瓦西黑洞的情况.由于$Q\to 0, a\to 0$,内视界逼近奇异区,

$$r_- = M - \sqrt{M^2 - a^2 - Q^2} \to 0, \tag{5.7.17}$$

其霍金温度由于

$$\kappa_- = \frac{r_+ - r_-}{2(r_-^2 + a^2)} \to \infty, \tag{5.7.18}$$

将发散

$$T_- = \frac{\kappa_-}{2\pi k_B} \to \infty. \tag{5.7.19}$$

我们可以认为,当内视界逼近奇异区时,奇异区的温度发散.所以,从极限的

观点看来,施瓦西奇点应该有发散的温度.当然,这里所指的温度,是霍金-安鲁效应的坐标温度.

5.7.3　完备时空处在绝对零度

在第2章和第3章中,我们介绍了多种论证黑洞存在温度和热辐射的方法,包括解析延拓法、路径积分法、格林函数法、生成泛函法、波戈柳博夫变换法、卡诺循环法等等.由这些方法得到一个共同的结论:弯曲时空中只要存在事件视界,且其表面引力不为零,视界外部就一定存在热辐射,辐射温度正比于表面引力.

物理界对上述热效应的根源存在共同看法:热效应的物理根源,在于视界外部的观测者收不到视界内部的信息,视界表面处的隧道效应使真空涨落的量子纯态实化成混合态;热效应的几何根源,在于视界处存在坐标奇异性,使坐标系不能覆盖整个时空.因此,采用不同的坐标系,会有不同的温度.这就是说,温度与坐标系的选择有关.覆盖全时空的坐标系所描述的时空(即全时空)称为完备时空.不能覆盖全时空的坐标系,所描述的那部分时空称为不完备时空.

温度格林函数法和生成泛函法表明,在覆盖全时空的坐标系(即完备时空)中定义一个零温格林函数,变换到视界处存在坐标奇异性、不能覆盖全时空(只能覆盖视界外部)的坐标系后,零温格林函数变成了有限温度的格林函数.所得温度与其他方法得到的黑洞温度完全一致,而使用解析延拓等方法得到黑洞温度时,根本不需要预先假定完备时空处在绝对零度.

"假定全时空处在绝对零度"的格林函数法,与"不需预先假定完备时空处在绝对零度"的其他方法(如解析延拓法等),得到完全相同的结论(黑洞存在温度),这反过来证明了"完备时空处在绝对零度"的假定是正确的.为什么这种假定会正确呢?以往许多人认为,这是由于完备的时空最优越,不必附加任何边界条件,在其中定义纯态最"自然".我们认为,这种看法没有抓住问题的实质.实质在于,完备时空的物理环境真的处在绝对零度.按照这一结论,闵可夫斯基时空处在绝对零度,伦德勒时空处在有限温度.克鲁斯卡时空处在绝对零度,施瓦西时空处在有限温度.一切完备的时空(即一切覆盖整个稳态时空流形的坐标系),所处的物理环境都是绝对零度,而一切不完备的时空(即只能覆盖流形的一部分——视界外部)中的物理环境,都是有限温度.

经典广义相对论的场方程是决定论的,而且在时间反演下不变,因而不含有任何统计因素,它的解本质上应该是绝对零度的解,其中的真空解更是如此.然而,场方程的解不仅依赖于方程,而且依赖于坐标条件.当选择覆盖全时空的坐标系时,不会失去任何信息,因而没有另外引进统计因素.这时,解的物理环境只能是绝对零度.这就是我们采用覆盖全时空的坐标系时,必须选用零温格林函数的原因.当我们选用只能覆盖部分时空的坐标系时,一部分信息被视界屏蔽,而信息相当于负熵,于是产生"起源于信息丢失的热效应",表现为视界的霍金辐射.所以,采用只能覆盖视界外部的坐标系,相当于在场方程的解流形上外加统计因素.因此,视界附近的热效应本质上不是来源于场方程,而是来源于坐标系的选择,即来源于坐标条件.

众所周知,奇点或者隐藏在事件视界的后面,或者裸露.当奇点包在视界内时,任何只能覆盖视界外部的坐标系都不可能接触奇点,任何穿越视界的非类空线,在逼近视界时,描述它的坐标时间都会发散.容易证明

$$t \propto \lim_{x \to \xi}[-\ln(x-\xi)], \tag{5.7.20}$$

式中 ξ 为视界位置.从前面的讨论可知,这类时空的坐标温度是非零有限值.

覆盖全时空的坐标系盖住了视界内外.坐标系与奇点接触,趋近奇点的非类空线,在接触奇点时,坐标时间取有限值.前面已指出,这类完备时空的物理环境(坐标温度)是绝对零度.

裸奇异情况不存在事件视界,坐标系与奇点接触,到达奇点的非类空线,其坐标时间也是有限值.这类时空的坐标温度也是绝对零度.考虑量子涨落,极端黑洞的奇点可以认为是裸露的,时空温度也是绝对零度.

我们看到,坐标时间有开始或终结的时空,坐标系接触奇点,其坐标温度不是发散就是绝对零度.凡是坐标时间没有开始或终结的时空,即坐标系覆盖时空外部,因而不接触奇点的时空,其坐标温度都是非零有限值.因此,我们认为,坐标时间有开始或终结,是伴随时空出现奇点(坐标系接触奇点)而产生的现象,是破缺广义热力学第三定律的结果.

彭罗斯和霍金把奇点看作固有时间的起始或终结.奇点定理表明,一般时空中至少存在一个固有时间有限的物理过程,它或者在有限的固有时间

之前开始，或者在有限的固有时间之后结束，或者既有有限的开始，又有有限的结束．总之，在奇点定理中，奇点是伴随“固有时间有限”而出现的．我们已经指出，“固有时间有限”是伴随固有温度达到绝对零度或发散而出现的．是违背用固有温度表述的广义热力学第三定律的结果．

现在我们看到，当用坐标时间进行研究时，奇点也是伴随“坐标时间有限”而出现的，是违背用坐标温度表述的广义热力学第三定律的结果．这进一步增强了我们的信念：广义热力学第三定律将排除时空奇点，保证时间的无限性．

5.7.4　讨论

（1）同一个奇点的出现，有时伴随绝对零度，有时又伴随无穷大温度，这里面是否有矛盾？例如施瓦西奇点，在覆盖全时空的克鲁斯卡坐标系中，它处在绝对零度的环境之中．当用“类时测地线的仿射距离有限”来证明施瓦西奇点的存在时，测地观测者处在绝对零度．当把施瓦西时空看作 R-N 时空在电荷趋于零时的极限时，施瓦西奇点的温度是发散的．当把到达施瓦西奇点的过程，看作“到达 R-N 奇点的过程”在电荷趋于零时的极限时，类时观测者的安鲁温度也是发散的．温度为零和温度发散，表面上是两个极端．但这两个极端有一个共同的本质，“零”和“发散”都在温度定义的区间之外，都不属于温度．这两种情况都违背广义热力学第三定律．在这个意义上，我们可以把它们视为同种情况，很像中国古代哲学所持的一种观点：无极而太极．

（2）闵可夫斯基时空处在绝对零度，为什么不存在奇点？因为热力学第三定律只适用于物质．闵可夫斯基时空不存在物质，虽然处在绝对零度，但不违背第三定律。所以，我们强调：时空出现奇点是破缺热力学第三定律的结果，而不说它是零温的结果．我们特别指出，奇点定理的前提条件中暗含着时空存在物质的假设．

5.8 热平衡的传递性等价于钟速同步的传递性

本节指出，热平衡的传递性等价于钟速同步的传递性，并给出了黎曼时空中热力学第零定律成立的充要条件，且指出，热力学第零定律是建立“同时面”的必要条件，但不是充分条件.[66-67,170]

5.8.1 钟速同步的传递性

朗道指出[12]，弯曲时空中 A、B 两空间点“同时”意味着它们的坐标钟相差

$$\Delta t = t_A - t_B = -\frac{g_{0i}}{g_{00}}\mathrm{d}x^i \quad (i=1,2,3). \tag{5.8.1}$$

由于 Δt 一般不是全微分，故有

$$\oint \Delta t \neq 0.$$

所以，一般不能沿闭合路径把坐标钟调整到“同时”，即不能在全时空建立统一的同时面. 仅仅在时轴正交系中，由

$$g_{0i} = 0, \tag{5.8.2}$$

导致

$$\oint \Delta t = \oint \left(-\frac{g_{0i}}{g_{00}}\right)\mathrm{d}x^i = 0. \tag{5.8.3}$$

因而可以建立统一的同时面. 可见同时具有传递性的条件是时轴正交.

下面讨论一种比较弱的情况. 只要求各空间点坐标钟速率相同，但不一定要建立统一的同时面.[66-67,170]

在 A、B 两点的第一个同时时刻，坐标钟相差

$$\Delta t_1 = t_{A1} - t_{B1} = -\left(\frac{g_{0i}}{g_{00}}\right)_1 \mathrm{d}x^i \quad (i=1,2,3). \tag{5.8.4}$$

在第二个同时时刻，坐标钟相差

$$\Delta t_2 = t_{A2} - t_{B2} = -\left(\frac{g_{0i}}{g_{00}}\right)_2 \mathrm{d}x^i \quad (i=1,2,3). \tag{5.8.5}$$

两坐标钟的“速率”差

$$\begin{aligned}\delta(\Delta t) &\equiv (\Delta t)_A - (\Delta t)_B \equiv (t_{A2} - t_{A1}) - (t_{B2} - t_{B1}) \\ &= (t_{A2} - t_{B2}) - (t_{A1} - t_{B1}) \\ &= -\left[\left(\frac{g_{0i}}{g_{00}}\right)_2 - \left(\frac{g_{0i}}{g_{00}}\right)_1\right]\mathrm{d}x^i,\end{aligned} \tag{5.8.6}$$

上式为零的条件是 g_{0i}/g_{00} 与坐标时间无关.

所以,各空间点坐标钟速率相同的充要条件是

$$\frac{\partial}{\partial t}\oint \Delta t = \frac{\partial}{\partial t}\oint\left(-\frac{g_{0i}}{g_{00}}\right)\mathrm{d}x^i = 0, \tag{5.8.7}$$

或

$$\frac{\partial}{\partial t}\left(\frac{g_{0i}}{g_{00}}\right) = 0. \tag{5.8.8}$$

这是一个比时轴正交($g_{0i}=0$)要弱的条件.显然,各点钟速相同只是建立统一的同时面的必要条件,而不是充分条件.

5.8.2 热平衡的传递性与钟速同步的传递性

设四维黎曼时空中,三个相邻空间点 A、B、C(见图5.8.1)的邻域各存在一个宏观无穷小的热力学系统,系统内充满自旋为零的理想玻色气体.这三个系统被绝热板隔开,在 A、B、C 三点各置一个标准钟.当这些系统各自处于热平衡时,可分别写出它们的松原函数[40,49]

$$\begin{aligned}G_A(\Delta\tau_A) &= G_A(\Delta\tau_A + \mathrm{i}\beta_{PA}), \\ G_B(\Delta\tau_B) &= G_B(\Delta\tau_B + \mathrm{i}\beta_{PB}), \\ G_C(\Delta\tau_C) &= G_C(\Delta\tau_C + \mathrm{i}\beta_{PC}).\end{aligned} \tag{5.8.9}$$

其中 τ_A、τ_B 和 τ_C 为三个标准钟各自测得的固有时间,$T_\mathrm{p} = 1/\beta_\mathrm{p}$ 为固有温度.

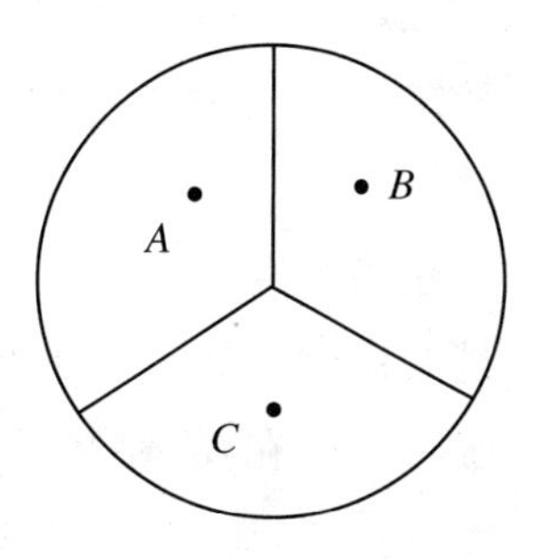

图 5.8.1

然而,在广义相对论中,固有量只对逐点的测量有意义,适用于全时空的物理规律一般都不用固有量而用坐标量表出.坐标时与固有时之间,坐标温度与固有温度之间,通过红移因子相互联系.因

此，我们也把松原函数用坐标量表出：

$$G_A(\Delta t_A) = G_A(\Delta t_A + \mathrm{i}\beta_A),$$
$$G_B(\Delta t_B) = G_B(\Delta t_B + \mathrm{i}\beta_B), \tag{5.8.10}$$
$$G_C(\Delta t_C) = G_C(\Delta t_C + \mathrm{i}\beta_C).$$

其中

$$\Delta t = \Delta\tau / \sqrt{-g_{00}}, \quad T = T_{\mathrm{p}} \sqrt{-g_{00}} \tag{5.8.11}$$

分别为坐标时间和坐标温度[13,19]，而

$$\beta = \beta_{\mathrm{p}} / \sqrt{-g_{00}}. \tag{5.8.12}$$

下面研究这三个系统之间热平衡的传递性. 众所周知，弯曲时空中两个系统之间的热平衡，意味着它们的坐标温度相等(固有温度一般不等). 因此，如果我们假定系统 A 与系统 B 处于热平衡，应该预期

$$\beta_A = \beta_B. \tag{5.8.13}$$

然而，情况并不如此简单，松原函数中的 β 值不仅取决于平衡态的热性质，还取决于虚时间单位的大小，由于 $\mathrm{i}^2 = -1$，虚时间单位与实时间单位的绝对值相同，所以，松原函数中的 β 值一方面取决于平衡态的热性质，另一方面取决于时间单位的大小.

在非相对论情况下，可以假定各空间点的钟速率相同，即它们的时间单位大小相同. 在狭义相对论情况下，可以利用光速不变原理和时空的均匀各向同性，把同一惯性系中不同空间点处的钟调整同步，使它们有相同的速率、相同大小的时间单位. 从而使松原函数中的 β 值的大小仅依赖于平衡态的热性质. 也就是说，如果我们假定系统 A 与系统 B 处于热平衡，必然会有 $\beta_A = \beta_B$，这与热平衡的要求相一致.

但是，从 5.8.1 小节的讨论可知，弯曲时空的情况比较复杂，在各空间点不仅标准钟的速率一般不同，坐标钟的速率也不一定总能调整同步. 这就是说，各空间点的坐标时间单位大小也不一定能统一起来. 所以，仅仅假定系统 A 与系统 B 处于热平衡，不足以使松原函数中的

$$\beta_A = \beta_B. \tag{5.8.14}$$

要想满足这个等式，还必须把各空间点坐标钟调整同步. 然而，“坐标温度”是弯曲时空处于热平衡状态的标志，而且坐标温度的定义并不取决于松原函数的存在，只要热平衡存在传递性，就一定可以定义一个统一的坐标温度. 也就是说，热平衡要求式(5.8.14)一定成立. 如果系统 A 与系统 B 处于

热平衡仍不能使式(5.8.14)成立，只能认为 A、B 两点坐标钟的速率未能同步，应该调整.

下面讨论热平衡的传递性与坐标钟钟速同步传递性之间的关系.假定系统 A 与系统 B 处于热平衡，那么抽掉 A 与 B 之间的绝热板后(仍有导热板隔开两个系统)，二者的松原函数应该不发生变化，

$$\begin{aligned} G_A(\Delta t_A) &= G_A(\Delta t_A + \mathrm{i}\beta_A), \\ G_B(\Delta t_B) &= G_B(\Delta t_B + \mathrm{i}\beta_B). \end{aligned} \tag{5.8.15}$$

若 $\beta_A \neq \beta_B$，可调整坐标钟 B 的快慢，使得

$$\beta_B = \beta_A. \tag{5.8.16}$$

我们认为，调整后 B 钟与 A 钟速率相同，即它们的单位时间 δ_A 和 δ_B 满足关系

$$\delta_B = \delta_A. \tag{5.8.17}$$

再设系统 B 与系统 C 处于热平衡，抽掉二者间的绝热板(保留导热壁)后，松原函数也应不变，

$$\begin{aligned} G_B(\Delta t_B) &= G_B(\Delta t_B + \mathrm{i}\beta_B), \\ G_C(\Delta t_c) &= G_C(\Delta t_C + \mathrm{i}\beta_C). \end{aligned} \tag{5.8.18}$$

同样，可调整 C 钟的速率，使

$$\beta_C = \beta_B. \tag{5.8.19}$$

我们认为，此时两钟的速率相同，有

$$\delta_C = \delta_B. \tag{5.8.20}$$

假定热平衡具有传递性，则系统 A 与系统 C 应处于热平衡，抽掉二者间的绝热板(保留导热壁)后，β_{PC} 与 β_{PA} 应不变化，即 G_A 和 G_C 不发生变化，β_A 与 β_C 也不发生变化.已知

$$\beta_A = \beta_B = \beta_C, \tag{5.8.21}$$

从 $\beta_A = \beta_C$，可推出

$$\delta_A = \delta_{C'}. \tag{5.8.22}$$

注意，$\delta_{C'}$ 由 C 钟与 A 钟校准(即，使 $\beta_A = \beta_C$)得到，不同于式(5.8.20)中的 δ_C.δ_C 由 C 钟与 B 钟校准(即，使 $\beta_C = \beta_B$)得到.从式(5.8.17)和式(5.8.20)，可知

$$\delta_A = \delta_B = \delta_C, \tag{5.8.23}$$

所以

$$\delta_C = \delta_{C'}. \tag{5.8.24}$$

即热平衡的传递性导致了坐标钟钟速同步的传递性.

假定热平衡不具有传递性,即当系统 A 与 B 处于热平衡,B 与 C 处于热平衡时,系统 A 与 C 之间不处于热平衡.我们在系统 A 与 B 之间、B 与 C 之间重新插入绝热板,然后抽掉系统 A 与 C 之间的绝热板(保留导热壁),这时,系统 A 和 C 将弛豫到新的热平衡态,二者的松原函数都将发生变化.为了讨论方便,我们假定系统 A 的热容量远大于 C 的热容量.故仅 β_C 变为 β''_C,β_A 的变化可忽略.这时,有

$$\begin{aligned} G_C(\Delta t_C) &= G_C(\Delta t_C + \mathrm{i}\beta''_C), \\ G_A(\Delta t_A) &= G_A(\Delta t_A + \mathrm{i}\beta_A). \end{aligned} \tag{5.8.25}$$

显然

$$\beta''_C \neq \beta_B = \beta_A. \tag{5.8.26}$$

为了使 β''_C 的值变为

$$\overline{\beta}_C = \beta_A, \tag{5.8.27}$$

必须调整 C 钟的速率,使 β''_C 变为 $\overline{\beta}_C$,此时,C 钟的新速率

$$\overline{\delta}_C \neq \delta_C. \tag{5.8.28}$$

注意,新速率 $\overline{\delta}_C$ 是由 A 钟校准得来的,旧速率 δ_C 是由 B 钟校准得来的.式(5.8.28)表明,坐标钟钟速同步不具有传递性.可见,热平衡的传递性是坐标钟钟速同步传递性的充要条件.

5.8.3 结论与讨论

(1) 热平衡具有传递性的充要条件是"坐标钟钟速同步具有传递性",这个条件弱于"同时具有传递性"的条件——时轴正交.在时轴正交的时空区,可以建立统一的同时面.而"钟速同步具有传递性"只保证各空间点坐标钟的速率可调整同步,并不保证建立统一的同时面.反过来,"同时具有传递性"一定能保证钟速同步的传递性.所以,"热平衡传递性"是"同时传递性"的必要条件而不是充分条件.

(2) 热力学第零定律可以表述为"钟速同步具有传递性".这个定律在黎曼时空中成立的充要条件是

$$\frac{\partial}{\partial t}\left(\frac{g_{0i}}{g_{00}}\right)=0. \qquad (5.8.29)$$

可以看到,第零定律成立的时空不一定是静态的.例如克鲁斯卡时空不是静态的,但时轴正交,$g_{0i}=0$,满足式(5.8.29),第零定律在其中成立.

第零定律成立的时空区域也不一定时轴正交.例如,克尔-纽曼黑洞外部,在采用 Boyer-Lindquist 坐标时,$g_{0i}\neq 0$,但度规稳态,满足式(5.8.29).再如转动圆盘,也是 $g_{0i}\neq 0$,但度规稳态,同样满足式(5.8.29).热力学第零定律在这些时轴非正交的时空区域仍然成立.

当讨论克尔-纽曼黑洞内外的热平衡时,由于度规是动态的,为满足式(5.8.29),必须选取时轴正交系.所以,讨论这类黑洞的霍金辐射时,一定要用拖曳坐标系,

(3) 应当说明,我们在证明过程中,选用自旋为零的理想气体进行讨论,只是为了简洁,并不影响证明的普遍性。事实上,我们在证明中只用了松原函数的周期性,并未用与自旋有关的任何特殊性质.上述周期性对各种自旋的气体都相同,只是在松原函数的形式上略有差异,而以自旋为零的气体表达起来最为简洁.所以,不论选用任何气体进行讨论,都会得到同样的结论,本节的证明具有普遍性.

5.9　热力学第零定律与钟速同步的再讨论

本节以不确定关系和普朗克黑体谱为基础,再次论证了钟速同步传递性等价于热力学第零定律.[171-172]

5.9.1　从测不准关系看钟速同步与第零定律的关系

首先讨论弯曲时空中时间与能量的不确定关系.然后,给出绝对零度附近时间与温度的不确定关系.并由此推出,热力学第零定律等价于钟速同步的传递性.

在弯曲时空中相邻的两点 A 与 B 各固定一个钟.这两个钟相对于所选的坐标系是静止的.固有时 τ 与坐标时 t 的关系为

$$\Delta\tau_A = \sqrt{-g_{00}}\,|_A\Delta t_A,\quad \Delta\tau_B = \sqrt{-g_{00}}\,|_B\Delta t_B. \tag{5.9.1}$$

不确定关系在 A、B 两点均应成立,

$$\Delta\tau_A\cdot\Delta E_{PA}\approx\hbar,\quad \Delta\tau_B\cdot\Delta E_{PB}\approx\hbar. \tag{5.9.2}$$

式中 E_{PA} 与 E_{PB} 分别为 A、B 两点处测量的固有能量,$\hbar$ 为普朗克常数.把式(5.9.1)代入式(5.9.2),并注意到固有能量 E_{p} 与坐标能量 E 的关系

$$\Delta E = \Delta E_{\mathrm{p}}\sqrt{-g_{00}}, \tag{5.9.3}$$

可得

$$\Delta t_A\cdot\Delta E_A\approx\hbar,\quad \Delta t_B\cdot\Delta E_B\approx\hbar. \tag{5.9.4}$$

这是用坐标量表出的不确定关系.不确定关系可以用坐标量表示,是意料之中的.早已知道,狭义相对论中的物理定律,一般均能在弯曲时空中用坐标量以相同形式给出.

设在 A、B 两点各静置一个宏观无穷小的、用同种单原子分子气体充满的热力学装置,其中的分子数目也相同.假定系统之间不做功,也不对外界做功,那么它们的内能变化可表为

$$\Delta E_{PA} = \frac{3}{2}Nk_{\mathrm{B}}\Delta T_{PA},\quad \Delta E_{PB} = \frac{3}{2}Nk_{\mathrm{B}}\Delta T_{PB}. \tag{5.9.5}$$

式中均为固有量,N 为分子数.

现在考虑上述热力学装置接近绝对零度的情况.这时,不确定关系(5.9.2)反映宏观量子效应,表示测量时间与系统能量之间存在不确定关系.把式(5.9.5)代入式(5.9.2),可得

$$\Delta\tau_A\cdot\Delta T_{PA}\approx\frac{2\hbar}{3Nk_{\mathrm{B}}},\quad \Delta\tau_B\cdot\Delta T_{PB}\approx\frac{2\hbar}{3Nk_{\mathrm{B}}}. \tag{5.9.6}$$

这可视作"时间-温度不确定关系",反映在极低温度下测量的时间与系统温度之间存在不确定关系.由于温度非常接近绝对零度,上式可写为

$$\Delta\tau_A\cdot T_{PA}\approx\frac{2\hbar}{3Nk_{\mathrm{B}}},\quad \Delta\tau_B\cdot T_{PB}\approx\frac{2\hbar}{3Nk_{\mathrm{B}}}. \tag{5.9.7}$$

考虑到坐标温度与固有温度的关系

$$T = T_{\mathrm{p}}\sqrt{-g_{00}},\quad \Delta T = \Delta T_{\mathrm{p}}\cdot\sqrt{-g_{00}}, \tag{5.9.8}$$

并应用式(5.9.1),我们得到用坐标量表示的"时间-温度不确定关系"

$$\Delta t_A \cdot \Delta T_A \approx \frac{2\hbar}{3Nk_B}, \quad \Delta t_B \cdot \Delta T_B \approx \frac{2\hbar}{3Nk_B}. \tag{5.9.9}$$

由于系统的温度极低,上式又可写为

$$\Delta t_A \cdot T_A \approx \frac{2\hbar}{3Nk_B}, \quad \Delta t_B \cdot T_B \approx \frac{2\hbar}{3Nk_B}. \tag{5.9.10}$$

式(5.9.9)与式(5.9.10)反映极低温度下,“测量”时间与坐标温度之间的不确定关系.

从式(5.9.10),容易看出

$$\frac{T_A}{T_B} = \frac{\Delta t_B}{\Delta t_A}. \tag{5.9.11}$$

可见温度的定义与时间速率的定义是相互依赖的,这种依赖关系在高温下也应该成立.

考虑如图5.8.1所示的三个无穷小热力学系统.当热力学第零定律成立,热平衡具有传递性时,A、B、C三点可定义统一的坐标温度T,即

$$T = T_A = T_B = T_C. \tag{5.9.12}$$

由于三点处的不确定关系形式完全相同,我们必定可以得到三处统一的时间间隔Δt,即

$$\Delta t = \Delta t_A = \Delta t_B = \Delta t_C. \tag{5.9.13}$$

这表明三处的坐标钟有相同的速率.我们看到,第零定律的成立导致钟速同步具有传递性.

反过来,如果A、B、C三处坐标钟的钟速同步具有传递性,三处可定义统一的时间间隔

$$\Delta t = \Delta t_A = \Delta t_B = \Delta t_C, \tag{5.9.14}$$

也必定可以依据不确定关系推论出,A、B、C三处有统一的坐标温度

$$T = T_A = T_B = T_C, \tag{5.9.15}$$

即A、B、C之间的热平衡具有传递性.

于是,我们依据不确定关系的普遍性,再次推论出“钟速同步的传递性等价于热平衡的传递性”.

5.9.2　从黑体辐射看钟速同步与第零定律的关系

弯曲时空中的平衡热辐射,表现出用坐标量表示的普朗克黑体谱.我们

把热平衡系统的辐射具有普朗克黑体谱作为一条基本的物理规律，以此为基础，来论证钟速同步的传递性等价于热力学第零定律.

1. 惯性系中钟速变化对温度的影响

考虑平直时空中静置于惯性系中的两个相互接触的热力学系统 A 与 B. 当它们达到热平衡时，有相同的温度，$T_A = T_B$，其标志是它们有相同的黑体辐射谱

$$N_{\omega A} = \frac{1}{\exp[h\nu_A/(k_B T_A)] - 1}, \tag{5.9.16}$$

$$N_{\omega B} = \frac{1}{\exp[h\nu_B/(k_B T_B)] - 1}. \tag{5.9.17}$$

我们考虑一个有趣的问题. 如果出现某种几何效应，使得系统 A 中的钟速发生变化，即时间进程发生变化，原有的 $\mathrm{d}t_A = \mathrm{d}t_B$ 变成

$$\mathrm{d}\tilde{t}_A = \alpha\mathrm{d}t_A = \alpha\mathrm{d}t_B, \tag{5.9.18}$$

式中 α 为正数. 上式表示，出现此效应后，系统 A 中的时间进程不再与系统 B 中的时间进程相等. 由于量子的频率反映辐射源的内禀振动频率，而且系统 A 中时间进程的变化并不改变系统 A、B 中观测者对振动次数的认同，这将导致系统 A 中量子频率 ν_A 发生变化，

$$\tilde{\nu}_A = \frac{1}{\alpha}\nu_A = \frac{1}{\alpha}\nu_B. \tag{5.9.19}$$

系统 A 中的观测者将发现自己接收到的热谱变成

$$\tilde{N}_{\omega A} = \frac{1}{\exp\left(\dfrac{\alpha h\,\tilde{\nu}_A}{k_\mathrm{B} T_A}\right) - 1} = \frac{1}{\exp\left[\dfrac{h\,\tilde{\nu}_A}{k_\mathrm{B}\tilde{T}_A}\right] - 1}, \tag{5.9.20}$$

其中

$$\tilde{T}_A = \frac{1}{\alpha}T_A = \frac{1}{\alpha}T_B. \tag{5.9.21}$$

式(5.9.20)虽然仍是黑体谱，但温度改变了，$\tilde{T}_A \neq T_B$，A、B 两系统不再处于热平衡态，它们的温度不再相等了. 这表示，钟速变化会导致热平衡态的温度变化.

2. 弯曲时空中的热平衡

弯曲时空中静置于一个坐标系中的两个热力学系统 A 与 B，当处于热平衡时，各自存在用固有量给出的黑体谱

$$N_{\omega A} = \frac{1}{\exp[h\nu_{PA}/(k_B T_{PA})] - 1}, \tag{5.9.22}$$

$$N_{\omega B} = \frac{1}{\exp[h\nu_{PB}/(k_B T_{PB})] - 1}, \tag{5.9.23}$$

固有量与坐标量的关系为

$$d\tau = \sqrt{-g_{00}}dt, \quad \nu_p = \nu(1/\sqrt{-g_{00}}), \quad T_p = (1/\sqrt{-g_{00}})T. \tag{5.9.24}$$

式中 $d\tau$、ν_p、T_p 分别为固有时间、固有频率和固有温度. dt、ν、T 则分别为坐标时间、坐标频率和坐标温度. 固有频率是用固有时间计量的,坐标频率则是用坐标时间计量的. 式(5.9.22)与式(5.9.23)可用坐标量给出:

$$N_{\omega A} = \frac{1}{\exp[h\nu_A/(k_B T_A)] - 1}, \tag{5.9.25}$$

$$N_{\omega B} = \frac{1}{\exp[h\nu_B/(k_B T_B)] - 1}, \tag{5.9.26}$$

弯曲时空中,两个系统处于热平衡的标志,不是它们的固有温度相等,而是它们的坐标温度相等: $T_A = T_B$. 一般情况下, $T_{pA} \neq T_{pB}$,除非 A、B 两点的 g_{00} 相等.

如果两点的坐标钟速率已同步,即 $dt_A = dt_B$,那么有 $\nu_A = \nu_B$. 这就是说,相互处于热平衡的 A、B 两个系统,用坐标量给出的黑体谱应该完全相同.

5.9.3 第零定律与钟速同步

现在我们来看,钟速同步不具有传递性,对热平衡有什么影响.

考虑如图 5.8.1 所示的三个热力学系统. 设 A、B 两个系统已达到热平衡,且钟速已调整同步,那么它们有相同的坐标温度和相同的坐标频率,即 $T_A = T_B$, $\nu_A = \nu_B$. 因此,它们有相同的黑体谱

$$N_{\omega A} = \frac{1}{\exp[h\nu_A/(k_B T_A)] - 1}, \tag{5.9.27}$$

$$N_{\omega B} = \frac{1}{\exp[h\nu_B/(k_B T_B)] - 1}. \tag{5.9.28}$$

如果 B 与 C 也已达到热平衡,且钟速也已调整同步,则有 $T_B = T_C$, $\nu_B =$

ν_C.它们也有相同的黑体谱,$N_{\omega B}$如式(5.9.28)所示,

$$N_{\omega C}=\frac{1}{\exp[h\nu_C/(k_BT_C)]-1}. \tag{5.9.29}$$

如果钟速同步不具有传递性,那么 A 钟与 C 钟同步得到的 $\mathrm{d}\tilde{t}_A$,将不等于 A 钟与 B 钟同步得到的 $\mathrm{d}t_A$.相应的坐标频率也不相等,即

$$\mathrm{d}\tilde{t}_A=\alpha\mathrm{d}t_A\neq\mathrm{d}t_A,\quad \tilde{\nu}_A=\frac{1}{\alpha}\nu_A\neq\nu_A. \tag{5.9.30}$$

式中 α 为正数.所以当系统 C 与 A 进行热接触时,发现系统 A 本身虽然仍处于热平衡态,但热谱已变成

$$\tilde{N}_{\omega A}=\frac{1}{\exp[h\tilde{\nu}_A/(k_B\tilde{T}_A)]-1}. \tag{5.9.31}$$

它仍是黑体谱,但坐标温度已不再是 T_A,而变成

$$\tilde{T}_A=\frac{1}{\alpha}T_A\neq T_A \tag{5.9.32}$$

了.由于 C 与 A 的坐标温度不再相等,

$$T_C\neq\tilde{T}_A, \tag{5.9.33}$$

系统 C 与 A 不再处于热平衡,热平衡不再具有传递性了.这表明,不能在包含 A、B、C 的大系统中定义统一的温度.应该注意,这是由于在此范围内,钟速同步不再具有传递性,不能定义统一的坐标时间间隔而造成的.

现在,我们考虑如果热平衡不具有传递性,对钟速同步会有什么影响.

当系统 A 与 B 达到热平衡,B 与 C 达到热平衡时,它们的坐标温度将有 $T_A=T_B$,$T_B=T_C$,式(5.9.27)~式(5.9.29)将成立.如果热平衡不具有传递性,我们将发现,当系统 C 与 A 接触时,它们不处于热平衡,即 A 的坐标温度不再是 T_A,而变成了

$$\tilde{T}_A\equiv\frac{1}{\alpha}T_A\neq T_A=T_B=T_C. \tag{5.9.34}$$

系统 A 中原来的平衡热辐射谱(5.9.27)用新温度 $\tilde{T}_A$ 表出,将变成

$$\tilde{N}'_{\omega A}=\frac{1}{\exp[h\nu_A/(k_B\alpha\tilde{T}_A)]-1}, \tag{5.9.35}$$

它表观上不是黑体谱.然而,本质上讲,系统 A 自身仍处于热平衡态,内中的平衡热辐射仍应有黑体谱.这只能理解为,这时系统 A 的钟速也变了,坐标频率变成了

$$\tilde{\nu}_A = \frac{1}{\alpha}\nu_A. \tag{5.9.36}$$

于是式(5.9.35)仍以黑体谱形式出现：

$$\tilde{N}'_{\omega A} = \frac{1}{\exp[h\tilde{\nu}_A/(k_B \tilde{T}_A)] - 1}. \tag{5.9.37}$$

我们看到,热平衡不具有传递性,将导致钟速同步不具有传递性.

5.9.4　讨论

我们把不确定关系看作一条基本的物理规律;把系统热平衡时,辐射具有普朗克黑体谱,也看作一条基本的物理规律;分别以这两条物理规律为基础,重新证明了热力学第零定律等价于钟速同步的传递性,如果第零定律成立,时空中一定可以找到一个"钟速同步具有传递性"的坐标系.换句话说,第零定律将对时空作出限制,其中能够找到"钟速同步"坐标系的时空,才是物理的,才真正存在.当然,也有另一种可能:存在着热平衡不具有传递性的时空,这就需要我们进一步发展热力学.

5.10　引力、热与时间

物理学中有两个特别值得注意的领域:一个是广义相对论;一个是热力学.除去广义相对论之外的所有物理领域(包括热力学),都把时空看作不依赖于物质及其运动的背景和舞台.时空永远是平直的,像个空架子,不受物质和运动的影响.所有物质都在平直不变的时空背景下运动,展现自己的规律.只有广义相对论,认为时空背景不能脱离物质和运动.它们之间相互影响,物质和运动会使时空弯曲.换句话说,只有广义相对论中的时空是弯曲的,其他所有物理领域中的时空都是平直的.

另一方面,除去热力学之外的所有物理领域(包括广义相对论),都不认为时间有方向,都是可逆的、时间反演成立的理论,都是绝对零度的理论.只有热力学,它的第二定律显示出时间箭头,认为时间有方向,认为真实的物理过程应该是不可逆的.它的第三定律告诉我们,真实的物理过程不应该处在绝对零度.

这两个具有鲜明特色的理论,其实存在着本质的联系.

物质的所有属性中,只有"热"和作为时空弯曲表现形式的"引力"是万有的,任何物质形态都有,不像电磁作用,只出现在电磁体之间;不像强作用,只出现在强子之间;也不像弱作用,只出现在大部分微观粒子之间.

万有引力和热运动都不可屏蔽,所谓的绝热壁只不过是一种想象的东西.

恒星和星系之所以能够存在,是靠着万有引力把物质凝聚在一起的,又靠着热运动的排斥作用,物质才不至于在引力作用下无限制地塌缩.热与引力,是维持恒星和星系生存的一对矛盾,一个起排斥作用,另一个起吸引作用,最后达到一定的平衡.特别值得注意的是,当通常的热运动停止下来,星体只剩下万有引力的吸引作用而彻底塌缩时,形成的黑洞居然会有温度出现.本章前面的讨论又表明,万有引力作用发展到极端而形成的奇点,与违背热力学第三定律、完全不考虑热效应有关.可见,热与引力具有深刻的本质联系.不能把引力与电磁力、强力、弱力等同看待,引力不是真正的力,它不仅是时空的弯曲,而且与热不可分割.

因此我们认为,任何不考虑"热"的引力研究都会碰到不可逾越的困难.广义相对论中的奇点困难就是其中之一.广义相对论的场方程本质上是绝对零度的方程.在不考虑热效应的情况下,得出了奇点定理,导致了严重的奇点困难.广义相对论中的另一个基本困难——引力场量子化的困难,也可能与不考虑"热"有关.如果讨论有限温度下的引力理论,也许能克服引力场量子化中碰到的困难.

另一方面,狭义相对论的热力学理论至今存在问题,更不用说广义相对论的热力学了.一个匀速运动的物体,与静止的同种物体相比,其温度升高、降低还是不变?现在居然有三种答案,而且谁也说服不了谁.实际上,热学理论至今未能纳入相对论的框架.爱因斯坦在1905年之后,碰到了万有引力定律纳不进相对论框架的困难.今天我们碰到了类似的困难,并且也许是更大的困难.

广义相对论告诉我们,引力与时间有关,上面又谈到引力与热有关,热与时间有关.我们朦胧地看到一个重要的三角关系(图 5.10.1).

本章的讨论向我们展示了热力学定律与时间属性之间的深刻而本质的联系.

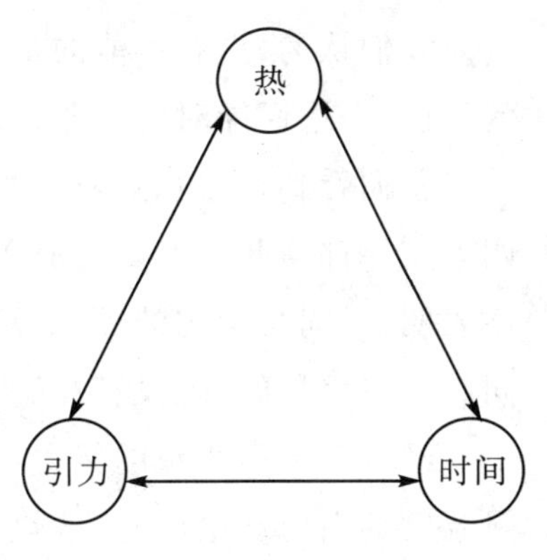

图 5.10.1　热、引力与时间

人们早已知道,热力学第二定律显示出时间箭头,指出时间是有方向的.人们也早已知道,能量守恒是时间均匀性的表现.热力学第一定律就是能量守恒定律,它告诉我们,时间是均匀流逝的.

在本章的讨论中,我们把热力学第三定律推广为包括温度上限的形式,即广义热力学第三定律,它告诉我们温度是一个"开域",不包括上限和下限,在通常的热力学系统中,此定律可以表述为:不能通过有限次操作,把系统的温度降低到绝对零度或升高到无穷大.对于负温系统,它就是通常的表述形式:不能通过有限次操作,把系统的温度降低到 $+0$ K 或升高到 -0 K.

我们指出,奇点定理是在违背广义热力学第三定律的情况下证明的.广义热力学第三定律将阻止时空出现奇异性(奇点和奇环).第三定律不仅禁止裸奇异出现(宇宙监督假设),而且干脆禁止任何奇异性出现.

奇点被看作时间的"端点"(此端点本身不属于时间).奇点的存在表明时间的有限性,有一个有限的开始,或有一个有限的结束,或者既有有限的开始,又有有限的结束.广义热力学第三定律排除奇点,就保证了时间的无限性.所以可以说,热力学第三定律表明,时间是无限的,既没有开始,又没有结束.

在本章中,我们指出了热平衡的传递性等价于钟速同步的传递性.阐述热平衡传递性的热力学第零定律,原意是告诉人们可以定义统一的温度概念,现在我们指出,它也意味着可以定义统一的"钟速"概念.其本质就是在时空中定义统一的时间.它几乎也就是在时空中定义同时面.因此可以说,热力学第零定律表明,时间是可以在时空中统一定义的,即第零定律要求时空中至少存在一个可以统一定义钟速(统一定义时间)的坐标系.

如果认为钟速同步不具有传递性的时空,以及具有奇异性的时空都是现实存在的,那么,热力学定律在这类怪异的时空中将不成立,或者需要修改.

我们认为,更有可能的是,热力学定律将排除上述怪异时空的存在,也就是说,上述怪异时空是非物理的.

我们看到,引力、热与时间之间存在着本质的联系,同时看到,热力学的四条定律都与时间的本性有关:第零定律表明,时间是可以定义的;第一定律表明,时间是均匀的;第二定律表明,时间是有方向的;第三定律表明,时间是无穷无尽的,既没有开始,也没有结束.

经过一个多世纪的努力,物理学似乎再次处于重大变革的前夜.建立有限温度的引力理论,搞清楚热、时间与引力之间的三角关系,很可能是新变革的起点.

第6章 黑洞熵与奇点定理的再探讨

本章简单介绍1999年之后我们对黑洞热性质与时空奇异性的进一步研究[173-174].

在6.1节和6.2节中，我们首先介绍't Hooft提出的研究黑洞熵的砖墙模型[175-184]，然后阐述我们对这一模型的发展与推广——薄膜模型[185-216].在这一模型中，我们把黑洞熵看作黑洞表面二维膜上量子态的熵.用薄膜模型不仅能够计算各种稳态黑洞的熵，而且可以计算动态黑洞的熵.

在6.3节和6.4节中，我们研究黑洞的信息疑难[217-256].首先把派瑞克与威尔塞克的工作推广到各种黑洞(包括动态黑洞)和各种辐射粒子的情况，证实他们的数学模型是正确的、普适的.不过，我们进一步指出，在他们的证明过程中暗含了黑洞热辐射是可逆过程的假设.然而，由于黑洞的负比热，黑洞与外界不可能处于稳定的热平衡状态，必然存在温差，所以霍金辐射不可能是一个可逆过程.因此我们认为他们的证明是有局限性的，不能反映真实的黑洞过程.我们认为黑洞的热辐射必然导致信息丢失，如果信息确实是负熵，则自然界不可能存在信息守恒定律.

在6.5节～6.8节中，我们通过对类光测地线性质的研究，对奇点定理作了进一步探讨[257-265].奇点定理是用类时测地线或类光测地线不能无限延伸来证明的.类时测地线的加速度为零.按照安鲁效应，沿类时测地线运动的观测者或质点似应处在绝对零度的环境中，显然这是一种违背热力学第三定律的状态.按照“奇点定理与热力学第三定律冲突”的猜想，我们推测类光测地线的加速度可能也与第三定律有矛盾.类光测地线的加速度显然不能是零，如果是零，它就不再是类光线，而成为类时测地线了.所以我们猜测也许类光测地线的加速度为无穷大.后来，作者在伦德勒的书中看到，他在研究匀加速直线运动参考系时,也讲到可以把"伦德勒视界"这一特殊的类光线,看作固有加速度发散的曲线,这使作者更加觉得自己的猜想可能有道理[25].由于伦德勒只是对一种特殊情况(即"伦德勒视界")提出上述看法,我们想对此作一个普遍证明.6.5 节～6.8 节的内容就是围绕这一目标所作的研究,有关工作都已在国内外学术刊物上发表,感兴趣的读者请参看有关文献,或我们在北京大学出版社出版的《黑洞与时间的性质》一书,那里有详尽的证明.

此外,还有一些研究内容没有列入本书,例如关于相继时间段(绵延)的测量[266]、用新乌龟坐标对动态黑洞的研究[267-269]、能斯特定理与黑洞熵[270-276],以及其他一些有关黑洞的问题[277-281],有兴趣的读者可参看相关文献.

6.1 黑洞熵的砖墙模型

1985 年,'t Hooft 提出砖墙模型(brick wall model)来解释黑洞熵.该模型认为,洞外与黑洞处于热平衡的量子气体(霍金辐射)的熵[173-184],就是黑洞的熵.但由于辐射场的态密度在视界上和无穷远处发散,所以't Hooft 构筑了两堵墙,在视界附近和远方把量子场截断,把波函数限制在两堵砖墙之间(图 6.1.1).即

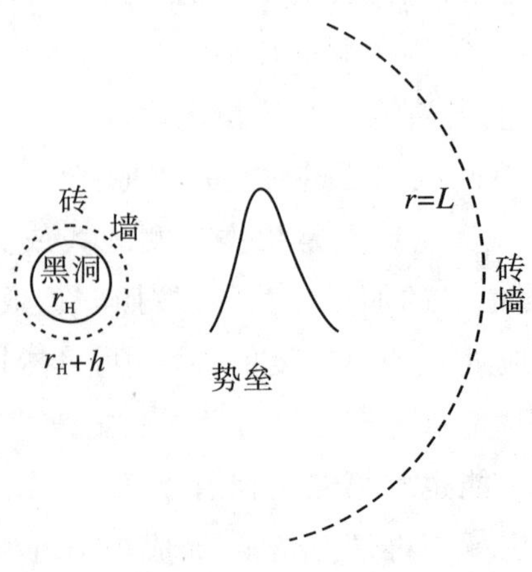

图 6.1.1 砖墙模型

$$\psi(r)=0 \quad (r_{\mathrm{H}}\leqslant r\leqslant r_{\mathrm{H}}+h, r\geqslant L) \tag{6.1.1}$$

式中 $h\ll r_{\mathrm{H}}, L\gg r_{\mathrm{H}}$,即两堵砖墙分别位于

$$r=r_{\mathrm{H}}+h \quad 及 \quad r=L \tag{6.1.2}$$

处.

下面以施瓦西黑洞为例,来介绍如何利用砖墙模型计算黑洞的熵.

把施瓦西度规代入克莱因-戈登方程 ,得

$$\frac{1}{\sqrt{-g}}\frac{\partial}{\partial x^{\mu}}\left(\sqrt{-g}g^{\mu\nu}\frac{\partial\phi}{\partial x^{\nu}}\right)-\frac{\mu_0^2c^2}{\hbar^2}\phi=0. \tag{6.1.3}$$

并令 $c=G=1$,但暂不取 $\hbar=1$,以便作 WKB 近似时参考,得

$$-\left(1-\frac{2m}{r}\right)^{-1}\frac{\partial^2\phi}{\partial t^2}+\frac{1}{r^2}\frac{\partial}{\partial r}\left[(r^2-2mr)\frac{\partial\phi}{\partial r}\right]+\frac{1}{r^2\sin\theta}\frac{\partial}{\partial\theta}\left(\sin\theta\frac{\partial\phi}{\partial\theta}\right)$$
$$+\frac{1}{r^2\sin^2\theta}\frac{\partial^2\phi}{\partial\varphi^2}=\frac{\mu_0^2}{\hbar^2}\phi \tag{6.1.4}$$

分离变量

$$\phi=\mathrm{e}^{-\mathrm{i}\omega t}Y_{lm}(\theta,\varphi)\psi(r),$$

得径向方程

$$\frac{\mathrm{d}}{\mathrm{d}r}\left[(r^2-2mr)\frac{\mathrm{d}\psi}{\mathrm{d}r}\right]+\left[\frac{r^3\omega^2}{r-2m}-\frac{\mu_0^2}{\hbar^2}r^2-l(l+1)\right]\psi=0 \tag{6.1.5}$$

和横向方程

$$\frac{1}{\sin\theta}\frac{\partial}{\partial\theta}\left(\sin\theta\frac{\partial Y_{lm}}{\partial\theta}\right)+\frac{1}{\sin^2\theta}\frac{\partial^2 Y_{lm}}{\partial\varphi^2}=-l(l+1)Y_{lm}. \tag{6.1.6}$$

显然,Y_{lm} 是球谐函数.下面集中研究径向方程.考虑到洞外存在势垒,且时空稳态,可作 WKB 近似.

设

$$\psi(r)=\mathrm{e}^{\frac{\mathrm{i}}{\hbar}s(r)}, \tag{6.1.7}$$

代入式(6.1.5),得

$$(r^2-2mr)s'^2-\left[(r^2-2mr)s''+2(r-m)s'\right]\mathrm{i}\hbar$$
$$-\left[\frac{r^3\omega^2}{r-2m}-\frac{\mu_0^2}{\hbar^2}r^2-l(l+1)\right]\hbar^2=0. \tag{6.1.8}$$

把 $s(r)$按 $\hbar$ 的幂级数展开:

$$s=s_0+\frac{\hbar}{\mathrm{i}}s_1+\left(\frac{\hbar}{\mathrm{i}}\right)^2s_2+\cdots. \tag{6.1.9}$$

代入式(6.1.8),得

$$(r^2-2mr)(s_0'^2+2s_0's_1'\frac{\hbar}{\mathrm{i}}+\cdots)+[(r^2-2mr)\mathrm{i}\hbar s_0''+\cdots$$

$$+2(r-m)s_0'\mathrm{i}\hbar+\cdots]-\left[\frac{\omega^2r^3}{r-2m}-\frac{\mu_0^2r^2}{\hbar^2}-l(l+1)\right]\hbar^2=0.\quad(6.1.10)$$

按 $\hbar$ 的幂次,分别可得

$\hbar$ 的零次幂项 $(r^2-2mr)s_0'^2=\left[\frac{\omega^2r^3}{r-2m}-\frac{\mu_0^2r^2}{\hbar^2}-l(l+1)\right]\hbar^2,$

$\hbar$ 的一次幂项 $2s_0's_1'(r^2-2mr)-(r^2-2mr)s_0''-2(r-m)s_0'=0,$

$\cdots.$ (6.1.11)

注意,$E=\hbar\omega, L^2=l(l+1)\hbar^2, s_0'=k\hbar$,$k$ 为波矢.所以,若用能量 E、角动量 L 及动量 s_0'表示,式(6.1.11)第一式即为 $\hbar$ 的零次幂项.此式又可写成

$$k^2=\left(1-\frac{2m}{r}\right)^{-1}\left[\omega^2\left(1-\frac{2m}{r}\right)^{-1}-\frac{\mu_0^2}{\hbar^2}-\frac{l(l+1)}{r^2}\right].\quad(6.1.12)$$

在两堵砖墙之间应该形成驻波,在自然单位制($\hbar=1$)下,根据半经典量子化理论中的驻波条件,可得

$$n\pi=\int_{r_H+h}^{L}k(r,l,\omega)\mathrm{d}r.\quad(6.1.13)$$

根据正则系综理论,标量粒子的自由能为

$$\beta F=\sum_{\omega}\ln(1-\mathrm{e}^{-\beta\omega}).\quad(6.1.14)$$

作半经典处理,视能态为连续分布,则求和可写成积分:

$$\beta F=\int_0^{\infty}g(\omega)\ln(1-\mathrm{e}^{-\beta\omega})\mathrm{d}\omega=\int_0^{+\infty}\ln(1-\mathrm{e}^{-\beta\omega})\mathrm{d}\Gamma(\omega)$$

$$=\Gamma(\omega)\ln(1-\mathrm{e}^{-\beta\omega})\Big|_0^{+\infty}-\int_0^{+\infty}\frac{\Gamma(\omega)\mathrm{e}^{-\beta\omega}}{1-\mathrm{e}^{-\beta\omega}}\beta\mathrm{d}\omega,\quad(6.1.15)$$

式中 $\Gamma(\omega)$为系统能量小于或等于 ω 的微观态数,$g(\omega)\equiv\mathrm{d}\Gamma/\mathrm{d}\omega$ 为态密度.可以算出自由能

$$F=-\frac{1}{\pi}\int_0^{\infty}\frac{\mathrm{d}\omega}{\mathrm{e}^{\beta\omega}-1}\int\frac{r^2\mathrm{d}r}{(1-2m/r)^2}\left(-\frac{2}{3}\right)(\omega^2-x)\Big|_{(1-2m/r)\mu_0^2}^{\omega^2}$$

$$=\frac{-2}{3\pi}\int_0^{\infty}\frac{\mathrm{d}\omega}{\mathrm{e}^{\beta\omega}-1}\int\frac{r^2\mathrm{d}r}{(1-2m/r)^2}\left[\omega^2-\left(1-\frac{2m}{r}\right)\mu_0^2\right]^{3/2}.\quad(6.1.16)$$

r 的积分受砖墙的限制，其中 h 为紫外截断因子，L 为红外截断因子．采用小质量近似，$\mu_0\approx 0$，式(6.1.16)约化成

$$F = \frac{-2}{3\pi}\int_0^\infty \frac{\omega^3 \mathrm{d}\omega}{\mathrm{e}^{\beta\omega}-1}\int_{r_H+h}^{L}\frac{r^2\mathrm{d}r}{(1-2m/r)^2}. \tag{6.1.17}$$

不难算出

$$\begin{aligned}F &= \frac{-2\pi^4}{45\pi\beta^4}\left(\frac{1}{3}L^3+\frac{16m^4}{h}+32m^3\ln\frac{L}{h}\right)\\ &= -\frac{2\pi^3}{45h}\left(\frac{2m}{\beta}\right)^4-\frac{2\pi^3}{135\beta^4}L^3-\frac{8(2\pi m)^3}{45\beta^4}\ln\frac{L}{h}.\end{aligned} \tag{6.1.18}$$

上式右边第二项正比于 L^3，应视作洞外量子气体的贡献，第三项通常被解释为黑洞自由能的量子修正．黑洞经典自由能的贡献来自第一项．从量子统计，知

$$S=\beta^2\frac{\partial F}{\partial\beta}, \tag{6.1.19}$$

于是有

$$S=\frac{8\pi^3}{45h\beta^3}(2m)^4+\frac{8\pi^3L^3}{135\beta^3}+\frac{32(2\pi m)^3}{45\beta^3}\ln\frac{L}{h}, \tag{6.1.20}$$

右边第二项为洞外量子气体的熵，第三项为黑洞熵的量子修正，第一项是贝根斯坦-霍金熵．

对施瓦西黑洞，表面引力

$$\kappa=\frac{1}{4m},\quad \beta=\frac{1}{T_H}=\frac{2\pi}{\kappa}=8\pi m, \tag{6.1.21}$$

则贝根斯坦-霍金熵为

$$S=\frac{8\pi^3}{45h\beta^3}(2m)^4=\frac{2m(8\pi m)^3}{360h\beta^3}=\frac{2m}{360h}. \tag{6.1.22}$$

取截断因子

$$h=\frac{T_H}{90}=\frac{1}{720\pi m}=\frac{1}{90\beta}, \tag{6.1.23}$$

则贝根斯坦-霍金熵为

$$S=4\pi m^2=\pi r_H^2=\frac{1}{4}A, \tag{6.1.24}$$

黑洞面积 $A=4\pi r_H^2$．

采用式(6.1.23)所示的紫外截断后，'t Hooft 用统计方法算出了贝根斯坦-霍金熵．

值得注意的是截断因子 h 的物理意义和几何意义，物理意义从式(6.1.23)可以看出.对于几何意义，'t Hooft 指出，h 相应的固有距离为

$$\alpha = \int_{r_H}^{r_H+h} \sqrt{g_{11}}\,\mathrm{d}r \approx \int_{r_H}^{r_H+h} \sqrt{1-\frac{2m}{r}}\,\mathrm{d}r$$

$$\approx \sqrt{2mh} + m\sqrt{\frac{2h}{m}} = \sqrt{8mh}. \tag{6.1.25}$$

6.2 黑洞熵的薄膜模型

为了用统计方法计算动态黑洞的熵，以及非热平衡情况下静态黑洞或稳态黑洞的熵，我们把't Hooft 的砖墙模型改进为薄膜模型[173,185-214].

注意到砖墙方法中，黑洞熵主要来自靠近黑洞的量子气体的贡献.上节中算得的自由能和熵，即上节的式(6.1.18)和式(6.1.20)各由三项构成，其中给出贝根斯坦熵的是式(6.1.20)的第一项.该式第二项与洞外空间体积成正比，应视为洞外气体的熵，与黑洞熵无关.第三项通常被解释为黑洞熵(贝根斯坦熵)的量子修正.

容易看出，对贝根斯坦熵作出贡献，即对(6.1.20)式的第一项作出贡献的只是紧靠黑洞薄层中的量子气体.这就为我们研究非热平衡黑洞的统计熵提供了可能.

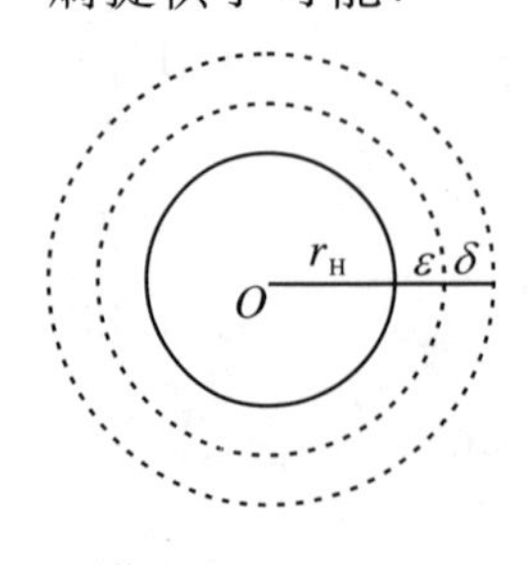

图 6.2.1 薄膜模型

我们认为黑洞熵实际是黑洞表面(事件视界)二维膜的熵，即类光超曲面被三维空间"同时面"截得的二维曲面的熵，它实际上由此膜(视界)上的二维量子气体所贡献.这与黄超光、刘辽、徐锋等人讨论视界面上的热力学的思想是接近的[215-216].

我们建议这样来计算黑洞熵(图 6.2.1)：在洞外取一个厚度为 δ、距离视界为 ε 的薄层，研究此薄层中气体的熵，然后令 $\delta\to 0$，$\varepsilon\to 0$，即得到事件视界的熵.

我们先在静态球对称的施瓦西时空中，把计算黑洞熵的砖墙模型发展

改造成薄膜模型,然后把这一模型推广到动态黑洞的情况.

1. 施瓦西黑洞

我们把式(6.1.13)改造为[185,190]

$$n\pi = \int_{r_H+\varepsilon}^{r_H+\varepsilon+\delta} k(r,l,\omega)\mathrm{d}r. \tag{6.2.1}$$

于是,式(6.1.16)改变为

$$F = \frac{-2}{3\pi}\int_0^\infty \frac{\mathrm{d}\omega}{\mathrm{e}^{\beta\omega}-1}\int_{r_H+\varepsilon}^{r_H+\varepsilon+\delta}\frac{r^2\mathrm{d}r}{(1-2m/r)^2}\left[\omega^2-\left(1-\frac{2m}{r}\right)\mu_0^2\right]^{3/2}. \tag{6.2.2}$$

注意,在视界附近,$r\to 2m$,μ_0^2 项前面的系数趋于零,即使不作小质量近似,质量项也会消失.因此上式可约化成

$$\begin{aligned} F &= \frac{-2}{3\pi}\int_0^\infty \frac{\omega^3\mathrm{d}\omega}{\mathrm{e}^{\beta\omega}-1}\int_{r_H+\varepsilon}^{r_H+\varepsilon+\delta} r^2\left(1-\frac{2m}{r}\right)^{-2}\mathrm{d}r \\ &= \frac{2}{3\pi}\cdot\frac{\pi^4}{15\beta^4}(2m)^4\left(\frac{1}{\varepsilon+\delta}-\frac{1}{\varepsilon}\right) \\ &= -\frac{32\pi^3 m^4}{45\beta^4}\frac{\delta}{\varepsilon(\varepsilon+\delta)}. \end{aligned} \tag{6.2.3}$$

上面第二步用了中值定理,把缓变部分 r^4 先提到积分号外,再对快变部分作积分.于是可计算出熵为

$$S = \beta^2\frac{\partial F}{\partial\beta} = \frac{128\pi^3 m^4}{45\beta^3}\frac{\delta}{\varepsilon(\varepsilon+\delta)} = \frac{A}{4}\cdot\frac{1}{90\beta}\frac{\delta}{\varepsilon(\varepsilon+\delta)}. \tag{6.2.4}$$

若选取截断

$$\frac{\delta}{\varepsilon(\varepsilon+\delta)} = 90\beta = \frac{90}{T}, \tag{6.2.5}$$

则得到黑洞熵为

$$S = \frac{A}{4}, \tag{6.2.6}$$

即贝根斯坦-霍金熵.

2. Vaidya 黑洞的熵

现在我们以 Vaidya 黑洞为例,介绍如何用薄膜模型来研究动态黑洞的熵.

已知 Vaidya 时空[161-165]

$$\mathrm{d}s^2 = -\left[1-\frac{2M(v)}{r}\right]\mathrm{d}v^2 + 2\mathrm{d}v\mathrm{d}r + r^2(\mathrm{d}\theta^2+\sin^2\theta\mathrm{d}\varphi^2) \tag{6.2.7}$$

的黑洞视界位于

$$r_{\mathrm{H}}=\frac{2M}{1-2\dot{r}_{\mathrm{H}}},\tag{6.2.8}$$

温度函数为

$$\kappa=\frac{1-2\dot{r}_{\mathrm{H}}}{4M}=\frac{1}{2r_{\mathrm{H}}},\tag{6.2.9}$$

温度为

$$T=\frac{\kappa}{2\pi}=\frac{1-2\dot{r}_{\mathrm{H}}}{8\pi M}=\frac{1}{4\pi r_{\mathrm{H}}}.\tag{6.2.10}$$

现在利用薄膜模型计算黑洞的熵.作坐标变换

$$R=r-r_{\mathrm{H}},\quad \mathrm{d}R=\mathrm{d}r-\dot{r}_{\mathrm{H}}\mathrm{d}v,\tag{6.2.11}$$

线元(6.2.7)化成

$$\mathrm{d}s^2=-\left(1-\frac{2M}{r}-2\dot{r}_{\mathrm{H}}\right)\mathrm{d}v^2+2\mathrm{d}v\mathrm{d}R+r^2(\mathrm{d}\theta^2+\sin^2\theta\mathrm{d}\varphi^2),\tag{6.2.12}$$

逆变度规为

$$g^{\mu\nu}=\begin{pmatrix}0 & 1 & 0 & 0\\ 1 & 1-\dfrac{2M}{r}-2\dot{r}_{\mathrm{H}} & 0 & 0\\ 0 & 0 & 1/r^2 & 0\\ 0 & 0 & 0 & 1/(r^2\sin^2\theta)\end{pmatrix}.\tag{6.2.13}$$

克莱因-戈登方程在分离变量

$$\phi=X(v,R)Y_{lm}(\theta,\varphi)\tag{6.2.14}$$

后,可化成径向方程与横向方程.横向方程的解为球谐函数 $Y_{lm}(\theta,\varphi)$,径向方程为

$$g^{11}\frac{\partial^2X}{\partial R^2}+2\frac{\partial^2X}{\partial v\partial R}+\frac{2}{r}\left(1-\frac{2M}{r}-2\dot{r}_{\mathrm{H}}\right)\frac{\partial X}{\partial R}+\frac{2}{r}\frac{\partial X}{\partial v}-\left[\mu_0^2+\frac{l(l+1)}{r^2}\right]X=0.\tag{6.2.15}$$

作 WKB 近似,令

$$X(v,R)=\exp\left(-\mathrm{i}\omega v+\mathrm{i}\frac{s}{\hbar}\right)=\exp\left(-\mathrm{i}\frac{E}{\hbar}v+\mathrm{i}\frac{s}{\hbar}\right).\tag{6.2.16}$$

容易看出

$$\frac{\partial X}{\partial R}=\frac{\mathrm{i}}{\hbar}s'X,\quad \frac{\partial^2X}{\partial R^2}=\frac{\mathrm{i}}{\hbar}s''X-\frac{s'^2}{\hbar^2}X,\quad \frac{\partial X}{\partial v}=-\mathrm{i}\frac{E}{\hbar}X,\quad \frac{\partial^2X}{\partial v\partial R}=\frac{E}{\hbar^2}s'X,$$

代入式(6.2.15),得

$$g^{11}\left(\frac{i}{\hbar}s''-\frac{1}{\hbar^2}s'^2\right)+\frac{2E}{\hbar^2}s'+\frac{2\mathrm{i}}{r}g^{11}\frac{1}{\hbar}s'-\left[\frac{2\mathrm{i}E}{r\hbar}+\frac{\mu_0^2}{\hbar^2}+\frac{l(l+1)}{r^2}\right]=0. \tag{6.2.17}$$

将 s 展开为

$$s=s_0+\frac{\hbar}{\mathrm{i}}s_1+\left(\frac{\hbar}{\mathrm{i}}\right)^2 s_2+\cdots. \tag{6.2.18}$$

代入式(6.2.17),得

$$g^{11}\left[\mathrm{i}\left(s''_0\hbar+\frac{\hbar^2}{\mathrm{i}}s'_1+\cdots\right)-\left(s'_0+\frac{\hbar}{\mathrm{i}}s'_1+\cdots\right)^2\right]+2E\left(s'_0+\frac{\hbar}{\mathrm{i}}s'_1+\cdots\right)$$
$$+\frac{2g^{11}}{r}(\mathrm{i}\hbar)\left(s'_0+\frac{\hbar}{i}s'_1+\cdots\right)-\left[\frac{2\mathrm{i}E}{r}\hbar+\mu_0^2+\frac{l(l+1)\hbar^2}{r^2}\right]=0. \tag{6.2.19}$$

让 $\hbar$ 的不同幂次的系数相等,其中 $\hbar$ 的零次幂的系数应满足

$$g^{11}s_0'^2-2Es_0'+\left[\mu_0^2+\frac{l(l+1)\hbar^2}{r^2}\right]=0. \tag{6.2.20}$$

注意,$l(l+1)\hbar^2$ 是角动量 L^2,实际与 $\hbar$ 无关.

式(6.2.20)的解为

$$s_0'=\frac{E\pm\sqrt{E^2-\left(1-\frac{2M}{r}-2\dot{r}_{\mathrm{H}}\right)\left[\mu_0^2+\frac{l(l+1)\hbar^2}{r^2}\right]}}{1-\frac{2M}{r}-2\dot{r}_{\mathrm{H}}}. \tag{6.2.21}$$

当 $\hbar=1$ 时,$E=\omega$,上式化成

$$\left(\frac{\partial s_0}{\partial R}\right)_{\pm}=\frac{\omega\pm\sqrt{\omega^2-\left(1-\frac{2M}{r}-2\dot{r}_{\mathrm{H}}\right)\left[\mu_0^2+\frac{l(l+1)}{r^2}\right]}}{1-\frac{2M}{r}-2\dot{r}_{\mathrm{H}}}. \tag{6.2.22}$$

研究黑洞视界外一个薄层内的量子气体,根据驻波条件,可得

$$2n\pi=\int_{\varepsilon}^{\varepsilon+\delta}\left(\frac{\partial s_0}{\partial R}\right)_{+}\mathrm{d}R+\int_{\varepsilon+\delta}^{\varepsilon}\left(\frac{\partial s_0}{\partial R}\right)_{-}\mathrm{d}R, \tag{6.2.23}$$

所以

$$n=\frac{1}{\pi}\int_{\varepsilon}^{\varepsilon+\delta}\frac{\sqrt{\omega^2-\left(1-\frac{2M}{r}-2\dot{r}_{\mathrm{H}}\right)\left[\mu_0^2+\frac{l(l+1)}{r^2}\right]}}{1-\frac{2M}{r}-2\dot{r}_{\mathrm{H}}}\mathrm{d}R, \tag{6.2.24}$$

正则系统的自由能

$$F = \frac{1}{\beta}\sum_{\omega}\ln(1 - e^{-\beta\omega}). \tag{6.2.25}$$

把求和改成积分

$$\beta F = \int l(l+1)\int dn \cdot \ln(1 - e^{-\beta\omega}), \tag{6.2.26}$$

计算可得

$$F = -\frac{2}{3\pi}\int_{\varepsilon}^{\varepsilon+\delta} r^2\left(1 - \frac{2M}{r} - 2\dot{r}_H\right)^{-2} dR\int (e^{+\beta\omega} - 1)^{-1}(\omega^2 - g^{11}\mu_0^2)^{3/2} d\omega. \tag{6.2.27}$$

在视界处，$g^{11}\to 0$，所以不用小质量近似就可消去质量项(即 μ_0^2 项).然后利用中值定理，可得

$$\begin{aligned} F &= -\frac{2}{3\pi}\int_{\varepsilon}^{\varepsilon+\delta}\frac{r^4 dR}{\left(r - \frac{2M}{1-2\dot{r}_H}\right)^2(1-2\dot{r}_H)^2}\int\frac{\omega^3 d\omega}{e^{\beta\omega}-1} \\ &= -\frac{2}{3\pi}\int_{\varepsilon}^{\varepsilon+\delta}\frac{r^4 dR}{R^2(1-2\dot{r}_H)^2}\cdot\frac{\pi^4}{15\beta^4}, \end{aligned} \tag{6.2.28}$$

即

$$\begin{aligned} F &= \frac{-2\pi^3}{45\beta^4}\cdot\frac{\tilde{r}_H^4}{(1-2\dot{r}_H)^2}\int_{\varepsilon}^{\varepsilon+\delta}\frac{1}{R^2}dR \\ &= \frac{-2\pi^3\tilde{r}_H^4}{45\beta^4(1-2\dot{r}_H)^2}\frac{\delta}{\varepsilon(\varepsilon+\delta)}, \end{aligned} \tag{6.2.29}$$

式中 $r_H + \varepsilon \leqslant \tilde{r}_H \leqslant r_H + \varepsilon + \delta$.

不难得到

$$S = \beta^2\frac{\partial F}{\partial\beta} = \frac{8\pi^3\tilde{r}_H^4}{45\beta^3(1-2\dot{r}_H)^2}\frac{\delta}{\varepsilon(\varepsilon+\delta)}. \tag{6.2.30}$$

从式(6.2.10)知 $\beta = 4\pi r_H$，所以上式可改写成

$$S \approx \frac{\pi r_H^2}{(1-2\dot{r}_H)^2}\frac{1}{90\beta}\frac{\delta}{\varepsilon(\varepsilon+\delta)} \quad (\text{近似来自 } \tilde{r}_H \approx r_H). \tag{6.2.31}$$

取

$$\frac{\delta}{\varepsilon(\varepsilon+\delta)} = 90\beta, \tag{6.2.32}$$

则

$$S \approx \frac{A}{4}\cdot\frac{1}{(1-2\dot{r}_H)^2}. \tag{6.2.33}$$

这就是 Vaidya 黑洞的熵.

3. 讨论

式(6.2.32)可改写成

$$\delta=\frac{(90\beta)\varepsilon^2}{1-(90\beta)\varepsilon}. \tag{6.2.34}$$

容易得出

$$\begin{aligned}\lim_{\varepsilon\to 0}\frac{\delta}{\varepsilon(\varepsilon+\delta)} &= \lim_{\varepsilon\to 0}\frac{(90\beta)\varepsilon^2/[1-(90\beta)\varepsilon]}{\varepsilon\{\varepsilon+(90\beta)\varepsilon^2/[1-(90\beta)\varepsilon]\}}\\ &= \lim_{\varepsilon\to 0}\frac{(90\beta)/[1-(90\beta)\varepsilon]}{1+(90\beta)\varepsilon/[1-(90\beta)\varepsilon]}=90\beta.\end{aligned} \tag{6.2.35}$$

从式(6.2.32)或式(6.2.34)不难看出,当 $\varepsilon\to 0$ 时,必有 $\delta\to 0$. 即薄层贴到视界上时,其厚度也趋于零.这就是说,当 $\varepsilon\to 0$ 时,薄膜本身变成了视界面,薄膜的熵直接变成了视界面的熵.由此可知,黑洞熵可以看作二维膜的视界面上量子态的熵.

注意,当 $\varepsilon\to 0$ 时,式(6.2.33)严格成立,不再是近似式.我们严格得到了 Vaidya 黑洞的熵.

上述讨论对施瓦西黑洞、施瓦西-de Sitter 视界及各种稳态、动态黑洞均成立.所以,用薄膜模型计算黑洞熵的方法,不仅可用于静态球对称黑洞,而且可用于具有多个视界的稳态黑洞和动态黑洞.同时,在计算中不再需要作小质量近似.

6.3　霍金辐射与信息疑难

黑洞无毛定理表明,洞外的观测者会失去落入黑洞的物质的几乎全部信息,外部观测者只能知道它们的总质量、总电荷和总角动量.至于形成黑洞的物质原来是什么状态,它们的化学构成、原子结构,究竟是由正物质塌缩形成的还是由反物质塌缩形成的,就完全不知道了.不过,这还没有导致最大的困难,洞外的人虽然失去了构成黑洞的物质的信息,但是这些信息并未从宇宙中消失,只不过它们被“锁”在了黑洞内部,我们看不见而已.但是霍金辐射发现后，根本性的困难出现了：黑洞将通过热辐射而消失.由于纯粹的热辐射几乎带不出任何信息，如果黑洞真的辐射到最后，全部转化为热辐射，则形成黑洞的那些物质带进去的信息将从宇宙中彻底消失.这不仅会破坏轻子数守恒、重子数守恒等许多重要的物理定律，而且信息不守恒将使正在创建的量子引力理论不满足幺正性，也不满足概率守恒，这将给已经取得辉煌成就的量子理论带来重大危机.因为"幺正性"，或者说"概率守恒"，是所有量子理论最重要的基石之一，所以信息丢失是粒子物理学家绝对难以接受的[217-222].

1. 霍金观点的转变

1997年，霍金与另一位相对论专家索恩(Kip Thorne，研究时空隧道和时间机器的专家)曾与粒子物理学家普瑞斯基(John Preskill)打赌，霍金与索恩认为黑洞会造成信息丢失，普瑞斯基则认为不会.普瑞斯基等人认为落入黑洞的信息，一部分会被霍金辐射带出黑洞(即霍金辐射不会是纯热谱)，另一部分可能会在黑洞蒸发到最后时作为"炉渣"留下来，也就是说，黑洞蒸发到一定程度时会因为某种机制而突然停止，不再继续蒸发.

2004年7月，霍金突然宣布他输了，普瑞斯基赢了，黑洞不会使信息丢失，理由是以前把黑洞描述得过于理想化了，真实的黑洞会通过热辐射泄漏或保留信息.索恩表示不同意霍金的意见，这件事不能由霍金一个人说了算.普瑞斯基则表示没有听懂霍金的报告，搞不清楚为什么自己赢了.遗憾的是，霍金当时作的只是一个定性的科普报告，其中一个公式都没有.2005年6月霍金终于发表了一篇有关此问题的论文，但其中只有两个半公式.可以说至今还未见到他承诺要发表的包括计算内容的科研论文，人们仍然难以了解其中的"奥妙"[223-224].

2. 威尔塞克与派瑞克的考虑

不过，诺贝尔奖获得者威尔塞克(F. Wilczek)与他的学生派瑞克(M. Parikh)的论文给出了支持信息守恒的一种具体计算.派瑞克等人指出，霍金虽然在论证黑洞产生热辐射的时候声称这是一种量子隧道效应，然而他在具体计算中并未用到隧穿过程，甚至没有给出势垒的位置.他们进一步认为，以往求得的黑洞辐射之所以是严格的热辐射(具有精确的普朗克黑体谱)，是因为忽略了辐射粒子对黑洞的影响.粒子的射出会使黑洞质量(能量)减少.他们在考虑能量守恒后认为，黑洞辐射时自身质量的减少将造成黑洞半径收缩，这种收缩会导致势垒的出现．同时导致得到的黑洞辐射谱不再是严格的黑体谱，因而会有信息随同辐射从黑洞中逸出．他们进一步指出，修正后的结果与量子理论的幺正性一致，当然也与量子理论所预期的“没有信息丢失”的结果精确一致．总之，他们认为能量守恒所导致的热谱修正项的出现，似乎保证了黑洞热辐射过程信息守恒[225-227]．

威尔赛克与派瑞克的工作是十分精细的．我们知道，太阳质量占整个太阳系质量的99%，太阳形成的黑洞半径才3千米，辐射出一个光子，黑洞半径能缩小多少？实在微乎其微．因此，以前所有关于黑洞辐射的计算，都忽略了粒子射出导致的黑洞半径的收缩效应．然而，威尔赛克和派瑞克指出，正是这一“忽略”导致了黑洞辐射成为纯粹的热辐射，辐射谱成为精确的黑体谱．

他们证明，只要不作上述“忽略”，就能消除黑洞的信息疑难，保证信息守恒，从而保证量子理论的“幺正性”和“概率守恒”．

3．Painlevé 坐标

综上所述，派瑞克等人认为，若考虑能量守恒，粒子出射时将出现自引力相互作用，这相当于穿越一个势垒．同时黑洞的视界将发生收缩，半径收缩前后的位置可以看作势垒的两个转折点．因此势垒的宽度完全由出射粒子的能量决定．为了简便，派瑞克等人讨论沿径向出射的S波．要做的第一件事是，先选定一个合适的坐标系，写出时空线元．对于施瓦西黑洞，其时空线元的表达式为

$$ds^2 = -\left(1-\frac{2M}{r}\right)dt_S^2 + \left(1-\frac{2M}{r}\right)^{-1}dr^2 + r^2(d\theta^2 + \sin^2\theta d\varphi^2), \tag{6.3.1}$$

对应的坐标系$(t_S, r, \theta, \varphi)$称为施瓦西坐标系．该线元在视界$r_H = 2M$处出现坐标奇异性，坐标域仅分别覆盖$r>2M$和$r<2M$的区域，不覆盖$r = 2M$处的事件视界．因此，该坐标系对于研究粒子的势垒贯穿是不适合的．为此，首先必须找到一个在视界处消除了坐标奇异性的坐标系．有一个现成的坐标系是由Painlevé及其合作者提出来的，在Painlevé坐标系下，施瓦西度规的线元形式为[228-229]

$$ds^2 = -\left(1-\frac{2M}{r}\right)dt^2 + 2\sqrt{\frac{2M}{r}}dtdr + dr^2 + r^2(d\theta^2 + \sin^2\theta d\varphi^2). \tag{6.3.2}$$

有趣的是,Painlevé 当年提出此坐标系是为了批判广义相对论,因为在这种坐标系中,视界处的奇异性消除了,即广义相对论的"奇点"($r=2M$)可以任意穿越,他以为自己发现了广义相对论的一个内在矛盾.今天我们知道,$r=2M$ 处的奇异性并非时空的内禀奇异性,只是坐标奇异性,是由于施瓦西坐标的缺点造成的.只要选取合适的坐标系,这类奇异性就会消失.Painlevé 的工作与广义相对论并无矛盾.Painlevé 反对广义相对论的观点是不对的,但他给出的坐标系却是有用的.派瑞克等人就运用这一坐标系来研究黑洞的隧穿过程.式(6.3.2)可以通过如下坐标变换由式(6.3.1)获得:

$$t = t_s + 2\sqrt{2Mr} + 2M\ln\frac{\sqrt{r}-\sqrt{2M}}{\sqrt{r}+\sqrt{2M}}. \tag{6.3.3}$$

式(6.3.2)所描述的线元具有一些好的性质:① 在视界处线元的坐标奇性消失(协变和逆变度规的各分量都不出现奇异);② 时空片是欧氏的,因而在此坐标系里量子力学的薛定谔方程成立;③ 时空是稳态的;④ 无穷远处观测者不能区分静态坐标系和此稳态坐标系,或者说,该坐标系在无穷远处退化到静态坐标系.

4. 量子隧穿辐射谱

当时空几何用线元(6.3.2)描述时,可求得径向类光测地线方程($ds^2 = d\theta = d\varphi = 0$)

$$\dot{r} = \frac{dr}{dt} = \pm 1 - \sqrt{\frac{2M}{r}}, \tag{6.3.4}$$

式中的正负号分别描述类光粒子的出射和入射类光测地线.当考虑粒子的自引力时,必须将式(6.3.2)和式(6.3.4)中的 M 作相应的修改.对于出射粒子为 S 波(球面波)的情况,我们可以将其理解为球壳(这一点下面将会作解释).如果壳的能量为 E,则在总能量固定不变的情况下,球壳内的几何为[230]

$$ds^2 = -\left[1-\frac{2(M-E)}{r}\right]dt^2 + 2\sqrt{\frac{2(M-E)}{r}}dtdr + dr^2 + r^2 d\Omega^2. \tag{6.3.5}$$

球壳外的几何仍如式(6.3.2)所示.影响粒子出射的几何为式(6.3.5),因此在后面的讨论中,他们对式(6.3.2)和式(6.3.4)作了替换:$M \to M - E$.

另外,根据前面的叙述,当施瓦西时空采用 Painlevé 坐标系时,时空片是欧氏的且时空稳态，所以薛定谔方程成立，WKB 近似可以使用．按照 WKB 法，粒子隧穿时贯穿势垒的概率与经典禁止轨道的作用量的虚部有以下关系：

$$\Gamma \approx \exp(-2\mathrm{Im}I), \tag{6.3.6}$$

式中 I 为对应轨道的作用量．在上述坐标系中，当出射粒子被视为球壳（S 波）时，作用量的虚部可以写为

$$\mathrm{Im}I = \mathrm{Im}\int_{r_i}^{r_f} p_r \mathrm{d}r, \tag{6.3.7}$$

式中 p_r 为与 r 对应的正则动量．r_i 是初始半径，对应于粒子对产生时的位置．在视界位置稍靠里的地方，$r_i \approx 2M$．r_f 为粒子穿过势垒后的位置，在黑洞最后视界靠外的地方．所以 $r_f \approx 2(M-E)$．由于黑洞视界的收缩，r_f 实际上小于 r_i．因而我们讨论的粒子势垒贯穿，实际上是一种向里的穿越，这似乎是经典允许的．但由于黑洞视界位置的收缩，粒子还是从视界内穿到了视界外，这是经典不允许的．必须注意的是，对于这种隧穿模型而言（图 6.3.1），自引力是关键，如果不考虑自引力，在视界内产生的粒子做隧穿时，只要穿过无穷小的距离就可以穿出，因而不存在势垒．但是反作用引起黑洞视界的收缩，而这种收缩产生的前后视界位置相隔的距离正是经典禁止区域，即势垒．

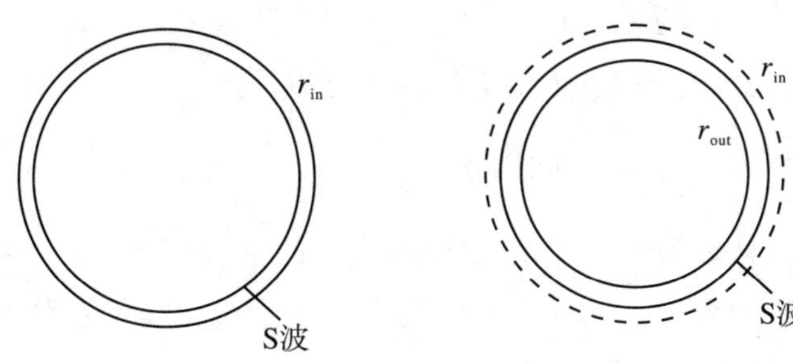

图 6.3.1　隧穿过程

可以将式(6.3.7)形式上写为

$$\mathrm{Im}I = \mathrm{Im}\int_{r_{in}}^{r_{out}}\int_0^{p_r} \mathrm{d}p'_r \mathrm{d}r. \tag{6.3.8}$$

为了继续求解，我们利用哈密顿正则方程 $\dot{r} = \mathrm{d}H/\mathrm{d}p_r$，将 $\mathrm{d}p_r$ 表示成 $\mathrm{d}p_r = \mathrm{d}H/\dot{r}$．代入式(6.3.8)并改变其积分顺序，得

$$\mathrm{Im}I = \mathrm{Im}\int_M^{M-E}\int_{r_{in}}^{r_{out}} \frac{\mathrm{d}r}{\dot{r}}\mathrm{d}H. \tag{6.3.9}$$

将考虑到自引力以后的 $\dot{r}$ 表达式(6.3.4)代入式(6.3.9),并注意到 $H = M - E'$,得

$$\mathrm{Im} I = \mathrm{Im}\int_0^E \int_{r_{\mathrm{in}}}^{r_{\mathrm{out}}} \frac{\mathrm{d}r}{1 - \sqrt{2(M - E')/r}}(-\mathrm{d}E'). \tag{6.3.10}$$

此积分穿越视界,在视界处被积函数的分母为零,出现奇异性.于是,我们按费恩曼的方法,将 E 换成 $E - \mathrm{i}\varepsilon$,并令 $u = \sqrt{r}$,有

$$\mathrm{Im} I = -\mathrm{Im}\int_0^E \int_{u_{\mathrm{in}}}^{u_{\mathrm{out}}} \frac{2u^2 \mathrm{d}u}{u - \sqrt{2(M - E' + \mathrm{i}\varepsilon)}}\mathrm{d}E'. \tag{6.3.11}$$

可以看出,上半复平面上存在一个极点 $u_A = \sqrt{2(M - E' + \mathrm{i}\varepsilon)}$,可以选择围路积分使正能解随时间衰减.注意上面的积分中,其实部对我们的结果 $\mathrm{Im} I$ 无贡献.因此积出结果为

$$\mathrm{Im} I = 4\pi\int_0^E \mathrm{d}E'(M - E') = 4\pi ME\left(1 - \frac{E}{2M}\right). \tag{6.3.12}$$

粒子的出射率为

$$\Gamma \approx \exp\left[-8\pi ME\left(1 - \frac{E}{2M}\right)\right] = \exp(\Delta S), \tag{6.3.13}$$

显然,这一结果与量子力学中的幺正性原理一致.在量子力学中,一个系统从某一初态跃迁到末态的跃迁概率可以表示为

$$\Gamma(\mathrm{i} \leftrightarrow f) = |M_{\mathrm{fi}}|^2 \cdot \text{相空间因子}, \tag{6.3.14}$$

右边第一项为振幅的平方,而相空间因子可以写成

$$\text{相空间因子} = \frac{N_{\mathrm{f}}}{N_{\mathrm{i}}} = \frac{\mathrm{e}^{S_{\mathrm{f}}}}{\mathrm{e}^{S_{\mathrm{i}}}} = \mathrm{e}^{\Delta S}, \tag{6.3.15}$$

式中 N_{f} 和 N_{i} 分别为系统末状态和初状态的微观态数.对于黑洞,这样的“态数”恰好由“最终”与“初始”贝根斯坦-霍金熵给出.我们看到,量子力学恰好与我们的结论是一致的.

由式(6.3.13)可以看出,粒子出射谱只有在出射粒子能量较低的情况,即忽略了粒子能量 E 的二阶项下才能得出纯热谱的结论.即在能量比较高的情况下,其出射谱偏离纯热谱.此结果满足幺正性原理,支持了信息守恒的结论.

6.4　黑洞热辐射会破坏信息守恒

最近,我们把派瑞克等人的工作推广到了各种稳态黑洞.研究表明,派瑞克等从霍金辐射导致黑洞收缩,进而得出热谱修正项的结果具有普遍意义.对各种黑洞,不管辐射的粒子是否有静止质量,是否带电,均可推出与派瑞克的论文一致的结果.即黑洞量子隧穿辐射过程满足幺正性原理,支持信息守恒.派瑞克和威尔塞克的这一处理方法,似乎是对霍金辐射过程信息守恒的有力支持,但进一步的研究表明,上面的计算还是过于理想化,实际的情况可能正好相反,信息可能是不守恒的[173-174,231-256].

本节首先介绍,如何克服在把派瑞克工作推广到各种情况时碰到的一个重要困难,即如何计算静质量不为零的粒子的隧穿辐射;然后讨论派瑞克工作的局限性,说明在黑洞热辐射过程中,信息可能的确不守恒.

6.4.1　静质量不为零的粒子的黑洞隧穿

在把派瑞克-威尔塞克的工作推广到有静止质量粒子的出射情况时,我们注意到这种推广与前面最大的不同是:有静止质量的粒子不是类光粒子,将不走类光测地线.因此,我们首先必须认真研究非类光粒子的行为.现在以施瓦西黑洞为例,来介绍有质量粒子的隧穿过程.

有静止质量粒子的视界线是类时的,因而当它们穿越视界时,并不沿式(6.3.4)描述的径向类光测地线运动.为了简便,我们考虑出射的粒子为球壳的情况(德布罗意S波).按照WKB法,这种有静止质量的球壳沿径向的波函数可以写为

$$\psi(r,t) = C\exp\left[\mathrm{i}\left(\int_{r_{\mathrm{i}}-\varepsilon}^{r} p_r \mathrm{d}r - \omega t\right)\right], \tag{6.4.1}$$

式中 $r_{\mathrm{i}}-\varepsilon$ 为粒子出射时的初始位置.如果我们取定某一特定的相位

$$\int_{r_{\mathrm{i}}-\varepsilon}^{r} p_r \mathrm{d}r - \omega t = \phi_0, \tag{6.4.2}$$

对上式两边求微分,可得

$$\frac{\mathrm{d}r}{\mathrm{d}t}=\dot{r}=\frac{\omega}{k}, \tag{6.4.3}$$

式中 k 为德布罗意波数.由式(6.4.3)可以看出,$\dot{r}$ 实际上对应为德布罗意波的相速度.不同于电磁波,德布罗意波的相速度 v_{p} 不等于群速度 v_{g}.这两种速度的定义和关系如下:

$$v_{\mathrm{p}}=\frac{\mathrm{d}r}{\mathrm{d}t}=\dot{r}=\frac{\omega}{k}, \tag{6.4.4}$$

$$v_{\mathrm{g}}=\frac{\mathrm{d}r_{\mathrm{c}}}{\mathrm{d}t}=\frac{\mathrm{d}\omega}{\mathrm{d}k}, \tag{6.4.5}$$

$$v_{\mathrm{p}}=\frac{1}{2}v_{\mathrm{g}}. \tag{6.4.6}$$

与无质量粒子的出射相比,可知我们在后面的计算中需要相速度 $\dot{r}$ 的表达式,但从式(6.4.6)可以看出,如果能求出群速度的表达式 v_{g},也就可求出 $\dot{r}$ 的表达式.前文已述,粒子穿越势垒是一个瞬时过程,一般认为"粒子穿进势垒"和"粒子穿出势垒"这两个事件同时发生.根据朗道的对钟理论,两个同时发生的事件的坐标时相差

$$\mathrm{d}t=-\frac{g_{0i}}{g_{00}}\mathrm{d}x^{i}=-\frac{g_{01}}{g_{00}}\mathrm{d}r_{\mathrm{c}}\quad(\mathrm{d}\theta=\mathrm{d}\varphi=0). \tag{6.4.7}$$

粒子的穿出相当于波包的穿出,对应的速度为群速度,从而

$$v_{\mathrm{g}}=\frac{\mathrm{d}r_{\mathrm{c}}}{\mathrm{d}t}=-\frac{g_{00}}{g_{01}}. \tag{6.4.8}$$

因此,其相速度的表达式为

$$v_{\mathrm{p}}=\dot{r}=\frac{1}{2}v_{\mathrm{g}}=-\frac{1}{2}\frac{g_{00}}{g_{01}}. \tag{6.4.9}$$

将 g_{00} 和 g_{01} 的表达式代入上式,得

$$\dot{r}=\frac{1}{\sqrt{8Mr}}(r-2M). \tag{6.4.10}$$

此外,如果考虑自引力效应,式(6.3.2)和式(6.4.4)将必须作代换 $M\rightarrow M\mp\omega$,其中 ω 为粒子能量.

下面计算黑洞视界处的势垒贯穿.

对于正能 S 波,其作用量的虚部具有如下简便的形式:

$$\operatorname{Im}I=\operatorname{Im}\int_{r_{\mathrm{i}}}^{r_{\mathrm{f}}}p_{r}\mathrm{d}r=\operatorname{Im}\int_{r_{\mathrm{i}}}^{r_{\mathrm{f}}}\int_{0}^{p_{r}}\mathrm{d}p'_{r}\mathrm{d}r. \tag{6.4.11}$$

式中 p_r 为与 r 对应的正则动量；r_{i} 为虚粒子对产生的位置，应在视界 r_{H} 稍靠里的位置；r_{f} 为粒子穿出势垒时的位置，应在黑洞的最终视界位置的外面.

为了便于计算，我们应用哈密顿正则方程

$$\dot{r}=\frac{\mathrm{d}H}{\mathrm{d}p_r}=\frac{\mathrm{d}(E-\omega)}{\mathrm{d}p_r}=-\frac{\mathrm{d}\omega}{\mathrm{d}p_r}, \tag{6.4.12}$$

式中 E 表示黑洞系统总的能量，而 $E-\omega$ 对应为储存在黑洞中的引力能. 需要在此强调的是，我们将使 E 不变，因而相当于整个辐射过程中能量守恒.

将式(6.4.12)代入式(6.4.11)，得

$$\operatorname{Im}I=-\operatorname{Im}\int_{r_{\mathrm{i}}}^{r_{\mathrm{f}}}\int_0^{\omega}\frac{\mathrm{d}\omega'}{\dot{r}}\mathrm{d}r. \tag{6.4.13}$$

为了求出上面的积分，必须先写出 $\dot{r}$ 的表达式. 考虑到自引力相互作用，则有

$$\dot{r}=\frac{1}{\sqrt{8(M-\omega')r}}[r-2(M-\omega')], \tag{6.4.14}$$

将式(6.4.14)代入式(6.4.13)，得

$$\operatorname{Im}I=\operatorname{Im}\int_{r_{\mathrm{i}}}^{r_{\mathrm{f}}}\int_0^{\omega}\frac{\sqrt{8(M-\omega')r}}{r-2(M-\omega')}\mathrm{d}\omega'\mathrm{d}r. \tag{6.4.15}$$

交换积分顺序，先对 r 求积分. 该积分可以按照费恩曼惯例，取定积分围线积出.

完成上面的积分，得

$$\operatorname{Im}I=-\frac{\pi}{2}(r_{\mathrm{f}}^2-r_{\mathrm{i}}^2)=-\frac{1}{2}\Delta S_{\mathrm{BH}}, \tag{6.4.16}$$

其中 $\Delta S_{\mathrm{BH}}=S_{\mathrm{BH}}(M-\omega)-S_{\mathrm{BH}}(M)$是粒子出射前后黑洞的熵变.

粒子的出射率为

$$\Gamma\approx \mathrm{e}^{-2\operatorname{Im}I}=\mathrm{e}^{\Delta S_{\mathrm{BH}}}. \tag{6.4.17}$$

上式满足幺正性原理，支持信息守恒.

在本小节的演算中，我们采用了量子力学中的势垒贯穿是一个“瞬时”过程的假定，并应用了朗道关于“同时”的定义，结果表明二者是协调的.

6.4.2 派瑞克与威尔塞克的证明只适用于可逆过程

下面,我们从黑洞热力学的角度来对量子隧穿辐射过程进行分析.首先,以施瓦西黑洞为例来介绍我们的讨论.

由式(6.3.7)和式(6.3.12)可知,经典禁止轨道作用量的虚部可表示为

$$\begin{aligned}\mathrm{Im}I &= \mathrm{Im}\int_{r_i}^{r_f} p_r \mathrm{d}r = \int_M^{M-\omega} -2\pi r'_{\mathrm{H}} \mathrm{d}M' \\ &= -\frac{1}{2}[4\pi(M-\omega)^2 - 4\pi M^2] = -\frac{1}{2}(S_{\mathrm{f}} - S_i),\end{aligned} \tag{6.4.18}$$

其出射率为

$$\Gamma \approx \mathrm{e}^{-2\mathrm{Im}S} = \mathrm{e}^{\Delta S_{\mathrm{BH}}}. \tag{6.4.19}$$

因式(6.4.1)与量子力学中根据费米黄金规则(Fermi golden rule)得出的结论 $\Gamma(\mathrm{i}\leftrightarrow\mathrm{f}) = |M_{\mathrm{fi}}|^2 \cdot \mathrm{e}^{\Delta S}$ 一致,派瑞克据此得出了量子隧穿辐射满足幺正性原理、支持信息守恒的结论.为了便于讨论,我们将式(6.4.1)进一步写为

$$\begin{aligned}\mathrm{Im}I &= \mathrm{Im}\int_{r_i}^{r_f} p_r \mathrm{d}r = -\frac{1}{2}\int_M^{M-\omega} \frac{\mathrm{d}M'}{T'} \\ &= -\frac{1}{2}\int_{S_i}^{S_f} \mathrm{d}S' = -\frac{1}{2}(S_{\mathrm{f}} - S_{\mathrm{i}}).\end{aligned} \tag{6.4.20}$$

不难看出,上式推导中用了仅适用于可逆过程的热力学第一定律的表达式,即

$$\frac{\mathrm{d}M'}{T'} = \mathrm{d}S'. \tag{6.4.21}$$

实际上,不论是静态球对称黑洞,或者是稳态轴对称黑洞,不管讨论的出射粒子是何种粒子(无质量粒子、有质量粒子,或者带电粒子),在证明信息守恒的过程中都要用到热力学第一定律在可逆过程中的表达式.例如,克尔-纽曼黑洞带电粒子隧穿时,其经典禁止轨道作用量的虚部为

$$\begin{aligned}\mathrm{Im}I &= \mathrm{Im}\int_{t_i}^{t_f} (L - p_{A_t}\dot{A}_t - p_\varphi \dot{\varphi})\mathrm{d}t \\ &= -\frac{1}{2}\int_{(M,Q,J)}^{(M-\omega,\,Q-q,\,J-\omega a)} \frac{4\pi(M'^2 + M')\sqrt{M'^2 - a^2 - Q'^2} - \frac{1}{2}Q'^2}{\sqrt{M'^2 - a^2 - Q'^2}}\end{aligned}$$

$$\times\left(\mathrm{d}M' - \frac{Q'r'_{\mathrm{H}}}{r'^2_{\mathrm{H}} + a^2}\mathrm{d}Q' - \Omega'_{\mathrm{H}}\mathrm{d}J'\right)$$

$$= \pi\Big[M^2 - (M-\omega)^2 + M\sqrt{M^2 - a^2 - Q^2}$$

$$- (M-\omega)\sqrt{(M-\omega)^2 - a^2 - (Q-q)^2} - \frac{1}{2}(Q^2 - (Q-q)^2)\Big]$$

$$= -\frac{1}{2}\Delta S_{\mathrm{BH}}. \tag{6.4.22}$$

类似于式(6.4.20)，我们可以将式(6.4.22)重新写为

$$\mathrm{Im}I = -\frac{1}{2}\int_M^{M-\omega}\frac{1}{T'}\left(\mathrm{d}M' - \frac{Q'r'_{\mathrm{H}}}{r'^2_{\mathrm{H}} + a^2}\mathrm{d}Q' - \Omega'_{\mathrm{H}}\mathrm{d}J'\right)$$

$$= -\frac{1}{2}\int_{S_{\mathrm{i}}}^{S_{\mathrm{f}}}\mathrm{d}S' = -\frac{1}{2}(S_{\mathrm{f}} - S_{\mathrm{i}}), \tag{6.4.23}$$

式中

$$T' = \frac{\sqrt{M'^2 - a^2 - Q'^2}}{4\pi(M'^2 + M'\sqrt{M'^2 - a^2 - Q'^2} - \frac{1}{2}Q'^2} \tag{6.4.24}$$

为黑洞的霍金温度.不难看出，在式(6.4.21)的推导中我们用了下面的关系式：

$$\frac{1}{T}(\mathrm{d}M - V_0\mathrm{d}Q - \Omega_{\mathrm{H}}\mathrm{d}J) = \mathrm{d}S, \tag{6.4.25}$$

此即为黑洞热力学第一定律的微分形式.它是能量守恒关系 $\mathrm{d}M - V_0\mathrm{d}Q - \Omega_{\mathrm{H}}\mathrm{d}J = \mathrm{d}Q_{\mathrm{h}}$(式中 Q_{h} 表示热量)和热力学第二定律(在可逆过程中的表达式)$\mathrm{d}S = \mathrm{d}Q_{\mathrm{h}}/T$ 的结合.应用式(6.4.21)和式(6.4.25)，虽然证明了式(6.4.19)成立，然而从热力学角度看，式(6.4.21)与式(6.4.25)仅适用于可逆的准静态过程，若是不可逆过程，热力学第二定律的关系为 $\mathrm{d}S > \mathrm{d}Q_{\mathrm{h}}/T$，上式必须改写为

$$\mathrm{d}S > \frac{1}{T}(\mathrm{d}M - V_0\mathrm{d}Q - \Omega_{\mathrm{H}}\mathrm{d}J), \tag{6.4.26}$$

这是因为对应过程有不可逆熵产生.用式(6.4.26)代替式(6.4.25)，将得不出式(6.4.19).

因此，派瑞克与威尔塞克的结论只在辐射过程为准静态的可逆过程时才成立.但是，考虑到黑洞具有负的热容量，黑洞与外界一般不存在稳定的热平衡.不论黑洞是辐射还是吸收，原则上都与外界存在温差，其过程一定

是不可逆的，一定会有不可逆熵产生，不会出现派瑞克等人预期的只存在可逆熵流动的情况．因此，派瑞克等的工作不能证明黑洞辐射过程保证信息守恒及量子理论的幺正性．

对于黑洞造成的信息佯谬，其实可以从两方面看．一方面，物理学中有能量守恒、动量守恒、电荷守恒等许多守恒定律，但没有“信息守恒定律”．相反，如果将信息定义为

$$I = S_{\max} - S \quad (S\text{ 为系统的总熵}), \tag{6.4.27}$$

对于不可逆过程，信息原则上应该不守恒．这是因为热力学第二定律的灵魂就在于“熵增加”，在于指出自然过程的不可逆性．既然熵不守恒，信息当然不会守恒．

另一方面，霍金于 2004 年 7 月的意见也应当受到重视，我们确实有可能把黑洞想象得太理想化了．黑洞的热辐射有可能偏离黑体谱，黑洞蒸发的最后也有可能留下部分“炉渣”．总之，按照我们的理解，真实的黑洞过程不会保证信息守恒，但也可能会有部分信息从黑洞中释放出来或残留到最后．有关研究仍在继续进行中．

6.5 完备类光测地线的加速度

6.5.1 伦德勒变换的启示

伦德勒曾经指出，作为伦德勒时空“视界”的类光线相当于固有加速度为无穷大的类时线[25]．从伦德勒变换(1.7.21)，可得

$$X^2 - T^2 = \frac{1}{a^2}e^{2a\xi} = \frac{1}{b^2}, \tag{6.5.1}$$

式中 X 和 T 为闵可夫斯基坐标，ξ 为伦德勒空间坐标．当 ξ 为常数时，上式在闵可夫斯基时空区中描出一条双曲线．这条双曲线就是静止于 ξ 处的匀加速直线运动观测者的世界线，它的固有加速度

$$b = a e^{-a\xi}. \tag{6.5.2}$$

当 $b \to \infty$ 时，式(6.5.1)化成

$$X^2 - T^2 = 0. \tag{6.5.3}$$

它是这组匀加速观测者世界线(双曲线)的渐近线,也是伦德勒观测者的"视界". 不难看出,它是闵可夫斯基时空中的类光线,而且是类光测地线. 可见,此类光测地线相当于固有加速度为无穷大的类时线.

类光测地线描述自由光子的运动,其固有加速度想当然应该是零. 这里却出现了固有加速度发散的惊人例子,这个例子具有一般性吗？批评意见指出,此例中的类光测地线并不光滑,在原点处存在拐点,它是镜子反射造成的. 这意味着光子与物质(镜子)有相互作用. 因此,严格来说此线只是一条非测地的类光线,不是一条完整的类光测地线,它实际上由两根类光测地线组成:($T<0,X>0,T=-X$)的入射类光测地线和($T>0,X>0,T=X$)的出射类光测地线. 因此,从此例得出类光测地线固有加速度发散的结论并不可靠. 而且,此例是平直时空中的一个例子,在弯曲时空中结论如何尚不知道.

鉴于上述批评意见,我们在本节中研究弯曲时空中的一条光滑的、完备的类光测地线的固有加速度,值得注意的是我们也得到了固有加速度发散的结论[261].

6.5.2　类光测地线的变分

在弯曲时空中,假设有一条未来测地完备的类光测地线 γ_0,我们要证明:对任一族一致趋于 γ_0 的类时曲线所代表的粒子,它们的加速度的极限为无穷大. 为此,我们必须把这族粒子所代表的类时曲线用数学语言表述出来. 引用霍金书中有关 γ_0 变分的概念,可达到此目的,具体定义如下[2,10-11,173].

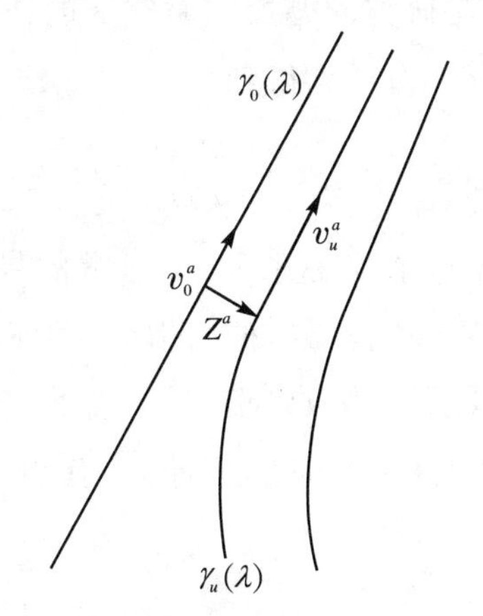

图 6.5.1　用类时线汇逼近完备的类光测地线

设(M,g_{ab})是具有洛伦兹号差的四维弯曲时空,$\gamma_0(\lambda)$是该时空中任一测地完备的类光测地线，λ 是它的仿射参量，γ_0 的变分是一个光滑（或最少是 C^3）的映射（图 6.5.1）σ：

$$[0,\varepsilon)\times[0,\infty)\to M,$$

满足：

(1) $\sigma(0,\lambda)=\gamma_0(\lambda)$；

(2) 对于常数 $u\in[0,\varepsilon)$ 且 $u\neq 0$，$\sigma(u,\lambda)$是类时曲线，我们用 $\gamma_u(\lambda)$ 代表它.

用$\left(\frac{\partial}{\partial\lambda}\right)_u^a\equiv v_u^a$ 代表类时曲线 $\gamma_u(\lambda)$的切矢，则$\left(\frac{\partial}{\partial\lambda}\right)_0^a\equiv v_0^a$ 满足类光测地线方程：

$$\left(\frac{\partial}{\partial\lambda}\right)_0^b\nabla_b\left(\frac{\partial}{\partial\lambda}\right)_0^a=0,\tag{6.5.4}$$

其中∇_a是与度规g_{ab}相适配的导数算符，即$\nabla_a g_{bc}=0$. 设$\left(\frac{\partial}{\partial u}\right)^a$ 是λ 为常数的曲线$\sigma(u,\lambda)$的切矢，并且定义类光测地线 $\gamma_0(\lambda)$上的变分矢量场

$$Z^a=\left.\left(\frac{\partial}{\partial u}\right)^a\right|_{u=0}.\tag{6.5.5}$$

显然，矢量场$\left(\frac{\partial}{\partial u}\right)^a$ 相对矢量场$\left(\frac{\partial}{\partial\lambda}\right)^a$ 的李导数为零，即

$$L_{\frac{\partial}{\partial\lambda}}\left(\frac{\partial}{\partial u}\right)^a=0.\tag{6.5.6}$$

设 x^μ 是研究问题所在时空区的任一坐标系，把公式(6.5.6)应用在类光测地线 γ_0 上，计算得到

$$\left(\frac{\partial}{\partial\lambda}\right)_0^b\partial_b Z^a=\left[\left(\frac{\partial}{\partial u}\right)^b\partial_b\left(\frac{\partial}{\partial\lambda}\right)_u^a\right]_{u=0},\tag{6.5.7}$$

其中∂_b 代表坐标系x^μ 中通常的导数算符. 我们在论文中使用由彭罗斯提出的、Wald 提倡的抽象指标，即使用拉丁字母代表一个张量的抽象指标，使用希腊字母（例如 μ、ν 等）代表一个张量的分量指标. 这样，Z^a 代表变分矢量场本身（是几何量），而 Z^μ 代表Z^a 的第μ 个分量. 方程(6.5.7)的分量方程为

$$v_0^\mu\partial_\mu Z^a=\left[\left(\frac{\partial}{\partial u}\right)^\mu\partial_\mu v_u^a\right]_{u=0}.\tag{6.5.8}$$

由于

$$\left[\left(\frac{\partial}{\partial u}\right)^{\mu}\partial_{\mu}v_{u}^{\alpha}\right]_{u=0}=\left(\frac{\partial}{\partial u}v_{u}^{\alpha}\right)_{u=0}=\lim_{u\to0}\frac{v_{u}^{\alpha}-v_{0}^{\alpha}}{u}, \tag{6.5.9}$$

所以

$$v_{u}^{\alpha}=v_{0}^{\alpha}+uv_{0}^{\mu}\partial_{\mu}Z^{\alpha}+o(u^{2}). \tag{6.5.10}$$

公式(6.5.10) 给出了类时曲线 $\gamma_u(\lambda)$和类光测地线 $\gamma_0(\lambda)$的切矢分量之间的关系.

按照上面的定义,类时曲线 $\gamma_u(\lambda)$的参数 λ,一般与该类时曲线上的固有时不一样.对类时曲线 $\gamma_u(\lambda)$,用它的固有时 τ 进行重新参数化,τ 满足

$$g_{ab}\left(\frac{\partial}{\partial\tau}\right)_{u}^{a}\left(\frac{\partial}{\partial\tau}\right)_{u}^{b}=-1, \tag{6.5.11}$$

那么

$$\left(\frac{\partial}{\partial\tau}\right)_{u}^{a}=\left(\frac{\mathrm{d}\lambda}{\mathrm{d}\tau}\right)\left(\frac{\partial}{\partial\lambda}\right)_{u}^{a}=\left(\frac{\mathrm{d}\lambda}{\mathrm{d}\tau}\right)v_{u}^{a}. \tag{6.5.12}$$

定义

$$\alpha^{2}=-g_{ab}\left(\frac{\partial}{\partial\lambda}\right)_{u}^{a}\left(\frac{\partial}{\partial\lambda}\right)_{u}^{b}>0, \tag{6.5.13}$$

可得

$$\left(\frac{\mathrm{d}\lambda}{\mathrm{d}\tau}\right)^{2}=\frac{1}{\alpha^{2}}. \tag{6.5.14}$$

6.5.3　固有加速度的研究

由类时曲线 γ_u 的加速度的定义进行计算

$$A^{a}=\left(\frac{\partial}{\partial\tau}\right)_{u}^{b}\nabla_{b}\left(\frac{\partial}{\partial\tau}\right)_{u}^{a}=\frac{\mathrm{d}\lambda}{\mathrm{d}\tau}v_{u}^{b}\nabla_{b}\left(\frac{\mathrm{d}\lambda}{\mathrm{d}\tau}v_{u}^{a}\right). \tag{6.5.15}$$

定义

$$\widetilde{A}^{a}=v_{u}^{b}\nabla_{b}v_{u}^{a}, \tag{6.5.16}$$

得

$$A^{a}=\left(\frac{1}{\alpha^{2}}\right)\widetilde{A}^{a}-\frac{1}{2\alpha^{4}}v_{u}^{a}v_{u}^{b}\nabla_{b}\alpha^{2}. \tag{6.5.17}$$

令

$$A^{2}=B_{1}+B_{2}, \tag{6.5.18}$$

其中

$$B_1 = \frac{1}{\alpha^4} g_{ab} \widetilde{A}^a \widetilde{A}^b, \tag{6.5.19}$$

$$B_2 = \frac{1}{4\alpha^6} (v_u^b \nabla_b \alpha^2)^2. \tag{6.5.20}$$

由于 $u \to 0$ 时，虽然 B_1 趋于有限值，但 $B_2 \to \infty$，我们得到重要结论：$u \to 0$ 时 $A^2 \to \infty$，即类时曲线 $\gamma_u(\lambda)$ 趋于类光测地线 $\gamma_0(\lambda)$ 时，它们的加速度趋于无穷大.[173] 所以我们认为，在用固有时计量时，弯曲时空中完备类光测地线的加速度可以视为无穷大.

6.5.4 对类光测地线加速度发散的讨论

通过上面的工作，我们看到：由类光测地线 $\gamma_0(\lambda)$ 的变分得到的类时曲线 $\gamma_u(\lambda)$，在逼近 γ_0 时，其加速度趋于无穷大，这说明定义类光测地线 $\gamma_0(\lambda)$ 的加速度为无穷大是有意义的，即弯曲时空中的类光测地线的加速度是无穷大.

本节的证明与时空是否弯曲无关，也与类时线逼近类光线的方式无关，所讨论的测地线上没有拐点. 可见，固有加速度发散是类光测地线的内禀性质. 不过，本节的证明只对可无限延伸的完备的类光测地线成立.

我们之所以对类光测地线的固有加速度感兴趣，是因为彭罗斯和霍金等人证明奇点定理时，用的都是类时或类光测地线[2,10-11]. 按照安鲁效应，测地观测者做的是惯性运动，应该处在绝对零度. 而这里所谈的类光测地线可以看作固有加速度 $b \to \infty$ 的类时线，按照安鲁效应，它相应于温度为无穷大的情况. 如果证明奇点定理所用的类光测地线和此处的类光线一样，固有加速度发散，则可以认为奇点定理是在绝对零度下（对类时测地线）或温度为无穷大的情况下（对类光测地线）证明的，也就是说奇点定理是在非物理情况下证明的，它与广义热力学第三定律冲突. 这将使我们更加相信，广义热力学第三定律有可能排除时空奇点，保证时间的无始无终性[173-174,257-260].

然而，证明奇点定理所用的类光测地线不一定是完备的，本节的证明并不适用. 我们还必须针对那种类光测地线重新给出证明. 以下几节我们将给出有关的证明[173,174,262-265].

6.6　类时测地线汇的雅可比场与共轭点

在广义相对论中，物质引起时空弯曲，弯曲的时空又反过来决定物质如何运动．不受外力的粒子沿类时或类光测地线运动．虽然粒子沿着测地线运动（如为类时测地线，则其固有加速度为 0），但是弯曲时空中的曲率张量会使这些测地粒子（有质量或无质量）之间产生相对加速运动，例如粒子间会发生汇聚现象，产生剪切形变或转动[2,10-11,145,173]．

首先，描述测地粒子的相对运动的矢量场（偏离矢量场）必须是测地线上的雅可比（Jacobi）场，这是雅可比场在引力场中的第一个重要作用．

其次，雅可比场可对测地线定义共轭点，而测地线上有无共轭点，对测地线长度是否取极值有直接影响．在黎曼几何中，如果一个连接两点的测地线，例如连接 p、q 的测地线在其间没有点共轭于 p 点，则该测地线是连接 p、q 的最短线；但是，如果在 p、q 间存在一个点 r 共轭于 p 点，则连接 p、q 的该测地线不是连接 p、q 的最短线．在伪黎曼几何（用于广义相对论中的弯曲时空）中，类似的结论也成立，但形式不完全相同．设 $\gamma(t)$ 是连接 p、q 的一条类时测地线，且 p、q 间没有共轭点，则 $\gamma(t)$ 是连接 p、q 的最长线；如果在 p、q 间存在一点 r 沿测地线 $\gamma(t)$ 共轭于 p 点，则 $\gamma(t)$ 不再是连接 p、q 的最长线．同样，对于连接 p、q 两点的一条类光测地线，且在 p、q 间沿测地线 $\gamma(t)$ 无共轭点，便不可能用类时线把 p、q 连接起来，但如果存在 $r\in(p,q)$ 共轭于 p，则 q 点可进入 $I^+(p)$，即通过一条类时线可把 p、q 连接起来．这就是雅可比场的第二个作用．雅可比场的这个作用主要应用在奇性定理的证明中．

下面我们分别针对类时、类光测地线两种情况阐述雅可比场的作用．

6.6.1　类时测地线汇的相对速度和相对加速度

设弯曲时空 (M,g_{ab}) 中，$\{\gamma_u(\lambda)\}$ 是一族类时测地线汇（图 6.6.1），λ 是 γ_u 的固有时，$\left(\dfrac{\partial}{\partial\lambda}\right)^a\equiv v_u^a$ 是它的切矢，满足测地线方程

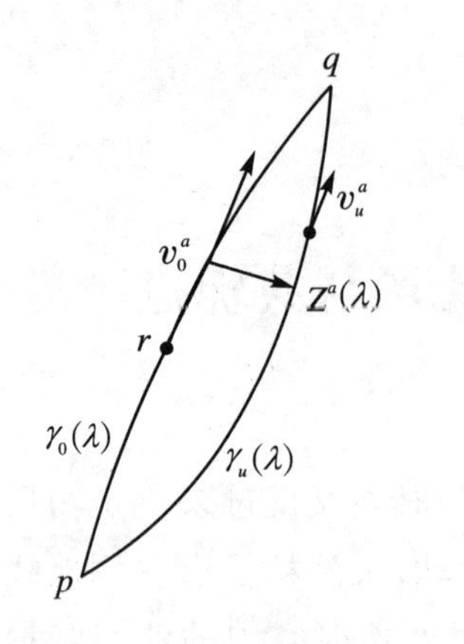

图 6.6.1 类时测地线汇的切矢与偏离矢量

$$v_u^b \nabla_b v_u^a = 0$$

和归一化条件

$$v_u^b v_{ub} = -1.$$

这族测地线汇的偏离矢量定义为

$$Z^a(u,\lambda) = \left(\frac{\partial}{\partial u}\right)^a(\lambda, u), \tag{6.6.1}$$

其中 $Z^a(u,\lambda)$和 v_u^a 是相互对易的，即 v_u^a 对 $Z^a(u,\lambda)$的李导数为 0，这表明$\{\gamma_u(\lambda)\}$的相对速度 $v_u^b \nabla_a Z^a(u,\lambda)$满足

$$v_u^d \nabla_d Z^a(\lambda) = Z^d \nabla_d v_u^a. \tag{6.6.2}$$

由测地方程、归一化条件和公式(6.6.2)，得

$$v_u^b \nabla_b [v_a Z^a(u,\lambda)] = 0,$$

故可取规范

$$Z^a v_u^b g_{ab} = 0, \tag{6.6.3}$$

使偏离矢量 $Z^a(u,\lambda)$为类空矢量.

测地线汇$\{\gamma_u(\lambda)\}$所代表的粒子间的相对速度为 $v_u^d \nabla_d Z^a(\lambda)$，它由公式(6.6.2)决定，测地粒子间的相对加速度 a^a 是

$$v_u^d \nabla_d (v_u^c \nabla_c Z^a(u,\lambda)), \tag{6.6.4}$$

满足

$$v_u^d \nabla_d (v_u^c \nabla_c Z^a(u,\lambda)) + R^a{}_{cde} v_0^c v_0^e Z^d(u,\lambda) = 0. \tag{6.6.5}$$

由公式(6.6.5)可知，测地粒子间的相对加速运动是由曲率张量 $R^a{}_{bcd}$产生的. Z^a 随时间的演化规律可由两种方法求得：第一种方法是直接计算 $B_{ab} = \nabla_a v_{ub}$随时间的演化规律，再由方程(6.6.2)求偏离矢量场 Z^a. 第二种方法是由初始条件求解方程(6.6.5)得到. 下面具体讨论.

6.6.2 类时测地线汇的转动、剪切和膨胀

不难证明 B_{ab}是空间张量，可把它分解为

$$B_{ab} = \omega_{ab} + \sigma_{ab} + \frac{1}{3}\theta h_{ab}, \tag{6.6.6}$$

其中

$$h_{ab} = g_{ab} + v_{ua}v_{ub}, \tag{6.6.7}$$

$$\omega_{ab} = B_{[ab]}, \tag{6.6.8}$$

$$\theta = h^{ab}B_{(ab)}, \tag{6.6.9}$$

$$\sigma_{ab} = B_{(ab)} - \frac{1}{3}\theta h_{ab}, \tag{6.6.10}$$

h_{ab}是由测地粒子诱导的空间度规,ω_{ab}和σ_{ab}分别代表粒子描出的线汇的转动和剪切,θ代表测地线汇的膨胀,B_{ab}满足的方程是

$$v_u^c \nabla_c B_{ab} = -B_{ac}B_b^c - R_{acbd}v_u^c v_u^d. \tag{6.6.11}$$

再由公式(6.6.6),得

$$v_u^c \nabla_c \omega_{ab} = -\frac{2}{3}\theta\omega_{ab} - 2\sigma^c{}_{[b}\omega_{a]c}, \tag{6.6.12}$$

$$\begin{aligned} v_u^c \nabla_c \sigma_{ab} = & -\frac{2}{3}\theta\sigma_{ab} - \sigma_{ac}\sigma^c{}_b - \omega_{ac}\omega^c{}_b + \frac{1}{3}h_{ab}(\sigma_{cd}\sigma^{cd} - \omega_{cd}\omega^{cd}) \\ & - C_{acbd}v_u^c v_u^d + \frac{1}{2}h_{ac}h_{bd}R^{cd} - \frac{1}{6}h_{ab}h_{cd}R^{cd}, \end{aligned} \tag{6.6.13}$$

$$v_u^c \nabla_c \theta = -\frac{1}{3}\theta^2 - \sigma_{cd}\sigma^{cd} + \omega_{cd}\omega^{cd} - R_{cd}v_u^c v_u^d. \tag{6.6.14}$$

从公式(6.6.12)知,如果测地线 $\gamma_u(\lambda)$上存在一点使 $\omega_{ab}=0$,则在整个测地线 $\gamma_u(\lambda)$上恒有 $\omega_{ab}=0$.

由公式(6.6.13)知,外尔张量 C_{abcd}和里奇(Ricci)张量 R_{ab}都可以产生剪切形式σ_{ab}.公式(6.6.14)是著名的 Raychaudhuri 公式,它说明相对转动产生膨胀,反之,剪切形变产生收缩(或汇聚),外尔张量 C_{abcd}通过产生σ_{ab}而间接产生收缩(或汇聚).由爱因斯坦场方程(自然单位制下)

$$R_{ab} - \frac{1}{2}Rg_{ab} = 8\pi T_{ab},$$

得

$$R_{ab} = 8\pi\left(T_{ab} - \frac{1}{2}Tg_{ab}\right),$$

其中 T_{ab}是产生引力场的源-物质的能动张量,它直接决定 R_{ab}.如果对任何类时矢量 T^a,能动张量 T_{ab}满足强能量条件

$$\left(T_{ab} - \frac{1}{2}Tg_{ab}\right)T^aT^b \geqslant 0, \tag{6.6.15}$$

则 $R_{ab}v_u^a v_u^b \geqslant 0$ 在公式(6.6.14)中起收缩(或汇聚)的作用.因而,若测地线

汇没有转动,即测地线汇是超曲面正交的,则公式(6.6.14)右边的所有项都起收缩(或汇聚)的作用,经简单的计算会有下面的定理:

定理 6.6.1 设类时测地线汇$\{\gamma_u(\lambda)\}$是超曲面正交的,且爱因斯坦场方程成立,产生引力场的源的能动张量满足强能量条件.如果膨胀在某条测地线$\gamma_u(\lambda)$上某一点的值θ_0是负的,则在固有时$\lambda\leqslant 3/|\theta_0|$内,在测地线$\gamma_u(\lambda)$上膨胀$\theta$趋于负无穷大.

在测地线$\gamma_u(\lambda)$上膨胀θ趋于负无穷大意味着它上面出现共轭点.

6.6.3 类时测地线上的雅可比场及共轭点

(1) 雅可比场的定义:设在弯曲时空M中,$\gamma(\lambda)$是一条类时测地线,λ是它的仿射参量,$\left(\frac{\partial}{\partial\lambda}\right)^a\equiv v^a$是其切矢,满足测地线方程

$$v^b\nabla_b v^a=0.$$

$\gamma(\lambda)$上的矢量场$J^a(\lambda)$是$\gamma(\lambda)$上的雅可比场,如果它满足雅可比方程

$$v^b\nabla_b[v^c\nabla_c J^a]+R^a_{\ bdc}v^b v^c J^d=0,\tag{6.6.16}$$

其中$R^a_{\ bdc}$是弯曲时空M中的曲率张量(图6.6.2).

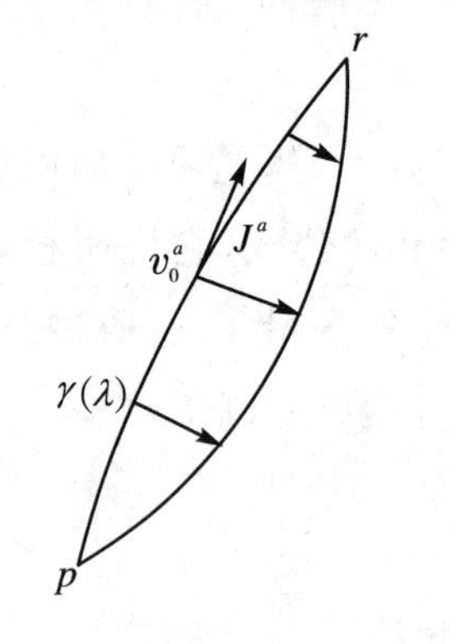

图 6.6.2 测地偏离矢量,雅可比场与测地线汇的共轭点

(2) 显然,从式(6.6.5)和式(6.6.16)知,测地线汇$\{\gamma_u(\lambda)\}$的偏离矢量场Z^a是测地线$\gamma_u(\lambda)$的雅可比场.

(3) 共轭点的定义:设p、r为测地线$\gamma(\lambda)$上的两点,如果存在一个雅可比场J^a,使得$J^a(\lambda)\neq 0$,即$J^a(\lambda)$不恒为零,但在p和r点,$J^a(0)=J^a(\lambda_r)=0$,则称r点共轭于p点.

设测地线汇$\{\gamma_u(\lambda)\}$起始于同一点p,则r沿测地线$\gamma_u(\lambda)$共轭于p的含义是偏离矢量场Z^a在r点等于零.它意味着在r点的膨胀$\theta\to-\infty$.故由定理6.6.1,得:

定理 6.6.2 设爱因斯坦场方程成立,产生引力场的源的能动张量满足强能量条件.如果膨胀在类时测地线$\gamma_u(\lambda)$上的某一点λ_r的值θ_0是负

的,则在 $\gamma_u(\lambda_r)$和 $\gamma_u(\lambda_r+3/|\theta_0|)$间(如果测地线能延伸到上面的点)一定存在一点共轭于 p 点.

(4) 共轭点的存在条件:设弯曲时空(M, g_{ab})满足强能量条件和一般类时条件(一般类时条件是指,对时空(M, g_{ab})中任一条类时测地线$\gamma_u(\lambda)$,至少存在一点满足 $R_{abcd}v_u^a v_u^b \neq 0$),那么,只要类时测地线 $\gamma_u(\lambda)$是完备的,它上面就一定存在一对共轭点(图 6.6.3).

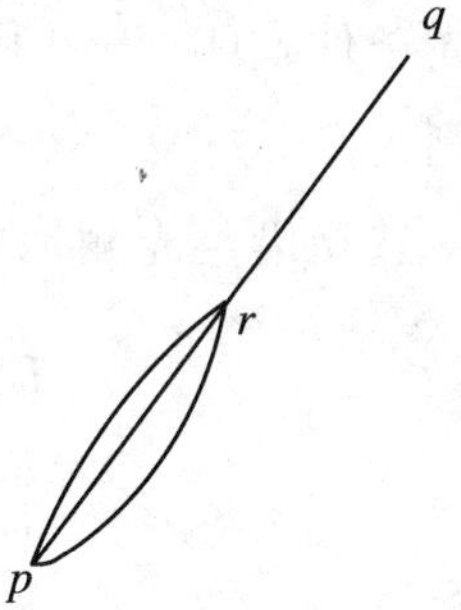

q
r
p

图 6.6.3　具有共轭点的测地线

(5) 共轭点的作用:

有关共轭点的定理如下:

定理 6.6.3　连接 p、q 的类时测地线$\gamma(\lambda)$是最长线的充要条件是,沿 $\gamma(\lambda)$在 p、q 间不存在共轭于 p 的点.

从上面的定理可知,如果在 p、q 间存在共轭点,则类时测地线$\gamma(\lambda)$不再是连接 p、q 的最长线.

6.7　类光测地线汇的雅可比场与共轭点

6.7.1　类光测地线汇的偏离矢量

上述为类时测地线的内容,下面我们简单介绍类光测地线汇的类似性质[2,10-11,173].设弯曲时空(M, g_{ab})中,$\{\gamma_u(\lambda)\}$是一族类光测地线汇,λ 是 γ_u 的仿射参量,$\left(\frac{\partial}{\partial\lambda}\right)^a \equiv v_u^a$ 是它的切矢,满足测地线方程

$$v_u^b \nabla_b v_u^a = 0$$

和类光条件

$$v_u^b v_{ub} = 0. \tag{6.7.1}$$

这族测地线汇的偏离矢量定义为

$$Z^a(u,\lambda) = \left(\frac{\partial}{\partial u}\right)^a(\lambda, u),$$

$Z^a(u,\lambda)$和 v_u^a 是相互对易的,即 $v_u^b\nabla_a Z^a(u,\lambda)$满足

$$v_u^d \nabla_d Z^a(\lambda) = Z^d \nabla_d v_u^a. \tag{6.7.2}$$

类光条件式(6.7.1)和类时测地线时的归一化条件不一样,这导致下面的区别.

选择沿类光测地线 $\gamma_u(\lambda)$平移的伪正交标架 E_1^a、E_2^a、E_3^a、E_4^a,满足

$$E_4^a = \left(\frac{\partial}{\partial\lambda}\right)_0^a = v_u^a, \tag{6.7.3}$$

$$g_{ab}E_i^aE_i^b = 1 \quad (i = 1,2), \tag{6.7.4}$$

$$g_{ab}E_i^aE_i^b = 0 \quad (i = 3,4), \tag{6.7.5}$$

$$g_{ab}E_i^aE_j^b = 0 \quad (i = 1,2;j = 3,4), \tag{6.7.6}$$

$$g_{ab}E_3^a E_4^b = -1, \tag{6.7.7}$$

$$g_{ab}E_1^a E_2^b = 0. \tag{6.7.8}$$

由测地方程、类光条件和公式(6.7.2),得

$$v_u^b \nabla_b[v_{ua}Z^a(u,\lambda)]=0,$$

故可取规范

$$Z^3 = -Z^a v_u^b g_{ab} = 0, \tag{6.7.9}$$

偏离矢量 $Z^a(0,\lambda)$满足

$$Z^a(u,\lambda) = Z^1 E_1^a + Z^2 E_2^a + Z^4 E_4^a. \tag{6.7.10}$$

由式(6.7.10)、类光条件式(6.7.1)及式(6.7.2),得

$$v_u^d \nabla_d Z^a(\lambda) = \sum_{i=1}^{2} Z^i \nabla_i v_u^a. \tag{6.7.11}$$

上式的分量形式为

$$\frac{\mathrm{d}Z^k(\lambda)}{\mathrm{d}\lambda} = \sum_{i=1}^{2} Z^i \nabla_i v_u^k \quad (k = 1,2,4). \tag{6.7.12}$$

上面的方程实质上说明偏离矢量的第四个分量 $Z^4(u,\lambda)$不影响它的第一、第二个分量的演化,故人们不再关心 $Z^4(u,\lambda)$,只讨论上面方程的第一、第二个分量的演化,即

$$\frac{\mathrm{d}Z^k(\lambda)}{\mathrm{d}\lambda} = Z^i \nabla_i v_u^k \quad (k=1,2). \tag{6.7.13}$$

偏离矢量 $Z^i(u,\lambda)$ $(i=1,2)$满足方程

$$\frac{\mathrm{d}^2 Z^i(u,\lambda)}{\mathrm{d}\lambda^2} + R^i{}_{4j4} Z^j(u,\lambda) = 0. \tag{6.7.14}$$

同样，Z^a 随时间的演化规律可由两种方法求得：

第一种是直接计算 $B_{ab}=\nabla_a v_{ub}$ 随时间的演化规律，再由方程(6.7.13)求偏离矢量场 Z^i；

第二种是由初始条件求解方程(6.7.14)得到，下面具体讨论.

6.7.2　类光测地线汇的转动、剪切和膨胀

$B_{ab}=\nabla_a v_{ub}$ 满足 $B_{ab}v_u^a=B_{ab}v_u^b=0$，我们只关心它的空间分量 B_{ij}(i、j $=1$、2)，它可分解为

$$B_{ij}=B^{ij}=\omega_{ij}+\sigma_{ij}+\frac{1}{2}\theta h_{ij}\quad(i,j=1,2),\tag{6.7.15}$$

其中

$$h^{ab}=E_1^aE_1^b+E_2^aE_2^b,\tag{6.7.16}$$

$$\omega_{ij}=B_{[ij]},\tag{6.7.17}$$

$$\theta=h^{ij}B_{(ij)},\tag{6.7.18}$$

$$\sigma_{ij}=B_{(ij)}-\frac{1}{2}\theta h_{ij},\tag{6.7.19}$$

h_{ab} 是由测地光子诱导的空间度规，ω_{ij} 和 σ_{ij} 分别是类光测地线汇的转动和剪切，代表粒子间的相对转动和剪切形变，θ 是线汇的膨胀，代表粒子间的相对膨胀. B_{ab} 满足的方程是

$$v_u^c\nabla_cB_{ab}=-B_{ac}B_b^c-R_{abcd}v_u^cv_u^d.\tag{6.7.20}$$

再由公式(6.6.6)，得

$$\frac{\mathrm{d}\omega_{ij}}{\mathrm{d}\lambda}=-\theta\omega_{ij}-2\sigma^k{}_{[j}\omega_{i]k},\tag{6.7.21}$$

$$\frac{\mathrm{d}\sigma_{ij}}{\mathrm{d}\lambda}=-\theta\sigma_{ij}-\sigma_{ik}\sigma^k{}_j-\omega_{ik}\omega^k{}_j+h_{ij}(\sigma_{kl}\sigma^{kl}-\omega_{kl}\omega^{kl})-C_{i4j4},\tag{6.7.22}$$

$$\frac{\mathrm{d}\theta}{\mathrm{d}\lambda}=-\frac{1}{2}\theta^2-\sigma_{kl}\sigma^{kl}+\omega_{kl}\omega^{kl}-R_{44}.\tag{6.7.23}$$

从公式(6.6.12)知，如果测地线 $\gamma_u(\lambda)$ 上存在一点使 $\omega_{ab}=0$，则在整个测地线 $\gamma_u(\lambda)$ 上恒有 $\omega_{ab}=0$.

由式(6.7.22)知，外尔张量 C_{abcd} 可产生剪切形式 σ_{ab}. 公式(6.7.23)是著名的 Raychaudhuri 公式，它说明相对转动产生膨胀，反之，剪切形变产生

收缩(或汇聚),外尔张量 C_{abcd} 通过产生 σ_{ab} 间接产生收缩(或汇聚).

6.7.3 类光测地线上的雅可比场和共轭点

定义类光测地线 $\gamma_u(\lambda)$ 上的矢量场 $J^a(\lambda)$ 是 $\gamma_u(\lambda)$ 上的雅可比场,如果它满足雅可比方程

$$\frac{\mathrm{d}^2 J^i(u,\lambda)}{\mathrm{d}\lambda^2} + R^i{}_{4j4} J^j(u,\lambda) = 0 \quad (i = 1,2). \tag{6.7.24}$$

同样,从式(6.7.14)和式(6.7.24)知,测地线族 $\{\gamma_u(\lambda)\}$ 的偏离矢量场 Z^a 是测地线 $\gamma^u(\lambda)$ 的雅可比场.对于测地线 $\gamma_u(\lambda)$ 上的两点 p、r,如果存在一个雅可比场 J^a 使得 $J^a(\lambda)$ 不恒为零,但在 p 和 r 点 $J^a(0) = J^a(\lambda_r) = 0$,则称 r 点共轭于 p 点.

设测地线汇 $\{\gamma_u(\lambda)\}$ 起始于同一点 p,那么 r 沿测地线 $\gamma_u(\lambda)$ 共轭于 p 的含义是偏离矢量场 Z^a 在 r 点等于零.它意味着在 r 点的膨胀 $\theta \to -\infty$.时空 (M, g_{ab}) 满足类光会聚条件,如果时空 (M, g_{ab}) 中任意的类光矢量 v^a 满足

$$R_{ab} v^a v^b \geqslant 0. \tag{6.7.25}$$

由类光会聚条件及公式(6.7.23)可得下面的定理:

定理 6.7.1 设类光测地线汇 $\{\gamma_u(\lambda)\}$ 是超曲面正交的,且爱因斯坦场方程成立,产生引力场的源的能动张量满足类光会聚条件.如果膨胀在某条测地线 $\gamma_u(\lambda)$ 上某一点的值 θ_1 是负的,则在仿射参量 $\Delta\lambda \leqslant 2/|\theta_1|$ 内,在测地线 $\gamma_u(\lambda)$ 上(如果测地线能延伸到上面的点)一定存在一点共轭于 p 点.

类光测地线上共轭点的存在条件如下:

定理 6.7.2 设弯曲时空 (M, g_{ab}) 满足类光会聚条件和一般类光条件(一般类光条件是指,对于时空中任一条类光测地线 $\gamma(\lambda)$,至少存在一点满足 $v^a v^b v_{[e} R_{c]ab[d} v_{f]} \neq 0$),那么,只要类光测地线 $\gamma_u(\lambda)$ 是完备的,它上面就一定存在一对共轭点.

定理 6.7.3 设连接 p、q 的类光测地线为 $\gamma(\lambda)$.如果沿 $\gamma(\lambda)$ 在 p、q 间,不存在共轭于 p 点的点,则 $\gamma(\lambda)$ 不可能通过小变分连续变形成连接 p、q 的类时曲线.

定理 6.7.4 设连接 p、q 类光测地线为 $\gamma(\lambda)$,在 p、q 间存在一点 $r \in$

$\gamma(\lambda)$共轭于 p 点，那么 $\gamma(\lambda)$可通过小变分连续变形成连接 p、q 的类时曲线.

上述定理与奇点定理的证明密切相关.对奇点定理的严格表述和证明感兴趣的读者可参看文献[2,10－11].

6.8　具有共轭点的类光测地线的加速度

由上面的介绍我们知道，对于连接 p 和 q 的一条类光测地线，如果沿该类光测地线在 p、q 间有一点 r 共轭于 p 点，则通过对该类光测地线进行变分可得到连接 p 和 q 的类时曲线.我们下面证明这样得到的类时曲线趋于类光测地线时，它们的加速度趋于无穷大[173,262-265].

6.8.1　具有共轭点的类光测地线的变分

首先给出类光测地线的变分[2,10-11,173].设(M,g_{ab})是具有洛伦兹号差的四维弯曲时空，$\gamma_0:[0,\lambda_q]\to M$ 是 M 中的类光测地线，记为 $\gamma_0(\lambda)$，λ 是它的仿射参量.类光测地线 $\gamma_0(\lambda)$连接 p 和 q 两点，且沿类光测地线$\gamma_0(\lambda)$在 p、q 间存在一点 r 共轭于 p 点.类光测地线 γ_0 的变分是 C^1 映射 σ：$(-\varepsilon,\varepsilon)\times[0,\lambda_q]\to M$，满足：

(1) $\sigma(0,\lambda)=\gamma_0(\lambda)$；

(2) $\sigma(u,0)=p,\sigma(u,\lambda_q)=q$；

(3) 存在 $\lambda_1,\cdots,\lambda_n$ 使得 $0=\lambda_1<\lambda_2<\cdots<\lambda_n=\lambda_q$ 把区间$[0,\lambda_q]$分成 $n-1$ 个分区间，σ 在每个分区间$(-\varepsilon,\varepsilon)\times[\lambda_i,\lambda_{i+1}]$上是 C^3 的；

(4) 对于每个常数 u，$u\in(-\varepsilon,\varepsilon)$但 $u\neq 0$，$\sigma(u,\lambda)$是类时曲线，记为$\gamma_u(\lambda)$.

由第二个条件看出，这是端点固定的变分.记 $\gamma_u(\lambda)$的切矢为$\left(\frac{\partial}{\partial\lambda}\right)_u^a\equiv v_u^a$，其中，$v_0^a$ 是类光测地线 $\gamma_0(\lambda)$的切矢，满足类光测地线方程

$$v_0^b \nabla_b v_0^a = 0. \tag{6.8.1}$$

设曲线 $\sigma(u,\lambda)$且 λ = 常数的切矢为

$$\left(\frac{\partial}{\partial u}\right)^a \equiv Z^a(u,\lambda). \tag{6.8.2}$$

定义类光测地线 $\gamma_0(\lambda)$上的变分矢量场

$$Z^a(\lambda) = Z^a(0,\lambda),$$

则 $Z^a(u,\lambda)$关于 v_u^a 的李导数为零,即

$$v_u^b \nabla_b Z^a(u,\lambda) = Z^b(u,\lambda) \nabla_b v_u^a. \tag{6.8.3}$$

记 $g_{ab} v_u^a v_u^b$ 为 $-\alpha_u^2$,则

$$-\alpha_u^2 = g_{ab} v_u^a v_u^b. \tag{6.8.4}$$

用泰勒级数把 $-\alpha_u^2$ 展开,得

$$-\alpha_u^2 = -\alpha_0^2 + \beta_1 u + \frac{1}{2}\beta_2 u^2 + o(u^3), \tag{6.8.5}$$

其中

$$\alpha_0^2 = g_{ab} v_0^a v_0^b = 0. \tag{6.8.6}$$

为了使 $\gamma_u(\lambda)$是类时曲线,$-\alpha_u^2$ 对 u 的一阶导数必须满足 $u\beta_1 = u\left(\frac{\partial(-\alpha^2)}{\partial u}\Big|_{u=0}\right) \leqslant 0$.不难证明 $\beta_1 = 0$.即证明只有 β_1 等于零才可能使 γ_u 是类时曲线(证明略).

由 $\beta_1 = 0$,可得

$$h = g_{ab} v_0^a Z^b = 0. \tag{6.8.7}$$

即变分矢量场 Z^a 是垂直于类光测地线 γ_0 的切矢 v_0^a 的,同时可得

$$-\alpha_u^2 = g_{ab} v_u^a v_u^b = \frac{1}{2}\beta_2 u^2 + o(u^3). \tag{6.8.8}$$

6.8.2 类时线的固有加速度

类时曲线 $\gamma_u(\lambda)$上的参数 λ 一般不是该曲线上的固有时 τ,参数 λ 和 τ 之间的关系由下面几个公式决定:

$$g_{ab}\left(\frac{\partial}{\partial \tau}\right)_u^a \left(\frac{\partial}{\partial \tau}\right)_u^b = -1, \tag{6.8.9}$$

$$v_u^a = \left(\frac{\partial}{\partial \lambda}\right)_u^a = \left(\frac{d\tau}{d\lambda}\right)\left(\frac{\partial}{\partial \tau}\right)_u^a. \tag{6.8.10}$$

由公式(6.8.4),我们可得

$$\left(\frac{\mathrm{d}\tau}{\mathrm{d}\lambda}\right)^2 = \alpha_u^2. \tag{6.8.11}$$

同样,定义矢量

$$\widetilde{A}_{ua} = v_u^c \nabla_c v_{ua}, \tag{6.8.12}$$

它与类时曲线 $\gamma_u(\lambda)$上的固有加速度 A_a 不同:A_a 可由下式定义

$$A^a = \left(\frac{\partial}{\partial\tau}\right)_u^b \nabla_b \left(\frac{\partial}{\partial\tau}\right)_u^a. \tag{6.8.13}$$

这两个矢量的关系为(参见公式(6.5.17))

$$\widetilde{A}_u^a = \alpha_u^2 A^a + \frac{1}{2\alpha_u^2} v_u^a v_u^b \nabla_b \alpha_u^2, \tag{6.8.14}$$

这是一个非常重要的公式.

6.8.3 一个重要公式的分析

下面,我们计算另一个重要的公式

$$Z^d(u,\lambda)\nabla_d \widetilde{A}_{ua} = Z^d(u,\lambda)\nabla_d(v_u^c \nabla_c v_{ua}).$$

容易证明

$$\begin{aligned} & Z^d(u,\lambda)\nabla_d \widetilde{A}_{ua} \\ &= Z^d(u,\lambda)\nabla_d(v_u^c \nabla_c v_{ua}) \\ &= v_u^d \nabla_d(v_u^c \nabla_c Z_a(u,\lambda)) + R_{dcae} v_u^c v_u^e Z^d(u,\lambda). \end{aligned} \tag{6.8.15}$$

选择沿类光测地线 $\gamma_0(\lambda)$平移的伪正交标架 E_1^a、E_2^a、E_3^a、E_4^a,满足

$$\begin{aligned} E_4^a &= \left(\frac{\partial}{\partial\lambda}\right)_0^a = v_0^a, \\ g_{ab}E_i^a E_i^b &= 1 \quad (i = 1,2), \\ g_{ab}E_i^a E_i^b &= 0 \quad (i = 3,4), \\ g_{ab}E_i^a E_j^b &= 0 \quad (i = 1,2; j = 3,4), \\ g_{ab}E_3^a E_4^b &= -1, \\ g_{ab}E_1^a E_2^b &= 0. \end{aligned}$$

由公式(6.8.7),容易得到

$$Z^a(0,\lambda) = Z^1 E_1^a + Z^2 E_2^a + Z^4 E_4^a. \tag{6.8.16}$$

当 λ 等于常数时,上述标架的四个矢量是常矢量,可沿 $\sigma(u,\lambda)$ 且 $\lambda=$ 常数的曲线对它们进行平移,得到

$$E_i^a(u,\lambda) \quad (i=1,2,3,4), \tag{6.8.17}$$

满足当 $u=0$ 时,

$$E_i^a(0,\lambda)=E_i^a \quad (i=1,2,3,4). \tag{6.8.18}$$

这样,矢量 $\widetilde{A}_u^a$ 可分解为

$$\widetilde{A}_u^a = \sum_{i=1}^4 \widetilde{A}_u^i E_i^a(u,\lambda), \tag{6.8.19}$$

且有

$$\begin{aligned}\left[\left(\frac{\partial}{\partial u}\right)^d \nabla_d \widetilde{A}_u^a\right]_{u=0} &= \sum_{i=1}^4 \left[E_i^a(u,\lambda)\left(\frac{\mathrm{d}\widetilde{A}_u^i}{\mathrm{d}u}\right)\right]_{u=0} \\ &= \sum_{i=1}^4 E_i^a \left(\frac{\mathrm{d}\widetilde{A}_u^i}{\mathrm{d}u}\right)_{u=0}.\end{aligned} \tag{6.8.20}$$

对公式(6.8.15)取极限 $u\to 0$,得

$$\left[\left(\frac{\partial}{\partial u}\right)^d \nabla_d \widetilde{A}_u^a\right]_{u=0} = v_0^d \nabla_d (v_0^c \nabla_c Z^a(\lambda)) + R^a{}_{edc} v_0^c v_0^e Z^d(\lambda). \tag{6.8.21}$$

记

$$\widetilde{C}^a = v_0^d \nabla_d (v_0^c \nabla_c Z^a) + g^{ab} R_{dcbe} v_0^c v_0^e Z^d, \tag{6.8.22}$$

即

$$\widetilde{C}^a = \sum_{i=1}^4 \widetilde{C}^i E_i^a. \tag{6.8.23}$$

由公式(6.8.16)和黎曼曲率张量 R_{abcd} 的反对称性质可知,公式(6.8.21)的第二部分与 v_{0a} 的缩并为零.这样由公式(6.8.21),推出

$$\left(\frac{\mathrm{d}\widetilde{A}_u^3}{\mathrm{d}u}\right)_{u=0} = \widetilde{C}^3 = 0, \tag{6.8.24}$$

所以

$$\begin{aligned}\left[\left(\frac{\partial}{\partial u}\right)^d \nabla_d \widetilde{A}_u^a\right]_{u=0} &= \left(\frac{\mathrm{d}\widetilde{A}_u^1}{\mathrm{d}u}\right)_{u=0} E_1^a + \left(\frac{\mathrm{d}\widetilde{A}_u^2}{\mathrm{d}u}\right)_{u=0} E_2^a + \left(\frac{\mathrm{d}\widetilde{A}_u^4}{\mathrm{d}u}\right)_{u=0} E_4^a \\ &= \widetilde{C}^1 E_1^a + \widetilde{C}^2 E_2^a + \widetilde{C}^4 E_4^a,\end{aligned} \tag{6.8.25}$$

$$\left(\frac{\mathrm{d}\widetilde{A}_u^i}{\mathrm{d}u}\right)_{u=0} = \widetilde{C}^i \quad (i=1,2,4). \tag{6.8.26}$$

$\left(\frac{\mathrm{d}\,\tilde{A}_u^i}{\mathrm{d}u}\right)_{u=0}=\tilde{C}^i$ 的具体形式由公式(6.8.21)决定.

6.8.4　类光测地线加速度发散的证明

可以证明,条件

$$\tilde{C}^1\ \tilde{C}^1+\tilde{C}^2\ \tilde{C}^2>0$$

在 γ_0 上是普遍成立的,即变分矢量场 Z^a 不是类光测地线 $\gamma_0(\lambda)$上的广义雅可比场. 这意味着

$$\tilde{A}_u^1 = u\,\tilde{C}^1 + o(u^2),\tag{6.8.27}$$

$$\tilde{A}_u^2 = u\,\tilde{C}^2 + o(u^2),\tag{6.8.28}$$

$$\tilde{A}_u^4 = u\,\tilde{C}^4 + o(u^2),\tag{6.8.29}$$

$$g_{ab}\,\tilde{A}_u^a\,\tilde{A}_u^b = u^2(\tilde{C}^1\ \tilde{C}^1 + \tilde{C}^2\ \tilde{C}^2) + o(u^3),\tag{6.8.30}$$

$$\tilde{C}^1\ \tilde{C}^1 + \tilde{C}^2\ \tilde{C}^2 > 0.\tag{6.8.31}$$

现在,由式(6.8.14)和式(6.8.8),计算得

$$\begin{aligned}g_{ab}\,\tilde{A}_u^a\,\tilde{A}_u^b &= \alpha_u^4 A^a A_a - \frac{1}{4}\alpha_u^2\left(\frac{1}{\alpha_u^2}\frac{\partial\alpha_u^2}{\partial\lambda}\right)^2\\ &= \frac{1}{4}\beta_2^2 A^a A_a u^4 + \frac{1}{8\beta_2}\left(\frac{\mathrm{d}\beta_2}{\mathrm{d}\lambda}\right)^2 u^2 + o(u^3).\end{aligned}\tag{6.8.32}$$

从公式(6.8.8)可得 $\beta_2<0$. 除非在 u 趋于零时,$A^2=A^aA_a$ 趋于无穷大;否则,公式(6.8.30)和(6.8.31)与公式(6.8.32)是相互矛盾的. 所以,我们得到类时曲线 $\gamma_u(\lambda)$的固有加速度在 u 趋于零时为无穷大.

总结:对于连接 p 和 q 两点的类光测地线 γ_0,如果有一个点 $r\in(p,q)$ 共轭于 p,则通过对 γ_0 作微小变分可以得到连接 p 和 q 两点的类时曲线. 当这些类时曲线趋于类光测地线 γ_0 时,它们的固有加速度趋于无穷大.

6.8.5　小结与讨论

我们对具有共轭点的类光测地线进行了变分,得到的类时曲线的固有加速度,在此曲线趋于类光时趋于无穷大. 因此,我们认为具有共轭点的类光测地线确实可以看作固有加速度为无穷大的类时曲线.

奇性定理的证明采用了测地线作工具.众所周知,类时测地线的固有加速度为零.本章的研究表明,奇性定理证明中采用的具有共轭点的类光测地线,以及可无限延伸的类光测地线,其固有加速度都发散.按照安鲁效应,质点的固有加速度与它所处环境的温度成正比.因此,类时测地线对应绝对零度,类光测地线对应无穷大的温度,都属于与热力学第三定律相抵触的情形.上述结果支持了我们关于奇性定理的证明违背热力学第三定律的猜想,第三定律很可能将保证时间没有开始或终结.

参 考 文 献

[1] 刘辽,赵峥.广义相对论[M].2 版.北京:高等教育出版社,2004.

[2] Wald R M. General Relativity [M]. Chicago: The University of Chicago Press,1984.

[3] 温伯格 S.引力论和宇宙论[M].北京:科学出版社,1980.

[4] 李宗伟,肖兴华.普通天体物理学[M].北京:高等教育出版社,1992.

[5] 赵峥.弯曲时空中的黑洞[M].合肥:中国科学技术大学出版社,2014.

[6] 俞允强.广义相对论引论[M].北京:北京大学出版社,1987.

[7] 王永久,唐智明.引力理论和引力效应[M].长沙:湖南科学技术出版社,1990.

[8] 鲁菲尼 R,等.相对论天体物理的基本概念[M].上海:上海科学技术出版社,1981.

[9] 霍金 S W.时间简史[M].长沙:湖南科学技术出版社,1994.

[10] 梁灿彬,周彬.微分几何入门与广义相对论[M]. 2 版.北京:科学出版社,2006.

[11] Hawking S W, Ellis G F R. The Large Scale Structure of Space-Time[M]. Cambridge: Cambridge University Press,1973.

[12] 朗道,栗弗席兹.场论[M].北京:人民教育出版社,1959.

[13] 爱因斯坦 A.相对论的意义[M].北京:科学出版社,1961.

[14] Misner C W, Thorne K S, Wheeler J A. Gravitation[M]. San Francisco: W.H. Freeman and Company Ltd.,1973.

[15] Chandrasekhar S. The Mathematical Theory of Black Holes[M]. New York: Oxford University Press,1983.

[16] Carmeli M. Classical Fields[M]. New York:John Wiley Sons,1982.

[17] Newman E, Penrose R. J. Math. Phys., 1962: 566.

[18] Page D N. Phys. Rev. D,1976,14:1509.

[19] Birrell N D, Davies P C W. Quantum Fields in Curved Space[M]. Cambridge: Cambridge University Press,1982

[20] 刘辽，许殿彦.物理学报，1980，29：1617.

[21] Newman E T, Janis A J. J. Math. Phys., 1965, 6:915.

[22] Newman E T, et al. J. Math. Phys., 1965, 6:918.

[23] Lense J, Thirring H. Phys. Z, 1918, 19: 156.

[24] Kerr R P. Phys. Rev. Lett., 1963, 11:237.

[25] Rindler W. Essential Relativity[M]. New York: Springer-Verlag, 1977.

[26] 赵峥，刘辽.物理学报，1991，40：1546.

[27] 赵峥.物理学报，1981，30：1508.

[28] 赵峥，桂元星.天体物理学报，1983，3：146.

[29] Carter B. Phys. Rev. Lett., 1971, 26:331.

[30] Carter B. Commun. Math. Phys., 1973, 30:261.

[31] Robinson D C. Phys. Rev. D, 1974, 10: 458.

[32] Robinson D C. Phys. Rev. Lett., 1975, 34: 905.

[33] Hawking S W. Phys. Rev. Lett., 1971, 26: 1344.

[34] Bardeen J M, Carter B, Hawking S W. Commun. Math. Phys., 1973, 31: 161.

[35] Penrose R. Rev. Nuovo Cimento, 1969, 1: 252.

[36] Bekenstein J D. Phys. Rev. D, 1973, 7: 2333.

[37] Hawking S W. Nature, 1974, 248:30.

[38] Hawking S W. Commun. Math. Phys, 1975, 43:199.

[39] Parker L//Esposito F P, Witten L. Asymptotic Structure of Spacetime[M]. New York: Plenum Press, 1977.

[40] Gibbons G W, Perry M J. Proc. R. Soc. Lond. A, 1978, 358: 467.

[41] Damour T, Ruffini R. Phys. Rev. D, 1976, 14: 332.

[42] Sannan S. Gen. Rel. Grav, 1988, 20:239.

[43] Zhao Zheng, Gui Yuanxing. IL Nuovo Cimento B, 1994, 109: 355.

[44] 赵峥，桂元星，刘辽.天体物理学报，1981，1：141.

[45] Zhao Zheng, Gui Yuanxing. Chin. Astron. Astrophys., 1983, 7: 201.

[46] Teukolsky S A. APJ, 1973, 185: 635.

[47] Chandrasekhar S. Proc. Royl. Soc. Lond. A, 1976, 349: 571.

[48] Unruh W G. Phys. Rev. D, 1976, 14: 870.

[49] Hartle J B, Hawking S W. Phys. Rev. D, 1976, 13: 2188.

[50] Zhao Zheng, Dai Xianxin. Chin. Phys. Lett., 1991, 8:548.

[51] Zhao Zheng, Luo Zhiqiang, Dai Xianxin. IL Nuovo Cimento B, 1994, 109:483.

[52] Zhao Zheng, Gui Yuanxing//Hu Ning. Proceedings of the Third Marcel Gross-

mann Meeting on General Relativity. North-Holland Publishing Company,1983.

[53] Zhu Jianyang, Zhao Zheng. Chin. Phys. Lett., 1993, 10: 510.

[54] Zhao Zheng, Zhu Jianyang. Inter. J. Theor. Phys., 1994, 33: 2147.

[55] Misner C W. Bull. Am. Phys. Soc.: Ⅱ,1972,17:472.

[56] Zeldovich Y B. JETP,1972,35:1085.

[57] Starobinsky A A. JETP,1973,37:28.

[58] Unruh W G. Phys, Rev. D,1974,10:3194.

[59] Klein O. Z. F. Phys., 1929, 53:157.

[60] Carter B. Phys. Rev.,1968,174:1559.

[61] Christodoulou D, Ruffini R. Phys. Rev. D, 1971, 4: 3552.

[62] 刘辽,赵峥.科学通报,1981,26:1253.(赵峥,章德海,1984,29:11.)

[63] 赵峥.北京师范大学学报:自然科学版,1981(4):71.

[64] 赵峥,刘辽.科学通报,1983,28:398.

[65] 赵峥.物理学报,1990,39:1854.

[66] 赵峥.北京师范大学学报:自然科学版,1986(2):12.

[67] 赵峥.中国科学:A,1991:285.

[68] 赵峥.科学通报,1992,37:620.

[69] 周敏耀,陈良范,郭汉英.物理学报,1983,32:1127.

[70] 赵峥.北京师范大学学报:自然科学版,1992,28:454.

[71] 赵峥,戴宪新.北京师范大学学报:自然科学版,1991,27:198.

[72] 赵仁,赵峥,北京师范大学学报:自然科学版,1994,30:363.

[73] 孙鸣超,赵峥.北京师范大学学报:自然科学版,1994,30:467.

[74] 黎忠恒,赵峥.北京师范大学学报:自然科学版,1995,31:57.

[75] 许力学,赵峥.刘辽,北京师范大学学报:自然科学版,1995,31(Sup.1):51.

[76] 赵峥,戴宪新.北京师范大学学报:自然科学版,1991,27:267.

[77] 罗志强,赵峥.北京师范大学学报:自然科学版,1991,27:499.

[78] 赵峥,戴宪新.科学通报,1991,36:1870.

[79] 赵仁,赵峥.科学通报,1995,40:23.

[80] 戴宪新,赵峥.物理学报,1992,41:869.

[81] Zhao Zheng, Luo Zhiqiang, Huang Chaoguang. Chin. Phys. Lett., 1992, 9:269.

[82] Zhao Zheng, Huang Weihua. Chin. Phys. Lett., 1992,9:333.

[83] Zhao Zheng, Dai Xianxin. Modern Phys. Letts. A, 1992,7:1771.

[84] Li Zhongheng, Zhao Zheng. Chin. Phys. Lett.,1994,11(1): 8.

[85] Li Zhongheng,Zhao Zheng. Chin. Phys. Lett.,1994,11(6):397.
[86] Li Zhongheng,Zhao Zheng. IL Nuovo Cimento B,1995, 110 (12): 1427.
[87] Zhao Zheng. Chin. Phys. Lett.,1992,9:501.
[88] Zhao Ren,Zhao Zheng. Chin. Phys. Lett.,1994,11:649.
[89] 戴宪新,赵峥,刘辽.中国科学:A 辑,1993,23:69.
[90] 赵仁,张丽春,赵峥.中国科学:A 辑,1996,26:1020.
[91] 赵峥.中国科学:A 辑,1993, 23:178.
[92] 杨成全,任秦安,赵峥. 中国科学:A 辑,1994,24:67.
[93] 任秦安,杨成全,赵峥.数学物理学报,1994,14:429.
[94] Yang Chengquan,Ren Qin'an, Zhao Zheng. Acta Physica Sinica:Overseas Edition,1993,2:161.
[95] 赵峥,黄维华.北京师范大学学报:自然科学版,1992,28:317.
[96] 马勇,赵峥.北京师范大学学报:自然科学版,1995, 31(增刊):70.
[97] 赵峥,沈超.北京师范大学学报:自然科学版,1993,29:194.
[98] 赵峥,黄维华.北京师范大学学报:自然科学版,1993,29:87.
[99] 杨波,赵峥.北京师范大学学报:自然科学版,1993,29:90.
[100] 赵峥,刘辽.北京师范大学学报:自然科学版,1992,28:164.
[101] 赵峥,刘辽.物理学报,1993,42:1537.
[102] 赵峥.北京师范大学学报:自然科学版,1994,30:51.
[103] Eddington A. The Mathematical Theory of Relativity [M]. Cambridge: Cambridge University Press,1957.
[104] 爱因斯坦 A,洛伦兹 H,闵可夫斯基 H,等.相对论原理[M].北京:科学出版社,1980.
[105] 赵峥.北京师范大学学报:自然科学版,1995,31:476.
[106] 赵峥.物理学报,1983,32:1233.
[107] 赵峥.北京师范大学学报:自然科学版,1995,31:481.
[108] 赵峥,刘辽.物理学报,1997,46:1036.
[109] York J W//Christenses S. Quantum Theory of Gravity [M]. Bristol: Hilger, 1984.
[110] Balbinot R. Phys. Rev. D,1986, 33: 1611.
[111] Balbinot R. IL Nuovo Cimento B, 1985, 86: 31.
[112] Bonner W B, Vaidya C P. Gen. Rel. Grav., 1970, 1: 127.
[113] 宋世学,刘辽,赵峥.北京师范大学学报:自然科学版,1993, 29:357.
[114] 罗志强,赵峥.物理学报,1993,42:506.

[115] 戴宪新,赵峥.物理学报,1992,41:188.

[116] Li Zhongheng,Zhao Zheng. Chin. Phys. Lett.,1993,10:126.

[117] Zhao Zheng, Li Zhongheng. IL Nuovo Cimento,1993,108B: 785.

[118] 包爱东,朱建阳,赵峥.物理学报,1993,42:1550.

[119] Yang Bo, Zhao Zheng. Inter. J. Theor. Phys., 1993, 32: 1237.

[120] 杨波,赵峥.物理学报,1994,43:858.

[121] Zhao Zheng,Yang Chengquan,Ren Qin'an. Gen. Rel. Grav.,1994,26:1055.

[122] 朱建阳,张建华,赵峥.中国科学:A辑,1994, 24:1056.

[123] Zhu Jianyang, Zhang Jianhua, Zhao Zheng. Inter. J. Theor. Phys., 1994, 33: 2137.

[124] Li Zhongheng, Zhao Zheng. Science in China,1995, A38:74.

[125] Zhu Jianyang, Bao Aidong, Zhao Zheng. Inter. J. Theor. Phys., 1995, 34: 2049.

[126] 赵峥,戴宪新,黄维华.天体物理学报,1993,13:299.

[127] Yang Shuzheng, Zhu Jianyang, Zhao Zheng. Acta Physica Sinica: Overseas Edition, 1995, 4: 147.

[128] 张建华,朱建阳,赵峥.北京师范大学学报:自然科学版,1993, 29: 76.

[129] 吴思,赵峥.天文学报,1993,34:17.

[130] 朱建阳,张建华,赵峥.天文学报, 1994, 35: 246.

[131] 孙鸣超,赵仁,赵峥.物理学报,1995,44:1018.

[132] Sun Mingchao,Zhao Ren,Zhao Zheng. IL Nuovo Cimento.,1995,110B:829.

[133] Zhao Zheng, Zhang Jianhua, Zhu Jianyang. Inter. J. Theor. Phys., 1995, 34:2039.

[134] 赵峥,刘文彪,蒋亚铃.物理学报,2000,49:586.

[135] Zhang J Y, Zhao Zheng. Gen. Rel. Grav.,2003,35:595.

[136] 杨树政,肖兴国,赵峥.科学通报,1993,38:1371.

[137] 杨树政,赵峥.物理学报,1995,44:498.

[138] 赵峥,黎忠恒.物理学报,1996,45(12):2091.

[139] 赵峥,黎忠恒.科学通报,1995,40:1951.

[140] 赵峥.北京师范大学学报:自然科学版,1995,31:346.

[141] 何琛娟,赵峥.北京师范大学学报:自然科学版, 1996,32:217.

[142] Ma Yong, Zhao Zheng. Chin. Phys. Lett.,1996,13:492.

[143] 马勇,赵峥.中国科学:A辑,1996,26:451.

[144] 彭若斯 R.皇帝新脑[M].长沙:湖南科技出版社,1994.

[145] 霍金 S W,彭若斯 R.时空本性[M].长沙:湖南科技出版社,1996.
[146] 巴罗 J D.宇宙的起源[M].上海:上海科学技术出版社,1995.
[147] 赵峥.探求上帝的秘密[M].北京:北京师范大学出版社,1997.
[148] 赵峥.北京师范大学学报:自然科学版,1989,25:49.
[149] 赵峥.北京师范大学学报:自然科学版,1992,28:107.
[150] 赵峥,孟晓东,沈超.中国科学,1993,23:750.
[151] Gutsunayev T L, Manko V S. Gen. Rel. Grav.,1985,17:1025.
[152] Gutsunayev T L, Manko V S. Class Quantum Grav.,1989, 6: L137.
[153] Castejon-Amenedo J, Maccallum M A, Manko V S. Class. Quantum Grav., 1989,6 :L211.
[154] Castejon-Amenedo J, Manko V S. Class. Quantum Grav., 1990,7:779.
[155] Carter B. Phys. Rev. Lett.,1971,26:331.
[156] Robinson D C. Phys.Rev. Lett., 1975,34:905.
[157] Zhao Zheng. Chin. Phys. Lett.,1992,34:162.
[158] 吴思,赵峥.科学通报,1993,38:890.
[159] Quevedo H, Mashhoon B. Phys. Rev.,1991, D43: 3902.
[160] Chamorro A, Manko V S, Denisova T E. Phys. Rev.,1991,D44: 3147.
[161] 肖兴国,杨树政,赵峥.科学通报,1994,39:917.
[162] 肖兴国,赵峥.物理学报,1995,44:832.
[163] 赵峥,桂元星,刘辽.北京师范大学学报:自然科学版,1983,19(1): 73.
[164] Chakrbarti S K, Geroch R,Liang Canbin.J. Math. Phys.,1983, 24: 597.
[165] Punsly B.Gen. Rel. Gray.,1990, 22: 1169.
[166] Carter B. Phys. Rev.,1968, 174:1559.
[167] Landsberg R T. Thermodynamics and Statistical Mechanics[M]. Oxford:University of Oxford Press,1978.
[168] Zhao Zheng. Chin. Phys. Lett.,1997, 14: 325.
[169] Zhao Zheng. Chin.Phys.Lett.,1992, 9: 390.
[170] Zhao Zheng, Ping Chen. Inter. J. Theor. Phys., 1997, 36: 2153.
[171] 赵峥,裴寿镛.北京师范大学学报:自然科学版,1998,34:65.
[172] 赵峥,裴寿镛.刘辽,物理学报,1999,48:2004.
[173] 刘辽,赵峥,田贵花,等. 黑洞与时间的性质[M]. 北京:北京大学出版社, 2008.
[174] 赵峥,刘文彪.广义相对论基础[M]. 北京:清华大学出版社,2010.
[175] 't Hooft G. Nucl. Phys. B, 1985, 256: 727.
[176] Jing Jiliang. Int. J. Theor. Phys., 1998, 37:1441.

[177] Luo Zhijian, Zhu Jianyang. Acta. Phys. Sin., 1999, 48:395.

[178] Li Zhongheng. Phys. Rev. D, 2000, 62: 0240011-3.

[179] Li Zhongheng. Mod. Phys. Lett. A, 2002, 17: 887.

[180] Mi Liqin. IL Nuovo Cimento B, 2004, 119: 221.

[181] Liu Wenbiao, Zhao Zheng. Phys. Rev. D,2000,61:063003.

[182] Li Xiang, ZhaoZheng. Gen. Rel. Grav., 2002,34:255.

[183] Wei Yihuan, Wang Yongcheng, Zhao Zheng. Phys. Rev. D,2002, 65:124023.

[184] Li Zhongheng. Phys. Lett.B, 2006,643:64.

[185] Li Xiang, Zhao Zheng. Phys. Rev. D.,2000,62:104001.

[186] Li Xiang, Zhao Zheng. Mod. Phys. Lett. A,2000,15:1739.

[187] Li Xiang, Zhao Zheng. Int. J. Theor. Phys., 2000,39:2079.

[188] Li Xiang, Zhao Zheng. Chin. Phys. Lett., 2001,18:463.

[189] Li Xiang, Zhao Zheng. Int. J. Theor. Phys.,2001,40:903.

[190] Liu Wenbiao, Zhao Zheng. Chin. Phys. Lett., 2001,18:310.

[191] He Feng, Zhao Zheng, Sung-Won K. Phys. Rev.D,2001,64:044025.

[192] Li Xiang, Zhao Zheng. Int. J. Theor. Phys., 2001,40:1755.

[193] 朱斌,姚国政,赵峥. 物理学报,2002,51:2656.

[194] 贺晗,赵峥. 物理学报,2002,51:2661.

[195] Tian Guihua, Zhao Zheng. Nuclear Physics B,2002,636:418.

[196] Tian Guihua, He Han, Zhao Zheng. General Relativity and Gravitation, 2002, 34:1357.

[197] Li Zhongheng, Mi Liqin, Zhao Zheng. Chin. Phys. Lett.,2002,19:1755.

[198] He Han, Zhao Zheng, Zhang Lihua. International Journal of Theoretical Physics, 2002,41:1781.

[199] 张靖仪,赵峥. 物理学报,2002,51:2399.

[200] Yang Xuejun, He Han, Zhao Zheng. Gen. Rel. Grav., 2003,35:579.

[201] 刘文彪,赵峥.数学物理学报,2003,23A:169.

[202] Yang Xuejun, Han Yiwen, Zhao Zheng. International Journal of Modern Physics D,2003,12:1083.

[203] Liu Chengzhou, Li Xiang, Zhao Zheng. Inter. J. Theor. Phys, 2003,42:2081.

[204] 强丽娥,高新芹,赵峥. 物理学报,2004,53:3619.

[205] Wu Yuejiang, Zhao Zheng, Yang Xuejun. Class. Quantum Grav., 2004, 21:2595.

[206] Liu Chengzhou, Li Xiang, Zhao Zheng. Gen. Rel. Grav., 2004,36:1135.

[207] Gao Xinqin, Qiang Li E, Zhu Jianyang, et al. Gen. Rel. Grav., 2004, 36:2511.

[208] Yang X J, Zhao Z. International Journal of Modern Physics A, 2005,20:1353.

[209] Li Xiang, Zhao Zheng. Chin. Phys. Lett.,2006,23:2016.

[210] Shen Y G, Gao C J. Gen. Rel. Grav.,2002, 34:1193.

[211] Shen Y G, Gao C J, Chen C Y. Gen. Rel. Grav., 2003,34: 619.

[212] Gao C J, Liu W B. Int. J. Theor. Phys., 2000,39:2221.

[213] Gao C J, Shen Y G. Phys. Rev. D,2002,56:084043.

[214] Gao C J, Shen Y G. Class. Quantum. Grav., 2003,20:119.

[215] Huang C G, Liu L, Xu F. Chin. Phys. Lett., 1991, 8:118.

[216] Huang Chaoguang, Liu Liao, Zhao Zheng. Gen. Rel. Grav., 1993,25:1267.

[217] Israel W. Phys. Rev. D,1967,164:1776.

[218] Carter B. Phys. Rev. Lett., 1971,26:331.

[219] Hawking S W. Commun. Math. Phys., 1972, 25:152.

[220] Robinson D C. Phys. Rev. D,1974, 10:458.

[221] Robinson D C. Phys. Rev. Lett., 1975,34: 905.

[222] Giddings S B. hep-th/9209113.

[223] Hawking S W. Speech at 17th International Conference on GRG, Dublin,21st, July, 2004.

[224] Hawking S W. Phys. Rev. D,2005,72:084013.

[225] Parikh M K, Wilczek F. Phys. Rev. Lett., 2000,85:5042. hep-th/9907001.

[226] Parikh M K. hep-th/0402166.

[227] Parikh M K. hep-th/0405160.

[228] Painlevé P. Compt. Rend. Acad. Sci. Paris, 1921,173:677.

[229] Gullstrand A. Arkiv. Mat. Astron. Fys, 1922, 16: 1.

[230] Kraus P, Wilczek F. Nucl. Phys. B,1995,433:403.

[231] Zhang J, Zhao Z. Phys. Lett. B, 2005, 618:14.

[232] Zhang J, Zhao Z. Mod. Phys. Lett. A, 2005, 20(22):1673.

[233] 张宏升,赵峥.北京师范大学学报:自然科学版,2001, 37: 471.

[234] Zhang J, Zhao Z. Nucl. Phys. B, 2005,725:173.

[235] Zhang J, Zhao Z. J. High Energy Physics, 2005,10:055.

[236] Zhang Jingyi, Hu Yapeng, Zhao Zheng. Modern Physics Letters A, 2006, 21:1865.

[237] Zhang Jingyi, Zhao Zheng. Physics Letters B, 2006,638: 110.

[238] 张靖仪,赵峥. 物理学报,2006,55:3796.

[239] Fang Hengzhong, Ren Jun, Zhao Zheng. International Journal of Modern Physics D, 2005,14:1699.

[240] Ren Jun, Zhao Zheng, Gao Changjun. Chin. Phys. Lett., 2005,22: 2489.

[241] Ren Jun, Zhao Zheng, Gao Changjun. General Relativity and Gravitation, 2006,38:387.

[242] Ren Jun, Zhao Zheng. Chinese Physics, 2006,15:292.

[243] Hu Yapeng, Zhang Jingyi, Zhao Zheng. Modern Physics Letters A, 2006, 21: 2143.

[244] Hu Yapeng, Gao Li, Zhao Zheng. International Journal of Theoretical Physics,2006,45: 2001.

[245] Ren Jun, Zhao Zheng. International Journal of Theoretical Physics, 2006, 45:1221.

[246] Ren Jun, Zhao Zheng. International Journal of Theoretical Physics, 2006, 45:1951.

[247] Ren Jun, Cao Jiangling, Zhao Zheng. Chinese Physics,2006,15:2256.

[248] Liu Chengzhou, Zhang Jingyi, Zhao Zheng. Physics Letters B, 2006,639: 670.

[249] Ren Jun, Zhang Jingyi, Zhao Zheng. Chin. Phys. Lett., 2006,23:2019.

[250] 胡亚鹏,张靖仪,赵峥. 物理学报,2007,56:0683.

[251] Hu Yapeng, Zhang Jingyi, Zhao Zheng. International Journal of Modern Physics D, 2007, 16(5): 847.

[252] Ren Jun, Zhao Zheng. Int. J. Theor. Phys., 2007, 46:3109.

[253] Fang Hengzhong, Zhao Zheng. Scince in China: Series G: Physics, Mechanics & Astronomy, 2007,50(5): 601.

[254] Liu Chengzhou, Zhao Zheng. Modern Physics Letters A,2008, 23(7): 539.

[255] Zhang Jingyi, Zhao Zheng. Phys. Rev. D, 2011, 83:064028.

[256] Hu Yapeng, Zhang Jingyi, Zhao Zheng. Modern Physics Letters A,2010, 25(4): 295.

[257] 赵峥,田贵花,张靖仪,等.科技导报,2006,24(1):19.

[258] 赵峥.科学文化评论,2004, 1:12.

[259] 赵峥.时间的开始与终结[M]//李喜先.21 世纪 100 个交叉科学难题.北京:科学出版社,2005:143.

[260] 赵峥,田贵花.北京师范大学学报:自然科学版,2003,39:499.

[261] Tian Guihua, Zhao Zheng, Liang Canbin. Classical and Quantum Gravity,

2002,19:2777.

[262] Tian Guihua, Zhao Zheng. Chin. Phys. Lett., 2003,20:1437.

[263] Tian Guihua, Zhao Zheng. Classical and Quantum Gravity,2003,20:3927.

[264] Tian Guihua, Zhao Zheng. Journal of Mathematical Physics,2003,44:5681.

[265] 田贵花,赵峥.物理学报,2004,53:1662.

[266] Zhao Zheng, Tian Guihua, Liu Liao, et al. Chin. Phys. Lett.,2006, 23 (12): 3165.

[267] Yang Jian, Zhao Zheng, Tian Guihua, et al. Chin. Phys. Lett.,2009, 26(12): 120401.

[268] Yang Jian, Zhao Zheng, Liu Wenbiao. Astrophysics and Space Science,2011, 331(2): 627.

[269] 鹿鹏举,赵峥,刘文彪. 物理学报,2012,61(5):050401.

[270] Zhao Zheng. Int. J. Theor. Phys., 1999, 38 (5): 1539.

[271] 赵峥,朱建阳. 物理学报,1999,48(8):1558.

[272] Zhao Zheng, Zhu Jianyang, Liu Wenbiao. Chin. Phys. Lett., 1999, 16 (9):698.

[273] Liu Wenbiao, Zhao Zheng. Phys. Rev. D,2000, 61:063003.

[274] 刘文彪,朱建阳,赵峥. 物理学报,2000,49(3):581.

[275] Li Xiang, Zhao Zheng. Gen. Rel. Grav., 2002, 34(2): 255.

[276] Wei Yihuan, Wang Yongcheng, Zhao Zheng. Phys. Rev. D, 2002, 65: 124023.

[277] 张靖仪,赵峥. 物理学报,2003, 52(8):2096.

[278] Wu Yuejiang, Zhao Zheng. Phys. Rev. D, 2004, 69(8): 084015.

[279] Zhang Jingyi, Zhao Zheng. Chin. Phys. Lett.,2006, 23(5):1099.

[280] Hu Yapeng, Tian Guihua, Zhao Zheng. Modern Physics Letters A, 2009, 24 (3): 229.

[281] 刘成周,赵峥.物理学报,2006,55(4): 1607.

“十一五”国家重点图书

中国科学技术大学校友文库

第一辑书目

◎*Topological Theory on Graphs*（英文） 刘彦佩

◎*Advances in Mathematics and Its Applications*（英文） 李岩岩、舒其望、沙际平、左康

◎*Spectral Theory of Large Dimensional Random Matrices and Its Applications to Wireless Communications and Finance Statistics*（英文） 白志东、方兆本、梁应昶

◎*Frontiers of Biostatistics and Bioinformatics*（英文） 马双鸽、王跃东

◎*Spectroscopic Properties of Rare Earth Complex Doped in Various Artificial Polymer Structure*（英文） 张其锦

◎*Functional Nanomaterials: A Chemistry and Engineering Perspective*（英文） 陈少伟、林文斌

◎*One-Dimensional Nanostructres: Concepts, Applications and Perspectives*（英文） 周勇

◎*Colloids, Drops and Cells*（英文） 成正东

◎*Computational Intelligence and Its Applications*（英文） 姚新、李学龙、陶大程

◎*Video Technology*（英文） 李卫平、李世鹏、王纯

◎*Advances in Control Systems Theory and Applications*（英文） 陶钢、孙静

◎*Artificial Kidney: Fundamentals, Research Approaches and Advances*（英文） 高大勇、黄忠平

◎*Micro-Scale Plasticity Mechanics*（英文） 陈少华、王自强

◎*Vision Science*（英文） 吕忠林、周逸峰、何生、何子江

◎非同余数和秩零椭圆曲线 冯克勤

◎代数无关性引论 朱尧辰

◎非传统区域 Fourier 变换与正交多项式 孙家昶

◎消息认证码 裴定一

◎完全映射及其密码学应用　吕述望、范修斌、王昭顺、徐结绿、张剑
◎摄动马尔可夫决策与哈密尔顿圈　刘克
◎近代微分几何：谱理论与等谱问题、曲率与拓扑不变量　徐森林、薛春华、胡自胜、金亚东
◎回旋加速器理论与设计　唐靖宇、魏宝文
◎北京谱仪Ⅱ·正负电子物理　郑志鹏、李卫国
◎从核弹到核电——核能中国　王喜元
◎核色动力学导论　何汉新
◎基于半导体量子点的量子计算与量子信息　王取泉、程木田、刘绍鼎、王霞、周慧君
◎高功率光纤激光器及应用　楼祺洪
◎二维状态下的聚合——单分子膜和LB膜的聚合　何平笙
◎现代科学中的化学键能及其广泛应用　罗渝然、郭庆祥、俞书勤、张先满
◎稀散金属　翟秀静、周亚光
◎SOI——纳米技术时代的高端硅基材料　林成鲁
◎稻田生态系统CH_4和N_2O排放　蔡祖聪、徐华、马静
◎松属松脂特征与化学分类　宋湛谦
◎计算电磁学要论　盛新庆
◎认知科学　史忠植
◎笔式用户界面　戴国忠、田丰
◎机器学习理论及应用　李凡长、钱旭培、谢琳、何书萍
◎自然语言处理的形式模型　冯志伟
◎计算机仿真　何江华
◎中国铅同位素考古　金正耀
◎辛数学·精细积分·随机振动及应用　林家浩、钟万勰
◎工程爆破安全　顾毅成、史雅语、金骥良
◎金属材料寿命的演变过程　吴犀甲
◎计算结构动力学　邱吉宝、向树红、张正平
◎太阳能热利用　何梓年
◎静力水准系统的最新发展及应用　何晓业
◎电子自旋共振技术在生物和医学中的应用　赵保路
◎地球电磁现象物理学　徐文耀
◎岩石物理学　陈颙、黄庭芳、刘恩儒
◎岩石断裂力学导论　李世愚、和泰名、尹祥础
◎大气科学若干前沿研究　李崇银、高登义、陈月娟、方宗义、陈嘉滨、雷孝恩